Wilfried Weißgerber

Elektrotechnik für Ingenieure 3

Weitere Lehrbücher vom Autor:

Elektrotechnik für Ingenieure 1 und 2
von W. Weißgerber

Elektrotechnik für Ingenieure – Formelsammlung
von W. Weißgerber

Elektrotechnik für Ingenieure – Klausurenrechnen
von W. Weißgerber

Grundzusammenhänge der Elektrotechnik
von H. Kindler und K.-D. Haim

Handbuch Elektrotechnik
herausgegeben von W. Plaßmann und D. Schulz

Aufgabensammlung Elektrotechnik 1 und 2
von M. Vömel und D. Zastrow

Elektrotechnik
von D. Zastrow

www.viewegteubner.de

Wilfried Weißgerber

Elektrotechnik für Ingenieure 3

Ausgleichsvorgänge, Fourieranalyse, Vierpoltheorie
Ein Lehr- und Arbeitsbuch für das Grundstudium

7., korrigierte Auflage

Mit 261 Abbildungen, zahlreichen Beispielen
und 40 Übungsaufgaben mit Lösungen

STUDIUM

**VIEWEG+
TEUBNER**

Bibliografische Information der Deutschen Nationalbibliothek
Die Deutsche Nationalbibliothek verzeichnet diese Publikation in der
Deutschen Nationalbibliografie; detaillierte bibliografische Daten sind im Internet über
<http://dnb.d-nb.de> abrufbar.

1. Auflage 1991
2., überarbeitete Auflage 1993
3., korrigierte Auflage 1996
4., verbesserte Auflage 1999
5., verbesserte Auflage 2005
6., überarbeitete Auflage 2007
7., korrigierte Auflage 2009

Alle Rechte vorbehalten
© Vieweg+Teubner | GWV Fachverlage GmbH, Wiesbaden 2009

Lektorat: Reinhard Dapper | Maren Mithöfer

Vieweg+Teubner ist Teil der Fachverlagsgruppe Springer Science+Business Media.
www.viewegteubner.de

Umschlaggestaltung: KünkelLopka Medienentwicklung, Heidelberg
Druck und buchbinderische Verarbeitung: MercedesDruck, Berlin
Gedruckt auf säurefreiem und chlorfrei gebleichtem Papier.
Printed in Germany

ISBN 978-3-8348-0614-7

Vorwort

Das dreibändige Buch „Elektrotechnik für Ingenieure" ist für Studenten des Grundstudiums der Ingenieurwissenschaften, insbesondere der Elektrotechnik, geschrieben. Bei der Darstellung der physikalischen Zusammenhänge, also der Elektrotechnik als Teil der Physik – sind die wesentlichen Erscheinungsformen dargestellt und erklärt und zwar aus der Sicht des die Elektrotechnik anwendenden Ingenieurs. Für ein vertiefendes Studium der Elektrizitätslehre dienen Lehrbücher der theoretischen Elektrotechnik und theoretischen Physik.

Die Herleitungen und Übungsbeispiele sind so ausführlich behandelt, dass es keine mathematischen Schwierigkeiten geben dürfte, diese zu verstehen. Teilgebiete aus der Mathematik werden dargestellt, sofern sie in den üblichen Mathematikvorlesungen des Grundstudiums ausgespart bleiben. Im Band 3 sind mathematische Exkurse häufiger notwendig als im Band 1; dabei erfolgt die Darstellung der Mathematik aus der Sicht des Ingenieurs unter Verzicht auf äußerste Strenge.

Die Ausgleichsvorgänge im Kapitel 8 werden sowohl im Zeitbereich durch Lösung der Differentialgleichungen als auch mit Hilfe der Laplacetransformation behandelt. Dabei wird ausführlich auf die mathematischen Zusammenhänge der Laplacetransformation eingegangen.

Periodische nichtsinusförmige Wechselgrößen, die analytisch oder durch Stützstellen gegeben sind, und aperiodische Größen lassen sich in diskrete bzw. kontinuierliche Spektren überführen. Im Kapitel 9 wird auf die Fourieranalyse periodischer und aperiodischer Größen eingegangen. Bei periodischen Größen mit Stützstellen werden die trigonometrische Interpolation und das Sprungstellenverfahren vorgestellt.

Das abschließende Kapitel 10 ist der Vierpoltheorie gewidmet. Zunächst werden die Zusammenhänge der Vierpolparameter, Betriebskenngrößen und der fünf Arten der Zusammenschaltung erläutert, ehe die Einzelheiten der Vierpoltheorie erklärt und praktische Beispiele berechnet werden. Die Wellenparameter des passiven Vierpols werden schließlich eingeführt.

Die 5. Auflage wurde um ein Verzeichnis der verwendeten Formelzeichen und Schreibweisen ergänzt. Die 6. Auflage ist noch einmal überarbeitet und durch Erläuterungen ergänzt worden. In der 7. Auflage sind einige Korrekturen und Verbesserungen vorgenommen worden.

Für die vielen helfenden Hinweise darf ich mich herzlich bedanken. Ebenso danken möchte ich den Mitarbeitern des Verlags für die gute Zusammenarbeit.

Wedemark, im April 2009   *Wilfried Weißgerber*

Inhaltsverzeichnis

Inhaltsübersicht

Schreibweisen, Formelzeichen und Einheiten

Schreibweise physikalischer Größen und ihrer Abbildungen

u, i	Augenblicks- oder Momentanwert zeitabhängiger Größen: kleine lateinische Buchstaben
U, I	Gleichgrößen, Effektivwerte: große lateinische Buchstaben
$\hat{u}, \hat{i}$	Maximalwert
$\underline{u}, \underline{i}$	komplexe Zeitfunktion, dargestellt durch rotierende Zeiger
$\underline{\hat{u}}, \underline{\hat{i}}$	komplexe Amplitude
$\underline{U}, \underline{I}$	komplexer Effektivwert, dargestellt durch ruhende Zeiger
$\underline{Z}, \underline{Y}, \underline{z}$	komplexe Größen
$\underline{Z}^*, \underline{Y}^*, \underline{z}^*$	konjugiert komplexe Größen
$\vec{E}, \vec{D}, \vec{r}$	vektorielle Größen

Schreibweise von Zehnerpotenzen

$10^{-12} = p = $ Piko	$10^{-2} = c = $ Zenti	$10^3 = k = $ Kilo
$10^{-9} = n = $ Nano	$10^{-1} = d = $ Dezi	$10^6 = M = $ Mega
$10^{-6} = \mu = $ Mikro	$10^1 = da = $ Deka	$10^9 = G = $ Giga
$10^{-3} = m = $ Milli	$10^2 = h = $ Hekto	$10^{12} = T = $ Tera

Die in diesem Band verwendeten Formelzeichen physikalischer Größen

a	Vierpolparameter Wellendämpfungsmaß	G	elektrischer Leitwert Wirkleitwert (Konduktanz)
a_k	Fourierkoeffizient	$G(s)$	Übertragungsfunktion,
$\underline{A}$	Vierpolparameter		Netzwerkfunktion
b	Wellenphasenmaß	$G(j\omega)$	Übertragungsfunktion
b_k	Fourierkoeffizient	h	Vierpolparameter
B	Blindleitwert (Suszeptanz)	$\underline{H}$	Vierpolparameter
c	Vierpolparameter	i	zeitlich veränderlicher Strom (Augenblicks- oder Momentan-
$\underline{c}_k$	komplexer Fourierkoeffizient		wert)
c_k	Amplitudenspektrum		laufender Index
C	elektrische Kapazität	$\hat{i}$	Amplitude, Maximalwert
$\underline{C}$	Vierpolparameter		des sinusförmigen Stroms
f	Frequenz Formfaktor	$\underline{i}$	komplexe Zeitfunktion des Stroms
$f(t)$	Zeitfunktion	I	Stromstärke (Gleichstrom, Effektivwert)
$F(s)$	Laplacetransformierte der Zeitfunktion $f(t)$	$\underline{I}$	komplexer Effektivwert des Stroms
$F\{f(t)\}$	Fouriertransformierte der Zeitfunktion $f(t)$	j	imaginäre Einheit: $\sqrt{-1}$ imaginäre Achse
$F(j\omega)$	Fouriertransformierte der Zeitfunktion $f(t)$	k	Kopplungsfaktor Klirrfaktor
$|F(j\omega)|$	Amplitudenspektrum		laufender Index
g	Wellen-Übertragungsmaß	K	Konstante

L	Induktivität		V	Effektivwert einer allgemeinen
$L\{f(t)\}$	Laplacetransformierte			Größe v
	der Zeitfunktion f(t)			Verstärkung
m	Anzahl		x	unabhängige Veränderliche
M	Gegeninduktivität		x(t)	Eingangs-Zeitfunktion
n	Anzahl		X	Blindwiderstand (Reaktanz)
	Drehzahl		X(s)	Laplacetransformierte
p	Augenblicksleistung			der Eingangs-Zeitfunktion
	Tastverhältnis		y	Vierpolparameter
p_i	Größen der Zipperer-Tafel		y(t)	Ausgangs-Zeitfunktion
P	Leistung (Gleichleistung,		Y(s)	Laplacetransformierte der Aus-
	Wirkleistung)			gangs-Zeitfunktion
q_i	Größen der Zipperer-Tafel		Y	Scheinleitwert (Admittanz)
Q	Blindleistung		$\underline{Y}$	komplexer Leitwert bzw.
	Kreisgüte, Gütefaktor, Resonanz-			komplexer Leitwertoperator
	schärfe			Vierpolparameter
R	elektrischer Widerstand		z	Vierpolparameter
	Wirkwiderstand (Resistanz)		Z	Scheinwiderstand (Impedanz)
s	komplexe Variable		$\underline{Z}$	komplexer Widerstand bzw.
	der Laplacetransformation			komplexer Widerstandsoperator
s_i	Ordinatensprünge			Vierpolparameter
$s_n(t)$	Summenfunktion		δ	Abklingkonstante
S	Scheinleistung			Realteil der komplexen
$\underline{S}$	komplexe Leistung			Variablen s
t	Zeit		$\delta(t)$	Dirac-Impuls oder Dirac'sche
T	Periodendauer (Dauer einer			Deltafunktion
	Schwingung)		φ	Phasenverschiebung
u	zeitlich veränderliche elektrische		φ_i	Anfangsphasenwinkel des Stroms
	Spannung (Augenblicks- oder		φ_u	Anfangsphasenwinkel
	Momentanwert)			der Spannung
$\hat{u}$	Amplitude, Maximalwert der sinus-		φ_{uk}	Phasenspektrum
	förmigen Spannung		$\varphi(\omega)$	Phasenspektrum
$\underline{u}$	komplexe Zeitfunktion der elektri-		κ	Teil der Lösung der charakteristi-
	schen Spannung			schen Gleichung
U	elektrische Spannung (Gleich-		λ	Lösung der charakteristischen
	spannung, Effektivwert)			Gleichung
$\underline{U}$	komplexer Effektivwert der elektri-		$\sigma(t)$	Sprungfunktion
	schen Spannung		τ	Zeitkonstante
v	allgemeine zeitlich veränderliche		ω	Kreisfrequenz
	Größe		Ψ_k	Phasenspektrum
v_i	abgelesene Ordinatenwerte		ζ	Abszissenwert von Stützstellen
$v_i(x)$	Geradenstücke einer Ersatzfunktion			Scheitelfaktor

Einheiten des SI-Systems (Système International d'Unités)

Basiseinheit

der Länge l	das Meter, m
der Masse m	das Kilogramm, kg
der Zeit t	die Sekunde, s
der elektrischen Stromstärke I	das Ampere, A
der absoluten Temperatur T	das Kelvin, K
der Lichtstärke I	die Candela, cd
der Stoffmenge n	das Mol, mol

von den Basiseinheiten abgeleitete Einheit

der Kraft F	Newton,	$1N = 1kg \cdot m \cdot s^{-2} = 1V \cdot A \cdot s \cdot m^{-1}$
der Energie W	Joule,	$1J = 1kg \cdot m^2 \cdot s^{-2} = 1V \cdot A \cdot s$
der Leistung P	Watt,	$1W = 1kg \cdot m^2 \cdot s^{-3} = 1V \cdot A$
der Ladung Q gleich	Coulomb,	$1C = 1A \cdot s$
des Verschiebungsflusses Ψ		
der elektrischen Spannung U	Volt,	$1V = 1kg \cdot m^2 \cdot s^{-3} \cdot A^{-1} = 1W \cdot A^{-1}$
des elektrischen Widerstandes R	Ohm,	$1\Omega = 1kg \cdot m^2 \cdot s^{-3} \cdot A^{-2} = 1V \cdot A^{-1}$
des elektrischen Leitwertes G	Siemens,	$1S = 1kg^{-1} \cdot m^{-2} \cdot s^3 \cdot A^2 = 1V^{-1} \cdot A$
der Kapazität C	Farad,	$1F = 1kg^{-1} \cdot m^{-2} \cdot s^4 \cdot A^2 = 1C \cdot V^{-1}$
des magnetischen Flusses Φ	Weber,	$1Wb = 1kg \cdot m^2 \cdot s^{-2} \cdot A^{-1} = 1Vs$
der Induktivität L	Henry,	$1H = 1kg \cdot m^2 \cdot s^{-2} \cdot A^{-2} = 1Wb \cdot A^{-1}$
der magnetischen Induktion B	Tesla,	$1T = 1kg \cdot s^{-2} \cdot A^{-1} = 1Wb \cdot m^{-2}$
der Frequenz f	Hertz,	$1Hz = s^{-1}$

Die komplette Liste der verwendeten Formelzeichen und Schreibweisen befindet sich in der Formelsammlung vom selben Autor unter dem Titel „Elektrotechnik für Ingenieure – Formelsammlung".

8 Ausgleichsvorgänge in linearen Netzen

8.1 Grundlagen für die Behandlung von Ausgleichsvorgängen

Ausgleichsvorgang

Der Begriff des Ausgleichsvorgangs ist von allgemeiner physikalischer Bedeutung:

Wird in einem physikalischen System ein stationärer Vorgang durch einen Eingriff gestört, so erfolgt der Übergang von einem eingeschwungenen Vorgang in einen anderen eingeschwungenen Vorgang nicht sprungartig im Änderungszeitpunkt, sondern stetig. Dieser so genannte Ausgleichsvorgang zwischen zwei eingeschwungenen Vorgängen wird durch das Zeitverhalten einer bestimmten physikalischen Größe beschrieben.

Beispiel aus der Wärmelehre:

Erwärmung eines Körpers von der Temperatur ϑ_1 auf eine höhere Temperatur ϑ_2 durch Zufuhr von Wärme:

erster eingeschwungener Vorgang:	Körper hat die Temperatur ϑ_1
Eingriff:	Wärmezufuhr
Ausgleichsvorgang:	stetige Änderung der Temperatur in Abhängigkeit von der Zeit $\vartheta = f(t)$
zweiter eingeschwungener Vorgang:	Körper hat die Temperatur ϑ_2

Ausgleichsvorgänge der Elektrotechnik

Die häufigste Ursache von Ausgleichsvorgängen in elektrischen Netzen sind die so genannten Schaltvorgänge, das sind Ausgleichsvorgänge nach dem Schließen oder Öffnen eines Schalters im Netzwerk.

Beispiel:

Zum Zeitpunkt $t = 0$ wird an eine Spule eine Gleichspannung angelegt. Der Strom ändert sich stetig von Null auf einen Gleichstromwert. Die physikalische Größe, die den Ausgleichsvorgang charakterisiert, ist also der Strom durch die Spule.

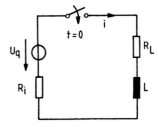

Bild 8.1 Beispiel eines Schaltvorgangs

erster eingeschwungener Vorgang:	Strom durch die Spule ist Null: $i = 0$
Eingriff:	Schalter wird im willkürlich festgelegten Zeitpunkt $t = 0$ geschlossen
Ausgleichsvorgang:	stetige Erhöhung des Stroms $i = f(t)$
zweiter eingeschwungener Vorgang:	Strom durch die Spule ist ein Gleichstrom $i_e = U_q/(R_L+R_i)$

Dieses Beispiel wird im Abschnitt 8.2.2 ausführlich behandelt.

In Wechselstromnetzen können Ausgleichsvorgänge auch eingeleitet werden, wenn sich die Amplitude, die Frequenz oder die Form der Quellspannung oder die Konfiguration des Netzwerks ändern.

Schaltvorgänge in linearen Netzen mit konzentrierten Schaltelementen

Auf die Schaltvorgänge in linearen Netzen mit konzentrierten Schaltelementen sollen sich die folgenden Berechnungen beschränken. „Lineare Netze" bedeutet, dass in den konzentrierten, also idealen Schaltelementen zwischen der Spannung und dem Strom lineare Beziehungen bestehen. Für die „konzentrierten Schaltelemente" sollen diese linearen Beziehungen zusammengestellt werden, weil sie für die Berechnung der Ausgleichsvorgänge notwendig sind.

Aktive Schaltelemente:

ideale Spannungsquelle mit $R_i = 0$
   dargestellt durch die Quellspannung oder EMK:

    für Gleichspannung U_q oder E

      (siehe Band 1, Abschnitt 1.3)

    für Wechselspannung u_q (t) oder e(t)

      (siehe Band 2, Abschnitt 4.1.2)

Bild 8.2 Ideale Spannungsquelle

ideale Stromquelle mit $G_i = 0$
   dargestellt durch den Quellstrom:

    für Gleichstrom I_q

      (siehe Band 1, Abschnitt 2.2.5)

    für Wechselstrom i_q (t)

Bild 8.3 Ideale Stromquelle

Passive Schaltelemente:

ohmscher Widerstand R (siehe Band 1, Abschnitte 1.5 und 3.2.3):

   Der Widerstand R ist unabhängig vom Strom
   durch den Widerstand i_R :

$$u_R = R \cdot i_R \quad \text{und} \quad i_R = \frac{1}{R} \cdot u_R = G \cdot u_R$$

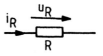

Bild 8.4 Ohmscher Widerstand

Kapazität C (siehe Band 1, Abschnitt 3.3.3 und 3.3.4):

   Die Kapazität C ist unabhängig von der
   Spannung am idealen Kondensator u_C :

$$i_C = C \cdot \frac{du_C}{dt} \quad \text{und} \quad u_C = \frac{1}{C} \cdot \int_0^t i_C \cdot dt + u_C(0)$$

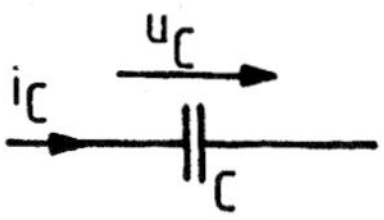

Bild 8.5 Kapazität

Induktivität L (siehe Band 1, Abschnitt 3.4.7.1):

   Die Induktivität L ist unabhängig vom
   Strom durch die ideale Spule i_L :

$$u_L = L \cdot \frac{di_L}{dt} \quad \text{und} \quad i_L = \frac{1}{L} \cdot \int_0^t u_L \cdot dt + i_L(0)$$

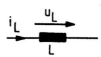

Bild 8.6 Induktivität

Gegeninduktivität M (siehe Band 1, Abschnitt 3.4.7.2):

Bei gleichsinniger Kopplung sind die angelegten Spannungen u_1 und u_2 gleich den Spannungen infolge der ohmschen Widerstände, der Selbstinduktion und der Gegeninduktion:

$$u_1 = R_1 \cdot i_1 + L_1 \cdot \frac{di_1}{dt} + M \cdot \frac{di_2}{dt}$$

$$u_2 = R_2 \cdot i_2 + L_2 \cdot \frac{di_2}{dt} + M \cdot \frac{di_1}{dt}$$

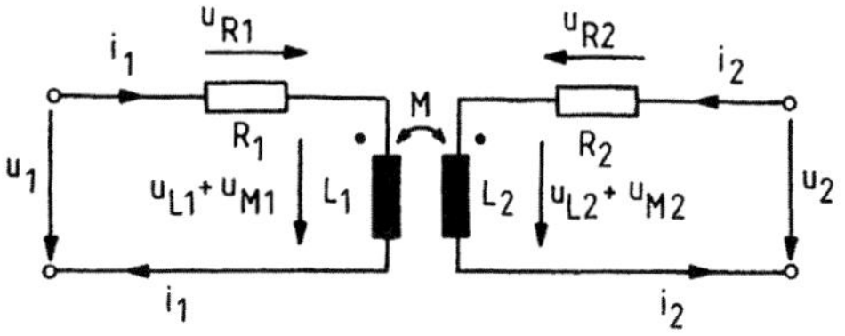

Bild 8.7 Gleichsinnige Kopplung

Wegen konstanter Permeabilität μ gibt es nur eine Gegeninduktivität M.

Bei der Festlegung der Richtungen der zeitlich veränderlichen Ströme und Spannungen im Schaltbild ist unbedingt das oben angegebene Verbraucher-Zählpfeilsystem anzuwenden: Bei Quellspannungen sind Strom und Spannung in umgekehrter Richtung einzutragen, bei passiven Schaltelementen (auch bei geladenen Kondensatoren) haben Strom und Spannung gleiche Richtungen.

8.2 Berechnung von Ausgleichsvorgängen durch Lösung von Differentialgleichungen

8.2.1 Eingeschwungene und flüchtige Vorgänge

Zerlegung des Ausgleichsvorgangs

Grundsätzlich wird ein Ausgleichsvorgang als Überlagerung des zu erwartenden, also zweiten, eingeschwungenen Vorgangs und eines flüchtigen Vorgangs aufgefasst. Es wird also angenommen, dass bereits zum Zeitpunkt des Eingriffs bei t = 0 der zweite eingeschwungene Vorgang vorhanden ist, dass ihm aber gleichzeitig ein flüchtiger Anteil überlagert ist, der sich natürlich beim Erreichen des eingeschwungenen Vorgangs „verflüchtigt" hat.

Um die Größen des Ausgleichsvorgangs, des eingeschwungenen Vorgangs und des flüchtigen Vorgangs auseinanderhalten zu können, werden die eingeschwungenen Größen mit dem Index e und die flüchtigen Größen mit dem Index f versehen. Die Größen des Ausgleichsvorgangs erhalten keinen zusätzlichen Index.

Ist die den Ausgleichsvorgang beschreibende Größe ein Strom i wie im Beispiel im Bild 8.1, dann ist der Ausgleichsstrom gleich der Summe des eingeschwungenen Stroms und des flüchtigen Stroms:

$$i = i_e + i_f \, . \tag{8.1}$$

Für einen Ausgleichsvorgang sind also der eingeschwungene Vorgang und der flüchtige Vorgang getrennt zu berechnen. Die Ermittlung des eingeschwungenen Anteils bedeutet eine Gleich- oder Wechselstromrechnung, und die Berechnung des flüchtigen Anteils erfordert die Lösung einer homogenen Differentialgleichung.

Ist der zu erwartende eingeschwungene Vorgang der physikalischen Größe Null, besteht der Ausgleichsvorgang selbstverständlich nur aus dem flüchtigen Anteil.

Berechnung des eingeschwungenen Vorgangs

Für ein Netzwerk gelten für den eingeschwungenen Vorgang der Maschensatz und die Knotenpunktregel.

Bei Wechselspannungserregung führen der Maschensatz und die Knotenpunktregel für Augenblickswerte zu Differentialgleichungen mit konstanten Koeffizienten. Die Ordnung der Differentialgleichung (Dgl.) wird durch die Anzahl der Energiespeicher bestimmt, die nicht zu einem Energiespeicher zusammengefasst werden können:

> eine Induktivität oder eine Kapazität im Netzwerk ergibt eine Dgl. 1. Ordnung,
>
> eine Induktivität und eine Kapazität im Netzwerk ergeben eine Dgl. 2. Ordnung,
>
> zwei Kapazitäten im Netzwerk ergeben ebenfalls eine Dgl. 2. Ordnung,
>
> eine Induktivität und zwei Kapazitäten ergeben eine Dgl. 3. Ordnung.

Bei Gleichspannungserregung lassen sich die eingeschwungenen Größen häufig sofort aus dem Schaltbild oder aus der Differentialgleichung erkennen,

bei sinusförmiger Wechselspannungserregung werden die Differentialgleichungen ins Komplexe abgebildet, gelöst und rücktransformiert (siehe Abschnitt 4.2.2) oder die Symbolische Methode mit komplexen Operatoren (siehe Abschnitt 4.2.4) wird angewendet.

Ist die Differentialgleichung homogen, dann muss der eingeschwungene Vorgang Null sein, d. h. der Ausgleichsvorgang besteht nur aus dem flüchtigen Anteil.

Berechnung des flüchtigen Vorgangs

Die Frage nach dem Lösungsansatz für die Berechnung des flüchtigen Vorgangs soll durch den Einschaltvorgang einer zeitlich veränderlichen Spannung u(t) an eine Reihenschaltung eines ohmschen Widerstandes R, einer Induktivität L und einer Kapazität C beantwortet werden (Bild 8.8).

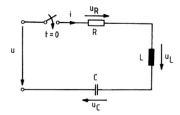

Bild 8.8 Berechnung des flüchtigen Vorgangs

Während des Ausgleichsvorgangs gilt die Maschengleichung für Augenblickswerte der Spannungen, die eine Differentialgleichung mit konstanten Koeffizienten ergibt:

$$u_R + u_L + u_C = u$$

$$R \cdot i + L \cdot \frac{di}{dt} + \frac{1}{C} \cdot \int i \cdot dt = u \ .$$

Auch für den zu erwartenden eingeschwungenen Vorgang, der theoretisch nach unendlich langer Zeit erreicht wird, gilt der Maschensatz für Augenblickswerte der Spannungen:

$$u_{Re} + u_{Le} + u_{Ce} = u$$

$$R \cdot i_e + L \cdot \frac{di_e}{dt} + \frac{1}{C} \cdot \int i_e \cdot dt = u \ .$$

Werden beide Differentialgleichungen wegen

$$i_f = i - i_e$$

subtrahiert und die Summenregel der Differential- und Integralrechnung angewendet, ergibt sich als Lösungsansatz für den flüchtigen Strom i_f die entsprechende homogene Differentialgleichung:

$$R \cdot (i - i_e) + L \cdot \left(\frac{di}{dt} - \frac{di_e}{dt} \right) + \frac{1}{C} \cdot \left(\int i \cdot dt - \int i_e \cdot dt \right) = 0$$

$$R \cdot (i - i_e) + L \cdot \frac{d(i - i_e)}{dt} + \frac{1}{C} \cdot \int (i - i_e) \cdot dt = 0$$

$$R \cdot i_f + L \cdot \frac{di_f}{dt} + \frac{1}{C} \cdot \int i_f \cdot dt = 0 \; . \tag{8.2}$$

Die homogenen Differentialgleichungen für den flüchtigen Vorgang werden also einfach dadurch ermittelt, dass in den Differentialgleichungen für den Ausgleichsvorgang die Störfunktionen Null gesetzt werden und der Index f ergänzt wird.

Homogene Differentialgleichungen mit konstanten Koeffizienten werden durch den $e^{\lambda t}$-Ansatz gelöst. Nur bei Differentialgleichungen erster Ordnung kann die Trennung der Variablen angewendet werden, die aber rechnerisch keine Vorteile bringt.

Die Lösung der homogenen Differentialgleichung enthält so viele frei wählbare Konstanten wie die Ordnung der Differentialgleichung ist:

die Lösung einer Differentialgleichung 1. Ordnung enthält eine Konstante,
die Lösung von Differentialgleichungen 2. Ordnung enthält jeweils zwei Konstanten.

Die Konstanten werden durch die Anfangsbedingungen der Schaltvorgänge, den so genannten Schaltgesetzen, bestimmt:

In jedem Zweig eines Netzes, der eine Induktivität enthält, hat der Strom unmittelbar nach Beginn des Schaltvorgangs bei $t = 0$ denselben Wert, den er vor dem Schaltvorgang hatte:

$$i_L(0_-) = i_L(0_+) \; . \tag{8.3}$$

Entsprechendes gilt für die Spannung an einer Kapazität:

In jedem Zweig eines Netzes, der eine Kapazität enthält, hat die Spannung unmittelbar nach Beginn des Schaltvorganges bei $t = 0$ denselben Wert, den sie vor dem Schaltvorgang hatte:

$$u_C(0_-) = u_C(0_+) \; . \tag{8.4}$$

Mathematisch bedeutet diese Aussage, dass zum Zeitpunkt $t = 0$ der linksseitige Grenzwert gleich dem rechtsseitigen Grenzwert ist, dass also der Strom durch die Induktivität und die Spannung an der Kapazität stetig sind. Sprungartige Änderungen der beiden Größen sind deshalb nicht möglich, weil sonst die Spannung an der Induktivität mit $u_L = L \cdot (di_L/dt)$ und der Strom durch den Kondensator $i_C = C \cdot (du_C/dt)$ unendlich groß werden würden. Beides ist physikalisch nicht möglich.

Ab dem Zeitpunkt des Schließens oder Öffnens eines Schalters bei $t = 0$ wird der Ausgleichsvorgang als Überlagerung des eingeschwungenen und flüchtigen Vorgangs aufgefasst, so dass sich mit den Gln. (8.3) und (8.4) die Gleichungen ergeben, mit denen die Konstanten berechnet werden können:

$$i_L(0_-) = i_L(0_+) = i_{Le}(0_+) + i_{Lf}(0_+) \tag{8.5}$$

$$u_C(0_-) = u_C(0_+) = u_{Ce}(0_+) + u_{Cf}(0_+). \tag{8.6}$$

Um die Konstanten des flüchtigen Vorgangs bestimmen zu können, ist also zu Beginn der Berechnung für ein Netzwerk mit einer Induktivität die Differentialgleichung für den Strom i_L und ein Netzwerk mit einer Kapazität die Differentialgleichung für die Spannung u_C aufzustellen. Besteht das Netzwerk aus einer Induktivität und einer Kapazität, so sind die Differentialgleichungen für den Strom i_L und die Spannung u_C zu entwickeln. Entsprechendes gilt für Netzwerke mit zwei Kapazitäten.

Zusammenhang zur Mathematik

Die Zerlegung des Ausgleichsvorgangs entspricht der rechnerischen Lösung einer inhomogenen Differentialgleichung mit konstanten Koeffizienten:

eingeschwungener Vorgang   –   partikuläre Lösung der inhomogenen Dgl.

flüchtiger Vorgang   –   allgemeine Lösung der homogenen Dgl.
                                      mit Konstantenbestimmung

Zusammenfassung der Berechnung eines Ausgleichsvorgangs

Ein Ausgleichsvorgang in einem elektrischen Netz mit Gleich- oder Wechselspannungserregung und mit einem Schalter kann nach folgendem Schema rechnerisch behandelt werden:

1. Aufstellen der Differentialgleichung bzw. Differentialgleichungen ab $t = 0$
   für den Strom i_L bzw. einer Spannung u_C
2. Bestimmung des zu erwartenden eingeschwungenen Vorgangs für $t \to \infty$,
   das entspricht einer Gleichstrom- oder Wechselstromberechnung
   (dieser Rechenschritt entfällt, wenn die Differentialgleichung homogen ist)
3. Lösung der zugehörigen homogenen Differentialgleichung mit dem $e^{\lambda t}$-Ansatz
   (flüchtiger Vorgang)
   Bei Differentialgleichungen erster Ordnung kann auf den $e^{\lambda t}$-Ansatz verzichtet werden, weil die Lösung immer $K \cdot e^{-t/\tau}$ ist, wobei τ aus der Differentialgleichung abgelesen werden kann:
   τ ist gleich dem Quotient des Koeffizienten der Ableitung dividiert durch den Koeffizienten der Stammfunktion.
4. Bestimmung der Konstanten mit den Anfangsbedingungen nach den Gln. (8.5) und
   (8.6) und Einsetzen der Konstanten in die allgemeine Lösung
5. Überlagerung des eingeschwungenen Vorgangs und des flüchtigen Vorgangs zum
   Ausgleichsvorgang
   (Ist der eingeschwungene Vorgang Null, dann entfällt selbstverständlich die Überlagerung.)
6. Weitere Berechnungen, grafische Darstellungen der Zeitverläufe und Ähnliches.

In den folgenden Rechenbeispielen wird auf die Rechenschritte 1 bis 6 Bezug genommen.

8.2.2 Ausgleichsvorgänge in einfachen Stromkreisen bei zeitlich konstanter Quellspannung

Einschaltvorgang einer Gleichspannung an eine Spule

Zu 1.

Aufstellen der Differentialgleichung:

$$u_R + u_{Ri} + u_L = U_q$$

$$(R_L + R_i) \cdot i + L \cdot \frac{di}{dt} = U_q$$

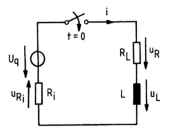

Zu 2.

Eingeschwungener Strom i_e:

$$i_e = \frac{U_q}{R_L + R_i}$$

Bild 8.9 Einschaltvorgang einer Gleichspannung an eine Spule

aus

$$(R_L + R_i) \cdot i_e + L \cdot \frac{di_e}{dt} = U_q$$

$$\text{mit} \quad L \cdot \frac{di_e}{dt} = 0$$

Zu 3.

Flüchtiger Strom i_f:

$$(R_L + R_i) \cdot i_f + L \cdot \frac{di_f}{dt} = 0$$

$e^{\lambda t}$-Ansatz: $\quad i_f = K \cdot e^{\lambda t},$

differenziert: $\quad \dfrac{di_f}{dt} = K \cdot \lambda \cdot e^{\lambda t},$

in die homogene Differentialgleichung eingesetzt:

$$(R_L + R_i) \cdot K \cdot e^{\lambda t} + L \cdot K \cdot \lambda \cdot e^{\lambda t} = 0$$

$$K \cdot e^{\lambda t} \cdot [(R_L + R_i) + L \cdot \lambda] = 0.$$

$K = 0$ ergibt keinen flüchtigen Strom und $e^{\lambda t}$ kann nicht Null werden, also ist

$$(R_L + R_i) + L \cdot \lambda = 0 \quad \text{und} \quad \lambda = -\frac{R_L + R_i}{L}.$$

Die allgemeine Lösung der homogenen Differentialgleichung lautet:

$$i_f = K \cdot e^{-\frac{(R_L + R_i)}{L}t} = K \cdot e^{-t/\tau} \quad \text{mit} \quad \tau = \frac{L}{R_L + R_i} \; .$$

τ ist die *Zeitkonstante*, eine charakteristische Größe des Ausgleichsvorgangs.

Zu 4.

Bestimmung der Konstanten:

$$i(0_-) = i(0_+) = i_e(0_+) + i_f(0_+)$$

$$0 = \frac{U_q}{R_L + R_i} + K \cdot e^{-0/\tau}$$

mit

$$e^0 = 1$$

ist

$$K = -\frac{U_q}{R_L + R_i} \; .$$

Die partikuläre Lösung der homogenen Differentialgleichung lautet

$$i_f = -\frac{U_q}{R_L + R_i} \cdot e^{-t/\tau} \; .$$

Zu 5.

Überlagerung des eingeschwungenen und des flüchtigen Stroms:

$$i = i_e + i_f$$

$$i = \frac{U_q}{R_L + R_i} - \frac{U_q}{R_L + R_i} \cdot e^{-t/\tau}$$

$$i = \frac{U_q}{R_L + R_i} \cdot (1 - e^{-t/\tau}) \quad \text{mit} \quad \tau = \frac{L}{R_L + R_i} \; . \tag{8.7}$$

Zu 6.

Weitere Berechnungen:

Berechnung der Spannung an der Induktivität:

$$u_L = L \cdot \frac{di}{dt} = L \cdot \frac{U_q}{R_L + R_i} \cdot (-e^{-t/\tau}) \cdot \left(-\frac{1}{\tau}\right)$$

$$u_L = L \cdot \frac{U_q}{R_L + R_i} \cdot \frac{R_L + R_i}{L} \cdot e^{-t/\tau}$$

$$u_L = U_q \cdot e^{-t/\tau} \tag{8.8}$$

Berechnung der Gesamtleistung, der Leistungen im ohmschen Widerstand und in der Induktivität:

Wird die Differentialgleichung

$$(R_L + R_i) \cdot i + L \cdot \frac{di}{dt} = U_q$$

mit i multipliziert, dann ergibt sich eine zeitabhängige Leistungsbilanz während des Ausgleichsvorgangs:

$$(R_L + R_i) \cdot i^2 + L \cdot \frac{di}{dt} \cdot i = U_q \cdot i$$

mit

$$p = U_q \cdot i = \frac{U_q{}^2}{R_L + R_i} \cdot (1 - e^{-t/\tau}) \qquad (8.9)$$

$$p_R = (R_L + R_i) \cdot i^2 = \frac{U_q{}^2}{R_L + R_i} \cdot (1 - e^{-t/\tau})^2 \qquad (8.10)$$

$$p_L = L \cdot \frac{di}{dt} \cdot i = u_L \cdot i = \frac{U_q{}^2}{R_L + R_i} \cdot e^{-t/\tau} \cdot (1 - e^{-t/\tau}) \,. \qquad (8.11)$$

Grafische Darstellung der zeitlichen Verläufe von Strom, Spannung und Leistung:

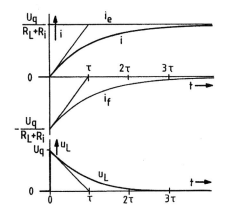 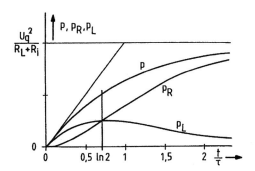

Bild 8.10 Strom- und Spannungsverläufe beim Einschalten einer Gleichspannung an eine Spule

Bild 8.11 Leistungsverläufe beim Einschalten einer Gleichspannung an eine Spule

Aufladevorgang eines Kondensators über einen Widerstand mittels Gleichspannung

Zu 1. $R_1 \cdot i_C + u_C = U$

       mit $i_C = C \cdot \dfrac{du_C}{dt}$

       $R_1 \cdot C \cdot \dfrac{du_C}{dt} + u_C = U$

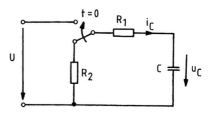

Zu 2. $u_{Ce} = U$

Bild 8.12 Aufladevorgang eines Kondensators über einen Widerstand mittels Gleichspannung

Zu 3. $R_1 \cdot C \cdot \dfrac{du_{Cf}}{dt} + u_{Cf} = 0$

       $u_{Cf} = K \cdot e^{-t/\tau_1}$ mit $\tau_1 = R_1 \cdot C$

Zu 4. $u_C(0_-) = u_C(0_+) = u_{Ce}(0_+) + u_{Cf}(0_+)$

       $0 = U + K$

       d. h. $K = -U$ und $u_{Cf} = -U \cdot e^{-t/\tau_1}$

Zu 5. $u_C = u_{Ce} + u_{Cf} = U - U \cdot e^{-t/\tau_1}$

       $u_C = U \cdot (1 - e^{-t/\tau_1})$ (8.12)

Zu 6. $i_C = C \cdot \dfrac{du_C}{dt}$

       $i_C = C \cdot U \cdot (-e^{-t/\tau_1}) \cdot \left(-\dfrac{1}{\tau_1}\right)$

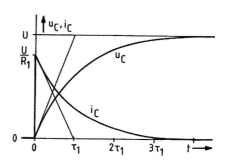

Bild 8.13 Spannungs- und Stromverläufe beim Aufladen eines Kondensators mittels Gleichspannung

       $i_C = \dfrac{C \cdot U}{R_1 \cdot C} \cdot e^{-t/\tau_1}$

       $i_C = \dfrac{U}{R_1} \cdot e^{-t/\tau_1}$ (8.13)

Der Aufladevorgang ist nach etwa $5 \cdot \tau_1$ abgeschlossen, weil der Kondensator dann praktisch auf U aufgeladen ist:

       $u_C = U \cdot (1 - e^{-5}) = 0{,}993 \cdot U.$

Wird der Schalter eher als $5 \cdot \tau_1$ auf Entladung umgeschaltet, dann ist die erreichte Aufladespannung, die gleich dem Anfangswert für die Entladung ist, kleiner als U.

Entladevorgang eines Kondensators über ohmsche Widerstände

Zu 1. $(R_1 + R_2) \cdot i_C + u_C = 0$

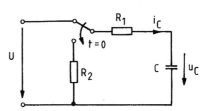

mit $\quad i_C = C \cdot \dfrac{du_C}{dt}$

$(R_1 + R_2) \cdot C \cdot \dfrac{du_C}{dt} + u_C = 0$

Zu 2. $u_{Ce} = 0$, d. h. $u_C = u_{Cf}$

Zu 3. $(R_1 + R_2) \cdot C \cdot \dfrac{du_{Cf}}{dt} + u_{Cf} = 0$

Bild 8.14 Entladevorgang eines Kondensators über Widerstände

$u_{Cf} = K \cdot e^{-t/\tau_2} \quad$ mit $\quad \tau_2 = (R_1 + R_2) \cdot C$

Zu 4. $u_C(0_-) = u_C(0_+) = u_{Ce}(0_+) + u_{Cf}(0_+)$

$u_C(0) = 0 + K$

$u_C = u_{Cf} = u_C(0) \cdot e^{-t/\tau_2}$ $\qquad\qquad\qquad\qquad$ (8.14)

Zu 5. entfällt

Zu 6. $i_C = C \cdot \dfrac{du_C}{dt}$

$i_C = C \cdot u_C(0) \cdot e^{-t/\tau_2} \cdot \left(-\dfrac{1}{\tau_2}\right)$

$i_C = -\dfrac{u_C(0)}{R_1 + R_2} \cdot e^{-t/\tau_2} .$ $\qquad$ (8.15)

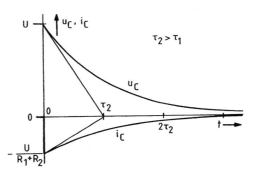

Ist die Aufladezeit größer als $5 \cdot \tau_1$, dann ist $u_C(0) = U$, und die Formeln für u_C und i_C lauten:

$u_C = U \cdot e^{-t/\tau_2}$ $\qquad\qquad$ (8.16)

$i_C = -\dfrac{U}{R_1 + R_2} \cdot e^{-t/\tau_2}$ $\qquad$ (8.17)

Bild 8.15 Strom- und Spannungsverläufe beim Entladen eines Kondensators, der vollständig aufgeladen war

Aufladung eines Kondensators bei nicht vollständig entladenem Kondensator

Für eine weitere Aufladung des Kondensators ist zu berücksichtigen, ob die Entladung vollständig erfolgen konnte oder ob der Schalter eher als $5 \cdot \tau_2$ umgelegt wurde. Bei vollständiger Entladung des Kondensators beginnt die Aufladung bei der Spannung Null Volt wie bei der ersten Aufladung. Wurde der Kondensator nur teilweise entladen, dann ist der Endwert der Entladespannung gleich dem Anfangswert der Aufladespannung. Dieser Endwert bestimmt die Konstante der flüchtigen Spannung.

Zu 1. bis 3. (siehe Aufladevorgang eines Kondensators)

Zu 4. $\quad u_C(0_-) = u_C(0_+) = u_{Ce}(0_+) + u_{Cf}(0_+)$

$\quad\quad u_C(0) = U + K$

$\quad\quad$ d. h. $\quad K = -U + u_C(0)$

$\quad\quad u_{Cf} = [-U + u_C(0)] \cdot e^{-t/\tau_1}$

Zu 5. $\quad u_C = u_{Ce} + u_{Cf} = U + [-U + u_C(0)] \cdot e^{-t/\tau_1}$

$\quad\quad u_C = U \cdot (1 - e^{-t/\tau_1}) + u_C(0) \cdot e^{-t/\tau_1}$ $\hfill (8.18)$

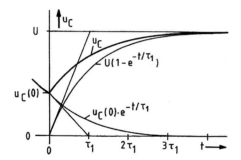

Bild 8.16
Spannungsverlauf beim Aufladen
eines Kondensators bei Vorspannung

Übergangsfunktion einer RC-Schaltung

Wird an die beiden Eingangsklemmen eines passiven Netzwerkes zum Zeitpunkt t = 0 ein Spannungssprung u_1 mit Hilfe einer Gleichspannung und eines Schalters angelegt, dann entsteht an den beiden Ausgangsklemmen eine Spannung u_2, die *Sprungantwort* oder *Übergangsfunktion* genannt wird. Für die im Bild 8.17 gezeichnete Schaltung soll die Übergangsfunktion ermittelt werden. Dabei ist zunächst die Spannung am Kondensator zu ermitteln.

Zu 1. $u_R + u_C + u_2 = U$

$(R_1 + R_2) \cdot i + u_C = U$

mit $i = C \cdot \dfrac{du_C}{dt}$

$(R_1 + R_2) \cdot C \cdot \dfrac{du_C}{dt} + u_C = U$

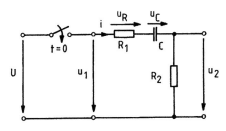

Zu 2. $u_{Ce} = U$

Bild 8.17 RC-Schaltung

Zu 3. $(R_1 + R_2) \cdot C \cdot \dfrac{du_{Cf}}{dt} + u_{Cf} = 0$

$u_{Cf} = K \cdot e^{-t/\tau}$ mit $\tau = (R_1 + R_2) \cdot C$

Zu 4. $u_C(0_-) = u_C(0_+) = u_{Ce}(0_+) + u_{Cf}(0_+)$

$0 = U + K$

d. h. $K = -U$

$u_{Cf} = -U \cdot e^{-t/\tau}$

Zu 5. $u_C = u_{Ce} + u_{Cf} = U - U \cdot e^{-t/\tau}$

$u_C = U \cdot (1 - e^{-t/\tau})$ $\qquad$ (8.19)

Zu 6. $u_2 = R_2 \cdot i = R_2 \cdot C \cdot \dfrac{du_C}{dt}$

$u_2 = R_2 \cdot C \cdot U \cdot (-e^{-t/\tau}) \cdot \left(-\dfrac{1}{\tau}\right)$

$u_2 = \dfrac{R_2 \cdot C \cdot U}{(R_1 + R_2) \cdot C} \cdot e^{-t/\tau}$

$u_2 = \dfrac{R_2}{R_1 + R_2} \cdot U \cdot e^{-t/\tau}$ $\qquad$ (8.20)

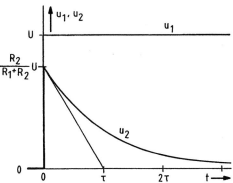

Bild 8.18 Eingangssprung und Übergangsfunktion einer RC-Schaltung

8.2.3 Ausgleichsvorgänge in einfachen Stromkreisen bei zeitlich sinusförmiger Quellspannung

Einschaltvorgang einer Wechselspannung an eine Spule
mit zugeschalteten ohmschen Widerständen

Zu 1.

$$R_1 \cdot i_1 + R_L \cdot i_L + L\frac{di_L}{dt} = u$$

mit

$$i_1 = i_L + i_2$$

$$i_1 = i_L + \frac{R_L \cdot i_L + L\frac{di_L}{dt}}{R_2}$$

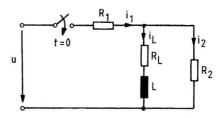

Bild 8.19 Einschaltvorgang einer Wechselspannung an eine Spule

und

$$u = \hat{u} \cdot \sin(\omega t + \varphi_u)$$

$$R_1 \cdot i_L + \frac{R_1 \cdot R_L}{R_2} \cdot i_L + \frac{R_1}{R_2} \cdot L\frac{di_L}{dt} + R_L \cdot i_L + L\frac{di_L}{dt} = \hat{u} \cdot \sin(\omega t + \varphi_u)$$

$$\left(R_1 + \frac{R_1}{R_2} \cdot R_L + R_L \right) \cdot i_L + L \cdot \left(\frac{R_1}{R_2} + 1 \right) \cdot \frac{di_L}{dt} = \hat{u} \cdot \sin(\omega t + \varphi_u) \qquad (8.21)$$

und mit

$$R_{ers} = R_1 + \frac{R_1}{R_2} \cdot R_L + R_L \quad \text{und} \quad L_{ers} = L \cdot \left(\frac{R_1}{R_2} + 1 \right)$$

lautet die Differentialgleichung

$$R_{ers} \cdot i_L + L_{ers} \cdot \frac{di_L}{dt} = \hat{u} \cdot \sin(\omega t + \varphi_u). \qquad (8.22)$$

Wird nur eine Spule ohne zusätzliche ohmsche Widerstände an die sinusförmige Wechselspannung angelegt, dann ist die Differentialgleichung prinzipiell gleich:

$$R_L \cdot i_L + L\frac{di_L}{dt} = \hat{u} \cdot \sin(\omega t + \varphi_u) \quad \text{mit } R_1 = 0 \text{ und } R_2 = \infty. \qquad (8.23)$$

Zu 2.

Da bereits die Differentialgleichung vorliegt, eignet sich das Verfahren 2 der Wechselstromberechnung (siehe Band 2, Abschnitte 4.2.2 und 4.2.5) für die Berechnung des eingeschwungenen Stroms i_{Le}:

Differentialgleichung für den eingeschwungenen Vorgang:

$$R_{ers} \cdot i_{Le} + L_{ers} \cdot \frac{di_{Le}}{dt} = \hat{u} \cdot \sin(\omega t + \varphi_u)$$

algebraische Gleichung:

$$R_{ers} \cdot \underline{i}_{Le} + j\omega L_{ers} \cdot \underline{i}_{Le} = \hat{u} \cdot e^{j(\omega t + \varphi_u)}$$

Lösung der algebraischen Gleichung:

$$\underline{i}_{Le} = \frac{\hat{u} \cdot e^{j(\omega t + \varphi_u)}}{R_{ers} + j\omega L_{ers}} = \frac{\hat{u} \cdot e^{j(\omega t + \varphi_u - \varphi)}}{\sqrt{R_{ers}^2 + (\omega \cdot L_{ers})^2}} = \frac{\hat{u}}{Z_{ers}} \cdot e^{j(\omega t + \varphi_u - \varphi)}$$

und in den Zeitbereich rücktransformiert:

$$i_{Le} = \frac{\hat{u}}{Z_{ers}} \cdot \sin(\omega t + \varphi_u - \varphi) = \hat{i}_{Le} \cdot \sin(\omega t + \varphi_{ie})$$

$$\text{mit} \quad \varphi = \text{arc } \tan \frac{\omega L_{ers}}{R_{ers}} \quad \text{und} \quad Z_{ers} = \sqrt{R_{ers}^2 + (\omega \cdot L_{ers})^2}$$

Der eingeschwungene Strom hat also die Amplitude

$$\hat{i}_{Le} = \frac{\hat{u}}{Z_{ers}}$$

und den Anfangsphasenwinkel

$$\varphi_{ie} = \varphi_u - \varphi = \varphi_u - \text{arc } \tan \frac{\omega L_{ers}}{R_{ers}} \;.$$

Selbstverständlich lässt sich auch das Verfahren 3 der Wechselstromberechnung, die Symbolische Methode (siehe Band 2, Abschnitte 4.2.4 und 4.2.5) für die Berechnung des eingeschwungenen sinusförmigen Stroms anwenden:

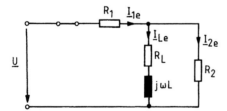

Bild 8.20
Schaltung im Bildbereich für die Berechnung des eingeschwungenen Stroms beim Einschaltvorgang einer Wechselspannung an eine Spule

Mit der Stromteilerregel für komplexe Effektivwerte von Strömen ist

$$\frac{\underline{I}_{Le}}{\underline{I}_{1e}} = \frac{R_2}{R_2 + R_L + j\omega L} \,,$$

der eingeschwungene Gesamtstrom in komplexen Effektivwerten ist

$$\underline{I}_{1e} = \frac{\underline{U}}{R_1 + \dfrac{R_2 \cdot (R_L + j\omega L)}{R_2 + R_L + j\omega L}} \;.$$

Damit ist

$$\underline{I}_{Le} = \frac{R_2 \cdot \underline{U}}{R_1 \cdot (R_2 + R_L + j\omega L) + R_2 \cdot (R_L + j\omega L)}$$

$$\underline{I}_{Le} = \frac{\underline{U}}{\left(R_1 + \dfrac{R_1}{R_2} \cdot R_L + R_L\right) + j\omega L \cdot \left(\dfrac{R_1}{R_2} + 1\right)} = \frac{\underline{U}}{R_{ers} + j\omega L_{ers}}$$

$$\underline{i}_{Le} = \frac{\underline{u}}{R_{ers} + j\omega L_{ers}} \quad \text{mit} \quad \underline{u} = \hat{u} \cdot e^{j(\omega t + \varphi_u)}.$$

Die Rücktransformation der komplexen Zeitfunktion des eingeschwungenen Stroms in den Zeitbereich ist bei der Behandlung mit dem Verfahren 2 bereits vorgenommen.

Zu 3.

$$R_{ers} \cdot i_{Lf} + L_{ers} \cdot \frac{di_{Lf}}{dt} = 0$$

$$i_{Lf} = K \cdot e^{-t/\tau}$$

mit

$$\tau = \frac{L_{ers}}{R_{ers}} = \frac{L \cdot \left(\dfrac{R_1}{R_2} + 1\right)}{R_1 + \dfrac{R_1}{R_2} \cdot R_L + R_L} = \frac{L \cdot (R_1 + R_2)}{R_1 \cdot R_2 + R_1 \cdot R_L + R_L \cdot R_2}$$

$$\tau = \frac{L \cdot (R_1 + R_2)}{R_1 \cdot R_2 + R_L \cdot (R_1 + R_2)} = \frac{L}{\dfrac{R_1 \cdot R_2}{R_1 + R_2} + R_L}. \tag{8.24}$$

Das Ergebnis für die Zeitkonstante lässt sich mit Hilfe des Schaltbildes und der Differentialgleichung bestätigen:

Das Nullsetzen der Inhomogenität u in der Differentialgleichung bei der Berechnung des flüchtigen Stroms entspricht im Schaltbild dem Kurzschluss der Spannung u. Dadurch liegen die Widerstände R_1 und R_2 parallel und mit R_L in Reihe bezogen auf die Induktivität L. Dieser Gesamtwiderstand bestimmt mit der Induktivität L die Zeitkonstante τ.

Zu 4.

$$i_L(0_-) = i_L(0_+) = i_{Le}(0_+) + i_{Lf}(0_+)$$

$$0 = \frac{\hat{u}}{Z_{ers}} \cdot \sin(\varphi_u - \varphi) + K$$

$$K = -\frac{\hat{u}}{Z_{ers}} \cdot \sin(\varphi_u - \varphi)$$

$$i_{Lf} = -\frac{\hat{u}}{Z_{ers}} \cdot \sin(\varphi_u - \varphi) \cdot e^{-t/\tau} = -\frac{\hat{u}}{Z_{ers}} \cdot \sin\varphi_{ie} \cdot e^{-t/\tau}$$

Zu 5.

$$i_L = i_{Le} + i_{Lf} = \frac{\hat{u}}{Z_{ers}} \cdot \left[\sin(\omega t + \varphi_{ie}) - \sin\varphi_{ie} \cdot e^{-t/\tau} \right] \tag{8.25}$$

und ausführlich

$$i_L = \frac{\hat{u} \cdot \left[\sin(\omega t + \varphi_u - \varphi) - \sin(\varphi_u - \varphi) \cdot e^{-t/\tau} \right]}{\sqrt{\left(R_1 + \frac{R_1}{R_2} \cdot R_L + R_L \right)^2 + \omega^2 L^2 \cdot \left(\frac{R_1}{R_2} + 1 \right)^2}} \tag{8.26}$$

Zu 6.
Darstellung des zeitlichen Stromverlaufs:

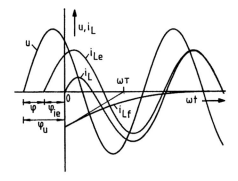

Bild 8.21
Zeitlicher Stromverlauf beim Einschalten
einer Wechselspannung an eine Spule

Erläuterung des zeitlichen Stromverlaufs:

Der Strom durch die Spule besteht aus dem eingeschwungenen sinusförmigen Strom und einem flüchtigen Strom, der zum Zeitpunkt des Einschaltens den Augenblickswert des eingeschwungenen Stroms, der bei $t = 0$ fließen würde, zu Null kompensiert. Das Überschwingen des Ausgleichsstroms hängt also vom Anfangsphasenwinkel des eingeschwungenen Stroms $\varphi_{ie} = \varphi_u - \varphi$ ab.

Spezialfälle:

Ist $\varphi_{ie} = 0$ oder $\varphi_{ie} = \pi$, dann gibt es kein Überschwingen, weil der flüchtige Strom keinen Augenblickswert des eingeschwungenen Stroms zu Null zu kompensieren braucht: der flüchtige Strom ist dann mit $\sin(\varphi_u - \varphi) = \sin\varphi_{ie} = 0$ gleich Null, und der Ausgleichsstrom ist gleich dem eingeschwungenen Strom:

$$i_L = i_{Le} \quad \text{mit} \quad i_{Lf} = 0.$$

Ist $\varphi_{ie} = -\pi/2$, dann ist der flüchtige Strom mit $\sin\varphi_{ie} = -1$ am größten:

$$i_{Lf} = -\frac{\hat{u}}{Z_{ers}} \cdot \sin\varphi_{ie} \cdot e^{-t/\tau} = \frac{\hat{u}}{Z_{ers}} \cdot e^{-t/\tau}.$$

Ist $\varphi_{ie} = -\varphi$ mit $\varphi_u = 0$, dann wird im Nulldurchgang der Spannung u eingeschaltet. Der Ausgleichsstrom

$$i_L = \frac{\hat{u}}{Z_{ers}} \cdot \left[\sin(\omega t - \varphi) + \sin \varphi \cdot e^{-t/\tau} \right] \qquad (8.27)$$

ist ein asymmetrisch zur ωt-Achse verlaufender Einschaltstrom, der in der ersten Halbwelle seinen höchsten Wert hat.

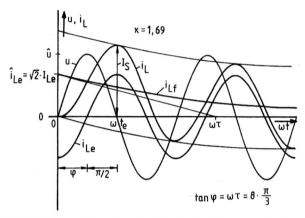

Bild 8.22 Einschalten einer Spule beim Nulldurchgang der Spannung

Tritt in einem Wechselstromnetz ein Kurzschluss auf, dann kann dieser höchste Stromwert, auch Stoßkurzschlussstrom I_S genannt, zu Zerstörung von Anlagenteilen führen, wenn die Anlage nicht entsprechend mechanisch bemessen ist. Für experimentelle Untersuchungen zur richtigen Auslegung einer elektrischen Anlage ist der so genannte *Stoßfaktor* κ entscheidend, der gleich dem Verhältnis des Stoßkurzschlussstroms I_S zur Amplitude des sinusförmigen Dauerkurzschlussstromes $\hat{i}_{Le}$ ist:

$$\kappa = \frac{I_S}{\hat{i}_{Le}} = \frac{I_S}{\sqrt{2} \cdot I_{Le}}. \qquad (8.28)$$

Der Stoßfaktor κ lässt sich aus den gegebenen Größen R_{ers} und L_{ers} berechnen, wie folgende Herleitung zeigt:

Bei

$$\omega t_e = \varphi + \pi/2 \quad \text{bzw.} \quad \omega t_e - \varphi = \pi/2$$

ist

$$i_L = I_S$$

und

$$i_{Le} = \frac{\hat{u}}{Z_{ers}} \cdot \sin(\omega t_e - \varphi) = \frac{\hat{u}}{Z_{ers}} \cdot \sin \pi/2 = \frac{\hat{u}}{Z_{ers}} = \hat{i}_{Le}$$

und mit

$$\sin \varphi_{ie} = \sin(-\varphi) = -\sin \varphi$$

ist

$$i_{Lf} = \frac{\hat{u}}{Z_{ers}} \cdot \sin \varphi \cdot e^{-\frac{\omega t_e}{\omega \tau}} \ .$$

Mit $i_L = i_{Le} + i_{Lf}$ ist

$$\frac{i_L}{i_{Le}} = 1 + \frac{i_{Lf}}{i_{Le}} \ .$$

Damit ergibt sich für den Stoßfaktor

$$\kappa = \frac{I_S}{\hat{i}_{Le}} = 1 + \frac{\dfrac{\hat{u}}{Z_{ers}} \cdot \sin \varphi \cdot e^{-\frac{\omega t_e}{\omega \tau}}}{\dfrac{\hat{u}}{Z_{ers}}} = 1 + \sin \varphi \cdot e^{-\frac{\omega t_e}{\omega \tau}}$$

$$\kappa = 1 + \sin \varphi \cdot e^{-\frac{(\varphi + \pi/2)}{\omega \tau}} \tag{8.29}$$

mit

$$\tau = \frac{L_{ers}}{R_{ers}} \quad \text{bzw.} \quad \omega \tau = \frac{\omega L_{ers}}{R_{ers}} = \frac{X_{Lers}}{R_{ers}} \ .$$

Die Phasenverschiebung φ hängt mit der Zeitkonstanten τ über

$$\tan \varphi = \omega \tau = \frac{\omega L_{ers}}{R_{ers}} \tag{8.30}$$

oder

$$\cos \varphi = \frac{1}{\sqrt{1 + \tan^2 \varphi}} = \frac{1}{\sqrt{1 + \omega^2 \tau^2}} \tag{8.31}$$

zusammen.

Wenn der Blindwiderstand ωL_{ers} gegenüber dem ohmschen Widerstand R_{ers} sehr groß ist, dann ist die Phasenverschiebung nahezu $\pi/2$ und die Zeitkonstante τ ist sehr groß. Der flüchtige Strom i_{Lf} ist dann im Bild 8.22 praktisch eine Parallele zur ωt-Achse, und der Stoßkurzschlussstrom I_S ist doppelt so groß wie die Amplitude des eingeschwungenen Kurzschlussstroms $\hat{i}_{Le}$. In diesem für eine elektrische Anlage kritischen Fall ist der Stoßfaktor κ maximal. Der Wert von 2 kann aber nicht überschritten werden. Ist beispielsweise $\tan \varphi = \omega \tau = 100$, dann erreicht der Stoßfaktor κ fast den Wert 2:

Mit Gl. (8.29) ist

$$\kappa = 1 + 0,99995 \cdot e^{-\frac{1,56 + 1,57}{100}} = 1,97 \ .$$

Beispiel:

Für die zeitlichen Verläufe im Bild 8.22 ist tan φ = ωτ = 8 · π/3 = 8,38. Der Stoßfaktor beträgt dann nach Gl. (8.29)

$$\kappa = 1 + 0{,}993 \cdot e^{-\frac{1{,}45+1{,}57}{8.38}} = 1{,}69.$$

Weiteres Beispiel:

Einschaltvorgang einer Wechselspannung an einen verlustbehafteten Kondensator

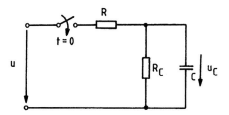

Bild 8.23
Einschaltvorgang einer Wechselspannung
an einen Kondensator

Der zeitliche Verlauf der Kondensatorspannung u_C ist der gleiche wie der zeitliche Verlauf des Stroms durch die Induktivität i_L, beim Einschaltvorgang einer Wechselspannung an eine Spule.

8.2.4 Ausgleichsvorgänge in Schwingkreisen

Entladung eines Kondensators mittels einer Spule

Zu 1.

Nach der Festlegung der Strom- und Spannungsrichtungen nach dem Verbraucherzählpfeilsystem werden die Differentialgleichungen für die Spannung am Kondensator u_C und für den Strom i aufgestellt:

Zunächst die Differentialgleichung für die Spannung:

$$u_R + u_L + u_C = 0$$

$$R \cdot i + L \cdot \frac{di}{dt} + u_C = 0$$

mit

$$i = C \cdot \frac{du_C}{dt}$$

und

$$\frac{di}{dt} = C \cdot \frac{d^2 u_C}{dt^2}$$

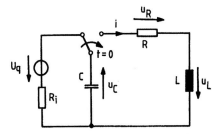

Bild 8.24 Entladung eines Kondensators
mittels einer Spule

$$R \cdot C \cdot \frac{du_C}{dt} + L \cdot C \cdot \frac{d^2 u_C}{dt^2} + u_C = 0$$

$$\frac{d^2 u_C}{dt^2} + \frac{R}{L} \cdot \frac{du_C}{dt} + \frac{1}{L \cdot C} \cdot u_C = 0 \qquad\qquad (8.32)$$

Dann lautet die Differentialgleichung für den Strom:

$$u_R + u_L + u_C + 0$$

$$R \cdot i + L \cdot \frac{di}{dt} + \frac{1}{C} \cdot \int i \cdot dt = 0$$

$$R \cdot \frac{di}{dt} + L \cdot \frac{d^2 i}{dt^2} + \frac{1}{C} \cdot i = 0$$

$$\frac{d^2 i}{dt^2} + \frac{R}{L} \cdot \frac{di}{dt} + \frac{1}{L \cdot C} \cdot i = 0 . \tag{8.33}$$

Beide Differentialgleichungen sind bei zwei Speicherelementen 2. Ordnung und homogen, denn sowohl die Spannung am Kondensator u_C wie auch der Strom i werden nach entsprechend langer Zeit Null, wenn der Kondensator entladen ist.

Zu 2.

Der Ausgleichsvorgang ist mit dem flüchtigen Vorgang identisch, und der eingeschwungene Vorgang ist jeweils Null:

$$u_{Ce} = 0, \quad \text{d. h.} \quad u_C = u_{Cf}$$

und

$$i_e = 0, \quad \text{d. h.} \quad i = i_f$$

Zu 3.

$$\frac{d^2 u_{Cf}}{dt^2} + \frac{R}{L} \cdot \frac{du_{Cf}}{dt} + \frac{1}{L \cdot C} \cdot u_{Cf} = 0 \tag{8.34}$$

$$\frac{d^2 i_f}{dt^2} + \frac{R}{L} \cdot \frac{di_f}{dt} + \frac{1}{L \cdot C} \cdot i_f = 0 . \tag{8.35}$$

Für beide Differentialgleichungen 2. Ordnung mit den gleichen Koeffizienten ließen sich für u_{Cf} und i_f Lösungen mit dem $e^{\lambda \tau}$-Ansatz finden, die jeweils zwei frei wählbare Konstanten enthalten.

Da es aber nur zwei Anfangsbedingungen $u_C(0) = -U_q$ und $i(0) = 0$ gibt, lassen sich nur zwei Konstanten ermitteln.

Deshalb wird der $e^{\lambda \tau}$-Ansatz nur für die Differentialgleichung für u_{Cf} angewendet und damit die Lösung für u_{Cf} ermittelt. Anschließend wird mit dem Zusammenhang zwischen Strom und Spannung des Kondensators die Stromlösung i_f berechnet, indem die Lösung für u_{Cf} differenziert und mit C multipliziert wird:

$$u_{Cf} = K \cdot e^{\lambda t}$$

$$\frac{du_{Cf}}{dt} = K \cdot \lambda \cdot e^{\lambda t}$$

$$\frac{d^2 u_{Cf}}{dt^2} = K \cdot \lambda^2 \cdot e^{\lambda t},$$

eingesetzt in die Differentialgleichung ergibt

$$K \cdot \lambda^2 \cdot e^{\lambda t} + \frac{R}{L} \cdot K \cdot \lambda \cdot e^{\lambda t} + \frac{1}{L \cdot C} \cdot K \cdot e^{\lambda t} = 0$$

$$K \cdot e^{\lambda t} \cdot \left[\lambda^2 + \frac{R}{L} \cdot \lambda + \frac{1}{L \cdot C} \right] = 0 \ .$$

Den Faktor K Null zu setzen, ergäbe keine Lösung. Die Funktion $e^{\lambda t} = f(\lambda)$ hat keine Nullstelle, so dass nur die *charakteristische Gleichung* der Differentialgleichung Lösungen für λ_1 und λ_2 ergibt:

$$\lambda^2 + \frac{R}{L} \cdot \lambda + \frac{1}{L \cdot C} = 0 \tag{8.36}$$

$$\lambda_{1,2} = -\frac{R}{2L} \pm \sqrt{\left(\frac{R}{2L} \right)^2 - \frac{1}{L \cdot C}} \tag{8.37}$$

$$\lambda_{1,2} = -\delta \pm \sqrt{\delta^2 - \omega_0^2} = -\delta \pm \kappa \tag{8.38}$$

mit

$$\kappa = \sqrt{\delta^2 - \omega_0^2} \tag{8.39}$$

$$\delta = \frac{R}{2L} \quad \text{Abklingkonstante} \tag{8.40}$$

$$\omega_0 = \frac{1}{\sqrt{LC}} \quad \text{Resonanzkreisfrequenz der stationären Schwingung}$$

(siehe Band 2, Gl. (4.114) im Abschnitt 4.5.1).

Die Lösungen der charakteristischen Gleichung hängen von der Größe der Wurzel ab, die entweder positiv, Null oder negativ sein kann.

Für $\lambda_1 \neq \lambda_2$,

entweder reell und von einander verschieden (aperiodischer Fall)

oder konjugiert komplex (periodischer Fall, Schwingfall),

lauten die Lösungen der homogenen Differentialgleichung:

$$u_{Cf} = K_1 \cdot e^{\lambda_1 t} + K_2 \cdot e^{\lambda_2 t} \tag{8.41}$$

$$i_f = C \cdot \frac{du_{Cf}}{dt} = C \cdot (K_1 \cdot \lambda_1 \cdot e^{\lambda_1 t} + K_2 \cdot \lambda_2 \cdot e^{\lambda_2 t}) \ . \tag{8.42}$$

Ist $\lambda_1 = \lambda_2 = \lambda$, d. h. die charakteristische Gleichung hat eine Doppelwurzel, dann kann die Lösung für die Spannung für diesen Fall nicht verwendet werden, weil nach dem Ausklammern von $e^{\lambda_1 t} = e^{\lambda_2 t} = e^{\lambda t}$ die Konstanten K_1 und K_2 zu einer Konstanten zusammengefasst werden könnten; die allgemeine Lösung einer Differentialgleichung zweiter Ordnung verlangt aber zwei Konstanten.

Durch Variation der Konstanten kann die allgemeine Lösung ermittelt werden:

$$u_{Cf} = K(t) \cdot e^{\lambda t}$$

$$\frac{du_{Cf}}{dt} = K'(t) \cdot e^{\lambda t} + K(t) \cdot \lambda \cdot e^{\lambda t}$$

$$\frac{d^2 u_{Cf}}{dt^2} = K''(t) \cdot e^{\lambda t} + K'(t) \cdot \lambda \cdot e^{\lambda t} + K'(t) \cdot \lambda \cdot e^{\lambda t} + K(t) \cdot \lambda^2 \cdot e^{\lambda t},$$

eingesetzt in die Differentialgleichung ergibt

$$K''(t) \cdot e^{\lambda t} + 2 \cdot K'(t) \cdot \lambda \cdot e^{\lambda t} + K(t) \cdot \lambda^2 \cdot e^{\lambda t}$$

$$+ \frac{R}{L} \cdot K'(t) \cdot e^{\lambda t} + \frac{R}{L} \cdot K(t) \cdot \lambda \cdot e^{\lambda t} + \frac{1}{L \cdot C} \cdot K(t) \cdot e^{\lambda t} = 0$$

$$e^{\lambda t} \cdot \left\{ K''(t) + K'(t) \cdot \left[2\lambda + \frac{R}{L} \right] + K(t) \cdot \left[\lambda^2 + \frac{R}{L} \cdot \lambda + \frac{1}{L \cdot C} \right] \right\} = 0 \, .$$

Mit

$$e^{\lambda t} \neq 0$$

und

$$2\lambda + \frac{R}{L} = 0 \quad \left(\text{aus Gl. (8.37):} \quad \lambda_1 = \lambda_2 = \lambda = -\frac{R}{2L} \right)$$

und

$$\lambda^2 + \frac{R}{L} \cdot \lambda + \frac{1}{L \cdot C} = 0 \quad \text{siehe Gl. (8.36)}$$

bleibt in obiger Gleichung nur $K''(t)$ übrig und $K(t)$ kann durch zweimalige Integration errechnet und im Ansatz berücksichtigt werden:

$$K''(t) = \frac{d^2 K(t)}{dt^2} = 0$$

$$K'(t) = \frac{dK(t)}{dt} = K_2$$

$$K(t) = K_1 + K_2 \cdot t \, .$$

Die Lösung für den Strom wird wieder durch Differentiation und Multiplikation mit C aus der Lösung für die Spannung errechnet.

Für $\lambda_1 = \lambda_2 = \lambda$, also eine reelle Doppelwurzel (aperiodischer Grenzfall), lauten damit die Lösungen der homogenen Differentialgleichung:

$$u_{Cf} = (K_1 + K_2 \cdot t) \cdot e^{\lambda t} \tag{8.43}$$

$$i_f = C \cdot \frac{du_{Cf}}{dt} = C \cdot (K_2 + \lambda \cdot K_1 + \lambda \cdot K_2 \cdot t) \cdot e^{\lambda t} \tag{8.44}$$

Zu 4.

Für beide Fälle $\lambda_1 \neq \lambda_2$ und $\lambda_1 = \lambda_2$ müssen nun jeweils die Konstanten K_1 und K_2 mit den beiden Anfangsbedingungen berechnet und in die Lösungen eingesetzt werden. Da die eingeschwungene Spannung und der eingeschwungene Strom Null sind, sind die speziellen Lösungen der homogenen Differentialgleichungen die Gleichungen des Ausgleichsvorgangs.

$\lambda_1 \neq \lambda_2$:

$$u_C(0_-) = u_C(0_+) \ = \ u_{Ce}(0_+) + u_{Cf}(0_+)$$

$$-U_q \ = \ 0 + K_1 + K_2 \tag{8.45}$$

$$i(0_-) = i(0_+) \ = \ i_e(0_+) + i_f(0_+)$$

$$0 \ = \ 0 + C \cdot (K_1 \cdot \lambda_1 + K_2 \cdot \lambda_2) \tag{8.46}$$

Die beiden Bestimmungsgleichungen für die beiden Konstanten lassen sich lösen:

$$0 = K_1 \cdot \lambda_1 + K_2 \cdot \lambda_2 \qquad\qquad 0 = K_1 \cdot \lambda_1 + K_2 \cdot \lambda_2$$
$$\underline{-(-U_q \cdot \lambda_2 = K_1 \cdot \lambda_2 + K_2 \cdot \lambda_2)} \qquad \underline{-(-U_q \cdot \lambda_1 = K_1 \cdot \lambda_1 + K_2 \cdot \lambda_1)}$$
$$U_q \cdot \lambda_2 = K_1 \cdot (\lambda_1 - \lambda_2) \qquad\qquad U_q \cdot \lambda_1 = -K_2 \cdot (\lambda_1 - \lambda_2)$$

$$K_1 = \frac{U_q \cdot \lambda_2}{\lambda_1 - \lambda_2} \qquad\qquad\qquad K_2 = -\frac{U_q \cdot \lambda_1}{\lambda_1 - \lambda_2}$$

$$u_C = u_{Cf} = \frac{U_q}{\lambda_1 - \lambda_2} \cdot \left(\lambda_2 \cdot e^{\lambda_1 t} - \lambda_1 \cdot e^{\lambda_2 t}\right) \tag{8.47}$$

$$i = i_f = \frac{\lambda_1 \cdot \lambda_2}{\lambda_1 - \lambda_2} \cdot C \cdot U_q \cdot \left(e^{\lambda_1 t} - e^{\lambda_2 t}\right) \tag{8.48}$$

mit $\lambda_{1,2} = -\delta \pm \kappa$

$\lambda_1 = \lambda_2 = \lambda$:

$$u_C(0_-) = u_C(0_+) = u_{Ce}(0_+) + u_{Cf}(0_+)$$

$$-U_q = 0 + K_1 \tag{8.49}$$

$$i(0_-) = i(0_+) = i_e(0_+) + i_f(0_+)$$

$$0 = C \cdot (K_2 + \lambda \cdot K_1) \tag{8.50}$$

$$K_1 = -U_q \quad \text{und} \quad K_2 = \lambda \cdot U_q$$

$$u_{Cf} = (-U_q + \lambda \cdot t \cdot U_q) \cdot e^{\lambda t}$$

$$i_f = C \cdot \left(\lambda \cdot U_q - \lambda \cdot U_q + \lambda^2 \cdot U_q \cdot t\right) \cdot e^{\lambda t}$$

oder

$$u_C = u_{Cf} = -U_q \cdot (1 - \lambda \cdot t) \cdot e^{\lambda t} \tag{8.51}$$

$$i = i_f = C \cdot U_q \cdot \lambda^2 \cdot t \cdot e^{\lambda t} \tag{8.52}$$

mit $\lambda_1 = \lambda_2 = \lambda = -\delta$

Zu 5.

Die Überlagerung der eingeschwungenen und flüchtigen Vorgänge entfällt, weil die Ausgleichsvorgänge mit den flüchtigen Vorgängen übereinstimmen.

Zu 6.

Interpretation der Lösungen:

Um die zeitlichen Verläufe $u_C(t)$ und $i(t)$ darstellen zu können, werden die drei unterschiedlichen Lösungspaare der charakteristischen Gleichung in die jeweiligen Ergebnisgleichungen (Gln. (8.47) und (8.48) bzw. (8.51) und (8.52)) eingesetzt.

Aperiodischer Fall:

Ist $\delta > \omega_0$ (siehe Gl. (8.38)),

$$\text{d. h.} \quad \frac{R}{2L} > \frac{1}{\sqrt{LC}} \quad \text{oder} \quad R > 2 \cdot \sqrt{\frac{L}{C}} \quad \text{(siehe Gl. (8.37))},$$

dann sind die Lösungen der charakteristischen Gleichung reell und voneinander verschieden:

$$\lambda_1 = -\delta + \kappa \qquad (8.53) \qquad \text{und} \qquad \lambda_2 = -\delta - \kappa . \qquad (8.54)$$

In die Gl. (8.47) eingesetzt, ergibt sich für die Lösung der Kondensatorspannung:

$$u_C = \frac{U_q}{\lambda_1 - \lambda_2} \cdot \left(\lambda_2 \cdot e^{\lambda_1 t} - \lambda_1 \cdot e^{\lambda_2 t} \right)$$

$$\text{mit} \quad \lambda_1 - \lambda_2 = -\delta + \kappa + \delta + \kappa = 2\kappa \qquad (8.55)$$

$$u_C = \frac{U_q}{2\kappa} \cdot \left[(-\delta - \kappa) \cdot e^{(-\delta + \kappa)t} - (-\delta + \kappa) \cdot e^{(-\delta - \kappa)t} \right]$$

$$u_C = \frac{U_q}{\kappa} \cdot e^{-\delta t} \cdot \left[-\delta \cdot \frac{e^{\kappa t} - e^{-\kappa t}}{2} - \kappa \cdot \frac{e^{\kappa t} + e^{-\kappa t}}{2} \right] \qquad (8.56)$$

$$u_C = -\frac{U_q}{\kappa} \cdot e^{-\delta t} \cdot \left[\delta \cdot \sinh(\kappa t) + \kappa \cdot \cosh(\kappa t) \right] \qquad (8.57)$$

$$u_C(\delta t) = -U_q \cdot e^{-\delta t} \cdot \left[\frac{\delta}{\kappa} \cdot \sinh \frac{\kappa}{\delta}(\delta t) + \cosh \frac{\kappa}{\delta}(\delta t) \right] \qquad (8.58)$$

Die Lösung für den Strom entsteht mit Gl. (8.48):

$$i = \frac{\lambda_1 \cdot \lambda_2}{\lambda_1 - \lambda_2} \cdot C \cdot U_q \cdot \left(e^{\lambda_1 t} - e^{\lambda_2 t} \right)$$

mit

$$\lambda_1 \cdot \lambda_2 = (-\delta + \kappa) \cdot (-\delta - \kappa) = -(\delta - \kappa) \cdot [-(\delta + \kappa)] = (\delta - \kappa) \cdot (\delta + \kappa)$$

$$\lambda_1 \cdot \lambda_2 = \delta^2 - \kappa^2 = \omega_0^2 \qquad \text{(mit Gl. (8.39))} \qquad (8.59)$$

und

$$\lambda_1 - \lambda_2 = 2\kappa \qquad \text{(siehe Gl. (8.55))}$$

$$i = \frac{\omega_0^2}{2\kappa} \cdot C \cdot U_q \cdot \left[e^{(-\delta+\kappa)t} - e^{(-\delta-\kappa)t} \right]$$

$$\text{mit} \quad \omega_0 = \frac{1}{\sqrt{LC}} \quad \text{bzw.} \quad \omega_0^2 = \frac{1}{LC}$$

$$i = \frac{C \cdot U_q}{\kappa \cdot L \cdot C} \cdot e^{-\delta t} \cdot \frac{e^{\kappa t} - e^{-\kappa t}}{2} = \frac{U_q}{\kappa \cdot L} \cdot e^{-\delta t} \cdot \frac{e^{\kappa t} - e^{-\kappa t}}{2}$$

$$i = \frac{U_q}{\kappa \cdot L} \cdot e^{-\delta t} \cdot \sinh(\kappa t) \tag{8.60}$$

$$i(\delta t) = \frac{U_q}{\kappa \cdot L} \cdot e^{-\delta t} \cdot \sinh \frac{\kappa}{\delta}(\delta t) . \tag{8.61}$$

Im Bild 8.25 sind u_C und i in Abhängigkeit von δt für den aperiodischen Fall dargestellt:

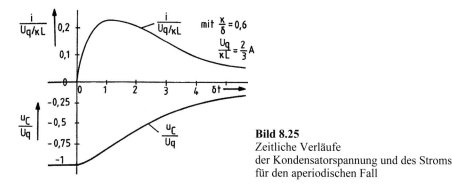

Bild 8.25
Zeitliche Verläufe
der Kondensatorspannung und des Stroms
für den aperiodischen Fall

Aperiodischer Grenzfall:

Ist $\delta = \omega_0$ (siehe Gl. (8.38)),

d. h. $\dfrac{R}{2L} = \dfrac{1}{\sqrt{LC}}$ oder $R = 2 \cdot \sqrt{\dfrac{L}{C}}$ (siehe Gl. (8.37)),

dann sind die Lösungen der charakteristischen Gleichung gleich und reell:

$$\lambda_1 = \lambda_2 = \lambda = -\delta = -\omega_0 . \tag{8.62}$$

In Gl. (8.51) eingesetzt ergibt sich für die Lösung der Kondensatorspannung:

$$u_C = -U_q \cdot (1 - \lambda \cdot t) \cdot e^{\lambda t}$$
$$u_C(\delta t) = -U_q \cdot [1 + (\delta t)] \cdot e^{-\delta t} . \tag{8.63}$$

Mit Gl. (8.52) wird die Lösung für den Strom gebildet:

$$i = C \cdot U_q \cdot \lambda^2 \cdot t \cdot e^{\lambda t}$$

mit $\lambda^2 = \omega_0^2$

$$i = C \cdot U_q \cdot \omega_0^2 \cdot t \cdot e^{-\delta t}$$

mit $\omega_0 = \dfrac{1}{\sqrt{LC}}$ bzw. $\omega_0^2 = \dfrac{1}{LC}$

$$i = \frac{C \cdot U_q}{L \cdot C} \cdot t \cdot e^{-\delta t}$$

$$i(\delta t) = \frac{U_q}{\delta \cdot L} \cdot (\delta t) \cdot e^{-\delta t} \tag{8.64}$$

$$i(\delta t) = \frac{U_q}{R} \cdot 2 \cdot (\delta t) \cdot e^{-\delta t} \qquad \text{mit} \quad \delta = \frac{R}{2L} . \tag{8.65}$$

Der Strom ist maximal, wenn $(\delta t) = 1$ ist, wie durch Differenzieren und Nullsetzen der Stromgleichung nachgewiesen werden kann:

$$\frac{d\,i(\delta t)}{d\,(\delta t)} = \frac{2U_q}{R} \cdot \left[1 \cdot e^{-\delta t} - (\delta t) \cdot e^{-\delta t} \right] = 0$$

$$\frac{2U_q}{R} \cdot e^{-\delta t} \cdot \left[1 - (\delta t) \right] = 0$$

mit $e^{-\delta t} \neq 0$ ist

$$1 - (\delta t) = 0 \quad \text{oder} \quad (\delta t) = 1 . \tag{8.66}$$

Der Maximalwert des Stroms wird berechnet, indem in der Stromgleichung

$(\delta t) = 1$ gesetzt wird:

$$i_{max} = \frac{U_q}{R} \cdot 2 \cdot e^{-1} = 0,736 \cdot \frac{U_q}{R} . \tag{8.67}$$

Im Bild 8.26 sind u_C und i in Abhängigkeit von δt für den aperiodischen Grenzfall dargestellt:

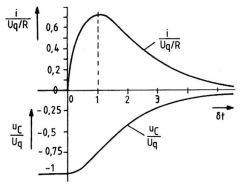

Bild 8.26
Zeitliche Verläufe
der Kondensatorspannung und desStroms
für den aperiodischen Grenzfall

Periodischer Fall – Schwingfall:

Ist $\delta < \omega_0$ (siehe Gl. (8.38)),

d. h. $\dfrac{R}{2L} < \dfrac{1}{\sqrt{LC}}$ oder $R < 2 \cdot \sqrt{\dfrac{L}{C}}$ (siehe Gl. (8.37)),

dann sind die Lösungen der charakteristischen Gleichung konjugiert komplex:

$$\lambda_1 = -\delta + \kappa \qquad\qquad\qquad \lambda_2 = -\delta - \kappa$$

$$\lambda_1 = -\delta + \sqrt{\delta^2 - \omega_0^2} \qquad\qquad \lambda_2 = -\delta - \sqrt{\delta^2 - \omega_0^2}$$

$$\lambda_1 = -\delta + \sqrt{(-1)\cdot(\omega_0^2 - \delta^2)} \qquad \lambda_2 = -\delta - \sqrt{(-1)\cdot(\omega_0^2 - \delta^2)}$$

$$\lambda_1 = -\delta + j\cdot\sqrt{\omega_0^2 - \delta^2} \qquad\qquad \lambda_2 = -\delta - j\cdot\sqrt{\omega_0^2 - \delta^2}$$

$$\lambda_1 = -\delta + j\cdot\omega \qquad (8.68) \qquad \lambda_2 = -\delta - j\cdot\omega \qquad\qquad (8.69)$$

$$\text{mit} \quad \kappa = j\cdot\omega = j\cdot\sqrt{\omega_0^2 - \delta^2} \ .$$

Wird in den Lösungsgleichungen für die Kondensatorspannung und den Strom für den aperiodischen Fall in den Gln. (8.57) und (8.60) κ durch $j\cdot\omega$ ersetzt, dann ergeben sich für den periodischen Fall gedämpfte Schwingungen mit der Abklingkonstanten δ und der Kreisfrequenz ω:

$$u_C = -\frac{U_q}{\kappa}\cdot e^{-\delta t}\cdot\left[\delta\cdot\sinh(\kappa t) + \kappa\cdot\cosh(\kappa t)\right]$$

$$u_C = -\frac{U_q}{j\omega}\cdot e^{-\delta t}\cdot\left[\delta\cdot\sinh(j\omega t) + j\omega\cdot\cosh(j\omega t)\right]$$

mit $\sinh(j\omega t) = j\cdot\sin\omega t$ und $\cosh(j\omega t) = \cos\omega t$

$$u_C(\omega t) = -U_q\cdot e^{-\delta t}\cdot\left[\frac{\delta}{\omega}\cdot\sin\omega t + \cos\omega t\right] \qquad\qquad (8.70)$$

$$u_C(\omega t) = -U_q\cdot e^{-\delta t}\cdot\left[\frac{\dfrac{\delta}{\omega}\cdot\sqrt{1 + \dfrac{\omega^2}{\delta^2}}}{\sqrt{1 + \dfrac{\omega^2}{\delta^2}}}\cdot\sin\omega t + \frac{\sqrt{1 + \dfrac{\omega^2}{\delta^2}}}{\sqrt{1 + \dfrac{\omega^2}{\delta^2}}}\cdot\cos\omega t\right]$$

$$u_C(\omega t) = -U_q\cdot e^{-\delta t}\cdot\left[\frac{\sqrt{\dfrac{\delta^2}{\omega^2} + 1}}{\sqrt{1 + \dfrac{\omega^2}{\delta^2}}}\cdot\sin\omega t + \frac{\dfrac{\omega}{\delta}\cdot\sqrt{\dfrac{\delta^2}{\omega^2} + 1}}{\sqrt{1 + \dfrac{\omega^2}{\delta^2}}}\cdot\cos\omega t\right]$$

$$u_C(\omega t) = -U_q\cdot\sqrt{\frac{\delta^2}{\omega^2} + 1}\cdot e^{-\delta t}\cdot\left[\frac{1}{\sqrt{1 + \dfrac{\omega^2}{\delta^2}}}\cdot\sin\omega t + \frac{\dfrac{\omega}{\delta}}{\sqrt{1 + \dfrac{\omega^2}{\delta^2}}}\cdot\cos\omega t\right]$$

$$u_C(\omega t) = -U_q \cdot \sqrt{\frac{\delta^2}{\omega^2} + 1} \cdot e^{-\delta t} \cdot \left[\cos\varphi \cdot \sin\omega t + \sin\varphi \cdot \cos\omega t \right]$$

$$u_C(\omega t) = -U_q \cdot \sqrt{\left(\frac{\delta}{\omega}\right)^2 + 1} \cdot e^{-\frac{\delta}{\omega}(\omega t)} \cdot \sin(\omega t + \varphi) \qquad (8.71)$$

mit $\quad \cos\varphi = \dfrac{\delta}{\omega_0} = \dfrac{\delta}{\sqrt{\delta^2 + \omega^2}} = \dfrac{1}{\sqrt{1 + \dfrac{\omega^2}{\delta^2}}} = \dfrac{1}{\sqrt{1 + \left(\dfrac{\omega}{\delta}\right)^2}}$

und $\quad \sin\varphi = \dfrac{\omega}{\omega_0} = \dfrac{\omega}{\sqrt{\delta^2 + \omega^2}} = \dfrac{\dfrac{\omega}{\delta}}{\sqrt{1 + \dfrac{\omega^2}{\delta^2}}} = \dfrac{\dfrac{\omega}{\delta}}{\sqrt{1 + \left(\dfrac{\omega}{\delta}\right)^2}}$

und $\quad \omega_0 = \sqrt{\delta^2 + \omega^2}$

und $\tan\varphi = \dfrac{\omega}{\delta} \quad$ bzw. $\quad \varphi = \arctan\dfrac{\omega}{\delta}$,

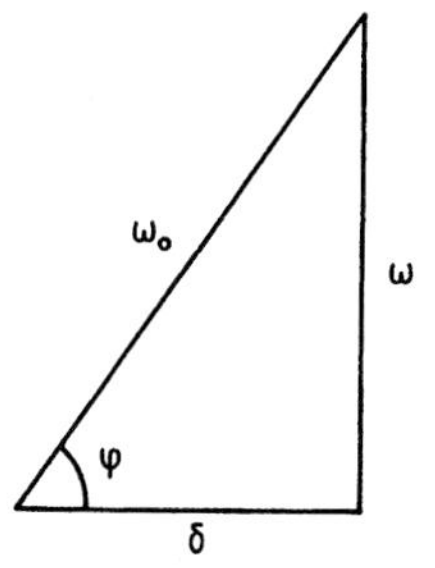

Bild 8.27 Zusammenhang zwischen den Größen φ, ω_0, ω und δ für $\delta/\omega = 0.75$

wie aus Dreiecksbeziehungen im Bild 8.27 zu ersehen ist.

$$i = \frac{U_q}{\kappa \cdot L} \cdot e^{-\delta t} \cdot \sinh(\kappa t) \qquad \text{(siehe Gl. (8.60))}$$

$$i = \frac{U_q}{j\omega L} \cdot e^{-\delta t} \cdot \sinh(j\omega t) \qquad \text{mit} \quad \sinh(j\omega t) = j \cdot \sin\omega t$$

$$i(\omega t) = \frac{U_q}{\omega L} \cdot e^{-\frac{\delta}{\omega}(\omega t)} \cdot \sin\omega t. \qquad (8.72)$$

Im Bild 8.28 sind u_C und i in Abhängigkeit von ωt für den periodischen Fall dargestellt:

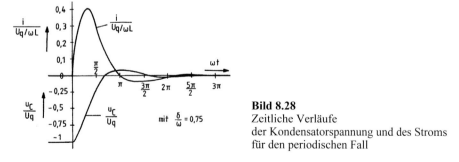

Bild 8.28
Zeitliche Verläufe
der Kondensatorspannung und des Stroms
für den periodischen Fall

Ist $\delta \ll \omega$, also $R \ll 2 \cdot \sqrt{L/C}$, so ist die Phasenverschiebung φ zwischen Strom i und Spannung u_C nahezu $\pi/2$ und die Schwingung ist praktisch ungedämpft. Die Schwingungskreisfrequenz ist dann etwa gleich der Resonanzkreisfrequenz: $\omega \approx \omega_0$; das Dreieck im Bild 8.27 wird sehr schmal.

8.3 Berechnung von Ausgleichsvorgängen mit Hilfe der Laplace-Transformation

8.3.1 Grundlagen für die Behandlung der Ausgleichsvorgänge mittels Laplace-Transformation

Prinzip der Transformation

Die Berechnung von Netzwerken bei sinusförmiger Erregung, d. h. von Wechselstromnetzen, wird mit Hilfe der komplexen Rechnung erleichtert (siehe Band 2, Abschnitt 4.2.2, S. 8–12). Dabei werden die Differentialgleichungen in algebraische Gleichungen transformiert und deren Lösungen rücktransformiert:

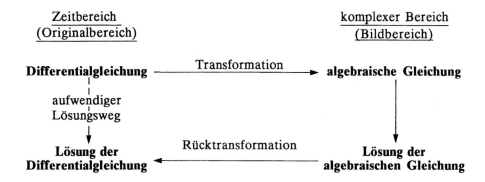

Bei Ausgleichsvorgängen sind die Ströme und Spannungen in einem Netzwerk weder Gleichgrößen noch sinusförmige Wechselgrößen. Die sie beschreibenden Zeitfunktionen f(t) sind erst von einem Zeitpunkt t = 0 interessant und sind für t < 0 oft Null, können aber auch einen anderen Wert besitzen. Lösungsansatz für Ausgleichsvorgänge sind Differentialgleichungen, die mit Hilfe der Laplace-Transformation auf entsprechende Weise in algebraische Gleichungen überführt und die Lösungen der algebraischen Gleichungen rücktransformiert werden:

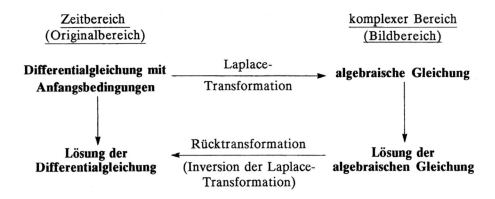

Transformation

Die Transformationsgleichung für die Laplace-Transformation einer Zeitfunktion f(t) in den Bildbereich ist ein uneigentliches Integral

$$L\{f(t)\} = \int_{+0}^{\infty} f(t) \cdot e^{-s \cdot t} \cdot dt = F(s) \qquad (8.73)$$

und ergibt eine eindeutige Funktion F(s) mit der komplexen Variablen $s = \delta + j\omega$, deren Einheit aus dem Exponenten $e^{-s \cdot t}$ zu ersehen ist: $[s] = 1/[t] = s^{-1}$.

Das Laplace-Integral erfasst die Zeitfunktion f(t) von $t = 0$ bis $t = +\infty$, ist also nur für die Abbildung von Zeitfunktionen geeignet, die ab $t = 0$ interessant sind – und das ist bei Ausgleichsvorgängen der Fall.

Beispiele für die Transformationen von Zeitfunktionen:

1. Transformation einer Sprungfunktion

Ist für $t < 0$ die Spannung $u(t) = 0$ und springt sie bei $t = 0$ auf den Gleichspannungswert U, dann handelt es sich um die Sprungfunktion oder den *Einssprung*, die als Testfunktion für Übertragungsglieder verwendet wird (siehe Abschnitt 8.3.5).

$$u(t) = U \cdot \sigma(t) = \begin{cases} 0 & \text{für } t < 0 \\ U & \text{für } t > 0 \end{cases}$$

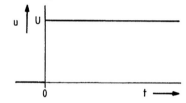

Wie aus den bisher behandelten Beispielen ersichtlich, wird ein Spannungssprung durch eine Gleichspannung mit einem ideal schließenden Schalter realisiert.

Das Laplace-Integral ergibt dann:

Bild 8.29 Sprungfunktion

$$U(s) = L\{U \cdot \sigma(t)\} = \int_{+0}^{\infty} U \cdot \sigma(t) \cdot e^{-s \cdot t} \cdot dt = U \cdot \int_{0}^{\infty} e^{-s \cdot t} \cdot dt$$

$$U(s) = U \cdot \frac{e^{-s \cdot t}}{-s} \bigg|_{0}^{\infty} = -\frac{U}{s} \cdot (e^{-\infty} - 1) = \frac{U}{s}$$

$$L\{U \cdot \sigma(t)\} = \frac{U}{s}. \qquad (8.74)$$

Die Laplace-Transformierte der Sprungfunktion existiert aber nur für positive Realteile δ der komplexen Variablen s, wie mit obigem Integral deutlich wird:

$$\int_{0}^{\infty} e^{-s \cdot t} \cdot dt = \int_{0}^{\infty} e^{-(\delta + j\omega) \cdot t} \cdot dt = \int_{0}^{\infty} e^{-\delta \cdot t} \cdot e^{-j\omega t} \cdot dt$$

mit $e^{-j\omega t} = \cos \omega t - j \cdot \sin \omega t$

$$\int_{0}^{\infty} e^{-s \cdot t} \cdot dt = \int_{0}^{\infty} e^{-\delta \cdot t} \cdot \cos \omega t \cdot dt - j \cdot \int_{0}^{\infty} e^{-\delta \cdot t} \cdot \sin \omega t \cdot dt ,$$

beide Teilintegrale lassen sich nur für $\delta > 0$ lösen:

$$\int_{0}^{\infty} e^{-s \cdot t} \cdot dt = \frac{\delta}{\delta^2 + \omega^2} - j \cdot \frac{\omega}{\delta^2 + \omega^2} = \frac{\delta - j\omega}{(\delta + j\omega)(\delta - j\omega)} = \frac{1}{\delta + j\omega} = \frac{1}{s}.$$

2. Transformation einer Rampenfunktion

Ist die Spannung u (t) für $t \leq 0$ Null und steigt sie ab $t = 0$ linear mit der Steigung U/T an, dann handelt es sich um die Rampenfunktion. Sie wird ebenfalls als Testfunktion für Übertragungsglieder verwendet.

$$u(t) = \begin{cases} 0 & \text{für } t \leq 0 \\ (U/T) \cdot t & \text{für } t > 0 \end{cases}$$

$$U(s) = L\left\{\frac{U}{T} \cdot t\right\} = \int_0^\infty \frac{U}{T} \cdot t \cdot e^{-s \cdot t} \cdot dt$$

mit $\int x \cdot e^{ax} \cdot dx = \frac{e^{ax}}{a^2} \cdot (a \cdot x - 1)$

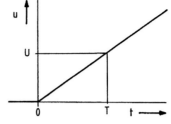

Bild 8.30 Rampenfunktion

und $a = -s$
ist

$$U(s) = \frac{U}{T} \cdot \frac{e^{-s \cdot t}}{s^2} \cdot \left[-s \cdot t - 1\right]_0^\infty = -\frac{U}{T} \cdot \left[\frac{t}{s \cdot e^{s \cdot t}} + \frac{e^{-s \cdot t}}{s^2}\right]_0^\infty.$$

Mit Hilfe der l'Hospitalschen Regel wird

$$\lim_{t \to \infty} \frac{t}{s \cdot e^{s \cdot t}} = \lim_{t \to \infty} \frac{1}{s^2 \cdot e^{s \cdot t}} = 0.$$

Damit ist die Laplace-Transformierte der Rampenfunktion

$$L\left\{\frac{U}{T} \cdot t\right\} = \frac{U}{T} \cdot \frac{1}{s^2}. \qquad (8.75)$$

3. Transformation einer Exponentialfunktion

$$u(t) = \begin{cases} 0 & \text{für } t < 0 \\ U \cdot e^{-t/\tau} & \text{für } t > 0 \end{cases}$$

$$U(s) = L\left\{U \cdot e^{-t/\tau}\right\}$$

$$U(s) = \int_0^\infty U \cdot e^{-t/\tau} \cdot e^{-s \cdot t} \cdot dt$$

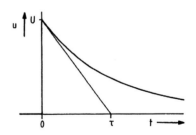

Bild 8.31 Exponentialfunktion

$$U(s) = \int_0^\infty U \cdot e^{-(s+1/\tau) \cdot t} \cdot dt = U \cdot \left.\frac{e^{-(s+1/\tau) \cdot t}}{-(s + 1/\tau)}\right|_0^\infty = U \cdot \frac{e^{-\infty} - 1}{-(s + 1/\tau)}$$

$$L\left\{U \cdot e^{-t/\tau}\right\} = U \cdot \frac{1}{s + 1/\tau} = U \cdot \frac{\tau}{1 + s \cdot \tau} \qquad (8.76)$$

Erweiterung:

$$L\left\{U \cdot (1 - e^{-t/\tau})\right\} = L\{U\} - L\left\{U \cdot e^{-t/\tau}\right\}$$

mit Gl. (8.74) und (8.76)

$$L\left\{U \cdot (1 - e^{-t/\tau})\right\} = \frac{U}{s} - \frac{U}{s + 1/\tau} = U \cdot \frac{s + 1/\tau - s}{s \cdot (s + 1/\tau)}$$

$$L\left\{U \cdot (1 - e^{-t/\tau})\right\} = U \cdot \frac{1/\tau}{s \cdot (s + 1/\tau)} = U \cdot \frac{1}{s \cdot (1 + s \cdot \tau)} \qquad (8.77)$$

4. Transformation einer sinusförmigen Wechselspannung

$$u\,(t) = \begin{cases} 0 & \text{für } t \leq 0 \\ \hat{u} \cdot \sin \omega t & \text{für } t > 0 \end{cases}$$

$$U(s) = L\{\hat{u} \cdot \sin \omega t\} = \int_0^\infty \hat{u} \cdot \sin \omega t \cdot e^{-s \cdot t} \cdot dt$$

$$\text{mit } \int e^{ax} \cdot \sin bx \cdot dx = \frac{e^{ax}}{a^2 + b^2} \cdot (a \cdot \sin bx - b \cdot \cos bx)$$

$$\text{und} \quad a = -s \quad \text{und} \quad b = \omega$$

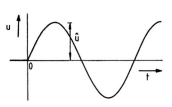

Bild 8.32 Sinusförmige Wechselspannung mit dem Anfangsphasenwinkel $\varphi_u = 0$

$$U(s) = \frac{\hat{u}}{s^2 + \omega^2} \cdot \left[e^{-s \cdot t} \cdot (-s \cdot \sin \omega t - \omega \cdot \cos \omega t) \right]_0^\infty$$

$$U(s) = \frac{\hat{u}}{s^2 + \omega^2} \cdot \left[0 - 1 \cdot (-s \cdot \sin 0 - \omega \cdot \cos 0) \right]$$

$$L\{\hat{u} \cdot \sin \omega t\} = \hat{u} \cdot \frac{\omega}{s^2 + \omega^2} \quad . \tag{8.78}$$

Die Laplace-Transformierte der cos-Funktion lässt sich analog berechnen und ergibt

$$L\{\hat{u} \cdot \cos \omega t\} = \hat{u} \cdot \frac{s}{s^2 + \omega^2} \quad . \tag{8.79}$$

5. Transformation einer sinusförmigen Wechselspannung mit Anfangsphasenwinkel:

$$u(t) = \begin{cases} 0 & \text{für } t < 0 \\ \hat{u} \cdot \sin(\omega t + \varphi_u) & \text{für } t > 0 \end{cases}$$

$$U(s) = L\{\hat{u} \cdot \sin(\omega t + \varphi_u)\}$$

$$U(s) = L\{a \cdot \cos \omega t\} + L\{b \cdot \sin \omega t\}$$

mit

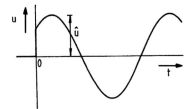

Bild 8.33 Sinusförmige Wechselspannung mit beliebigem Anfangsphasenwinkel

$$\hat{u} \cdot \sin(\omega t + \varphi_u) = \hat{u} \cdot \sin \cdot \varphi_u \cdot \cos \omega t + \hat{u} \cdot \cos \varphi_u \cdot \sin \omega t = a \cdot \cos \omega t + b \cdot \sin \omega t.$$

Mit den Gln. (8.78) und (8.79) ergibt sich

$$U(s) = a \cdot \frac{s}{s^2 + \omega^2} + b \cdot \frac{\omega}{s^2 + \omega^2} = \frac{a \cdot s + b \cdot \omega}{s^2 + \omega^2}$$

$$L\{\hat{u} \cdot \sin(\omega t + \varphi_u)\} = \hat{u} \cdot \frac{\sin \varphi_u \cdot s + \cos \varphi_u \cdot \omega}{s^2 + \omega^2} \tag{8.80}$$

6. Transformation einer abklingenden sinusförmigen Wechselspannung:

$$u\,(t) = \begin{cases} 0 & \text{für } t \leq 0 \\ U \cdot e^{-\delta t} \cdot \sin \omega t & \text{für } t > 0 \end{cases}$$

$$U(s) = L\left\{U \cdot e^{-\delta t} \cdot \sin \omega t\right\}$$

$$U(s) = \int\limits_0^\infty U \cdot e^{-\delta t} \cdot \sin \omega t \cdot e^{-s \cdot t} \cdot dt$$

$$\text{mit} \quad \sin \omega t = \frac{1}{2j} \cdot \left(e^{j\omega t} - e^{-j\omega t}\right)$$

$$U(s) = \frac{U}{2j} \cdot \int\limits_0^\infty e^{-s \cdot t} \cdot e^{-\delta t} \cdot \left(e^{j\omega t} - e^{-j\omega t}\right) \cdot dt$$

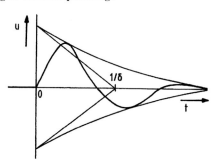

Bild 8.34 Abklingende Sinusspannung

$$U(s) = \frac{U}{2j} \cdot \left[\int\limits_0^\infty e^{-(s+\delta-j\omega)t} \cdot dt - \int\limits_0^\infty e^{-(s+\delta+j\omega)t} \cdot dt\right]$$

$$U(s) = \frac{U}{2j} \cdot \left[\frac{e^{-(s+\delta-j\omega)t}}{-(s+\delta-j\omega)} - \frac{e^{-(s+\delta+j\omega)t}}{-(s+\delta+j\omega)}\right]_0^\infty$$

$$U(s) = \frac{U}{2j} \cdot \left[\frac{1}{(s+\delta)-j\omega} - \frac{1}{(s+\delta)+j\omega}\right]$$

$$U(s) = \frac{U}{2j} \cdot \frac{(s+\delta)+j\omega - (s+\delta)+j\omega}{(s+\delta)^2 + \omega^2} = \frac{U}{2j} \cdot \frac{2j\omega}{(s+\delta)^2 + \omega^2}$$

$$L\left\{U \cdot e^{-\delta t} \cdot \sin \omega t\right\} = U \cdot \frac{\omega}{(s+\delta)^2 + \omega^2} \, . \qquad\qquad (8.81)$$

Die Laplace-Transformierte der abklingenden cos-Funktion lässt sich analog berechnen und ergibt:

$$L\left\{U \cdot e^{-\delta t} \cdot \cos \omega t\right\} = U \cdot \frac{s+\delta}{(s+\delta)^2 + \omega^2} \, . \qquad\qquad (8.82)$$

Laplace-Transformierte der Ableitung einer Funktion

Um Differentialgleichungen – wie eingangs des Abschnitts erwähnt – in algebraische Gleichungen transformieren zu können, ist es notwendig, die Laplace-Transformierte der Ableitungen der Zeitfunktion bestimmen zu können. Es muss also bestätigt werden, dass die Differentiation im Zeitbereich einer Multiplikation mit einem Operator im Bildbereich entspricht, damit aus den Differentialgleichungen algebraische Gleichungen entstehen können.

Zunächst soll die Laplace-Transformierte der Ableitung von stetigen Zeitfunktionen untersucht werden. In elektrischen Ausgleichsvorgängen sind die Kondensatorspannung und der Strom durch eine Spule stetige Zeitfunktionen.

Das Laplace-Integral der 1. Ableitung der Zeitfunktion wird mit Hilfe der partiellen Integration hergeleitet:

$$L\{f(t)\} = \int_0^\infty f(t) \cdot e^{-s \cdot t} \cdot dt = -\frac{f(t) \cdot e^{-s \cdot t}}{s}\bigg|_0^\infty + \frac{1}{s} \cdot \int_0^\infty f'(t) \cdot e^{-s \cdot t} \cdot dt$$

mit

$$u = f(t) \qquad\qquad dv = e^{-s \cdot t} \cdot dt$$

$$\frac{du}{dt} = f'(t) \qquad\qquad v = \int e^{-s \cdot t} \cdot dt$$

$$du = f'(t) \cdot dt \qquad\qquad v = -\frac{1}{s} \cdot e^{-s \cdot t}$$

Mit

$$-\frac{f(t) \cdot e^{-s \cdot t}}{s}\bigg|_0^\infty = -\frac{f(\infty) \cdot e^{-\infty} - f(0) \cdot 1}{s} = \frac{f(0)}{s}$$

ist

$$L\{f(t)\} = \frac{1}{s} \cdot f(0) + \frac{1}{s} \cdot L\{f'(t)\} = \frac{1}{s} \cdot \left[f(0) + L\{f'(t)\}\right]$$

oder

$$L\{f'(t)\} = s \cdot L\{f(t)\} - f(0) \,. \tag{8.83}$$

Wenn die Laplace-Transformierte der Zeitfunktion $f(t)$ berechnet werden kann, dann wird die Laplace-Transformierte der Ableitung dieser Zeitfunktion $f'(t)$ durch Multiplikation mit s und Subtraktion des Anfangswertes der Zeitfunktion $f(t)$ bei $t = 0$ gebildet.

Beispiel:

Die Laplace-Transformierte der cos-Funktion ist bekannt, die Laplace-Transformierte der sin-Funktion ist gesucht:

$$f(t) = \cos \omega t \qquad f'(t) = -\omega \cdot \sin \omega t$$

$$L\{\cos \omega t\} = \frac{s}{s^2 + \omega^2} \qquad\qquad \text{(vgl. Gl. (8.79))}$$

$$L\{f'(t)\} = s \cdot L\{f(t)\} - f(0)$$

$$L\{-\omega \cdot \sin \omega t\} = s \cdot \frac{s}{s^2 + \omega^2} - \cos 0 = \frac{s^2}{s^2 + \omega^2} - 1 = \frac{s^2 - s^2 - \omega^2}{s^2 + \omega^2} = -\frac{\omega^2}{s^2 + \omega^2}$$

$$L\{\sin \omega t\} = \frac{\omega}{s^2 + \omega^2} \qquad\qquad \text{(vgl. Gl. (8.78))}$$

Das Laplace-Integral der 2. Ableitung der Zeitfunktion wird genauso mit Hilfe der partiellen Integration hergeleitet:

$$L\{f'(t)\} = \int_0^\infty f'(t) \cdot e^{-s \cdot t} \cdot dt = -\left.\frac{f'(t) \cdot e^{-s \cdot t}}{s}\right|_0^\infty + \frac{1}{s} \cdot \int_0^\infty f''(t) \cdot e^{-s \cdot t} \cdot dt$$

mit

$$u = f'(t) \qquad\qquad dv = e^{-s \cdot t} \cdot dt$$

$$\frac{du}{dt} = f''(t) \qquad\qquad v = \int e^{-s \cdot t} \cdot dt$$

$$du = f''(t) \cdot dt \qquad\qquad v = -\frac{1}{s} \cdot e^{-s \cdot t}$$

Mit

$$-\left.\frac{f'(t) \cdot e^{-s \cdot t}}{s}\right|_0^\infty = -\frac{f'(\infty) \cdot e^{-\infty} - f'(0) \cdot 1}{s} = \frac{f'(0)}{s}$$

ist

$$L\{f'(t)\} = \frac{1}{s} \cdot f'(0) + \frac{1}{s} \cdot L\{f''(t)\} = \frac{1}{s} \cdot \left[f'(0) + L\{f''(t)\}\right]$$

oder

$$L\{f''(t)\} = s \cdot L\{f'(t)\} - f'(0)$$

und mit Gl. (8.83) ist

$$L\{f''(t)\} = s^2 \cdot L\{f(t)\} - s \cdot f(0) - f'(0) \,. \tag{8.84}$$

Auf die gleiche Weise lassen sich die Laplace-Transformierten von Ableitungen höherer Ordnung herleiten:

$$L\{f'''(t)\} = s^3 \cdot L\{f(t)\} - s^2 \cdot f(0) - s \cdot f'(0) - f''(0) \tag{8.85}$$

und allgemein für die n-te Ableitung

$$L\{f^{(n)}(t)\} = s^n \cdot L\{f(t)\} - s^{n-1} \cdot f(0) - s^{n-2} \cdot f'(0) - ... - s \cdot f^{(n-2)}(0) - f^{(n-1)}(0) \,. \tag{8.86}$$

Die Bildfunktion der n-mal differenzierten Zeitfunktion enthält also die mit s^n multiplizierte Laplace-Transformierte der Zeitfunktion und die mit s^{n-i} multiplizierten Anfangswerte. Die Anfangswerte werden also gleich bei der Transformation der Differentialgleichung berücksichtigt.

Beispiele:

$$L\left\{C \cdot \frac{du_C(t)}{dt}\right\} = C \cdot \left[s \cdot U_C(s) - u_C(0)\right]$$

$$L\left\{LC \cdot \frac{d^2 u_C(t)}{dt^2}\right\} = LC \cdot \left[s^2 \cdot U_C(s) - s \cdot u_C(0) - u_C'(0)\right]$$

Bei der Berechnung von Schaltvorgängen in elektrischen Stromkreisen mit Kondensatoren und Induktivitäten sollte von den Differentialgleichungen für die Kondensatorspannung u_C und für den Strom durch die Induktivität i_L ausgegangen werden, weil diese Zeitfunktionen auch bei t = 0 stetig sind:

$$u_C(0_-) = u_C(0_+) = u_C(0) \qquad \text{und} \qquad i_L(0_-) = i_L(0_+) = i_L(0)$$

(vgl. Gln. (8.3) und (8.4)).

Hat die Zeitfunktion f(t) der Differentialgleichung an der Stelle t = 0 eine Sprungstelle, dann ist die Lösung der Differentialgleichung mit Hilfe der Laplace-Transformation auch möglich, weil die Laplace-Transformation die Zeitfunktionen erst ab t = 0_+ erfasst, wie bei der Berechnung der Laplace-Transformierten der Sprungfunktion (siehe Beispiel 1, Gl. (8.74)) zu sehen ist. Entscheidend ist dabei die Frage, ob bei der Laplace-Transformierten der Ableitung einer Funktion der linksseitige Grenzwert f(0_-) oder der rechtsseitige Grenzwert f(0_+) berücksichtigt werden muss.

Sie kann beantwortet werden, indem die Laplace-Transformierte der Ableitung f'(t) mit Hilfe der partiellen Integration ermittelt wird:

$$L\{f'(t)\} = \int_{+0}^{\infty} f'(t) \cdot e^{-s \cdot t} \cdot dt \qquad (8.87)$$

$$L\{f'(t)\} = \int_{+0}^{\infty} e^{-s \cdot t} \cdot f'(t) \cdot dt = \left[e^{-s \cdot t} \cdot f(t) \right]_{+0}^{\infty} + s \cdot \int_{+0}^{\infty} f(t) \cdot e^{-s \cdot t} \cdot dt$$

mit

$$u = e^{-s \cdot t} \qquad\qquad dv = f'(t) \cdot dt$$

$$\frac{du}{dt} = -s \cdot e^{-s \cdot t} \qquad\qquad v = f(t)$$

$$du = -s \cdot e^{-s \cdot t} \cdot dt \, .$$

Mit

$$\left[e^{-s \cdot t} \cdot f(t) \right]_{+0}^{\infty} = e^{-\infty} \cdot f(\infty) - 1 \cdot f(0_+) = -f(0_+)$$

ist die Laplace-Transformierte von f'(t)

$$L\{f'(t)\} = s \cdot L\{f(t)\} - f(0_+) \, . \qquad (8.88)$$

Die Laplace-Transformation der Ableitung einer Zeitfunktion mit einer Sprungstelle bei t = 0 ergibt die mit s multiplizierte Laplace-Transformation f(t) vermindert um den rechtsseitigen Grenzwert f(0_+).

Bei der Transformation höherer Ableitungen von Zeitfunktionen ist selbstverständlich auch der rechtsseitige Grenzwert zu berücksichtigen.

Bei der Transformation einer Differentialgleichung in die algebraische Gleichung ist also bei den Ableitungen der rechtsseitige Grenzwert zu verwenden, wenn die Größe, für die die Differentialgleichung aufgestellt ist, beim Schalten springt.

Es stellt sich nun die Frage, ob mit Hilfe der Gl. (8.88) die Laplace-Transformierte der Ableitung der Sprungfunktion, also die Laplace-Transformierte des Dirac-Impulses, berechnet werden kann.

Wie eingangs des Abschnitts 8.3.1 gezeigt, erfasst die Laplace-Transformation die Sprungfunktion

$$f(t) = \sigma(t) = \begin{cases} 0 & \text{für } t < 0 \\ 1 & \text{für } t > 0 \end{cases}$$

erst vom rechten Grenzwert $t = 0_+$ an:

$$L\{\sigma(t)\} = \int\limits_{+0}^{\infty} f(t) \cdot e^{-s \cdot t} \cdot dt = \int\limits_{+0}^{\infty} \sigma(t) \cdot e^{-s \cdot t} \cdot dt$$

$$L\{\sigma(t)\} = \int\limits_{+0}^{\infty} 1 \cdot e^{-s \cdot t} \cdot dt = \frac{e^{-s \cdot t}}{-s} \bigg|_{+0}^{\infty} = -\frac{1}{s} \cdot (e^{-\infty} - 1)$$

$$L\{\sigma(t)\} = \frac{1}{s}.$$

Die Laplace-Transformierte der Ableitung der Sprungfunktion ergibt mit Gl. (8.88) für $t > 0$, d. h. ab $t = 0_+$:

$$L\{f'(t)\} = s \cdot L\{f(t)\} - f(0_+)$$

$$L\{\sigma'(t)\} = s \cdot L\{\sigma(t)\} - \sigma(0_+)$$

mit $\sigma(0_+) = 1$

$$L\{\sigma'(t)\} = s \cdot \frac{1}{s} - 1 = 0 \qquad \text{für } t > 0.$$

Für $t > 0$ ist die Ableitung der Sprungfunktion Null, denn die Sprungfunktion hat ab $t = 0_+$ den Anstieg Null. Die Laplace-Transformierte von Null ist auch Null.

Mit der Gl. (8.88) kann also die Laplace-Transformierte des Dirac-Impulses nicht ermittelt werden, denn der Dirac-Impuls $\delta(t) = \dot{\sigma}(t)$ ist mathematisch keine Funktion, sondern eine *Distribution* (Verallgemeinerung des Funktionsbegriffs).

Die Laplace-Transformierte der Ableitung der Sprungfunktion, also des Dirac-Impulses, auch Dirac'sche Deltafunktion genannt, ist

$$L\{\dot{\sigma}(t)\} = L\{\delta(t)\} = 1,$$

wie in der Korrespondenzentabelle im Abschnitt 8.3.6, Nr. 23, festgehalten ist.

Für technische Anwendungen kann mit Hilfe von Grenzbetrachtungen bei einer Exponentialfunktion oder bei einem Rechteckimpuls der Dirac-Impuls veranschaulicht werden (siehe Übungsaufgabe 8.6). Diese Darstellung hält allerdings einer strengen mathematischen Kritik nicht stand.

Die Funktion $f(t)$, die bei $t = 0$ von $f(0_-)$ auf $f(0_+)$ um Δf_0 springt, kann für $t > 0$, aber auch als Überlagerung der stetigen Fortsetzungsfunktion $f_S(t)$ und einer Sprungfunktion $\Delta f_0 \cdot \sigma(t)$ aufgefasst werden (s. Bild 8.35):

$$f(t) = f_S(t) + \Delta f_0 \cdot \sigma(t) \tag{8.89}$$

$$\text{mit} \quad \Delta f_0 \cdot \sigma(t) = \begin{cases} 0 & \text{für } t < 0 \\ \Delta f_0 & \text{für } t > 0 \end{cases}$$

und $\Delta f_0 = f(0_+) - f(0_-)$. $\tag{8.90}$

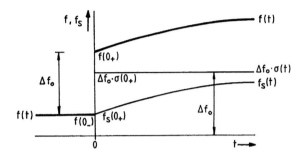

Bild 8.35 Zeitfunktion mit Sprungstelle als Überlagerung der Fortsetzungsfunktion und einer Sprungfunktion

Die Fortsetzungsfunktion $f_S(t)$ ist die um Δf_0 in Ordinatenrichtung verschobene Zeitfunktion $f(t)$, so dass ihre Ableitungen für $t > 0$ gleich sind:

$$f'(t) = f_S'(t) ,$$

denn der Anstieg der Sprungfunktion ist für $t > 0$ Null.

Die Laplace-Transformation der Ableitung der Zeitfunktion $f'(t)$ ist damit gleich der Laplace-Transformierten der Ableitung der Fortsetzungsfunktion f_S':

$$L\{f'(t)\} = L\{f_S'(t)\} ,$$

$$\text{mit} \quad L\{f'(t)\} = \lim_{\varepsilon \to 0} \int_{\varepsilon}^{\infty} f'(t) \cdot e^{-s \cdot t} \cdot dt$$

und mit Gl. (8.88)

$$L\{f_S'(t)\} = s \cdot L\{f_S(t)\} - f_S(0_+)$$

und

$$f_S(0_+) = f(0_-) \qquad \text{(siehe Bild 8.35)} \tag{8.91}$$

ist

$$L\{f'(t)\} = s \cdot L\{f_S(t)\} - f(0_-) . \tag{8.92}$$

Wird die Zeitfunktion $f(t)$ mit einer Sprungstelle bei $t = 0$ für $t > 0$ als Überlagerung der Fortsetzungsfunktion $f_S(t)$ und einer Sprungfunktion aufgefasst, dann ergibt die Laplace-Transformierte der Ableitung der Funktion $f(t)$ die mit s multiplizierte Laplace-Transformation der Fortsetzungsfunktion $f_S(t)$ vermindert um den linksseitigen Grenzwert.

Laplace-Transformierte des Integrals einer Funktion

Bei der Aufstellung der Differentialgleichungen mit Hilfe der Maschen- und Knotenpunktregel sind auch Integrale zu berücksichtigen, die durch die Spannung an einer Kapazität und durch den Strom durch eine Induktivität gegeben sind. Die Laplace-Transformation ermöglicht auch die Transformation bestimmter und unbestimmter Integrale bei Berücksichtigung der Anfangswerte.

Die Herleitung der Transformationsformeln geschieht wieder mit Hilfe der partiellen Integration:

$$L\{f(t)\} = \int_0^\infty f(t) \cdot e^{-s \cdot t} \cdot dt = \int_0^\infty e^{-s \cdot t} \cdot f(t) \cdot dt$$

mit

$$u = e^{-s \cdot t} \qquad\qquad dv = f(t) \cdot dt$$

$$\frac{du}{dt} = -s \cdot e^{-s \cdot t} \qquad\qquad v = F(t) = F(t)\Big|_0^t + F(0)$$

$$du = -s \cdot e^{-s \cdot t} \cdot dt \qquad\qquad v = \int f(t) \cdot dt = \int_0^t f(t) \cdot dt + \left[\int f(t) \cdot dt \right]_{t=0}$$

$$v = \int_0^t f(t) \cdot dt + f^{-1}(0)$$

$$L\{f(t)\} = \left[e^{-s \cdot t} \cdot \left(\int_0^t f(t) \cdot dt + f^{-1}(0) \right) \right]_0^\infty + \int_0^\infty \left[\int_0^t f(t) \cdot dt + f^{-1}(0) \right] \cdot s \cdot e^{-s \cdot t} \cdot dt$$

$$(8.93)$$

Der erste Ausdruck ergibt mit der unteren Grenze t = 0 den Wert $-f^{-1}(0)$, weil die obere Grenze t = ∞ mit $e^{-\infty} = 0$ keinen Anteil bringt:

$$\left[e^{-s \cdot t} \cdot \left(\int_0^t f(t) \cdot dt + f^{-1}(0) \right) \right]_0^\infty =$$

$$= e^{-\infty} \cdot \left(\int_0^\infty f(t) \cdot dt + f^{-1}(0) \right) - e^0 \cdot \left(\int_0^0 f(t) \cdot dt + f^{-1}(0) \right) = -f^{-1}(0)$$

Der zweite Ausdruck in Gl. (8.93) ist die Summe von zwei Integralen:

$$\int_0^\infty \left[\int_0^t f(t) \cdot dt + f^{-1}(0) \right] \cdot s \cdot e^{-s \cdot t} \cdot dt =$$

$$= s \cdot \int_0^\infty \left[\int_0^t f(t) \cdot dt \right] \cdot e^{-s \cdot t} \cdot dt + s \cdot \int_0^\infty f^{-1}(0) \cdot e^{-s \cdot t} \cdot dt$$

$$\text{mit} \qquad s \cdot \int_0^\infty \left[\int_0^t f(t) \cdot dt \right] \cdot e^{-s \cdot t} \cdot dt = s \cdot L \left\{ \int_0^t f(t) \cdot dt \right\}$$

$$\text{und} \qquad s \cdot \int_0^\infty f^{-1}(0) \cdot e^{-s \cdot t} \cdot dt = s \cdot L \left\{ f^{-1}(0) \right\} = s \cdot \frac{f^{-1}(0)}{s} = f^{-1}(0)$$

$f^{-1}(0)$ ist eine Konstante, und die Laplace-Transformierte einer Konstanten ist nach Gl. (8.74) das 1/s-fache der Konstanten.

Diese Vereinfachungen werden im zweiten Ausdruck berücksichtigt, so dass sich mit dem ersten Ausdruck für die gesamte Gleichung ergibt:

$$L\{f(t)\} = -f^{-1}(0) + s \cdot L \left\{ \int_0^t f(t) \cdot dt \right\} + f^{-1}(0)$$

$$L \left\{ \int_0^t f(t) \cdot dt \right\} = \frac{1}{s} \cdot L\{f(t)\} . \qquad (8.94)$$

Wird in dem zweiten Ausdruck in Gl. (8.93) für v das unbestimmte Integral eingesetzt, dann lässt sich die Laplace-Transformierte des unbestimmten Integrals angeben:

$$L\{f(t)\} = \int_0^\infty e^{-s \cdot t} \cdot f(t) \cdot dt = -f^{-1}(0) + \int_0^\infty \left[\int f(t) \cdot dt \right] \cdot s \cdot e^{-s \cdot t} \cdot dt$$

$$L\{f(t)\} = -f^{-1}(0) + s \cdot L \left\{ \left[\int f(t) \cdot dt \right] \right\}$$

$$L \left\{ \int f(t) \cdot dt \right\} = \frac{1}{s} \cdot L\{f(t)\} + \frac{f^{-1}(0)}{s} \qquad (8.95)$$

$$\text{mit} \qquad f^{-1}(0) = \left[\int f(t) \cdot dt \right]_{t=0}$$

Beispiele:

1. $\quad L\left\{\displaystyle\int_0^t e^{-t/\tau}\cdot dt\right\} = \dfrac{1}{s}\cdot L\left\{e^{-t/\tau}\right\}$ (nach Gl. (8.94))

$\quad$ mit $\quad L\left\{e^{-t/\tau}\right\} = \dfrac{1}{s+1/\tau}$ (nach Gl. (8.76))

$\quad L\left\{\displaystyle\int_0^t e^{-t/\tau}\cdot dt\right\} = \dfrac{1}{s\cdot(s+1/\tau)}$

Kontrolle:

$$\int_0^t e^{-t/\tau}\cdot dt = \left.\frac{e^{-t/\tau}}{-1/\tau}\right|_0^t = \frac{1}{-1/\tau}\cdot(e^{-t/\tau}-1)$$

$$L\left\{\int_0^t e^{-t/\tau}\cdot dt\right\} = -\tau\cdot L\left\{e^{-t/\tau}-1\right\}$$

$$L\left\{\int_0^t e^{-t/\tau}\cdot dt\right\} = -\tau\cdot\left(\frac{1}{s+1/\tau}-\frac{1}{s}\right) \qquad \text{(nach Gln. (8.76) und (8.74))}$$

$$L\left\{\int_0^t e^{-t/\tau}\cdot dt\right\} = -\tau\cdot\frac{s-s-1/\tau}{(s+1/\tau)\cdot s} = \frac{1}{s\cdot(s+1/\tau)}$$

2. $\quad L\left\{\displaystyle\int e^{-t/\tau}\cdot dt\right\} = \dfrac{1}{s}\cdot L\left\{e^{-t/\tau}\right\} + \dfrac{1}{s}\cdot\left[\displaystyle\int e^{-t/\tau}\cdot dt\right]_{t=0}$ (nach Gl. (8.95))

$\quad$ mit $\quad L\left\{e^{-t/\tau}\right\} = \dfrac{1}{s+1/\tau}$ (nach Gl. (8.76))

$\quad$ und $\quad \left[\displaystyle\int e^{-t/\tau}\cdot dt\right]_{t=0} = \left[\dfrac{e^{-t/\tau}}{-1/\tau}\right]_{t=0} = -\tau$

$$L\left\{\int e^{-t/\tau}\cdot dt\right\} = \frac{1}{s\cdot(s+1/\tau)}-\frac{\tau}{s} = \frac{1-(s+1/\tau)\cdot\tau}{s\cdot(s+1/\tau)} = \frac{-s\cdot\tau}{s\cdot(s+1/\tau)}$$

$$L\left\{\int e^{-t/\tau}\cdot dt\right\} = \frac{-\tau}{s+1/\tau}$$

Kontrolle:

$$L\left\{\int e^{-t/\tau}\cdot dt\right\} = L\left\{\frac{e^{-t/\tau}}{-1/\tau}\right\} = -\tau\cdot L\left\{e^{-t/\tau}\right\} = -\tau\cdot\frac{1}{s+1/\tau}$$

Beispiel für die Berechnung von zwei einfachen Ausgleichsvorgängen:

Die Ergebnisse des Auflade- und Entladevorgangs eines Kondensators, die im Abschnitt 8.2.2, S. 10–11 behandelt wurden, sollen mit Hilfe der Laplace-Transformation bestätigt werden. Dabei können die hergeleiteten Gesetzmäßigkeiten hinsichtlich der rechts- und linksseitigen Grenzwerte erläutert werden (siehe Gln. (8.88) und (8.92)).

Aufladevorgang eines Kondensators über einen Widerstand mittels Gleichspannung

Differentialgleichung ab t = 0:

$$R_1 \cdot i_C + u_C = U$$

$$\text{mit} \quad i_C = C \cdot \frac{du_C}{dt}$$

$$R_1 \cdot C \cdot \frac{du_C}{dt} + u_C = u(t)$$

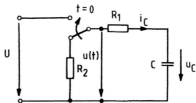

Bild 8.36 Aufladevorgang eines Kondensators über einen Widerstand mittels Gleichspannung

Transformationen in den komplexen Bereich:

$$u(t) = U \cdot \sigma(t) \quad \rightarrow U(s) = \frac{U}{s}$$

$$u_C(t) \quad \rightarrow \ U_C(s)$$

$$\frac{du_C(t)}{dt} \quad \rightarrow \ s \cdot U_C(s) - u_C(0)$$

$$i_C(t) \quad \rightarrow \ I_C(s)$$

algebraische Gleichung:

$$R_1 \cdot C \cdot \left[s \cdot U_C(s) - u_C(0) \right] + U_C(s) = \frac{U}{s}$$

$$\text{mit} \quad u_C(0) = 0$$

$$s \cdot R_1 \cdot C \cdot U_C(s) + U_C(s) = \frac{U}{s}$$

Lösung der algebraischen Gleichung:

$$U_C(s) = \frac{U}{s \cdot (1 + s \cdot R_1 C)} = \frac{U}{s \cdot (1 + s \cdot \tau_1)}$$

Rücktransformation in den Zeitbereich:

Mit Gl. (8.77) ist

$$u_C(t) = L^{-1} \left\{ \frac{U}{s \cdot (1 + s \cdot \tau_1)} \right\} = U \cdot (1 - e^{-t/\tau_1}) \quad \text{(vgl. mit Gl. (8.12))}$$

$$\text{mit} \quad \tau_1 = R_1 \cdot C \,.$$

Die Zeitfunktion des Aufladestroms kann auch mit Hilfe der Laplace-Transformation berechnet werden:

$$i_C = C \cdot \frac{du_C}{dt} \quad \rightarrow \ I_C(s) = C \cdot \left[s \cdot U_C(s) - u_C(0) \right]$$

$$\text{mit} \quad u_C(0) = 0 \quad \text{und} \quad U_C(s) = \frac{U}{s \cdot (1 + s \cdot \tau_1)}$$

$$I_C(s) = C \cdot s \cdot U_C(s) = \frac{C \cdot U}{1 + s \cdot \tau_1}$$

Mit Gl. (8.76) ist

$$i_C(t) = L^{-1}\left\{\frac{C \cdot U}{1 + s \cdot \tau_1}\right\} = \frac{C \cdot U}{\tau_1} \cdot e^{-t/\tau_1} = \frac{C \cdot U}{R_1 \cdot C} \cdot e^{-t/\tau_1}$$

$$i_C(t) = \frac{U}{R_1} \cdot e^{-t/\tau_1} \quad \text{mit} \quad \tau_1 = R_1 \cdot C \qquad \text{(vgl. mit Gl. (8.13)).}$$

Die Differentialgleichung wurde für die Kondensatorspannung u_C aufgestellt, weil sie auch im Zeitpunkt $t = 0$ stetig ist. Auf den rechts- oder linksseitigen Grenzwert ist nicht zu achten, da es für jeden Zeitpunkt nur einen Grenzwert gibt.

Entladevorgang eines Kondensators über ohmsche Widerstände

Differentialgleichung ab $t = 0$:

$$(R_1 + R_2) \cdot i_C + u_C = 0$$

$$\text{mit} \quad i_C = C \cdot \frac{du_C}{dt}$$

$$(R_1 + R_2) \cdot C \cdot \frac{du_C}{dt} + u_C = 0$$

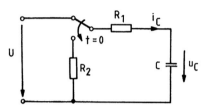

Bild 8.37 Entladevorgang eines Kondensators über Widerstände

Transformationen in den komplexen Bereich:

$$u_C(t) \qquad\qquad \rightarrow U_C(s)$$

$$\frac{du_C(t)}{dt} \qquad \rightarrow s \cdot U_C(s) - u_C(0)$$

$$i_C(t) \qquad\qquad \rightarrow I_C(s)$$

algebraische Gleichung:

$$(R_1 + R_2) \cdot C \cdot \left[s \cdot U_C(s) - u_C(0)\right] + U_C(s) = 0$$

$$\text{mit} \quad u_C(0) = U$$

$$s \cdot (R_1 + R_2) \cdot C \cdot U_C(s) - (R_1 + R_2) \cdot C \cdot U + U_C(s) = 0$$

Lösung der algebraischen Gleichung:

$$U_C(s) = \frac{(R_1 + R_2) \cdot C \cdot U}{1 + s \cdot (R_1 + R_2) \cdot C} = \frac{\tau_2 \cdot U}{1 + s \cdot \tau_2}$$

Rücktransformation in den Zeitbereich:
Mit Gl. (8.76) ist

$$u_C(t) = L^{-1}\left\{\frac{\tau_2 \cdot U}{1 + s \cdot \tau_2}\right\}$$

$$u_C(t) = U \cdot e^{-t/\tau_2} \quad \text{mit} \quad \tau_2 = (R_1 + R_2) \cdot C \qquad \text{(vgl. mit Gl. (8.16)).}$$

Der Entladestrom wird wieder mit der Laplace-Transformation berechnet:

$$i_C = C \cdot \frac{du_C}{dt} \quad \rightarrow \quad I_C(s) = C \cdot \left[s \cdot U_C(s) - u_C(0) \right]$$

$$\text{mit } u_C(0) = U \quad \text{und} \quad U_C(s) = \frac{\tau_2 \cdot U}{1 + s \cdot \tau_2}$$

$$I_C(s) = C \cdot s \cdot \frac{\tau_2 \cdot U}{1 + s \cdot \tau_2} - C \cdot U$$

$$I_C(s) = \left(\frac{s \cdot \tau_2}{1 + s \cdot \tau_2} - 1 \right) \cdot C \cdot U = \frac{s \cdot \tau_2 - 1 - s \cdot \tau_2}{1 + s \cdot \tau_2} \cdot C \cdot U$$

$$I_C(s) = -\frac{C \cdot U}{1 + s \cdot \tau_2} .$$

Mit Gl. (8.76) ist

$$i_C(t) = L^{-1} \left\{ -\frac{C \cdot U}{1 + s \cdot \tau_2} \right\} = -\frac{C \cdot U}{\tau_2} \cdot e^{-t/\tau_2} = -\frac{C \cdot U}{(R_1 + R_2)C} \cdot e^{-t/\tau_2}$$

$$i_C(t) = -\frac{U}{R_1 + R_2} \cdot e^{-t/\tau_2} \qquad \text{(vgl. mit Gl. (8.17)).}$$

Wenn mit der Differentialgleichung für u_C gerechnet wird, braucht auf den rechts- oder links-seitigen Grenzwert nicht geachtet zu werden, weil die u_C-Funktion stetig ist.

Wird von der Differentialgleichung für den bei $t = 0$ unstetigen Strom i_C ausgegangen, dann geht ebenfalls $u_C(0)$ als Anfangsbedingung ein, wenn das Integral in der Differentialglei-chung stehen bleibt:

Differentialgleichung ab $t = 0$:

$$(R_1 + R_2) \cdot i_C + u_C = 0$$

$$\text{mit} \quad u_C = \frac{1}{C} \cdot \int i_C \cdot dt$$

$$(R_1 + R_2) \cdot i_C + \frac{1}{C} \cdot \int i_C \cdot dt = 0$$

Transformationen in den komplexen Bereich:

$$i_C(t) \quad\quad\quad\quad \rightarrow \quad I_C(s)$$

$$\frac{1}{C} \cdot \int i_C(t) \cdot dt \quad\quad \rightarrow \quad \frac{I_C(s)}{s \cdot C} + \frac{1}{s} \cdot \left[\frac{1}{C} \cdot \int i_C(t) \cdot dt \right]_{t=0} = \frac{I_C(s)}{s \cdot C} + \frac{1}{s} \cdot u_C(0)$$

algebraische Gleichung:

$$(R_1 + R_2) \cdot I_C(s) + \frac{I_C(s)}{s \cdot C} + \frac{1}{s} \cdot u_C(0) = 0$$

$$\text{mit} \quad u_C(0) = U$$

$$(R_1 + R_2) \cdot I_C(s) + \frac{I_C(s)}{s \cdot C} = -\frac{U}{s}$$

Lösung der algebraischen Gleichung:

$$I_C(s) = -\frac{U}{s \cdot \left[(R_1 + R_2) + \dfrac{1}{s \cdot C}\right]} = -\frac{C \cdot U}{1 + s \cdot (R_1 + R_2) \cdot C}$$

$$I_C(s) = -\frac{C \cdot U}{1 + s \cdot \tau_2} \quad \text{mit} \quad \tau_2 = (R_1 + R_2) \cdot C.$$

Die Lösung für $I_C(s)$ stimmt mit dem bereits berechneten Ergebnis überein.

Wird aber die Differentialgleichung

$$(R_1 + R_2) \cdot i_C + \frac{1}{C} \cdot \int i_C \cdot dt = 0$$

nach t differenziert, um auf das Integral verzichten zu können, dann muss die Differentialgleichung mit einer Sprungfunktion gelöst und nach Gl. (8.88) mit dem rechtsseitigen Grenzwert $i_C(0_+)$ gerechnet werden:

Differentialgleichung:

$$(R_1 + R_2) \cdot \frac{di_C}{dt} + \frac{1}{C} \cdot i_C = 0$$

Transformationen in den komplexen Bereich

$$i_C(t) \qquad \rightarrow I_C(s)$$

$$\frac{di_C(t)}{dt} \qquad \rightarrow s \cdot I_C(s) - i_C(0_+)$$

algebraische Gleichung:

$$(R_1 + R_2) \cdot \left[s \cdot I_C(s) - i_C(0_+)\right] + \frac{1}{C} \cdot I_C(s) = 0$$

$$\text{mit} \quad i_C(0_+) = -\frac{U}{R_1 + R_2}$$

$$(R_1 + R_2) \cdot s \cdot I_C(s) + U + \frac{1}{C} \cdot I_C(s) = 0$$

Lösung der algebraischen Gleichung:

$$I_C(s) = -\frac{U}{\dfrac{1}{C} + s \cdot (R_1 + R_2)} = -\frac{C \cdot U}{1 + s \cdot (R_1 + R_2) \cdot C}$$

$$I_C(s) = -\frac{C \cdot U}{1 + s \cdot \tau_2} \quad \text{mit} \quad \tau_2 = (R_1 + R_2) \cdot C.$$

Die Lösung für $I_C(s)$ wird also mit dem rechtsseitigen Grenzwert bestätigt.

Der Vorgang der Kondensatorentladung kann aber auch behandelt werden, wenn die Zeitfunktion des Kondensatorstroms $i_C(t)$ als Überlagerung der stetigen Fortsetzungsfunktion $i_{CS}(t)$ und der Sprungfunktion

$$\Delta f_0 \cdot \sigma(t) = -\frac{U}{R_1 + R_2} \cdot \sigma(t)$$

aufgefasst wird (siehe Bild 8.38). Die Sprunghöhe $\Delta f_0 = -U/(R_1 + R_2)$ ist gleich dem Kondensatorstrom zum Zeitpunkt $t = 0_+$, der aus dem Schaltbild (Bild 8.36) zu ersehen ist:

$$i_C(0_+) = -\frac{U}{R_1 + R_2}.$$

Nach Gl. (8.92) muss dann mit dem linksseitigen Grenzwert gerechnet werden. Die Lösung ist die Fortsetzungsfunktion $i_{CS}(t)$, die schließlich noch mit der Sprungfunktion überlagert werden muss:

Differentialgleichung:

$$(R_1 + R_2) \cdot \frac{di_C}{dt} + \frac{1}{C} \cdot i_C = 0$$

Transformationen in den komplexen Bereich:

$$\frac{di_C(t)}{dt} \qquad\qquad \rightarrow s \cdot I_{CS}(s) - i_C(0_-) = s \cdot I_{CS}(s)$$

$$\text{mit} \quad i_C(0_-) = 0$$

$$i_C(t) = i_{CS}(t) - \frac{U}{R_1 + R_2} \cdot \sigma(t) \quad \rightarrow I_{CS}(s) - \frac{U}{R_1 + R_2} \cdot \frac{1}{s}$$

algebraische Gleichung:

$$(R_1 + R_2) \cdot s \cdot I_{CS}(s) + \frac{1}{C} \cdot I_{CS}(s) - \frac{1}{C} \cdot \frac{U}{(R_1 + R_2)} \cdot \frac{1}{s} = 0$$

$$s \cdot (R_1 + R_2) \cdot I_{CS}(s) + \frac{1}{C} \cdot I_{CS}(s) = \frac{U}{s \cdot (R_1 + R_2)C}$$

Lösung der algebraischen Gleichung:

$$I_{CS}(s) = \frac{U}{s \cdot (R_1 + R_2)C} \cdot \frac{1}{s \cdot (R_1 + R_2) + 1/C}$$

$$I_{CS}(s) = \frac{U}{R_1 + R_2} \cdot \frac{1}{s \cdot \left[s \cdot (R_1 + R_1)C + 1 \right]}$$

$$I_{CS}(s) = \frac{U}{R_1 + R_2} \cdot \frac{1}{s \cdot (1 + s \cdot \tau_2)} \quad \text{mit} \quad \tau_2 = (R_1 + R_2) \cdot C$$

Rücktransformation in den Zeitbereich:

Mit Gl. (8.77) ist

$$i_{CS}(t) = L^{-1}\left\{ \frac{U}{R_1 + R_2} \cdot \frac{1}{s \cdot (1 + s \cdot \tau_2)} \right\}$$

$$i_{CS}(t) = \frac{U}{R_1 + R_2} \cdot (1 - e^{-t/\tau_2})$$

Überlagerung der Fortsetzungsfunktion und der Sprungfunktion:

$$i_C(t) = i_{CS}(t) + \frac{-U}{R_1 + R_2} \cdot \sigma(t)$$

$$i_C(t) = \frac{U}{R_1 + R_2} \cdot (1 - e^{-t/\tau_2}) - \frac{U}{R_1 + R_2}$$

$$i_C(t) = -\frac{U}{R_1 + R_2} \cdot e^{-t/\tau_2} \qquad \text{(vgl. mit Gl. (8.17))}$$

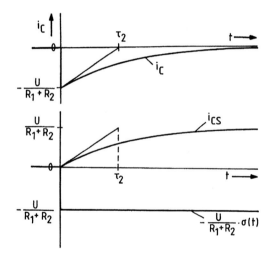

Bild 8.38
Überlagerung der Fortsetzungsfunktion und der Sprungfunktion
zur Zeitfunktion des Kondensatorstroms

Die bisher behandelten Laplace-Transformationen sind nur wenige ausgewählte Beispiele, mit denen nur einfache Ausgleichsvorgänge berechnet werden können.

Die Berechnung von komplizierteren Ausgleichsvorgängen wäre sehr aufwändig, wenn
bei jeder Transformation das Laplace-Integral gelöst werden müsste. In ausführlichen
Korrespondenzen-Tabellen sind die Zeitfunktionen ihren Transformierten gegenüberge-
stellt: Das Ausrechnen der Integrale bleibt dem Anwender damit erspart.

Im Abschnitt 8.3.6, S. 86–91 sind ausgewählte Korrespondenzen in einer Tabelle zusammengefasst, mit denen die wichtigsten elektrischen Ausgleichsvorgänge berechnet
werden können.

Rücktransformation

Mit Hilfe der Korrespondenzen-Tabelle und den Sätzen für Laplace-Operationen, die im Abschnitt 8.3.3 behandelt werden, lassen sich Differentialgleichungen in algebraische Gleichungen überführen, die sich einfach lösen lassen. Die Lösungen der algebraischen Gleichungen werden mit Hilfe der Korrespondenzen-Tabelle und den genannten Sätzen in den Zeitbereich rücktransformiert. Dabei müssen die Lösungen der algebraischen Gleichungen in die Form gebracht werden, die in der Tabelle enthalten ist. Mathematisch bedeutet die Rücktransformation die Lösung des Integrals

$$f(t) = L^{-1}\{F(s)\} = \frac{1}{2\pi \cdot j} \cdot \int_{c-j\cdot\infty}^{c+j\cdot\infty} F(s) \cdot e^{s\cdot t} \cdot ds \ . \tag{8.96}$$

Auf den Nachweis, dass dieses Umkehrintegral von den Bildfunktionen F(s) zu den Zeitfunktionen f(t) führt, soll in diesem Rahmen verzichtet werden; für die Rechenbeispiele hat sie keine Bedeutung, weil die Korrespondenzen-Tabellen auch für die Rücktransformation verwendet werden.

Berechnung von Ausgleichsvorgängen bei verschwindenden Anfangsbedingungen

Bei vielen Ausgleichsvorgängen sind sämtliche Ströme und Spannungen – insbesondere Ströme durch Induktivitäten und Spannungen an Kapazitäten – bis zum Zeitpunkt des Schaltens t = 0 Null. Damit verschwinden die Anfangsbedingungen, und die Formeln für die Laplace-Transformierte der Ableitung einer Funktion (Gl. 8.83) und für die Laplace-Transformierte des Integrals einer Funktion (Gl. 8.95) vereinfachen sich:

Mit

$$f(0) = 0$$

und

$$f^{-1}(0) = \left[\int f(t) \cdot dt \right]_{t=0} = 0$$

lauten nun die Formeln:

$$L\{f'(t)\} = s \cdot L\{f(t)\} \tag{8.97}$$

$$L\left\{ \int f(t) \cdot dt \right\} = \frac{1}{s} \cdot L\{f(t)\} \ . \tag{8.98}$$

Zwischen der Laplace-Transformierten des Stroms und der Laplace-Transformierten der Spannung in verschiedenen Bauelementen bestehen damit Zusammenhänge über reelle und komplexe Operatoren:

	ohmscher Widerstand	induktiver Widerstand	kapazitiver Widerstand
Zeitbereich (Originalbereich)	$u = R \cdot i$ $i = \dfrac{u}{R} = G \cdot u$	$u = L \cdot \dfrac{di}{dt}$ $u = M \cdot \dfrac{di}{dt}$ $i = \dfrac{1}{L} \cdot \int u \cdot dt$ $i = \dfrac{1}{M} \cdot \int u \cdot dt$	$u = \dfrac{1}{C} \cdot \int i \cdot dt$ $i = C \cdot \dfrac{du}{dt}$
komplexer Bereich (Bildbereich)	$U(s) = R \cdot I(s)$ $I(s) = \dfrac{U(s)}{R} = G \cdot U(s)$	$U(s) = sL \cdot I(s)$ $U(s) = sM \cdot I(s)$ $I(s) = \dfrac{U(s)}{sL}$ $I(s) = \dfrac{U(s)}{sM}$	$U(s) = \dfrac{I(s)}{sC}$ $I(s) = sC \cdot U(s)$

Für Ausgleichsvorgänge in elektrischen Schaltungen mit verschwindenden Anfangs-bedingungen kann deshalb eine Symbolische Methode ähnlich wie in der Wechsel-stromtechnik (siehe Band 2, Abschnitt 4.2.4, S. 19–22) angewendet werden. Dazu muss das Schaltbild für die zeitlich veränderlichen Größen entsprechend umgeformt werden:

Alle Zeitfunktionen werden in entsprechende Laplace-Transformierte überführt.

Ohmsche Widerstände R bleiben im Schaltbild unverändert, da der Operator zwischen der Laplace-Transformierten von Strom und Spannung R ist.

Induktivitäten L und Gegeninduktivitäten M werden wie induktive Widerstände mit den komplexen Operatoren sL und sM behandelt. Die Operatoren ersetzen im Schaltbild L und M.

Kapazitäten C werden als kapazitive Widerstände mit dem Operator 1/sC berücksichtigt, weil die Laplace-Transformierte des Stroms durch Multiplikation mit dem Operator 1/sC in die Laplace-Transformierte der Spannung überführt wird. Anstelle von C wird im Schaltbild 1/sC geschrieben.

Nachdem die Operatoren im Schaltbild eingetragen sind, werden die Netzberechnungshilfen Spannungs- und Stromteilerregel im Band 1, Gln. (2.34) und (2.35) bzw. (2.58) und (2.59) angewendet, wodurch sich algebraische Gleichungen für die Laplace-Transformierten ergeben, die dann gelöst werden.

Die Lösungen für die Laplace-Transformierten werden dann mit Hilfe der Laplace-Korrespondenzen in den Zeitbereich rücktransformiert.

8.3.2 Lösungsmethoden für die Berechnung von Ausgleichsvorgängen

Übersicht

Wie in den vorhergehenden Abschnitten beschrieben, gibt es drei Lösungsverfahren für die Berechnung von Ausgleichsvorgängen:

Verfahren 1: **Lösung der Differentialgleichung im Zeitbereich**

(siehe Abschnitt 8.2)

Verfahren 2: **Lösung der Differentialgleichung mit Hilfe der Laplace-Transformation**

(siehe Abschnitt 8.3.1)

Verfahren 3: **Lösungsmethode mit Operatoren - Symbolische Methode**

(anwendbar nur bei verschwindenden Anfangsbedingungen, siehe Abschnitt 8.3.1)

Rechenschema

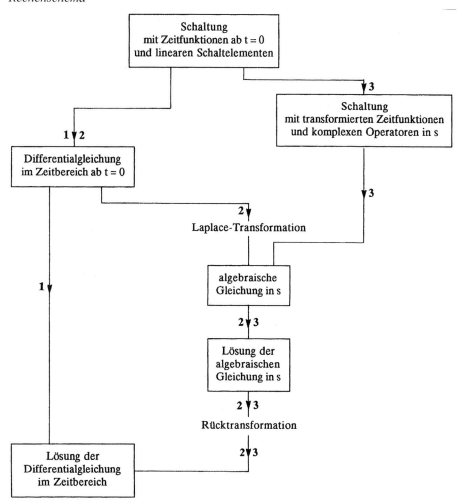

Beispiele für die direkte Lösung von Differentialgleichungen im Zeitbereich (Verfahren 1) sind im Abschnitt 8.2 ausführlich behandelt. Im Abschnitt 8.3.1 ist ein einfaches Beispiel für die Lösung der Differentialgleichung mit Hilfe der Laplace-Transformation (Verfahren 2) ausgeführt. Ein weiteres Beispiel für das Verfahren 2 soll zeigen, dass die Eingangsspannung auch andere Formen als Gleich- oder sinusförmige Wechselspannung haben kann. Anschließend wird das Verfahren 3 mit Hilfe eines RC-Netzwerks erläutert.

Beispiel 1:
Berechnung eines Ausgleichsvorgangs über die Differentialgleichung mittels Laplace-Transformation (Verfahren 2)

Schaltung **mit Zeitfunktionen ab t = 0** **und linearen Schaltelementen**

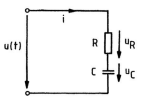

Eingangsspannung: Rampenfunktion

$$u(t) = \begin{cases} 0 & \text{für } t \le 0 \\ (U/T) \cdot t & \text{für } t > 0 \end{cases}$$

Bild 8.39 Ausgleichsvorgang mit einer Rampenfunktion im Beispiel 1

Differentialgleichung **im Zeitbereich ab t = 0**

$$u_R + u_C = u$$

$$R \cdot i + u_C = u$$

$$\text{mit } i = C \cdot \frac{du_C}{dt}$$

$$RC \cdot \frac{du_C}{dt} + u_C = u$$

Transformationen in den komplexen Bereich:

$$u(t) \quad\quad\quad \to \frac{U}{T} \cdot \frac{1}{s^2} \quad\quad \text{(nach Gl. (8.75))}$$

$$u_C(t) \quad\quad \to U_C(s)$$

$$\frac{du_C(t)}{dt} \quad\quad \to s \cdot U_C(s) - u_C(0) \quad\quad \text{(nach Gl. (8.83))}$$

algebraische **Gleichung in s**

$$RC \cdot [s \cdot U_C(s) - u_C(0)] + U_C(s) = \frac{U}{T \cdot s^2}$$

$$\text{mit } u_C(0) = 0$$

$$s \cdot RC \cdot U_C(s) + U_C(s) = \frac{U}{T \cdot s^2}$$

**Lösung der
algebraischen
Gleichung in s**

$$U_C(s) = \frac{U}{T \cdot s^2 \cdot (1 + s \cdot RC)} = \frac{U}{T \cdot s^2 \cdot (1 + s \cdot \tau)}$$

Rücktransformation in den Zeitbereich:

Mit Korrespondenz Nr. 51 (siehe Abschnitt 8.3.6, S. 88)

$$L^{-1}\left\{\frac{1}{s^2 \cdot (1 + s \cdot T)}\right\} = t - T\left(1 - e^{-t/T}\right)$$

ist die

**Lösung der
Differentialgleichung
im Zeitbereich**

$$u_C(t) = \frac{U}{T} \cdot [t - \tau \cdot (1 - e^{-t/\tau})]$$

mit $\tau = R \cdot C$

speziell:

für $t = 0$ ist $u_C(t) = 0$

für   große t ist $u_C(t) = \dfrac{U}{T} \cdot (t - \tau)$

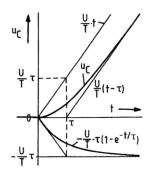

Bild 8.40 Zeitlicher Verlauf der Kondensatorspannung im Beispiel 1 eines Ausgleichsvorgangs mit Rampenspannung

Beispiel 2:

Berechnung der Übertragungsfunktion und der Ausgangsspannung bei sinusförmiger Eingangsspannung (Verfahren 3)

**Schaltung
mit Zeitfunktionen ab t = 0
und linearen Schaltelementen**

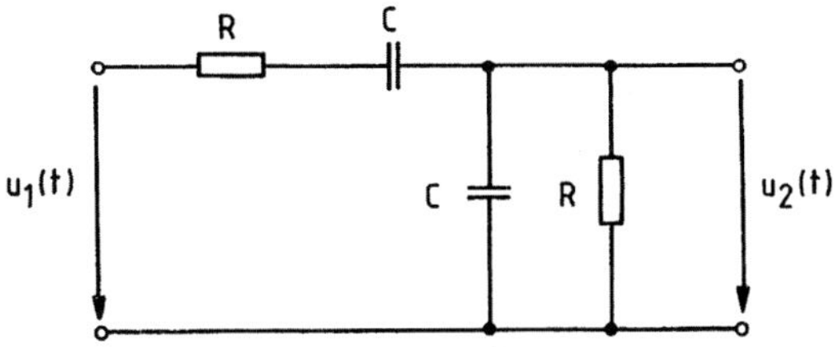

Eingangsspannung $u_1(t)$:

sinusförmige Wechselspannung
ab $t = 0$

$$u_1(t) = \begin{cases} 0 & \text{für } t \leq 0 \\ \hat{u} \cdot \sin \omega t & \text{für } t > 0 \end{cases}$$

(siehe Bild 8.32)

Bild 8.41 Schaltung mit Zeitfunktionen ab t = 0 des Beispiels 2

**Schaltung mit transformierten Zeitfunktionen
und komplexen Operatoren in s**

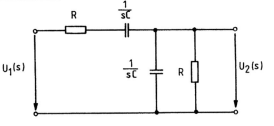

Bild 8.42
Schaltung mit transformierten Zeitfunktionen und komplexen Operatoren in s des Beispiels 2

> **algebraische
> Gleichung in s**

Mit Hilfe der Spannungsteilerregel ergibt sich das Verhältnis der transformierten Ausgangsspannung $U_2(s)$ zur transformierten Eingangsspannung $U_1(s)$, das *Übertragungsfunktion G(s)* genannt wird:

$$G(s) = \frac{U_2(s)}{U_1(s)} = \frac{\dfrac{1}{\dfrac{1}{R} + sC}}{\dfrac{1}{\dfrac{1}{R} + sC} + R + \dfrac{1}{sC}} = \frac{1}{1 + \left(R + \dfrac{1}{sC}\right) \cdot \left(\dfrac{1}{R} + sC\right)}$$

$$\frac{U_2(s)}{U_1(s)} = \frac{1}{1 + 1 + \dfrac{1}{sRC} + sRC + 1}$$

$$\frac{U_2(s)}{U_1(s)} = \frac{sRC}{s^2 R^2 C^2 + 3sRC + 1} = \frac{s}{RC\left(s^2 + \dfrac{3}{RC}s + \dfrac{1}{R^2C^2}\right)}$$

mit $\quad s^2 + \dfrac{3}{RC}s + \dfrac{1}{R^2C^2} = 0$

$$s_{1,2} = -\frac{3}{2RC} \pm \sqrt{\left(\frac{3}{2RC}\right)^2 - \frac{1}{R^2 \cdot C^2}}$$

$$s_{1,2} = -\frac{3}{2RC} \pm \sqrt{\frac{9 - 4}{4 \cdot R^2 C^2}}$$

$$s_1 = \frac{-3 + \sqrt{5}}{2 \cdot RC} = -\frac{0,38}{RC} \qquad\qquad s_2 = \frac{-3 - \sqrt{5}}{2 \cdot RC} = -\frac{2,62}{RC}$$

$$G(s) = \frac{U_2(s)}{U_1(s)} = \frac{s}{RC(s - s_1)(s - s_2)} = \frac{s}{RC\left(s + \dfrac{0,38}{RC}\right) \cdot \left(s + \dfrac{2,62}{RC}\right)} \quad .$$

Die Pole und Nullstellen einer Übertragungsfunktion können in der Gaußschen Zahlenebene, der s-Ebene dargestellt werden. Das Pol-Nullstellen-Diagramm der berechneten Übertragungsfunktion ist im Bild 8.43 gezeichnet.

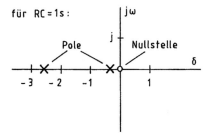

Beispiel 8.43
Pol-Nullstellen-Diagramm der
Übertragungsfunktion des Beispiels 2

> **Lösung der algebraischen Gleichung in s**

Mit

$$U_1(s) = L\{\hat{u} \cdot \sin \omega t\} = \hat{u} \cdot \frac{\omega}{s^2 + \omega^2} \qquad \text{(nach Gl. (8.78))}$$

ist die Laplace-Transformierte der Ausgangsspannung

$$U_2(s) = U_1(s) \cdot G(s) = \frac{\omega \cdot \hat{u}}{RC} \cdot \frac{s}{(s^2 + \omega^2)(s - s_1)(s - s_2)}$$

Rücktransformation in den Zeitbereich:

Mit der Korrespondenz Nr. 104 (siehe Abschnitt 8.3.6, S. 91)

$$L^{-1}\left\{\frac{s + d}{(s^2 + a^2)(s + b)(s + c)}\right\} = \frac{(d - b)e^{-bt}}{(c - b)(a^2 + b^2)} + \frac{(d - c)e^{-ct}}{(b - c)(a^2 + c^2)} +$$

$$+ \sqrt{\frac{d^2 + a^2}{a^2(a^2 + b^2)(a^2 + c^2)}} \cdot \sin(at + \Phi)$$

mit $\Phi = \arctan(c/a) - \arctan(d/a) - \arctan(a/b)$

und $d = 0$, $a = \omega$, $b = -s_1$, $c = -s_2$, $\Phi = \varphi$

ist die Ausgangsspannung

> **Lösung der Differentialgleichung im Zeitbereich**

$$u_2 = \frac{\omega \cdot \hat{u}}{RC} \cdot \left[\frac{s_1 \cdot e^{s_1 t}}{(s_1 - s_2)(\omega^2 + s_1^2)} + \frac{s_2 \cdot e^{s_2 t}}{(s_2 - s_1)(\omega^2 + s_2^2)} + \frac{1}{\sqrt{(\omega^2 + s_1^2)(\omega^2 + s_2^2)}} \cdot \sin(\omega t + \varphi) \right]$$

mit $\varphi = \arctan\left(\dfrac{-s_2}{\omega}\right) - \arctan\left(\dfrac{\omega}{-s_1}\right)$.

Nachdem die Laplace-Transformation eingeführt und deren Vorteile erkannt sind, stellt sich häufig die Frage, warum die Lösung von Differentialgleichungen im Zeitbereich noch behandelt werden muss, wenn mit der Laplace-Transformation wesentlich vielfältigere Ausgleichsvorgänge berechnet werden können als durch die direkte Lösung der Differentialgleichung.

Durch die Lösung von Differentialgleichungen im Zeitbereich werden die Zusammenhänge zwischen den Größen des Ausgleichsvorgangs verständlich. Die Vorstellung, dass ein Ausglcichsvorgang als Überlagerung eines eingeschwungenen Vorgangs und eines flüchtigen Vorgangs aufgefasst werden kann, ist anschaulich. Allerdings lassen sich mit dem Verfahren 1 nur einfache Beispiele von Ausgleichsvorgängen berechnen. Dagegen sind die Lösungsmethoden mit Hilfe der Laplace-Transformation recht formalistisch. Ist das Prinzip der Abbildung in den beiden Verfahren erkannt und liegt eine ausführliche Korrespondenzen-Tabelle vor, dann dürften selbst schwierige Ausgleichsvorgänge lösbar sein.

Bei der Laplace-Transformation werden Differentialgleichungen durch algebraische Gleichungen ersetzt, die viel einfacher lösbar sind. Beispielsweise sind Ausgleichsvorgänge in gekoppelten Kreisen durch Lösen von Differentialgleichungen schwierig zu behandeln; mit algebraischen Gleichungen ist die Lösung einfach (siehe Abschnitt 8.3.4, Beispiel 2).

Mit Hilfe der Laplace-Transformation können aber auch Beispiele berechnet werden, bei denen die Eingangsspannung ungewöhnliche Formen annehmen, z. B. Impulsfolgen (siehe Abschnitt 8.3.3 und Abschnitt 8.3.4, Beispiel 5).

8.3.3 Sätze für Operationen im Zeit- und Bildbereich der Laplace-Transformation

Additionssatz

Summen von Funktionen mit konstanten Faktoren im Zeitbereich entsprechen Summen von Funktionen mit den konstanten Faktoren im Bildbereich:

$$L\{a_1 \cdot f_1(t) + a_2 \cdot f_2(t) + ... + a_n \cdot f_n(t)\} = a_1 \cdot F_1(s) + a_2 \cdot F_2(s) + ... + a_n \cdot F_n(s)$$

(8.99)

Der Additionssatz folgt aus der Summen- und Faktorregel der Integralrechnung.

Beispiel:

$$L\{a \cdot \sin\omega t + b \cdot \cos\omega t\} = a \cdot L\{\sin\omega t\} + b \cdot L\{\cos\omega t\} = a \cdot \frac{\omega}{s^2 + \omega^2} + b \cdot \frac{s}{s^2 + \omega^2}$$

(siehe Beispiel 5 im Abschnitt 8.3.1).

Ähnlichkeitssätze

Die Ähnlichkeitssätze betreffen Faktoren a bzw. 1/a im Argument der Zeitfunktion und Bildfunktion mit a > 0 und reell:

$$L\{f(a \cdot t)\} = \frac{1}{a} \cdot F\left(\frac{s}{a}\right) \quad (8.100) \quad \text{und} \quad L\left\{f\left(\frac{t}{a}\right)\right\} = a \cdot F(a \cdot s) \quad (8.101)$$

Soll im Argument der Zeitfunktion der Faktor a oder 1/a berücksichtigt werden, dann wird in der Bildfunktion statt $s \to s/a$ bzw. $s \to a \cdot s$ geschrieben, und die Bildfunktion wird mit 1/a bzw. a multipliziert.

Der Nachweis über die Richtigkeit der Ähnlichkeitssätze kann mit Hilfe der Substitutionsmethode der Integralrechnung mit den Substitutionsgleichungen $x = a \cdot t$ bzw. $x = t/a$ geführt werden.

Beispiel 1:

Nach der Korrespondenz Nr. 30, S. 86 ist mit a = 1

$$L\{e^t\} = F(s) = \frac{1}{s - 1}.$$

Nach den Ähnlichkeitssätzen ergibt sich für

$$L\{e^{at}\} = \frac{1}{a} \cdot F\left(\frac{s}{a}\right) = \frac{1}{a} \cdot \frac{1}{s/a - 1} = \frac{1}{s - a}$$

und

$$L\{e^{t/a}\} = a \cdot F(a \cdot s) = a \cdot \frac{1}{a \cdot s - 1} = \frac{1}{s - 1/a}$$

(siehe Beispiel 3 im Abschnitt 8.3.1, Gl. (8.76) mit $\tau = -a$).

Beispiel 2:

Nach der Korrespondenz Nr. 79, S. 90 ist mit a = 1

$$L\{\sin t\} = F(s) = \frac{1}{s^2 + 1}$$

Nach den Ähnlichkeitsgesetzen ergibt sich für

$$L\{\sin\omega t\} = \frac{1}{\omega} \cdot F\left(\frac{s}{\omega}\right) = \frac{1}{\omega} \cdot \frac{1}{\left(\frac{s}{\omega}\right)^2 + 1} = \frac{\omega}{s^2 + \omega^2} \quad \text{(vgl. Gl. (8.78))}$$

und

$$L\{\sin 2\omega t\} = \frac{1}{2\omega} \cdot F\left(\frac{s}{2\omega}\right) = \frac{1}{2\omega} \cdot \frac{1}{\left(\frac{s}{2\omega}\right)^2 + 1} = \frac{2\omega}{s^2 + 4\omega^2}$$

Dämpfungssatz

$$L\left\{e^{-at} \cdot f(t)\right\} = F(s + a) \qquad \text{mit a beliebig} \tag{8.102}$$

Wird die Zeitfunktion mit dem Dämpfungsterm e^{-at} multipliziert, dann muss in der Bildfunktion das Argument s in $s + a$ umgewandelt werden.

Beispiel 1:

$$L\{f(t)\} = L\{\cos\omega t\} = F(s) = \frac{s}{s^2 + \omega^2} \qquad \text{(vgl. Gl. (8.79))}$$

$$L\{e^{-at} \cdot \cos\omega t\} = F(s + a) = \frac{s + a}{(s + a)^2 + \omega^2} \qquad \text{(vgl. Gl. (8.82) mit } \delta = a)$$

Beispiel 2:

$$L\{f(t)\} = L\left\{\frac{t^n}{n!}\right\} = F(s) = \frac{1}{s^{n+1}} \qquad \text{(nach Korrespondenz Nr. 29, S. 86)}$$

$$L\left\{e^{at} \cdot \frac{t^n}{n!}\right\} = F(s - a) = \frac{1}{(s - a)^{n+1}} \qquad \text{(siehe Korrespondenz Nr. 32, S. 87)}$$

Verschiebungssätze

Eine Rechtsverschiebung einer Zeitfunktion im Zeitdiagramm bedeutet mathematisch eine
Änderung des Arguments von t in t – a. Für das Laplace-Integral ändert sich damit die
Integrationsvariable, so dass die Substitutionsmethode der Integralrechnung angewendet
werden muss:

$$L\{f(t-a)\} = \int_0^\infty f(t-a) \cdot e^{-s\cdot t} \cdot dt = \int_{-a}^\infty f(x) \cdot e^{-s\cdot(x+a)} \cdot dx$$

aus der Sustitutionsgleichung $x = t - a$ oder $t = x + a$

ergibt sich $\dfrac{dx}{dt} = 1$ und $dt = dx$

Integrationsgrenzen: $t = 0$: $x = -a$

                                             $t = \infty$: $x = \infty$

$$L\{f(t-a)\} = e^{-s\cdot a} \cdot \int_{-a}^\infty f(x) \cdot e^{-s\cdot x} \cdot dx$$

$$L\{f(t-a)\} = e^{-s\cdot a} \cdot \left[\int_{-a}^0 f(x) \cdot e^{-s\cdot x} \cdot dx + \int_0^\infty f(x) \cdot e^{-s\cdot x} \cdot dx \right]$$

$$L\{f(t-a)\} = e^{-a\cdot s} \cdot \left[\int_{-a}^0 f(x) \cdot e^{-s\cdot x} \cdot dx + F(s) \right] \quad \text{mit } a \ge 0 \text{ und } x = t - a \quad (8.103)$$

In vielen Fällen kann der Verschiebungssatz vereinfacht werden, wenn
$f(x) = 0$ oder $f(t-a) = 0$ für $x = t - a < 0$ oder $t < a$:

$$L\{f(t-a)\} = e^{-a\cdot s} \cdot F(s). \qquad\qquad\qquad\qquad\qquad (8.104)$$

Durch den Verschiebungssatz erfasst die Laplace-Transformation die Zeitfunktion f(t) ab
t = a.

Beispiel 1: Laplace-Transformierte der verschobenen Sprungfunktion

Die Laplace-Transformierte der Sprungfunktion ist im Beispiel 1 im Abschnitt 8.3.1 berechnet:

$$L\{\sigma(t)\} = F(s) = \frac{1}{s}.$$

Mit dem Verschiebungssatz ergibt sich die Laplace-Transformierte der nach rechts verschobenen Sprungfunktion:

$$L\{\sigma(t-a)\} = e^{-a\cdot s} \cdot F(s) = \frac{e^{-a\cdot s}}{s} \qquad\qquad (8.105)$$

Bild 8.44 Verschobene Sprungfunktion

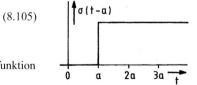

Beispiel 2: Laplace-Transformierte einer Impulsfolge

Eine periodische rechteckige Impulsfolge kann als Überlagerung von verschobenen Sprungfunktionen aufgefasst werden, indem von der Sprungfunktion die um a verschobene Sprungfunktion subtrahiert wird und die um 2a verschobene Sprungfunktion addiert wird und die um 3a verschobene Sprungfunktion subtrahiert wird usw. (siehe Bild 8.45):

$$f(t) = \sigma(t) - \sigma(t - a) + \sigma(t - 2a) - \sigma(t - 3a) + \sigma(t - 4a) - + \ldots$$

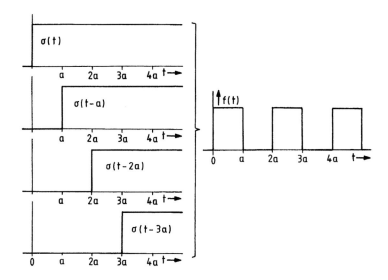

Bild 8.45 Verschobene Sprungfunktionen und die Impulsfolge

Die verschobenen Sprungfunktionen lassen sich nach Gl. (8.105) transformieren:

$$L\{f(t)\} = \frac{1}{s} - \frac{e^{-as}}{s} + \frac{e^{-2as}}{s} - \frac{e^{-3as}}{s} + \frac{e^{-4as}}{s} - + \ldots$$

$$L\{f(t)\} = \frac{1}{s} \cdot \left[1 - (e^{-as}) + (e^{-as})^2 - (e^{-as})^3 + (e^{-as})^4 - + \ldots \right]$$

mit der Potenzreihe

$$\frac{1}{1 + x} = 1 - x + x^2 - x^3 + x^4 - + \ldots \quad \text{mit } |x| < 1 \quad \text{und} \quad x = e^{-as}$$

ist die Laplace-Transformierte der Impulsfolge

$$L\{f(t)\} = \frac{1}{s\,(1 + e^{-as})} \tag{8.106}$$

Beispiel 3: Laplace-Transformierte von periodischen Sinusimpulsen

Wird einer Sinusfunktion ab $t = 0$ eine um π/ω verschobene Sinusfunktion gleicher Amplitude und gleicher Frequenz überlagert, dann bleibt nur ein Sinusimpuls übrig. Die weiteren nach rechts verschobenen Sinusimpulse entstehen auf die gleiche Weise:

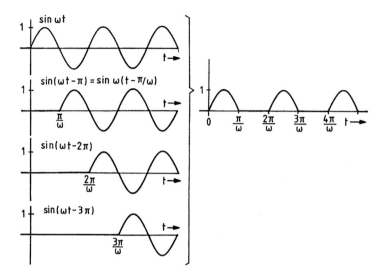

Bild 8.46 Verschobene Sinusfunktionen und die Impulsfolge

Die Laplace-Transformierte der Sinusimpulse ist gleich der Summe der Laplace-Transformierten der verschobenen Sinusfunktionen (siehe Gl. (8.78)):

$$L\{f(t)\} = \frac{\omega}{s^2 + \omega^2} + \frac{\omega}{s^2 + \omega^2} \cdot e^{-\frac{\pi}{\omega}s} + \frac{\omega}{s^2 + \omega^2} \cdot e^{-\frac{2\pi}{\omega}s} + \frac{\omega}{s^2 + \omega^2} \cdot e^{-\frac{3\pi}{\omega}s} + ...$$

$$L\{f(t)\} = \frac{\omega}{s^2 + \omega^2} \cdot \left[1 + \left(e^{-\frac{\pi}{\omega}s} \right) + \left(e^{-\frac{\pi}{\omega}s} \right)^2 + \left(e^{-\frac{\pi}{\omega}s} \right)^3 + ... \right]$$

mit $\dfrac{1}{1 - x} = 1 + x + x^2 + x^3 + ...$ mit $|x| < 1$ und $x = e^{-\frac{\pi}{\omega}s}$

$$L\{f(t)\} = \frac{\omega}{s^2 + \omega^2} \cdot \frac{1}{1 - e^{-\frac{\pi}{\omega}s}} \tag{8.107}$$

Beispiel 4: Laplace-Transformierte einer dreieckförmigen Zeitfunktion

Die dreieckförmige Zeitfunktion kann aus verschobenen Geraden zusammengesetzt werden, deren Laplace-Transformierten addiert werden:

$$L\left\{\frac{1}{a}t\right\} = \frac{1}{as^2} \qquad \text{(siehe Gl. (8.75))}$$

$$L\left\{-\frac{2}{a}(t-a)\right\} = -\frac{2}{as^2}e^{-as}$$

$$L\left\{\frac{2}{a}(t-2a)\right\} = \frac{2}{as^2}e^{-2as}$$

$$L\left\{-\frac{2}{a}(t-3a)\right\} = -\frac{2}{as^2}e^{-3as} \quad \text{usw.}$$

$$L\{f(t)\} = \frac{2}{as^2} \cdot \left[\frac{1}{2} - e^{-as} + e^{-2as} - e^{-3as} + -\ldots\right]$$

$$L\{f(t)\} = \frac{2}{as^2} \cdot \left[-\frac{1}{2} + (1 - e^{-as} + (e^{-as})^2 - (e^{-as})^3 + -\ldots)\right]$$

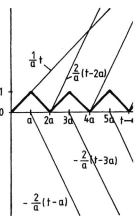

Bild 8.47 Verschobene Geradenfunktionen und Dreieckfunktion

mit $\dfrac{1}{1+x} = 1 - x + x^2 - x^3 + -\ldots$ und $x = e^{-as}$

$$L\{f(t)\} = \frac{2}{as^2} \cdot \left[-\frac{1}{2} + \frac{1}{1+e^{-as}}\right] = \frac{2}{as^2} \cdot \frac{-1 - e^{-as} + 2}{2(1 + e^{-as})}$$

$$L\{f(t)\} = \frac{1 - e^{-as}}{as^2 \cdot (1 + e^{-as})}.$$

Linksverschiebung bedeutet, dass das Argument der Funktion f(t) durch t + a ersetzt wird. Da die Linksverschiebung für praktische Berechnungen weniger Bedeutung hat, soll nur die Transformationsformel ohne Erläuterung angegeben werden:

$$L\{f(t+a)\} = e^{a \cdot s} \cdot \left[F(s) - \int_0^a f(x) \cdot e^{-s \cdot x} \cdot dx\right] \qquad \text{mit} \quad a \geq 0 \qquad (8.109)$$

Faltungssatz

$$F_1(s) \cdot F_2(s) = L\{f_1(t) * f_2(t)\} = L\left\{\int_0^t f_1(\tau) \cdot f_2(t - \tau) \cdot d\tau\right\} \qquad (8.110)$$

Bei der Rücktransformation von Bildfunktionen, die aus zwei Faktoren $F_1(s)$ und $F_2(s)$ bestehen, lässt sich der Faltungssatz anwenden. Dabei müssen die inversen Funktionen von $F_1(s)$ und $F_2(s)$ bekannt sein:

$$f(t) = L^{-1}\{F(s)\} = L^{-1}\{F_1(s) \cdot F_2(s)\} = \int_0^t f_1(\tau) \cdot f_2(t - \tau) \cdot d\tau \qquad (8.111)$$

Beispiel:

Für die Bildfunktion

$$F(s) = \frac{1}{(s-a)(s-b)} = F_1(s) \cdot F_2(s)$$

soll die zugehörige Zeitfunktion mit dem Faltungssatz ermittelt werden.
Mit

$$f_1(t) = L^{-1}\{F_1(s)\} = L^{-1}\left\{\frac{1}{s-a}\right\} = e^{at}$$

und   (nach Korrespondenz Nr. 30, S. 86)

$$f_2(t) = L^{-1}\{F_2(s)\} = L^{-1}\left\{\frac{1}{s-b}\right\} = e^{bt}$$

ergibt sich mit dem Faltungssatz

$$f(t) = L^{-1}\left\{\frac{1}{(s-a)(s-b)}\right\} = \int_0^t e^{a\tau} \cdot e^{b(t-\tau)} \cdot d\tau = \int_0^t e^{(a-b)\tau} \cdot e^{bt} \cdot d\tau$$

$$f(t) = e^{bt} \cdot \int_0^t e^{(a-b)\tau} \cdot d\tau = e^{bt} \cdot \frac{e^{(a-b)\tau}}{a-b}\bigg|_0^t = e^{bt} \cdot \frac{e^{(a-b)t}-1}{a-b} = \frac{e^{bt+at-bt}-e^{bt}}{a-b}$$

$$f(t) = L^{-1}\left\{\frac{1}{(s-a)(s-b)}\right\} = \frac{e^{at}-e^{bt}}{a-b}$$ (vgl. Korrespondenz Nr. 34, S. 87)

Differenzieren und Integrieren von Bildfunktionen

$$\frac{dF(s)}{ds} = -L\{t \cdot f(t)\} \qquad (8.112) \qquad \int_s^\infty F(s) \cdot ds = L\left\{\frac{1}{t} \cdot f(t)\right\} \qquad (8.113)$$

Beispiel 1: Sprungfunktion und Rampenfunktion

$$F(s) = \frac{1}{s} \qquad\qquad L^{-1}\{F(s)\} = L^{-1}\left\{\frac{1}{s}\right\} = f(t) = \sigma(t)$$

$$\frac{dF(s)}{ds} = -\frac{1}{s^2} \qquad\qquad L^{-1}\left\{-\frac{dF(s)}{ds}\right\} = L^{-1}\left\{\frac{1}{s^2}\right\} = t \cdot f(t) = t \cdot \sigma(t)$$

Beispiel 2:

$$F(s) = \frac{1}{(s-a)^2} \qquad\qquad L^{-1}\{F(s)\} = L^{-1}\left\{\frac{1}{(s-a)^2}\right\} = f(t) = t \cdot e^{at}$$

$$\frac{dF(s)}{ds} = -\frac{2}{(s-a)^3} \qquad\qquad L^{-1}\left\{-\frac{dF(s)}{ds}\right\} = L^{-1}\left\{\frac{2}{(s-a)^3}\right\} = t \cdot f(t) = t^2 \cdot e^{at}$$

(siehe Korrespondenzen Nr. 31 und 32 mit n = 2, S. 87)

Endwertsatz

Der Endwertsatz der Laplace-Transformation erlaubt es, den Endwert einer Zeitfunktion f(t) aus ihrer Laplace-Transformierten F(s) zu bestimmen:

$$\lim_{t \to \infty} f(t) = \lim_{s \to 0} s \cdot F(s) \qquad (8.114)$$

Beispiel:

$$f(t) = 1 - e^{-t/\tau} \qquad F(s) = \frac{1}{s(1 + s \cdot \tau)} \qquad \text{(siehe Gl. (8.77))}$$

$$\lim_{t \to \infty} (1 - e^{-t/\tau}) = \lim_{s \to 0} \frac{1}{1 + s \cdot \tau} = 1$$

Anfangswertsatz

Mit dem Anfangswertsatz der Laplace-Transformation ist es möglich, den Anfangswert einer Zeitfunktion f(t) aus ihrer Laplace-Transformierten F(s) zu ermitteln:

$$\lim_{t \to 0} f(t) = \lim_{s \to \infty} s \cdot F(s) \qquad (8.115)$$

Beispiel:

$$f(t) = 1 - e^{-t/\tau} \qquad F(s) = \frac{1}{s(1 + s \cdot \tau)} \qquad \text{(siehe Gl. (8.77))}$$

$$\lim_{t \to 0} (1 - e^{-t/\tau}) = \lim_{s \to \infty} \frac{1}{1 + s \cdot \tau} = 0$$

8.3.4 Berechnung von Ausgleichsvorgängen in einfachen Stromkreisen bei zeitlich konstanter und zeitlich sinusförmiger Quellspannung mittels Laplace-Transformation

Anhand von Rechenbeispielen soll deutlich werden, wann es sinnvoll ist, die Laplace-Transformation für die Berechnung von Ausgleichsvorgängen zu verwenden.

Einfache Ausgleichsvorgänge lassen sich im Zeitbereich lösen, wie im Abschnitt 8.2 gezeigt wurde. Diese Beispiele können dann durch Anwendung der Laplace-Transformation kontrolliert werden.

Kompliziertere Ausgleichsvorgänge, z. B. in gekoppelten Kreisen, sollten mit Hilfe der Laplace-Transformation gelöst werden.

Beispiel 1:

Die im Bild 8.48 gezeichnete Schaltung beschreibt einen Ausgleichsvorgang, der im Zeitbereich gelöst und mit der Laplace-Transformation kontrolliert werden soll.

1. Zunächst ist der zeitliche Verlauf der Spannung u_C an der Kapazität durch Lösung der Differentialgleichung im Zeitbereich zu berechnen. Anschließend ist der Strom i_C zu ermitteln.
2. Dann sind die Ergebnisse mit Hilfe der Laplace-Transformation zu kontrollieren.
3. Schließlich sind die Lösungen mit $R_i = 0$ zu vereinfachen und die Verläufe $u_C(t)$ und $i_C(t)$ darzustellen.

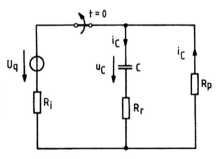

Bild 8.48 Schaltbild zum Beispiel 1

Lösung:

Zu 1.

$u_C + u_{Rr} + u_{Rp} = 0$

$u_C + (R_r + R_p) \cdot i_C = 0$

$u_C + (R_r + R_p) \cdot C \cdot \dfrac{du_C}{dt} = 0 \quad$ mit $\quad i_C = C \cdot \dfrac{du_C}{dt}$

$u_{Ce} = 0$

$u_{Cf} = K \cdot e^{-t/\tau} \quad$ mit $\quad \tau = (R_r + R_p) \cdot C$

für $t = 0$:

$u_C(0_-) = u_C(0_+) = u_{Ce}(0_+) + u_{Cf}(0_+)$

$\dfrac{R_p \cdot U_q}{R_i + R_p} = 0 + K$

$\quad$ weil für $\;t < 0$: $\quad u_C(0_-) = R_p \cdot i_{Rp} = R_p \cdot \dfrac{U_q}{R_i + R_p} \quad$ (R_r ist stromlos)

$u_C = u_{Cf} = \dfrac{R_p \cdot U_q}{R_i + R_p} \cdot e^{-t/\tau}$ $\hfill$ (8.116)

$i_C = -\dfrac{u_C}{R_r + R_p} = -\dfrac{R_p \cdot U_q}{(R_i + R_p)(R_r + R_p)} \cdot e^{-t/\tau}$ $\hfill$ (8.117)

Zu 2.

Das Ergebnis kann nur mit dem Verfahren 2 kontrolliert werden, weil die Anfangsbedingung ungleich Null ist.

Die Differentialgleichung

$u_C + (R_r + R_p) \cdot C \cdot \dfrac{du_C}{dt} = 0$

wird in die algebraische Gleichung transformiert:

$U_C(s) + (R_r + R_p) \cdot C \cdot [s \cdot U_C(s) - u_C(0)] = 0$

mit $\;u_C(0) = R_p \cdot \dfrac{U_q}{R_i + R_p}$

$U_C(s) + (R_r + R_p) \cdot C \cdot s \cdot U_C(s) - \dfrac{(R_r + R_p) \cdot C \cdot R_p \cdot U_q}{R_i + R_p} = 0$

$U_C(s) = \dfrac{\dfrac{(R_r + R_p) \cdot C \cdot R_p \cdot U_q}{R_i + R_p}}{1 + s \cdot (R_r + R_p) \cdot C}$

$U_C(s) = \dfrac{(R_r + R_p) \cdot C \cdot R_p \cdot U_q}{R_i + R_p} \cdot \dfrac{1}{1 + s \cdot (R_r + R_p) \cdot C}$

Mit der Korrespondenz Nr. 48, S. 88

$$L^{-1}\left\{\frac{1}{1+sT}\right\} = \frac{1}{T}\,e^{-t/T}$$

ist

$$u_C(t) = \frac{(R_r + R_p) \cdot C \cdot R_p \cdot U_q}{R_i + R_p} \cdot \frac{1}{(R_r + R_p) \cdot C} \cdot e^{-t/\tau}$$

$$u_C(t) = \frac{R_p \cdot U_q}{R_i + R_p} \cdot e^{-t/\tau} \qquad \text{(vgl. Gl. (8.116)).}$$

Die Stromgleichung

$$i_C(t) = -\frac{u_C(t)}{R_r + R_p}$$

wird ebenfalls in den Bildbereich transformiert

$$I_C(s) = -\frac{U_C(s)}{R_r + R_p}$$

$$I_C(s) = -\frac{(R_r + R_p) \cdot C \cdot R_p \cdot U_q}{(R_i + R_p) \cdot (R_r + R_p)} \cdot \frac{1}{1 + s \cdot (R_r + R_p) \cdot C}$$

$$I_C(s) = -\frac{C \cdot R_p \cdot U_q}{R_i + R_p} \cdot \frac{1}{1 + s \cdot (R_r + R_p) \cdot C}$$

und mit der Korrespondenz Nr. 48 (siehe oben) rücktransformiert:

$$i_C(t) = -\frac{C \cdot R_p \cdot U_q}{R_i + R_p} \cdot \frac{1}{(R_r + R_p) \cdot C} \cdot e^{-t/\tau}$$

$$i_C(t) = -\frac{R_p \cdot U_q}{(R_i + R_p) \cdot (R_r + R_p)} \cdot e^{-t/\tau} \qquad \text{(vgl. Gl. (8.117))}$$

Zu 3.

Mit $R_i = 0$ ist nach Gl. (8.116) und nach Gl. (8.117)

$$u_C(t) = U_q \cdot e^{-t/\tau}$$

und

$$i_C(t) = -\frac{U_q}{R_r + R_p} \cdot e^{-t/\tau}$$

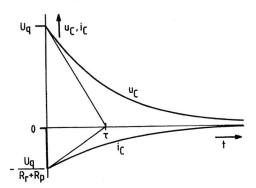

Bild 8.49
Strom- und Spannungsverlauf
im Beispiel 1

Beispiel 2:

An einen Transformator mit gleichsinnigem Wickelsinn, konstanter Permeabilität μ, Kopplungsfaktor k < 1 und einer ohmschen Belastung R wird zum Zeitpunkt t = 0 mit Hilfe eines Schalters eine Gleichspannung U angelegt. Der zeitliche Verlauf des Sekundärstroms $i_2(t)$ ist zu berechnen.

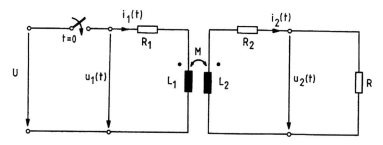

Bild 8.50 Schaltbild für das Beispiel 2

Lösung:

Der Ausgleichsvorgang wird nach dem Verfahren 2 (siehe Abschnitt 8.3.2) mit Hilfe der Laplace-Transformation (Transformation der Differentialgleichung) berechnet.

Differentialgleichungen ab t = 0:

Nach Gl. (3.354) (siehe Band 1, Abschnitt 3.4.7.2) und mit $M_{12} = M_{21} = M$ wegen μ konstant (siehe Band 1, Gl. (3.340) im Abschnitt 3.4.7.2) ist

$$u_1 = R_1 \cdot i_1 + L_1 \cdot \frac{di_1}{dt} - M \cdot \frac{di_2}{dt}$$

$$u_2 = -R_2 \cdot i_2 - L_2 \cdot \frac{di_2}{dt} + M \cdot \frac{di_1}{dt}$$

$$u_2 = R \cdot i_2$$

algebraische Gleichungen und Lösung für $I_2(s)$:

Die Laplace-Transformationen

$$u_1(t) = U \cdot \sigma(t) \quad \rightarrow U_1(s) = \frac{U}{s} \qquad\qquad u_2(t) \qquad\qquad \rightarrow U_2(s)$$

$$i_1(t) \qquad\qquad \rightarrow I_1(s) \qquad\qquad\qquad\qquad i_2(t) \qquad\qquad \rightarrow I_2(s)$$

$$\frac{di_1(t)}{dt} \qquad \rightarrow s \cdot I_1(s) - i_1(0) \qquad\qquad \frac{di_2(t)}{dt} \qquad \rightarrow s \cdot I_2(s) - i_2(0)$$

ergeben das Gleichungssystem

$$\frac{U}{s} = R_1 \cdot I_1(s) + L_1 \cdot \left[s \cdot I_1(s) - i_1(0) \right] - M \cdot \left[s \cdot I_2(s) - i_2(0) \right]$$

$$U_2(s) = -R_2 \cdot I_2(s) - L_2 \cdot \left[s \cdot I_2(s) - i_2(0) \right] + M \cdot \left[s \cdot I_1(s) - i_1(0) \right]$$

$$U_2(s) = R \cdot I_2(s)$$

und mit $i_1(0) = 0$ und $i_2(0) = 0$

$$\frac{U}{s} = [R_1 + s \cdot L_1] \cdot I_1(s) - s \cdot M \cdot I_2(s) \qquad (8.118)$$

$$U_2(s) = -[R_2 + s \cdot L_2] \cdot I_2(s) + s \cdot M \cdot I_1(s) \qquad (8.119)$$

$$U_2(s) = R \cdot I_2(s) \qquad (8.120)$$

Dieses Gleichungssystem kann auch ermittelt werden, wenn die Schaltung mit Zeitfunktionen ab $t = 0$ mit linearen Schaltelementen in eine Schaltung mit transformierten Zeitfunktionen und komplexen Operatoren in s (Verfahren 3, Abschnitt 8.3.2) überführt wird (siehe Bild 8.51). Die Transformation ist möglich, weil die Anfangsbedingungen der Ströme Null sind:

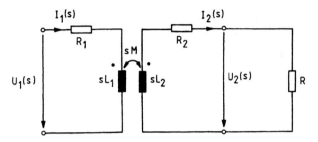

Bild 8.51 Schaltung mit transformierten Zeitfunktionen und komplexen Operatoren des Beispiels 2

Gl. (8.119) und Gl. (8.120) werden gleichgesetzt

$$-[R_2 + s \cdot L_2] \cdot I_2(s) + s \cdot M \cdot I_1(s) = R \cdot I_2(s)$$

und nach $I_1(s)$ aufgelöst

$$I_1(s) = \frac{R + R_2 + s \cdot L_2}{s \cdot M} \cdot I_2(s)$$

und in Gl. (8.118) eingesetzt

$$\frac{U}{s} = \left[\frac{(R_1 + s \cdot L_1) \cdot (R + R_2 + s \cdot L_2)}{s \cdot M} - s \cdot M \right] \cdot I_2(s)$$

$$\frac{U}{s} = -\frac{s^2 \cdot M^2 - (R_1 + s \cdot L_1) \cdot (R + R_2 + s \cdot L_2)}{s \cdot M} \cdot I_2(s)$$

und nach $I_2(s)$ aufgelöst

$$I_2(s) = -\frac{U}{s} \cdot \frac{s \cdot M}{s^2 \cdot M^2 - (R_1 + s \cdot L_1) \cdot (R + R_2 + s \cdot L_2)}$$

$$I_2(s) = U \cdot \frac{M}{s^2 \cdot (L_1 L_2 - M^2) + s \cdot \left[L_1 \cdot (R + R_2) + L_2 \cdot R_1 \right] + R_1 \cdot (R + R_2)}$$

$$I_2(s) = U \cdot \frac{M}{L_1 L_2 - M^2} \cdot \frac{1}{s^2 + s \cdot \dfrac{L_1 \cdot (R + R_2) + L_2 \cdot R_1}{L_1 L_2 - M^2} + \dfrac{R_1 \cdot (R + R_2)}{L_1 L_2 - M^2}}$$

$$I_2(s) = U \cdot \frac{M}{L_1 L_2 - M^2} \cdot \frac{1}{s^2 + s \cdot 2A + B} \qquad (8.121)$$

$$\text{mit } A = \frac{L_1 \cdot (R + R_2) + L_2 \cdot R_1}{2 \cdot (L_1 L_2 - M^2)} \quad \text{und} \quad B = \frac{R_1 \cdot (R + R_2)}{L_1 L_2 - M^2} \tag{8.122}$$

$$I_2(s) = U \cdot \frac{M}{L_1 L_2 - M^2} \cdot \frac{1}{(s - s_1) \cdot (s - s_2)}$$

Rücktransformation in den Zeitbereich:
Mit der Korrespondenz Nr. 34, S. 87

$$L^{-1}\left\{\frac{1}{(s - a)(s - b)}\right\} = \frac{1}{a - b}(e^{at} - e^{bt})$$

lässt sich die Rücktransformation vornehmen, wenn nachgewiesen ist, dass die quadratische Gleichung $s^2 + s \cdot 2A + B = 0$ zwei reelle Wurzeln $s_1 = a$ und $s_2 = b$ hat:

$$s_{1,2} = -A \pm \sqrt{A^2 - B} = -A \pm D$$

mit $D^2 = A^2 - B > 0$

$$\frac{[L_1 \cdot (R + R_2) + L_2 \cdot R_1]^2}{4 \cdot (L_1 L_2 - M^2)^2} - \frac{R_1 \cdot (R + R_2)}{L_1 L_2 - M^2} > 0$$

$$\frac{[L_1 \cdot (R + R_2) + L_2 \cdot R_1]^2 - 4 \cdot R_1 \cdot (R + R_2)(L_1 L_2 - M^2)}{4 \cdot (L_1 L_2 - M^2)^2} > 0$$

$$\frac{[L_1 \cdot (R + R_2) + L_2 \cdot R_1]^2 - 4 \cdot \left[L_1 \cdot (R + R_2)\right] \cdot \left[L_2 \cdot R_1\right] + 4 \cdot R_1 \cdot (R + R_2) \cdot M^2}{4 \cdot (L_1 L_2 - M^2)^2} > 0$$

mit $u = L_1 \cdot (R + R_2)$ und $v = L_2 \cdot R_1$

ist $(u + v)^2 - 4 u v = u^2 + 2 u v + v^2 - 4 u v = u^2 - 2 u v + v^2 = (u - v)^2$

und damit ist

$$D^2 = \frac{[L_1 \cdot (R + R_2) - L_2 \cdot R_1]^2 + 4 \cdot R_1 \cdot (R + R_2) \cdot M^2}{4 \cdot (L_1 L_2 - M^2)^2} > 0 \, .$$

Diese Ungleichung ist erfüllt, die Lösungen der quadratischen Gleichung sind reell: $s_1 = -A + D$ und $s_2 = -A - D$, und die Lösung für den Sekundärstrom lautet

$$i_2(t) = U \cdot \frac{M}{L_1 L_2 - M^2} \cdot \frac{1}{s_1 - s_2} \cdot \left(e^{s_1 \cdot t} - e^{s_2 \cdot t}\right)$$

mit $s_1 - s_2 = 2D$

$$i_2(t) = U \cdot \frac{M}{D \cdot (L_1 L_2 - M^2)} \cdot e^{-A \cdot t} \cdot \frac{e^{D \cdot t} - e^{-D \cdot t}}{2}$$

$$i_2(t) = U \cdot \frac{M}{D \cdot (L_1 L_2 - M^2)} \cdot e^{-A \cdot t} \cdot \sinh(D \cdot t) \tag{8.123}$$

$$\text{mit} \quad A = \frac{L_1 \cdot (R + R_2) + L_2 \cdot R_1}{2 \cdot (L_1 L_2 - M^2)} \tag{8.124}$$

$$\text{und} \quad D = \frac{\sqrt{[L_1 \cdot (R + R_2) - L_2 \cdot R_1]^2 + 4 \cdot R_1 \cdot (R + R_2) \cdot M^2}}{2 \cdot (L_1 L_2 - M^2)} \tag{8.125}$$

Nach Gl. (3.369) im Band 1, Abschnitt 3.4.7.3 ist

$$k = \frac{M}{\sqrt{L_1 L_2}} \quad \text{und} \quad M^2 = k^2 \cdot L_1 L_2 \, .$$

Da der Koppelfaktor k nur Werte zwischen 0 und 1 annehmen kann, ist

$$M^2 < L_1 L_2 \quad \text{oder} \quad L_1 L_2 - M^2 > 0 \, .$$

Der zeitliche Verlauf des Sekundärstroms ist im Bild 8.52 dargestellt.

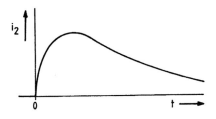

Bild 8.52
Zeitlicher Verlauf des Sekundärstroms
des Beispiels 2

Beispiel 3:

An der mit ohmschen Widerständen beschalteten Spule wird zum Zeitpunkt t = 0 eine sinusförmige Spannung $u = \hat{u} \cdot \sin(\omega t + \varphi_u)$ angelegt.

Der Ausgleichsstrom i_L soll mit Hilfe der Laplace-Transformation berechnet werden.

Da dieser Ausgleichsvorgang im Abschnitt 8.2.3, S. 14–19 durch Lösung der Differentialgleichung im Zeitbereich behandelt ist, soll in diesem Beispiel das Ergebnis der Gl. (8.26) bestätigt werden.

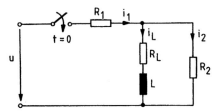

Bild 8.53
Schaltbild für das Beispiel 3

Lösung:

Differentialgleichung ab t = 0:

Nach Gl. (8.22), S. 14 lautet die Differentialgleichung

$$R_{ers} \cdot i_L + L_{ers} \cdot \frac{di_L}{dt} = \hat{u} \cdot \sin(\omega t + \varphi_u)$$

$$\text{mit} \quad R_{ers} = R_1 + \frac{R_1}{R_2} \cdot R_L + R_L \quad \text{und} \quad L_{ers} = L \cdot \left(\frac{R_1}{R_2} + 1 \right)$$

algebraische Gleichung und Lösung der algebraischen Gleichung:

Mit Gl. (8.80), S. 33

$$L\left\{ \hat{u} \cdot \sin(\omega t + \varphi_u) \right\} = \hat{u} \cdot \frac{\sin\varphi_u \cdot s + \cos\varphi_u \cdot \omega}{s^2 + \omega^2}$$

ergibt sich die algebraische Gleichung

$$R_{ers} \cdot I_L(s) + L_{ers} \cdot \left[s \cdot I_L(s) - i_L(0)\right] = \hat{u} \cdot \frac{\sin\varphi_u \cdot s + \cos\varphi_u \cdot \omega}{s^2 + \omega^2}$$

mit $i_L(0) = 0$

$$\left[R_{ers} + s \cdot L_{ers}\right] \cdot I_L(s) = \hat{u} \cdot \frac{\sin\varphi_u \cdot s + \cos\varphi_u \cdot \omega}{s^2 + \omega^2}$$

$$I_L(s) = \frac{\hat{u}}{R_{ers} + s \cdot L_{ers}} \cdot \frac{\sin\varphi_u \cdot s + \cos\varphi_u \cdot \omega}{s^2 + \omega^2}$$

Mit Korrespondenz Nr. 101, S. 91

$$L^{-1}\left\{\frac{s+d}{(s^2+a^2)(s+b)}\right\} = \frac{d-b}{a^2+b^2} \cdot e^{-bt} + \sqrt{\frac{d^2+a^2}{a^2 b^2 + a^4}} \cdot \sin(at + \Phi)$$

mit $\Phi = \arctan(b/a) - \arctan(d/a)$

$$i_L(t) = L^{-1}\left\{\frac{\hat{u} \cdot \sin\varphi_u}{L_{ers}} \cdot \frac{s + \dfrac{\cos\varphi_u}{\sin\varphi_u} \cdot \omega}{(s^2+\omega^2)\left(s + \dfrac{R_{ers}}{L_{ers}}\right)}\right\}$$

mit $d = \dfrac{\cos\varphi_u}{\sin\varphi_u} \cdot \omega = \omega \cdot \cot\varphi_u,$ $a = \omega$ und $b = \dfrac{R_{ers}}{L_{ers}} = \dfrac{1}{\tau}$

$$i_L(t) = \frac{\hat{u} \cdot \sin\varphi_u}{L_{ers}} \cdot \frac{\dfrac{\cos\varphi_u}{\sin\varphi_u} \cdot \omega - \dfrac{R_{ers}}{L_{ers}}}{\omega^2 + \dfrac{R_{ers}^2}{L_{ers}^2}} \cdot e^{-t/\tau} +$$

$$+\frac{\hat{u} \cdot \sin\varphi_u}{L_{ers}} \cdot \sqrt{\frac{\dfrac{\cos^2\varphi_u}{\sin^2\varphi_u} \cdot \omega^2 + \omega^2}{\omega^2 \cdot \dfrac{R_{ers}^2}{L_{ers}^2} + \omega^4}} \cdot \sin(\omega t + \Phi)$$

$$i_L(t) = \hat{u} \cdot \frac{\cos\varphi_u \cdot \omega L_{ers} - \sin\varphi_u \cdot \dfrac{R_{ers}}{L_{ers}} \cdot L_{ers}}{\omega^2 L_{ers}^2 + \dfrac{R_{ers}^2}{L_{ers}^2} \cdot L_{ers}^2} \cdot e^{-t/\tau} +$$

$$+\hat{u} \cdot \sqrt{\frac{\omega^2 \cdot (\cos^2\varphi_u + \sin^2\varphi_u)}{\omega^2 \cdot (R_{ers}^2 + \omega^2 L_{ers}^2)}} \cdot \sin(\omega t + \Phi)$$

$$i_L(t) = \frac{\hat{u}}{Z_{ers}} \cdot \left[\left(\cos\varphi_u \cdot \frac{\omega L_{ers}}{Z_{ers}} - \sin\varphi_u \cdot \frac{R_{ers}}{Z_{ers}} \right) \cdot e^{-t/\tau} + \sin(\omega t + \Phi) \right]$$

mit $Z_{ers} = \sqrt{R_{ers}{}^2 + (\omega L_{ers})^2}$ und $\cos^2\varphi_u + \sin^2\varphi_u = 1$

und $\dfrac{\omega L_{ers}}{Z_{ers}} = \sin\varphi$ und $\dfrac{R_{ers}}{Z_{ers}} = \cos\varphi$

$$i_L(t) = \frac{\hat{u}}{Z_{ers}} \cdot \left[(\cos\varphi_u \cdot \sin\varphi - \sin\varphi_u \cdot \cos\varphi) \cdot e^{-t/\tau} + \sin(\omega t + \Phi) \right]$$

mit $\cos\varphi_u \cdot \sin\varphi - \sin\varphi_u \cdot \cos\varphi = -\sin(\varphi_u - \varphi)$

weil $\sin(\alpha - \beta) = \sin\alpha \cdot \cos\beta - \cos\alpha \cdot \sin\beta$

$-\sin(\varphi_u - \varphi) = -\sin\varphi_u \cdot \cos\varphi + \cos\varphi_u \cdot \sin\varphi$

und $\Phi = \arctan\left(\dfrac{R_{ers}}{\omega L_{ers}} \right) - \arctan(\cos\varphi_u)$

mit $\tan\varphi = \dfrac{\omega L_{ers}}{R_{ers}}$ bzw. $\cot\varphi = \dfrac{R_{ers}}{\omega L_{ers}}$

$\Phi = \arctan(\cot\varphi) - \arctan(\cot\varphi_u)$

mit $\arctan x = \dfrac{\pi}{2} - \operatorname{arccot} x$

$\Phi = \dfrac{\pi}{2} - \operatorname{arccot}(\cot\varphi) - \dfrac{\pi}{2} + \operatorname{arccot}(\cot\varphi_u) = \varphi_u - \varphi$

$$i_L(t) = \frac{\hat{u}}{Z_{ers}} \cdot \left[\sin(\omega t + \varphi_u - \varphi) - \sin(\varphi_u - \varphi) \cdot e^{-t/\tau} \right] \qquad \text{(vgl. mit Gl. (8.26), S. 17)}$$

Beispiel 4:

An den Reihenschwingkreis wird zum Zeitpunkt t = 0 eine Gleichspannung U angelegt.

1. Durch Lösung der Differentialgleichung im Zeitbereich sind die Spannung $u_C(t)$ und der Strom i(t) zu berechnen und darzustellen.
2. Mit Hilfe der Laplace-Transformation sind die Ergebnisse für $u_C(t)$ zu kontrollieren.

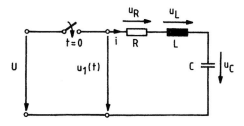

Bild 8.54
Schaltbild des Beispiels 4

Lösung:

Zu 1.

Differentialgleichungen ab $t = 0$

für die Spannung u_C:

$$u_R + u_L + u_C = U$$

$$R \cdot i + L \cdot \frac{di}{dt} + u_C = U$$

$$\text{mit} \quad i = C \cdot \frac{du_C}{dt}$$

$$\text{und} \quad \frac{di}{dt} = C \cdot \frac{d^2 u_C}{dt^2}$$

$$R \cdot C \cdot \frac{du_C}{dt} + L \cdot C \cdot \frac{d^2 u_C}{dt^2} + u_C = U$$

$$\frac{d^2 u_C}{dt^2} + \frac{R}{L} \cdot \frac{du_C}{dt} + \frac{1}{L \cdot C} \cdot u_C = \frac{U}{L \cdot C}$$

$$u_{Ce} = U$$

$$\frac{d^2 u_{Cf}}{dt^2} + \frac{R}{L} \cdot \frac{du_{Cf}}{dt} + \frac{1}{L \cdot C} \cdot u_{Cf} = 0$$

für den Strom i:

$$u_R + u_L + u_C = U$$

$$R \cdot i + L \cdot \frac{di}{dt} + u_C = U$$

$$\text{mit} \quad u_C = \frac{1}{C} \cdot \int i \cdot dt$$

$$R \cdot i + L \cdot \frac{di}{dt} + \frac{1}{C} \cdot \int i \cdot dt = U$$

$$R \cdot \frac{di}{dt} + L \cdot \frac{d^2 i}{dt^2} + \frac{1}{C} \cdot i = 0$$

$$\frac{d^2 i}{dt^2} + \frac{R}{L} \cdot \frac{di}{dt} + \frac{1}{L \cdot C} \cdot i = 0$$

$$i_e = 0$$

$$\frac{d^2 i_f}{dt^2} + \frac{R}{L} \cdot \frac{di_f}{dt} + \frac{1}{L \cdot C} \cdot i_f = 0$$

Die homogenen Differentialgleichungen für die flüchtigen Vorgänge sind identisch mit den Differentialgleichungen der Entladung eines Kondensators mittels Spule im Abschnitt 8.2.4, S. 21, Gln. (8.34) und (8.35). Deshalb kann die weitere Rechnung dort eingesehen werden, und die Lösungen können übernommen werden:

für $\lambda_1 \neq \lambda_2$:

$$u_{Cf} = K_1 \cdot e^{\lambda_1 t} + K_2 \cdot e^{\lambda_2 t} \qquad \text{(siehe S. 22, Gl. (8.41))}$$

$$i_f = C \cdot \frac{du_{Cf}}{dt} = C \cdot (K_1 \cdot \lambda_1 \cdot e^{\lambda_1 t} + K_2 \cdot \lambda_2 \cdot e^{\lambda_2 t}) \qquad \text{(siehe S. 22, Gl. (8.42))}$$

für $\lambda_1 = \lambda_2 = \lambda$:

$$u_{Cf} = (K_1 + K_2 \cdot t) \cdot e^{\lambda t} \qquad \text{(siehe S. 23, Gl. (8.43))}$$

$$i_f = C \cdot \frac{du_{Cf}}{dt} = C \cdot (K_2 + \lambda \cdot K_1 + \lambda \cdot K_2 \cdot t) \cdot e^{\lambda t} \qquad \text{(siehe S. 23, Gl. (8.44))}$$

Konstantenbestimmung

für $\lambda_1 \neq \lambda_2$:

$$u_C(0_-) = u_C(0_+) = u_{Ce}(0_+) + u_{Cf}(0_+)$$

$$0 = U + K_1 + K_2$$

$$\text{oder} \quad -U = K_1 + K_2$$

$$i(0_-) = i(0_+) = i_e(0_+) + i_f(0_+)$$

$$0 = 0 + C \cdot (K_1 \cdot \lambda_1 + K_2 \cdot \lambda_2)$$

für $\lambda_1 = \lambda_2 = \lambda$:

$$u_C(0_-) = u_C(0_+) = u_{Ce}(0_+) + u_{Cf}(0_+)$$

$$0 = U + K_1$$

$$\text{oder} \quad -U = K_1$$

$$i(0_-) = i(0_+) = i_e(0_+) + i_f(0_+)$$

$$0 = C \cdot (K_2 + \lambda \cdot K_1)$$

Für beide Fälle sind die Bestimmungsgleichungen für die beiden Konstanten mit $U_q \to U$ gleich den Gln. (8.45) und (8.46) bzw. Gln. (8.49) und (8.50), siehe S. 24, so dass die Ergebnisgleichungen übernommen werden können.

Zu beachten ist, dass das hier die Lösungen für den flüchtigen Vorgang sind. Bei der Kondensatorspannung muss jeweils noch $u_{Ce} = U$ überlagert werden, bei den Strömen ist der eingeschwungene Strom Null.

Aperiodischer Fall: (siehe Gln. (8.58) und (8.61), S. 25, 26)

$$u_C(\delta t) = U \cdot \left\{ 1 - e^{-\delta t} \cdot \left[\frac{\delta}{\kappa} \cdot \sinh \frac{\kappa}{\delta}(\delta t) + \cosh \frac{\kappa}{\delta}(\delta t) \right] \right\} \tag{8.126}$$

$$i(\delta t) = \frac{U}{\kappa \cdot L} \cdot e^{-\delta t} \cdot \sinh \frac{\kappa}{\delta}(\delta t) \tag{8.127}$$

$$\text{mit} \quad \kappa = \sqrt{\delta^2 - \frac{1}{LC}} \quad \text{und} \quad \delta = \frac{R}{2L}$$

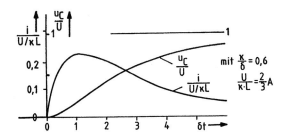

Bild 8.55
Zeitliche Verläufe der Kondensatorspannung und des Stroms für den aperiodischen Fall

Aperiodischer Grenzfall: (siehe Gln. (8.63) und (8.65), S. 26, 27)

$$u_C(\delta t) = U \cdot \left\{ 1 - [1 + (\delta t)] \cdot e^{-\delta t} \right\} \tag{8.128}$$

$$i(\delta t) = \frac{U}{R} \cdot 2 \cdot (\delta t) \cdot e^{-\delta t} \tag{8.129}$$

$$\text{mit} \quad \delta = \frac{R}{2L}$$

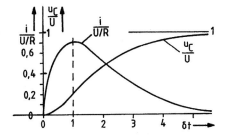

Bild 8.56
Zeitliche Verläufe der Kondensatorspannung und des Stroms für den aperiodischen Grenzfall

Periodischer Fall – Schwingfall: (siehe Gln. (8.71) und (8.72), S. 29)

$$u_C(\omega t) = U \cdot \left\{ 1 - \sqrt{\left(\frac{\delta}{\omega}\right)^2 + 1} \cdot e^{-\frac{\delta}{\omega}(\omega t)} \cdot \sin(\omega t + \varphi) \right\} \tag{8.130}$$

$$i(\omega t) = \frac{U}{\omega L} \cdot e^{-\frac{\delta}{\omega}(\omega t)} \cdot \sin \omega t \tag{8.131}$$

mit $\quad \omega = \sqrt{\dfrac{1}{LC} - \delta^2}, \qquad \delta = \dfrac{R}{2L} \qquad$ und $\qquad \varphi = \arctan \dfrac{\omega}{\delta}$

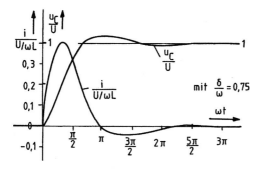

Bild 8.57
Zeitliche Verläufe der Kondensatorspannung und des Stroms für den a-
periodischen Grenzfall

Zu 2.

Da die Anfangsbedingungen Null sind, kann mit der Schaltung mit transformierten Zeitfunktionen und komplexen Operatoren (Verfahren 3) gerechnet werden:

Mit der Spannungsteilerregel ist

$$\frac{U_C(s)}{U_1(s)} = \frac{\dfrac{1}{sC}}{R + sL + \dfrac{1}{sC}}$$

$$U_C(s) = \frac{1}{sRC + s^2 LC + 1} \cdot U_1(s)$$

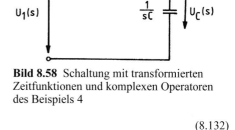

Bild 8.58 Schaltung mit transformierten
Zeitfunktionen und komplexen Operatoren
des Beispiels 4

mit $U_1(s) = \dfrac{U}{s}$

$$U_C(s) = \frac{U}{LC} \cdot \frac{1}{s \cdot \left(s^2 + \dfrac{R}{L} s + \dfrac{1}{LC} \right)} \tag{8.132}$$

mit $\quad s^2 + \dfrac{R}{L} s + \dfrac{1}{LC} = 0$

$$s_{1,2} = -\frac{R}{2L} \pm \sqrt{\left(\frac{R}{2L}\right)^2 - \frac{1}{LC}} = -\delta \pm \sqrt{\delta^2 - {\omega_0}^2} = -\delta \pm \kappa$$

Aperiodischer und periodischer Fall
für $\ s_1 \neq s_2\ $ ist Gl. (8.132)

$$U_C(s) = \frac{U}{LC} \cdot \frac{1}{s \cdot (s - s_1)(s - s_2)}$$

nach Korrespondenz Nr. 37 (siehe S. 87)

$$L^{-1}\left\{\frac{1}{s(s-a)(s-b)}\right\} = \frac{1}{ab}\cdot\left[1 + \frac{1}{a-b}(be^{at} - ae^{bt})\right]$$

mit $a = s_1$ und $b = s_2$

$$u_C(t) = \frac{U}{LC}\cdot\frac{1}{s_1\cdot s_2}\cdot\left[1 + \frac{1}{s_1 - s_2}\left(s_2\cdot e^{s_1 t} - s_1\cdot e^{s_2 t}\right)\right]$$

mit $s_1 = -\delta + \kappa$, $s_2 = -\delta - \kappa$ und $s_1 - s_2 = 2\kappa$

und $s_1\cdot s_2 = \delta^2 - \kappa^2 = \delta^2 - \delta^2 + \omega_0^2 = \omega_0^2 = \dfrac{1}{LC}$

$$u_C(t) = U\cdot\left\{1 + \frac{1}{2\kappa}\left[(-\delta - \kappa)\cdot e^{(-\delta+\kappa)t} - (-\delta + \kappa)\cdot e^{(-\delta-\kappa)t}\right]\right\} \qquad (8.133)$$

$$u_C(t) = U\cdot\left\{1 - e^{-\delta t}\cdot\left[\frac{\delta}{\kappa}\cdot\frac{e^{\kappa t} - e^{-\kappa t}}{2} + \frac{e^{\kappa t} + e^{-\kappa t}}{2}\right]\right\}$$

$$u_C(t) = U\cdot\left\{1 - e^{-\delta t}\cdot\left[\frac{\delta}{\kappa}\cdot\sinh(\kappa t) + \cosh(\kappa t)\right]\right\}$$

$$u_C(\delta t) = U\cdot\left\{1 - e^{-\delta t}\cdot\left[\frac{\delta}{\kappa}\cdot\sinh\frac{\kappa}{\delta}(\delta t) + \cosh\frac{\kappa}{\delta}(\delta t)\right]\right\} \qquad \text{(vgl. Gl. (8.126))}$$

mit $\kappa = j\omega$

ist mit Gl. (8.133)

$$u_C(t) = U\cdot\left\{1 - e^{-\delta t}\cdot\left[\frac{\delta}{j\omega}\cdot\sinh(j\omega t) + \cosh(j\omega t)\right]\right\}$$

mit $\sinh(j\omega t) = j\cdot\sin\omega t$ und $\cosh(j\omega t) = \cos\omega t$

$$u_C(\omega t) = U\cdot\left\{1 - e^{-\delta t}\cdot\left[\frac{\delta}{\omega}\cdot\sin\omega t + \cos\omega t\right]\right\}$$

analog umgeformt wie Gl. (8.70) in Gl. (8.71), S. 28, 29

$$u_C(\omega t) = U\cdot\left\{1 - \sqrt{\left(\frac{\delta}{\omega}\right)^2 + 1}\cdot e^{-\frac{\delta}{\omega}(\omega t)}\cdot\sin(\omega t + \varphi)\right\} \qquad \text{(vgl. Gl. (8.130))}$$

Aperiodischer Grenzfall:

für $s_1 = s_2 = s_{12}$ ist Gl. (8.132)

$$U_C(s) = \frac{U}{LC}\cdot\frac{1}{s\cdot(s - s_{12})^2}$$

nach Korrespondenz Nr. 35, (siehe S. 87)

$$L^{-1}\left\{\frac{1}{s(s-a)^2}\right\} = \frac{1}{a^2}\cdot\left[1 + (at - 1)e^{at}\right]$$

mit $a = s_{12}$

$$u_C(t) = \frac{U}{LC}\cdot\frac{1}{s_{12}^2}\cdot\left[1 + (s_{12}\cdot t - 1)\cdot e^{s_{12} t}\right]$$

mit $s_{12} = -\delta = -\omega_0$ und $s_{12}^2 = \dfrac{1}{LC}$

$$u_C(\delta t) = U\cdot\left\{1 - [1 + (\delta t)]\cdot e^{-\delta t}\right\} \qquad \text{(vgl. Gl. (8.128))}$$

Beispiel 5:

Die gezeichnete Rechteckspannung wird ab t = 0 auf einen Integrierer mit nachfolgendem Verstärker angelegt, wodurch eine dreieckförmige Spannung am Ausgang entsteht.

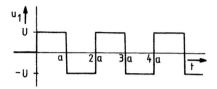

Bild 8.59
Rechteckspannung des Beispiels 5

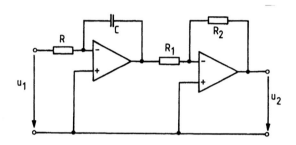

Bild 8.60
Schaltbild des Beispiels 5

Die Spannungsverstärkung der Verstärker ist so groß, dass das Übertragungsverhalten durch den Quotient von Rückkopplungswiderstand zu Eingangswiderstand bestimmt ist. Verstärker, die mit entsprechender Beschaltung Gleich- und Wechselspannungen linear verstärken, differenzieren oder integrieren, heißen *Operationsverstärker*. Da jeder Verstärker die Ausgangsspannung invertiert, ist dem Integrierer ein Verstärker nachgeschaltet.

1. Die Laplace-Transformierte der im Bild 8.59 gezeichneten Rechteckspannung ist zunächst zu entwickeln.

2. Die Übertragungsfunktion G(s) der im Bild 8.60 gezeichneten Schaltung ist dann anzugeben. Wie im folgenden Abschnitt beschrieben, ist die Übertragungsfunktion gleich dem Quotient der Laplace-Transformierten der Ausgangsgröße und der Laplace-Transformierten der Eingangsgröße.

3. Anschließend ist die Ausgangsspannung $u_2(t)$ mit Hilfe der Übertragungsfunktion zu berechnen. Der Spannungswert, den die Dreieckkurve bei t = a erreicht, ist anzugeben und zu erläutern. Für den Bereich 0 < t < a ist die Gleichung für die Ausgangsspannung aufzustellen und der Maximalwert zu kontrollieren.

Lösung:

Zu l.

Die periodische Rechteckspannung kann als Überlagerung von verschobenen Sprungfunktionen aufgefasst werden (vgl. Beispiel 2 der Verschiebungssätze im Abschnitt 8.3.3, S. 59):

$$u_1(t) = U \cdot [\sigma(t) - 2 \cdot \sigma(t - a) + 2 \cdot \sigma(t - 2a) - 2 \cdot \sigma(t - 3a) + - \dots]$$

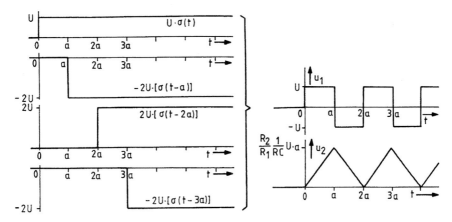

Bild 8.61 Verschobene Sprungfunktionen, Rechteckfunktion, Dreieckfunktion

Die verschobenen Sprungfunktionen lassen sich nach Gl. (8.105) transformieren:

$$L\{u_1(t)\} = U \cdot \left[\frac{1}{s} - \frac{2 \cdot e^{-as}}{s} + \frac{2 \cdot e^{-2as}}{s} - \frac{2 \cdot e^{-3as}}{s} + - \dots \right]$$

$$L\{u_1(t)\} = \frac{2U}{s} \cdot \left[\frac{1}{2} - e^{-as} + (e^{-as})^2 - (e^{-as})^3 + - \dots \right]$$

$$L\{u_1(t)\} = \frac{2U}{s} \cdot \left[-\frac{1}{2} + (1 - e^{-as} + (e^{-as})^2 - (e^{-as})^3 + - \dots \right]$$

mit der Potenzreihe

$$\frac{1}{1 + x} = 1 - x + x^2 - x^3 + - \dots \quad \text{und} \quad x = e^{-as}$$

ist die Laplace-Transformierte der Rechteckspannung

$$L\{u_1(t)\} = \frac{2U}{s} \cdot \left(\frac{1}{1 + e^{-as}} - \frac{1}{2} \right) = \frac{2U}{s} \cdot \frac{2 - 1 - e^{-as}}{2 \cdot (1 + e^{-as})}$$

$$L\{u_1(t)\} = U \cdot \frac{1 - e^{-as}}{s \cdot (1 + e^{-as})} = U_1(s) \tag{8.134}$$

Zu 2. $u_2(t) = \dfrac{R_2}{R_1} \cdot \dfrac{1}{R \cdot C} \cdot \int u_1(t) \cdot dt$

$U_2(s) = \dfrac{R_2}{R_1} \cdot \dfrac{1}{s \cdot R \cdot C} \cdot U_1(s)$ mit $u_2(0) = 0$ (siehe Gl. (8.95), S. 41)

$G(s) = \dfrac{U_2(s)}{U_1(s)} = \dfrac{R_2}{R_1} \cdot \dfrac{1}{s \cdot R \cdot C}$ \hfill (8.135)

Zu 3. $U_2(s) = U_1(s) \cdot G(s) = \dfrac{R_2}{R_1} \cdot \dfrac{1}{R \cdot C} \cdot U \cdot \dfrac{1 - e^{-as}}{s^2 \cdot (1 + e^{-as})}$

$U_2(s) = \dfrac{R_2}{R_1} \cdot \dfrac{1}{R \cdot C} \cdot U \cdot a \cdot \dfrac{1 - e^{-as}}{a \cdot s^2 \cdot (1 + e^{-as})}$. \hfill (8.136)

Im Beispiel 4 der Verschiebungssätze (siehe Abschnitt 8.3.3, S. 61) ist die Laplace-Transformierte der dreieckförmigen Zeitfunktion mit dem Spitzenwert 1 behandelt. Der rechte Teil der Gl. (8.136) stimmt mit Gl. (8.108) überein, so dass die Ausgangsspannung $u_2(t)$ dieselbe Dreieckform wie im Bild 8.47 hat, aber mit dem Spitzenwert

$\hat{u}_2 = \dfrac{R_2}{R_1} \cdot \dfrac{1}{R \cdot C} \cdot U \cdot a$

bei $t = a$ (siehe Bild 8.61). Der Spannungswert hängt von der Höhe U und der Dauer der Rechteckspannung $t = a$ ab. Das Widerstandsverhältnis R_2/R_1 ist der Verstärkungsfaktor des nachgeschalteten Verstärkers, der Faktor $1/RC$ ist durch den Integrierer zu berücksichtigen. Für den ersten Anstieg der Dreieckfunktion $0 < t < a$ lautet die Spannungsgleichung

$u_2(t) = \dfrac{R_2}{R_1} \cdot \dfrac{1}{R \cdot C} \cdot U \cdot t$.

Wird $t = a$ berücksichtigt, bestätigt sich das Ergebnis für den Maximalwert.

8.3.5 Ermittlung von Übergangsfunktionen regelungstechnischer Übertragungsglieder

Übertragungsfunktion und Übergangsfunktion

Das Übertragungsverhalten von Übertragungsgliedern in regelungstechnischen Anlagen wird in vielen Fällen durch die Sprungfunktion (siehe Beispiel 1 im Abschnitt 8.3.1, S. 31) getestet. Die Ausgangs-Zeitfunktion y(t) eines Übertragungsgliedes bei einer sprungförmigen Eingangs-Zeitfunktion $x(t) = x \cdot \sigma(t)$ heißt „Übergangsfunktion" oder „Sprungantwort".

Beispiel:

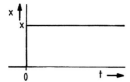

Bild 8.62 Eingangsgröße

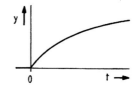

Bild 8.63 Ausgangsgröße

Da die Eingangs-Zeitfunktion und die Ausgangs-Zeitfunktion in Differentialgleichungen miteinander verknüpft sind, lässt sich wohl nicht im Zeitbereich, aber im Bildbereich eine Größe definieren, die das Übertragungsverhalten eines Übertragungsgliedes beschreibt:

Die „Übertragungsfunktion" G(s) eines Übertragungsgliedes ist gleich dem Quotient der Laplace-Transformierten der Ausgangs-Zeitfunktion und der Laplace-Transformierten der Eingangs-Zeitfunktion bei Anfangsbedingungen, die Null sind:

$$G(s) = \frac{L\{y(t)\}}{L\{x(t)\}} = \frac{Y(s)}{X(s)} \tag{8.137}$$

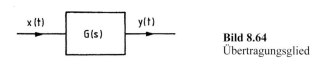

Bild 8.64
Übertragungsglied

Um die Übergangsfunktion zu ermitteln, sind Anfangsbedingungen nicht zu berücksichtigen, weil die Sprungfunktion für t < 0 Null ist. Die Laplace-Transformierte der Ausgangsgröße ist dann

$$Y(s) = X(s) \cdot G(s) = x \cdot \frac{G(s)}{s} \tag{8.138}$$

$$\text{mit} \quad X(s) = L\{x \cdot \sigma(t)\} = \frac{x}{s} \tag{8.139}$$

Beispiel:
Übertragungsglied: Gleichstrommotor
Eingangsgröße: Spannungssprung $x(t) = U \cdot \sigma(t)$
Ausgangsgröße: Drehzahl $y(t) = n(t)$

In der Literatur wird die Übertragungsfunktion häufig mit F(s) bezeichnet. Um Verwechslungen mit der Laplace-Transformierten F(s) der Zeitfunktion f(t) zu vermeiden, wird die Übertragungsfunktion mit G(s) bezeichnet.

Rechenschema für die Berechnung der Übergangsfunktion $y(t)= u_2(t)$
eines elektrischen Übertragungsgliedes in Form eines Netzwerkes
mit der Eingangsgröße $x(t) = u_1(t) = U \cdot \sigma(t)$

1. Transformation der Schaltung in eine Schaltung mit Operatoren wie in der Wechselstromtechnik mit $j\omega \rightarrow s$ (siehe Abschnitt 8.3.1, S. 49, 50: Berechnung von Ausgleichsvorgängen bei verschwindenden Anfangsbedingungen)
2. Ermittlung der Übertragungsfunktion G(s) mit Hilfe der Kirchhoffschen Sätze mit komplexen Operatoren (insbesondere mit Hilfe der Spannungsteilerregel)
3. Multiplikation der Übertragungsfunktion G(s) mit U/s und Umformung in rücktransformierbare Ausdrücke (siehe Korrespondenzen-Tabelle im Abschnitt 8.3.6)
4. Rücktransformation in den Zeitbereich ergibt die Übergangsfunktion
5. Interpretation und Darstellung der Übergangsfunktion

Die Ermittlung der Übergangsfunktion nach obigem Schema entspricht dem Verfahren 3 im Abschnitt (8.3.2, S. 51).

Beispiel 1: Übergangsfunktion eines Netzwerks mit einer Kapazität

Transformation der Schaltung im Zeitbereich in die Schaltung im Bildbereich:

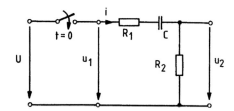

Bild 8.65 Schaltung im Zeitbereich
des Beispiels 1

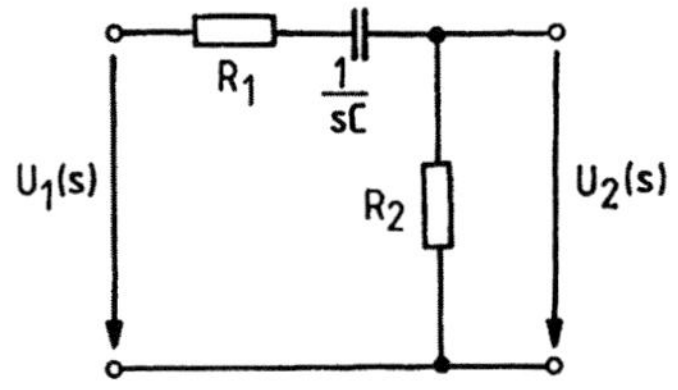

Bild 8.66 Schaltung im Bildbereich
des Beispiels 1

Übertragungsfunktion:

Mit Hilfe der Spannungsteilerregel für komplexe Größen ist

$$G(s) = \frac{U_2(s)}{U_1(s)} = \frac{R_2}{R_1 + R_2 + \dfrac{1}{sC}} = \frac{sR_2C}{1 + s(R_1 + R_2)C}$$

Multiplikation der Übertragungsfunktion mit U/s und Umformung:

$$U_2(s) = U \cdot \frac{G(s)}{s} = U \cdot \frac{R_2C}{1 + s(R_1 + R_2)C} = U \cdot \frac{R_2C}{1 + s \cdot \tau}$$

Übergangsfunktion durch Rücktransformation:

Mit der Korrespondenz Nr. 48 (siehe S. 88)

$$L^{-1}\left\{ \frac{1}{1 + sT} \right\} = \frac{1}{T} \cdot e^{-t/T} \quad \text{und mit} \quad T = \tau$$

ist

$$u_2(t) = U \cdot \frac{R_2C}{(R_1 + R_2)C} \cdot e^{-t/\tau}$$

$$u_2(t) = \frac{R_2}{R_1 + R_2} \cdot U \cdot e^{-t/\tau} \quad \text{mit} \quad \tau = (R_1 + R_2) \cdot C$$

Die Übergangsfunktion ist im Abschnitt 8.2.2 durch Lösung der Differentialgleichung berechnet (siehe Gl. (8.20), S. 13) und im Bild 8.18 dargestellt.

Beispiel 2: Übergangsfunktion eines Netzwerks mit zwei Kapazitäten

Transformation der Schaltung im Zeitbereich in den Bildbereich

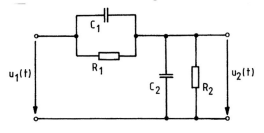

Bild 8.67
Schaltung im Zeitbereich
des Beispiels 2

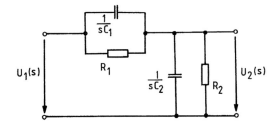

Bild 8.68
Schaltung im Bildbereich
des Beispiels 2

Übertragungsfunktion:

Mit Hilfe der Spannungsteilerregel für komplexe Größen ist

$$G(s) = \frac{U_2(s)}{U_1(s)} = \frac{\dfrac{1}{\dfrac{1}{R_2} + sC_2}}{\dfrac{1}{\dfrac{1}{R_1} + sC_1} + \dfrac{1}{\dfrac{1}{R_2} + sC_2}} \ ,$$

zuerst erweitert mit $\dfrac{1}{R_2} + sC_2$, dann erweitert mit $\dfrac{1}{R_1} + sC_1$:

$$G(s) = \frac{1}{\dfrac{\dfrac{1}{R_2} + sC_2}{\dfrac{1}{R_1} + sC_1} + 1} = \frac{\dfrac{1}{R_1} + sC_1}{\dfrac{1}{R_2} + sC_2 + \dfrac{1}{R_1} + sC_1}$$

nun erweitert mit $R_1 \cdot R_2$:

$$G(s) = \frac{R_2(1 + sR_1C_1)}{R_1 + R_2 + s(R_1R_2C_2 + R_2R_1C_1)}$$

$$G(s) = \frac{R_2}{R_1 + R_2} \cdot \frac{1 + sR_1C_1}{1 + s \cdot \left(\dfrac{R_1R_2C_2}{R_1 + R_2} + \dfrac{R_2R_1C_1}{R_1 + R_2}\right)}$$

und mit $\tau_1 = R_1 C_1$ und $\tau_2 = R_2 C_2$ ist

$$G(s) = \frac{R_2}{R_1 + R_2} \cdot \frac{1 + s\tau_1}{1 + s \cdot \left(\dfrac{R_1}{R_1 + R_2} \cdot \tau_2 + \dfrac{R_2}{R_1 + R_2} \cdot \tau_1 \right)}$$

Multiplikation der Übertragungsfunktion mit U/s und Umformung:

$$U_2(s) = U \cdot \frac{G(s)}{s}$$

$$U_2(s) = U \cdot \frac{R_2}{R_1 + R_2} \cdot \frac{1 + s\tau_1}{s \cdot \left(1 + s \cdot \dfrac{R_1 \cdot \tau_2 + R_2 \cdot \tau_1}{R_1 + R_2} \right)}$$

zerlegt in zwei Summanden:

$$U_2(s) = U \cdot \frac{R_2}{R_1 + R_2} \cdot \left[\frac{1}{s \cdot \left(1 + s \cdot \dfrac{R_1 \cdot \tau_2 + R_2 \cdot \tau_1}{R_1 + R_2} \right)} + \frac{\tau_1}{1 + s \cdot \dfrac{R_1 \cdot \tau_2 + R_2 \cdot \tau_1}{R_1 + R_2}} \right]$$

$$U_2(s) = U \cdot \frac{R_2}{R_1 + R_2} \cdot \left[\frac{1}{s \cdot (1 + s\tau)} + \frac{\tau_1}{1 + s\tau} \right]$$

mit $\quad \tau = \dfrac{R_1 \cdot \tau_2 + R_2 \cdot \tau_1}{R_1 + R_2}$

Übergangsfunktion durch Rücktransformation:

Mit den Korrespondenzen Nr. 49 und 48 (siehe S. 88)

$$L^{-1} \left\{ \frac{1}{s(1 + sT)} \right\} = 1 - e^{-t/T} \quad \text{und} \quad L^{-1} \left\{ \frac{1}{1 + sT} \right\} = \frac{1}{T} \cdot e^{-t/T}$$

ist

$$u_2(t) = U \cdot \frac{R_2}{R_1 + R_2} \left[1 - e^{-t/\tau} + \frac{\tau_1}{\tau} \cdot e^{-t/\tau} \right]$$

$$u_2(t) = U \cdot \frac{R_2}{R_1 + R_2} \left[1 + \left(\frac{\tau_1}{\tau} - 1 \right) \cdot e^{-t/\tau} \right] \tag{8.140}$$

und mit

$$\frac{\tau_1}{\tau} - 1 = \frac{\tau_1 (R_1 + R_2)}{R_1 \cdot \tau_2 + R_2 \cdot \tau_1} - 1 = \frac{\tau_1 \cdot R_1 + \tau_1 \cdot R_2 - R_1 \cdot \tau_2 - R_2 \cdot \tau_1}{R_1 \cdot \tau_2 + R_2 \cdot \tau_1}$$

$$\frac{\tau_1}{\tau} - 1 = \frac{\tau_1 \cdot R_1 - \tau_2 \cdot R_1}{\tau_2 \cdot R_1 + \tau_1 \cdot R_2} = \frac{(\tau_1 - \tau_2) \cdot R_1}{\tau_2 \cdot R_1 + \tau_1 \cdot R_2}$$

ist

$$u_2(t) = U \cdot \frac{R_2}{R_1 + R_2} \cdot \left[1 + \frac{(\tau_1 - \tau_2) \cdot R_1}{\tau_2 \cdot R_1 + \tau_1 \cdot R_2} \cdot e^{-t/\tau} \right] \tag{8.141}$$

Interpretation und Darstellung der Übergangsfunktion:

Folgende Fälle können unterschieden werden:

1. $\tau_1 = \tau_2$:

$$u_2(t) = U \cdot \frac{R_2}{R_1 + R_2}$$

Der Eingangssprung wird vom Übertragungsglied proportional übertragen, zeigt also P-Verhalten (Proportionalverhalten).

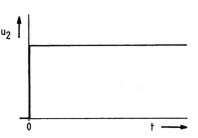

Bild 8.69 Übergangsfunktion bei P-Verhalten

2. $\tau_1 < \tau_2$:

$$u_2(t) = U \cdot \frac{R_2}{R_1 + R_2} \cdot \left[1 - K \cdot e^{-t/\tau}\right]$$

$$\text{mit} \quad K = \frac{(\tau_2 - \tau_1) \cdot R_1}{\tau_2 \cdot R_1 + \tau_1 \cdot R_2} > 0$$

Das Übertragungsglied überträgt proportional und integriert annähernd den Eingangssprung, zeigt also PI-Verhalten.

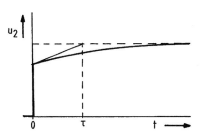

Bild 8.70 Übergangsfunktion bei PI-Verhalten

3. $\tau_1 > \tau_2$:

$$u_2(t) = U \cdot \frac{R_2}{R_1 + R_2} \cdot \left[1 + K \cdot e^{-t/\tau}\right]$$

$$\text{mit} \quad K = \frac{(\tau_1 - \tau_2) \cdot R_1}{\tau_2 \cdot R_1 + \tau_1 \cdot R_2} > 0$$

Das Übertragungsglied überträgt proportional und differenziert annähernd den Eingangssprung, zeigt also PD-Verhalten.

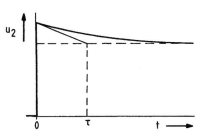

Bild 8.71 Übergangsfunktion bei PD-Verhalten

Spezialfall: Mit $R_1 = R$, $R_2 = \dfrac{R}{2}$ und $C_1 = C_2 = C$

sind $\tau_1 = R_1 \cdot C_1 = R \cdot C$, $\tau_2 = R_2 \cdot C_2 = \dfrac{R \cdot C}{2}$

und $\tau = \dfrac{R_1 \cdot \tau_2 + R_2 \cdot \tau_1}{R_1 + R_2} = \dfrac{R \cdot \dfrac{R \cdot C}{2} + \dfrac{R}{2} \cdot R \cdot C}{R + \dfrac{R}{2}} = \dfrac{R \cdot (R \cdot C)}{R \cdot \dfrac{3}{2}} = \dfrac{2}{3} \cdot R \cdot C$

$u_2(t) = U \cdot \dfrac{R_2}{R_1 + R_2} \cdot \left[1 + \left(\dfrac{\tau_1}{\tau} - 1 \right) \cdot e^{-t/\tau} \right] = \dfrac{U}{3} \cdot \left[1 + \dfrac{1}{2} \cdot e^{-t/\tau} \right]$

mit $\dfrac{R_2}{R_1 + R_2} = \dfrac{\dfrac{1}{2} \cdot R}{\dfrac{3}{2} \cdot R} = \dfrac{1}{3}$

und $\dfrac{\tau_1}{\tau} - 1 = \dfrac{R \cdot C}{\dfrac{2}{3} \cdot R \cdot C} - 1 = \dfrac{1}{2}$

für $t = 0$ ist $u_2 = U/2$

für $t = \infty$ ist $u_2 = U/3$

Bild 8.72 Übergangsfunktion
des Spezialfalls

Prinzipielle Berechnung der Ausgangsfunktion eines Übertragungsgliedes für periodische und aperiodische Eingangsgrößen ab t = 0

Für beliebige Eingangsgrößen x(t) ab $t = 0$ lässt sich die Berechnung der Ausgangsgrößen y(t) mit Hilfe der Übertragungsfunktion (Netzwerkfunktion) G(s) durch folgendes Rechenschema veranschaulichen:

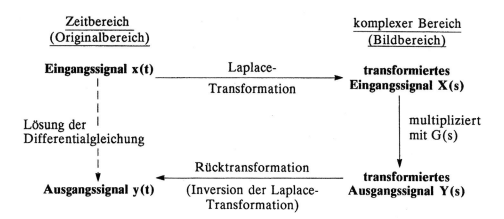

Folgende Rechenoperationen sind also für die Ermittlung der Ausgangs-Zeitfunktion vorzunehmen:

$$X(s) = L\{x(t)\}$$

$$Y(s) = X(s) \cdot G(s)$$

$$y(t) = L^{-1}\{Y(s)\} = L^{-1}\{X(s) \cdot G(s)\}$$

Als Eingangsgrößen ab $t = 0$ werden am häufigsten verwandt:

Sprungfunktionen $x(t) = x \cdot \sigma(t)$,

Rampenfunktionen $x(t) = \dfrac{x}{T} \cdot t$ für $t > 0$,

sinusförmige Funktionen $x(t) = \hat{x} \cdot \sin(\omega t + \varphi_x)$.

Wie in dem folgenden Kapitel zu sehen ist, werden bei periodischen und aperiodischen Eingangssignalen die Ausgangssignale auf analoge Weise berechnet.

8.3.6 Zusammenfassung der Laplace-Operationen und der Laplace-Transformierten (Korrespondenzen)

Operationen

Nr.	F(s)	f(t)
1	$F(s) = \displaystyle\int_{+0}^{\infty} f(t) \cdot e^{-s \cdot t} \cdot dt$	$f(t)$
2	$s \cdot F(s) - f(0_+)$	$\dfrac{df(t)}{dt} = f'(t)$
3	$s \cdot F_S(s) - f(0_-)$	
4	$s^2 \cdot F(s) - s \cdot f(0_+) - f'(0_+)$	$\dfrac{d^2 f(t)}{dt^2} = f''(t)$
5	$s^3 \cdot F(s) - s^2 \cdot f(0_+) - s \cdot f'(0_+) - f''(0_+)$	$\dfrac{d^3 f(t)}{dt^3} = f'''(t)$
6	$s^n \cdot F(s) - s^{n-1} \cdot f(0_+) - s^{n-2} \cdot f'(0_+) - \dots$ $\dots - s \cdot f^{(n-2)}(0_+) - f^{(n-1)}(0_+)$	$\dfrac{d^{(n)} f(t)}{dt^n} = f^{(n)}(t)$
7	$\dfrac{1}{s} \cdot F(s)$	$\displaystyle\int_0^t f(t) \cdot dt$
8	$\dfrac{1}{s} \cdot F(s) + \dfrac{1}{s} \cdot \left[\displaystyle\int f(t) \cdot dt\right]_{t=0}$	$\displaystyle\int f(t) \cdot dt$
9	$a \cdot F(s)$	$a \cdot f(t)$
10	$a_1 \cdot F_1(s) + a_2 \cdot F_2(s) + \dots a_n \cdot F_n(s)$	$a_1 \cdot f_1(t) + a_2 \cdot f_2(t) + \dots + a_n \cdot f_n(t)$
11	$\dfrac{1}{a} \cdot F\left(\dfrac{s}{a}\right)$	$f(a \cdot t)$ \qquad mit $a > 0$, reell

Nr.	$F(s)$	$f(t)$
12	$a \cdot F(a \cdot s)$	$f\left(\dfrac{t}{a}\right)$ $\qquad$ mit $a > 0$, reell
13	$F(s-a)$	$e^{at} \cdot f(t)$ $\qquad$ mit a beliebig
14	$F(s+a)$	$e^{-at} \cdot f(t)$
15	$F(a \cdot s - b)$	$\dfrac{1}{a} \cdot e^{\frac{b}{a}t} \cdot f\left(\dfrac{t}{a}\right)$ mit $\begin{array}{l} a > 0, \\ b \text{ komplex} \end{array}$
16	$e^{-a \cdot s} \cdot \left[F(s) + \displaystyle\int_{-a}^{0} f(x) \cdot e^{-s \cdot x} \cdot dx \right]$	$f(t-a)$ $\qquad$ mit $a \geq 0$
17	$e^{a \cdot s} \cdot \left[F(s) - \displaystyle\int_{0}^{a} f(x) \cdot e^{-s \cdot x} \cdot dx \right]$	$f(t+a)$ $\qquad$ mit $a \geq 0$
18	$F_1(s) \cdot F_2(s)$	$f_1(t) * f_2(t) = \displaystyle\int_{0}^{t} f_1(\tau) \cdot f_2(t-\tau) \cdot d\tau$
19	$\dfrac{dF(s)}{ds}$	$-t \cdot f(t)$
20	$\dfrac{d^n F(s)}{ds^n}$	$(-1)^n \cdot t^n \cdot f(t)$
21	$\displaystyle\int_{s}^{\infty} F(s) \cdot ds$	$\dfrac{1}{t} \cdot f(t)$

Korrespondenzen der Laplace-Transformation

Nr.	$F(s)$	$f(t)$
22	0	0
23	1	$\delta(t)$
24	e^{-as} $\qquad$ für $a > 0$	$\delta(t-a)$
25	$\dfrac{1}{s}$	$\sigma(t)$ bzw. 1
26	$\dfrac{1}{s} e^{-as}$	$\sigma(t-a)$
27	$\dfrac{1}{s^2}$	t
28	$\dfrac{1}{s^3}$	$\dfrac{1}{2} t^2$
29	$\dfrac{1}{s^{n+1}}$ mit $n = 0,1,\dots$	$\dfrac{t^n}{n!}$
30	$\dfrac{1}{s-a}$	e^{at} $\qquad$ a beliebig, z. B. $a = \delta \pm j\omega$
31	$\dfrac{1}{(s-a)^2}$	te^{at}

Nr.	F(s)	f(t)
32	$\dfrac{1}{(s-a)^{n+1}}$	$\dfrac{t^n}{n!}e^{at}$
33	$\dfrac{1}{s(s-a)}$	$\dfrac{1}{a}(e^{at}-1)$
34	$\dfrac{1}{(s-a)(s-b)}$	$\dfrac{1}{a-b}(e^{at}-e^{bt})$
35	$\dfrac{1}{s(s-a)^2}$	$\dfrac{1}{a^2}[1+(at-1)e^{at}]$
36	$\dfrac{1}{s^2(s-a)}$	$\dfrac{1}{a^2}(e^{at}-1-at)$
37	$\dfrac{1}{s(s-a)(s-b)}$	$\dfrac{1}{ab}\left[1+\dfrac{1}{a-b}(be^{at}-ae^{bt})\right]$
38	$\dfrac{1}{(s-a)(s-b)(s-c)}$	$\dfrac{e^{at}}{(b-a)(c-a)}+\dfrac{e^{bt}}{(c-b)(a-b)}+\dfrac{e^{ct}}{(a-c)(b-c)}$
39	$\dfrac{1}{(s-a)(s-b)^2}$	$\dfrac{e^{at}-[1+(a-b)t]e^{bt}}{(a-b)^2}$
40	$\dfrac{s}{(s-a)^2}$	$(1+at)e^{at}$
41	$\dfrac{s}{(s-a)(s-b)}$	$\dfrac{1}{a-b}(ae^{at}-be^{bt})$
42	$\dfrac{s}{(s-a)(s-b)(s-c)}$	$\dfrac{ae^{at}}{(b-a)(c-a)}+\dfrac{be^{bt}}{(c-b)(a-b)}+\dfrac{ce^{ct}}{(a-c)(b-c)}$
43	$\dfrac{s}{(s-a)(s-b)^2}$	$\dfrac{ae^{at}-[a+b(a-b)t]e^{bt}}{(a-b)^2}$
44	$\dfrac{s}{(s-a)^3}$	$\left(t+\dfrac{1}{2}at^2\right)e^{at}$
45	$\dfrac{s^2}{(s-a)^3}$	$\left(1+2at+\dfrac{1}{2}a^2t^2\right)e^{at}$
46	$\dfrac{s^2}{(s-a)(s-b)(s-c)}$	$\dfrac{a^2e^{at}}{(b-a)(c-a)}+\dfrac{b^2e^{bt}}{(c-b)(a-b)}+\dfrac{c^2e^{ct}}{(a-c)(b-c)}$
47	$\dfrac{s^2}{(s-a)(s-b)^2}$	$\dfrac{a^2e^{at}-[2ab-b^2+b^2(a-b)t]e^{bt}}{(a-b)^2}$

Nr.	F(s)	f(t)
48	$\dfrac{1}{1+sT}$	$\dfrac{1}{T}e^{-t/T}$
49	$\dfrac{1}{s(1+sT)}$	$1-e^{-t/T}$
50	$\dfrac{1}{(1+sT)^2}$	$\dfrac{1}{T^2}te^{-t/T}$
51	$\dfrac{1}{s^2(1+sT)}$	$t-T(1-e^{-t/T})$
52	$\dfrac{1}{s(1+sT)^2}$	$1-\dfrac{T+t}{T}e^{-t/T}$
53	$\dfrac{1}{(1+sT)^3}$	$\dfrac{1}{2T^3}t^2e^{-t/T}$
54	$\dfrac{1}{(1+sT_1)(1+sT_2)}$	$\dfrac{1}{T_1-T_2}\left(e^{-t/T_1}-e^{-t/T_2}\right)$
55	$\dfrac{1}{s(1+sT_1)(1+sT_2)}$	$1+\dfrac{1}{T_2-T_1}(T_1\cdot e^{-t/T_1}-T_2\cdot e^{-t/T_2})$
56	$\dfrac{1}{(1+sT_1)(1+sT_2)^2}$	$\dfrac{T_1\cdot e^{-t/T_1}}{(T_2-T_1)^2}+\dfrac{[(T_2-T_1)t-T_1T_2]e^{-t/T_2}}{T_2(T_2-T_1)^2}$
57	$\dfrac{1}{(1+sT_1)(1+sT_2)(1+sT_3)}$	$\dfrac{T_1\cdot e^{-t/T_1}}{(T_1-T_2)(T_1-T_3)}+\dfrac{T_2\cdot e^{-t/T_2}}{(T_2-T_1)(T_2-T_3)}+\dfrac{T_3\cdot e^{-t/T_3}}{(T_3-T_1)(T_3-T_2)}$
58	$\dfrac{sT}{1+sT}$	$\delta(t)-\dfrac{1}{T}e^{-t/T}$
59	$\dfrac{s}{(1+sT)^2}$	$\dfrac{1}{T^3}(T-t)e^{-t/T}$
60	$\dfrac{s}{(1+sT_1)(1+sT_2)}$	$\dfrac{1}{T_1T_2(T_1-T_2)}\left(T_1\cdot e^{-t/T_2}-T_2\cdot e^{-t/T_1}\right)$
61	$\dfrac{s}{(1+sT_1)(1+sT_2)(1+sT_3)}$	$\dfrac{(T_2-T_3)e^{-t/T_1}+(T_3-T_1)e^{-t/T_2}+(T_1-T_2)e^{-t/T_3}}{(T_1-T_2)(T_2-T_3)(T_3-T_1)}$
62	$\dfrac{s}{(1+sT_1)(1+sT_2)^2}$	$\dfrac{-T_2{}^2e^{-t/T_1}+[T_2{}^2+(T_1-T_2)t]e^{-t/T_2}}{T_2{}^2(T_1-T_2)^2}$
63	$\dfrac{s}{(1+sT)^3}$	$\left(\dfrac{t}{T^3}-\dfrac{t^2}{2T^4}\right)e^{-t/T}$
64	$\dfrac{s^2}{(1+sT)^3}$	$\dfrac{1}{2T^5}(2T^2-4Tt+t^2)e^{-t/T}$

Nr.	F(s)	f(t)
65	$$\dfrac{s^2}{(1+sT_1)(1+sT_2)(1+sT_3)}$$	$$\dfrac{e^{-t/T_1}}{T_1(T_1-T_2)(T_1-T_3)} + \dfrac{e^{-t/T_2}}{T_2(T_2-T_1)(T_2-T_3)} + $$ $$+\dfrac{e^{-t/T_3}}{T_3(T_3-T_1)(T_3-T_2)}$$
66	$$\dfrac{s^2}{(1+sT_1)(1+sT_2)^2}$$	$$\dfrac{e^{-t/T_1}}{T_1(T_1-T_2)^2} + \left[\dfrac{T_1-2T_2}{T_2^2(T_1-T_2)^2} - \dfrac{t}{T_2^3(T_1-T_2)}\right]e^{-t/T_2}$$
67	$$\dfrac{1+sA}{s^2}$$	$$t+A$$
68	$$\dfrac{1+sA}{s(1+sT)}$$	$$1+\dfrac{A-T}{T}e^{-t/T}$$
69	$$\dfrac{1+sA}{(1+sT)^2}$$	$$\left[\dfrac{T-A}{T^3}t+\dfrac{A}{T^2}\right]e^{-t/T}$$
70	$$\dfrac{1+sA}{(1+sT_1)(1+sT_2)}$$	$$\dfrac{T_1-A}{T_1(T_1-T_2)}e^{-t/T_1} - \dfrac{T_2-A}{T_2(T_1-T_2)}e^{-t/T_2}$$
71	$$\dfrac{1+sA}{s^2(1+sT)}$$	$$(A-T)(1-e^{-t/T})+t$$
72	$$\dfrac{1+sA}{s(1+sT)^2}$$	$$1+\left(\dfrac{A-T}{T^2}t-1\right)e^{-t/T}$$
73	$$\dfrac{1+sA}{s(1+sT_1)(1+sT_2)}$$	$$1+\dfrac{T_1-A}{T_2-T_1}e^{-t/T_1} - \dfrac{T_2-A}{T_2-T_1}e^{-t/T_2}$$
74	$$\dfrac{1+sA}{(1+sT_1)(1+sT_2)^2}$$	$$\dfrac{T_1-A}{(T_1-T_2)^2}e^{-t/T_1} + \left[\dfrac{T_2-A}{T_2^2(T_2-T_1)}t+\dfrac{A-T_1}{(T_2-T_1)^2}\right]e^{-t/T_2}$$
75	$$\dfrac{1+sA}{(1+sT_1)(1+sT_2)(1+sT_3)}$$	$$\dfrac{T_1-A}{(T_1-T_2)(T_1-T_3)}e^{-t/T_1} + \dfrac{T_2-A}{(T_2-T_3)(T_2-T_1)}e^{-t/T_2} + $$ $$+\dfrac{T_3-A}{(T_3-T_1)(T_3-T_2)}e^{-t/T_3}$$
76	$$\dfrac{1+sA+s^2B}{s^2(1+sT)}$$	$$t+A-T-\left(A-T-\dfrac{B}{T}\right)e^{-t/T}$$
77	$$\dfrac{1+sA+s^2B}{s(1+sT)^2}$$	$$1-\left(1-\dfrac{B}{T^2}+\dfrac{B-AT+T^2}{T^3}t\right)e^{-t/T}$$
78	$$\dfrac{1+sA+s^2B}{s(1+sT_1)(1+sT_2)}$$	$$1+\dfrac{B-AT_1+T_1^2}{T_1(T_2-T_1)}\cdot e^{-t/T_1} - \dfrac{B-AT_2+T_2^2}{T_2(T_2-T_1)}\cdot e^{-t/T_2}$$

Nr.	$F(s)$	$f(t)$
79	$\dfrac{1}{s^2 + a^2}$	$\dfrac{1}{a}\sin at$
80	$\dfrac{1}{s^2 - a^2}$	$\dfrac{1}{a}\sinh at$
81	$\dfrac{1}{s(s^2 + a^2)}$	$\dfrac{1}{a^2}(1 - \cos at)$
82	$\dfrac{1}{s^2(s^2 + a^2)}$	$\dfrac{t}{a^2} - \dfrac{\sin at}{a^3}$
83	$\dfrac{1}{(s^2 + a^2)(s + b)}$	$\dfrac{1}{a^2 + b^2}\left(e^{-bt} + \dfrac{b}{a}\sin at - \cos at\right)$
84	$\dfrac{1}{s(s^2 + a^2)(s + b)}$	$\dfrac{1}{a^2 \cdot b} - \dfrac{1}{a^2 + b^2}\left(\dfrac{\sin at}{a} + \dfrac{b\cos at}{a^2} + \dfrac{e^{-bt}}{b}\right)$
85	$\dfrac{1}{s^2(s^2 + a^2)(s + b)}$	$\dfrac{t}{a^2 b} - \dfrac{1}{a^2 b^2} + \dfrac{e^{-bt}}{(a^2 + b^2)b^2} + \dfrac{\cos(at + \Phi)}{a^2\sqrt{a^2 + b^2}}$ mit $\Phi = \arctan(b/a)$
86	$\dfrac{1}{(s^2 + a^2)(s + b)(s + c)}$	$\dfrac{e^{-bt}}{(c - b)(a^2 + b^2)} + \dfrac{e^{-ct}}{(b - c)(a^2 + c^2)} + \dfrac{\sin(at - \Phi)}{a\sqrt{a^2(b + c)^2 + (bc - a^2)^2}}$ mit $\Phi = \arctan(a/b) + \arctan(a/c)$
87	$\dfrac{1}{s(s^2 + a^2)(s + b)(s + c)}$	$\dfrac{1}{a^2 bc} + \dfrac{e^{-bt}}{b(b - c)(a^2 + b^2)} + \dfrac{e^{-ct}}{c(c - b)(a^2 + c^2)} +$ $+ \dfrac{\cos(at + \Phi)}{a^2\sqrt{(bc - a^2) + a^2(b + c)^2}}$ mit $\Phi = \arctan(c/a) + \arctan(b/a)$
88	$\dfrac{1}{(s^2 + a^2)(s^2 + b^2)}$	$\dfrac{1}{b^2 - a^2}\left(\dfrac{\sin at}{a} - \dfrac{\sin bt}{b}\right)$
89	$\dfrac{1}{a^2 + (s + b)^2}$	$\dfrac{1}{a}e^{-bt}\sin at$
90	$\dfrac{1}{s^2[a^2 + (s + b)^2]}$	$\dfrac{1}{a^2 + b^2}\left(t - \dfrac{2b}{a^2 + b^2}\right) + \dfrac{e^{-bt}\sin(at + \Phi)}{a(a^2 + b^2)}$ mit $\Phi = 2\arctan(a/b)$
91	$\dfrac{1}{[a^2 + (s + b)^2]^2}$	$\dfrac{1}{2a^3}e^{-bt}(\sin at - at\cos at)$
92	$\dfrac{1}{(s^2 - a^2)^2}$	$\dfrac{1}{2a^3}(\sin at - at\cos at)$
93	$\dfrac{1}{s(s^2 + a^2)^2}$	$\dfrac{1}{a^4}(1 - \cos at) - \dfrac{1}{2a^3}t\sin at$
94	$\dfrac{s}{s^2 + a^2}$	$\cos at$

Nr.	F(s)	f(t)
95	$\dfrac{s}{s^2 - a^2}$	$\cos h\, at$
96	$\dfrac{s}{(s^2 + a^2)(s^2 + b^2)}$	$\dfrac{1}{b^2 - a^2}(\cos at - \cos bt)$ mit $a^2 \neq b^2$
97	$\dfrac{s}{[s^2 + (a + b)^2][s^2 + (a - b)^2]}$	$\dfrac{1}{2ab}\sin at \cdot \sin bt$
98	$\dfrac{s}{(s^2 + a^2)^2}$	$\dfrac{t}{2a} \cdot \sin at$
99	$\dfrac{s^2}{(s^2 + a^2)^2}$	$\dfrac{1}{2a}(\sin at + at \cdot \cos at)$
100	$\dfrac{s + d}{s^2 + a^2}$	$\dfrac{\sqrt{d^2 + a^2}}{a}\sin(at + \Phi)$ mit $\Phi = \arctan(a/d)$
101	$\dfrac{s + d}{(s^2 + a^2)(s + b)}$	$\dfrac{d - b}{a^2 + b^2}e^{-bt} + \sqrt{\dfrac{d^2 + a^2}{a^2 b^2 + a^4}}\sin(at + \Phi)$ mit $\Phi = \arctan(b/a) - \arctan(d/a)$
102	$\dfrac{s + d}{s^2(s^2 + a^2)}$	$\dfrac{1 + d \cdot t}{a^2} - \sqrt{\dfrac{a^2 + d^2}{a^6}}\sin(at + \Phi)$ mit $\Phi = \arctan(a/d)$
103	$\dfrac{s + d}{s(s^2 + a^2)(s + b)}$	$\dfrac{d}{a^2 b} - \dfrac{d - b}{b(a^2 + b^2)}e^{-bt} - \sqrt{\dfrac{d^2 + a^2}{a^4 b^2 + a^6}}\cos(at + \Phi)$ mit $\Phi = \arctan(b/a) - \arctan(d/a)$
104	$\dfrac{s + d}{(s^2 + a^2)(s + b)(s + c)}$	$\dfrac{(d - b)e^{-bt}}{(c - b)(a^2 + b^2)} + \dfrac{(d - c)e^{-ct}}{(b - c)(a^2 + c^2)} +$ $+ \sqrt{\dfrac{d^2 + a^2}{a^2(a^2 + b^2)(a^2 + c^2)}}\sin(at + \Phi)$ mit $\Phi = \arctan(c/a) - \arctan(d/a) - \arctan(a/b)$
105	$\dfrac{s + d}{a^2 + (s + b)^2}$	$\sqrt{1 + \dfrac{(d - b)^2}{a^2}} \cdot e^{-bt} \cdot \sin(at + \Phi)$ $\Phi = \arctan\dfrac{a}{d - b}$
106	$\dfrac{s \cdot \sin b + a \cdot \cos b}{s^2 + a^2}$	$\sin(at + b)$
107	$\dfrac{s \cdot \cos b - a \cdot \sin b}{s^2 + a^2}$	$\cos(at + b)$
108	$\dfrac{1}{1 + s^2 T^2}$	$\dfrac{1}{T}\sin(t/T)$
109	$\dfrac{1 + sA}{1 + s^2 T^2}$	$\dfrac{1}{T}\sqrt{1 + (A/T)^2}\,\sin\left(\dfrac{t}{T} + \Phi\right)$ $\Phi = \arctan(A/T)$
110	$\dfrac{s}{1 + s^2 T^2}$	$\dfrac{1}{T^2}\cos(t/T)$

Übungsaufgaben zu den Abschnitten 8.1 bis 8.3

8.1   1. Berechnen Sie den zeitlichen Verlauf des Stroms i_L und der Spannung u_L, wenn der Schalter bei $t = 0$ geöffnet wird.

2. Vereinfachen Sie anschließend die Lösungen mit $R_i = 0$, und stellen Sie die Verläufe $i_L(t)$ und $u_L(t)$ dar.

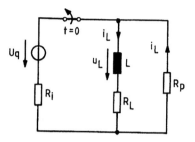

Bild 8.73
Übungsaufgabe 8.1

8.2   In der gezeichneten Schaltung können jeweils zwei Ausgleichsvorgänge durch einen Umschalter nacheinander ablaufen. Die Schaltzeiten des Umschalters betragen 12ms, so dass für beide Ausgleichsvorgänge die Schaltzeiten größer als $5 \cdot \tau$ sind.

1. Ermitteln Sie allgemein den Stromverlauf $i(t)$ und den Spannungsverlauf $u_L(t)$, wenn der Schalter geöffnet wird.

2. Nach dem Schließen des Schalters sind ebenfalls der Stromverlauf $i(t)$ und der Spannungsverlauf $u_L(t)$ allgemein zu berechnen.

3. Berücksichtigen Sie die Zahlenwerte $U = 6V$, $L = 1{,}2H$, $R_L = 500\Omega$, $R = 1k\Omega$, und stellen Sie den Strom- und Spannungsverlauf für beide Ausgleichsvorgänge in einem Diagramm dar.

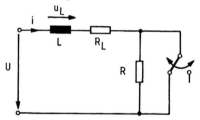

Bild 8.74
Übungsaufgabe 8.2

8.3   Für das gezeichnete Übertragungsglied ist die Übergangsfunktion $u_2(t)$ zu ermitteln.

1. Zunächst ist die Differentialgleichung für u_C aufzustellen und zu lösen.

2. Dann ist aus der Lösung für $u_C(t)$ die Übergangsfunktion zu berechnen.

3. Schließlich sind $u_1(t)$ und $u_2(t)$ in einem Liniendiagramm darzustellen.

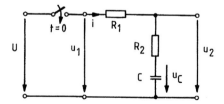

Bild 8.75
Übungsaufgabe 8.3

8.4.   Das Einschalten eines verlustbehafteten Kondensators an eine Wechselspannung $u = \hat{u} \cdot \sin(\omega t + \varphi_u)$ lässt sich prinzipiell durch das gezeichnete Schaltbild erfassen.

1. Berechnen Sie allgemein den zeitlichen Verlauf von u_{Ce}, u_{Cf} und u_C.

2. Berücksichtigen Sie in der Lösung für $u_C(t)$ folgende Größen $U = 220V$,

$\varphi_u = 185° \triangleq 3{,}23\text{rad}$, $f = 500\text{Hz}$, $R = 1k\Omega$, $C = 1\mu F$, $R_C = 10k\Omega$, und stellen Sie $u_{Ce}(\omega t)$, $u_{Cf}(\omega t)$ und $u_C(\omega t)$ von $\omega t = 0$ bis 2π in einem Liniendiagramm dar.

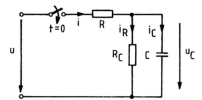

Bild 8.76
Übungsaufgabe 8.4

8.5   Der Ausgleichsvorgang für den gezeichneten Schwingkreis ist rechnerisch zu behandeln.

1. Entwickeln Sie die Differentialgleichungen für u_C und i.

2. Geben Sie die allgemeinen Lösungen für die drei charakteristischen Fälle an. Berechnen Sie jeweils die Konstanten, und berücksichtigen Sie diese in den Lösungen für u_C und i.

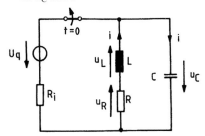

Bild 8.77
Übungsaufgabe 8.5

8.6   Die Sprungfunktion $\sigma(t)$ und die Deltafunktion $\delta(t)$ können bei technischen Anwendungen für $t > 0$ als Grenzwerte von Exponentialfunktionen gedeutet werden:

$$\sigma(t) = \lim_{\tau \to 0} (1 - e^{-t/\tau}) \qquad \text{und} \qquad \delta(t) = \lim_{\tau \to 0} \frac{1}{\tau} \cdot e^{-t/\tau}.$$

Zusätzlich kann die Deltafunktion als Überlagerung der Sprungfunktion und einer um a verschobenen Sprungfunktion aufgefasst werden:

$$\delta(t) = \lim_{a \to 0} \frac{1}{a} \cdot \left[\sigma(t) - \sigma(t - a)\right].$$

Mathematisch exakt lässt sich die $\delta(t)$-Funktion nur mit Hilfe der Distributionstheorie erfassen.

1. Stellen Sie die beiden Exponentialfunktionen dar, und erklären Sie die beiden Funktionen $\sigma(t)$ und $\delta(t)$ durch den Grenzübergang.

2. Bilden Sie die Laplace-Transformierte der $\sigma(t)$-Funktion und die Laplace-Transformierte der Ableitung der $\sigma(t)$-Funktion, die gleich der $\delta(t)$-Funktion ist, mit Hilfe der Grenzwerte von Exponentialfunktionen.

    Kontrollieren Sie die Ergebnisse mit den Angaben in der Korrespondenzen-Tabelle.

3. Berechnen Sie mit Hilfe des Rechteckimpulses die Laplace-Transformierte der Deltafunktion (Diracimpuls).

8.7   Die Ergebnisse der Übungsaufgabe 8.1 sind mit Hilfe der Laplace-Transformation zu bestätigen.

8.8   Von den beiden folgenden Übertragungsgliedern sind die Übergangsfunktionen gesucht:

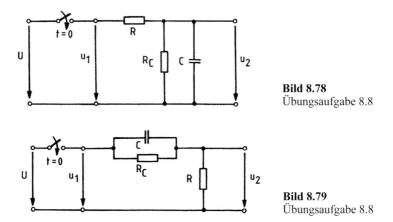

Bild 8.78
Übungsaufgabe 8.8

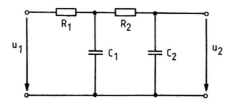

Bild 8.79
Übungsaufgabe 8.8

1. Berechnen Sie die Übergangsfunktion der Schaltung im Bild 8.78 durch Abbildung der Differentialgleichung.

2. Die Übergangsfunktion der Schaltung im Bild 8.79 ist mit Hilfe der Schaltung mit transformierten Zeitfunktionen und komplexen Operatoren zu berechnen.

3. Vergleichen Sie die Übergangsfunktionen beider Übertragungsglieder.

8.9   1. Für das im Bild 8.80 gezeichnete Übertragungsglied mit zwei Kapazitäten ist die Übergangsfunktion mit Hilfe der Laplace-Transformation zu ermitteln.

2. Geben Sie die Übertragungsfunktion an, wenn $R_1 = R_2 = R$ und $C_1 = C_2 = C$.

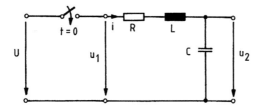

Bild 8.80
Übungsaufgabe 8.9

8.10   Für den gezeichneten Reihenschwingkreis, an den zum Zeitpunkt $t = 0$ eine Gleichspannung U angelegt wird, sind die Übergangsfunktionen $u_2(t)$ und die Ströme i für folgende Größen zu berechnen und darzustellen:

$U = 100\,\text{V}, \ L = 1\,\text{H}, \ C = 25\,\mu\text{F} \quad \text{und} \quad R = 240\,\Omega, \ 400\,\Omega \ \text{und} \ 500\,\Omega \,.$

Bild 8.81
Übungsaufgabe 8.10

8.11   Bestätigen Sie die Ergebnisse der Aufgabe 8.5 mit Hilfe der Laplace-Transformation.

9 Fourieranalyse von nichtsinusförmigen periodischen Wechselgrößen und nichtperiodische Größen

9.1 Fourierreihenentwicklung von analytisch gegebenen nichtsinusförmigen periodischen Wechselgrößen

Nichtsinusförmige periodische Wechselgrößen

Die Annahme sinusförmiger Wechselgrößen $v = \hat{v} \cdot \sin(\omega t + \varphi_v)$ in elektrischen Netzen erleichtert die Berechnung von Wechselstromnetzwerken. Die stationären Vorgänge lassen sich durch die komplexe Rechnung, Zeigerdiagramme und Ortskurven anschaulich beschreiben.

In Wirklichkeit weichen die zeitlichen Verläufe von Wechselgrößen mehr oder weniger von der Sinusform ab. Die Abweichungen werden z. B. durch die Konstruktion der Generatoren (Luftspaltinduktion längs des Luftspalts ist nicht exakt sinusförmig), durch Nichtlinearitäten von Netzparametern (ohmsche Widerstände und Induktivitäten mit Eisenkernen sind stromabhängig) und durch nichtlineare Übertragungseigenschaften von aktiven Bauelementen (Transistoren, Röhren) verursacht.

Für spezielle Anwendungen werden nichtsinusförmige periodische Wechselgrößen (z. B. Sägezahnfunktionen, Rechteckimpulse) erzeugt, für die Effektivwert- und Leistungsberechnungen notwendig sein können.

Darstellung nichtsinusförmiger periodischer Wechselgrößen durch Fourierreihen

Nichtsinusförmige periodische Wechselgrößen

$$v(t) = v(t + k \cdot T) \quad \text{mit} \quad k = 0, \pm 1, \pm 2, \dots \tag{9.1}$$

mit der Periodendauer T und der Kreisfrequenz ω

$$\omega = 2\pi \cdot f = \frac{2\pi}{T}$$

lassen sich in eine unendliche Summe von Sinusgrößen v_k überführen, wobei deren Kreisfrequenzen ein ganzzahliges Vielfaches der Kreisfrequenz ω betragen, die durch die nichtsinusförmige Wechselgröße vorgegeben ist:

$$v(t) = \sum_{k=0}^{\infty} v_k = \sum_{k=0}^{\infty} \hat{v}_k \cdot \sin(k\omega t + \varphi_{vk}) \tag{9.2}$$

oder ausführlich

$$v(t) = \hat{v}_0 \cdot \sin \varphi_{v0} + \hat{v}_1 \cdot \sin(\omega t + \varphi_{v1}) + \hat{v}_2 \cdot \sin(2\omega t + \varphi_{v2}) + \hat{v}_3 \cdot \sin(3\omega t + \varphi_{v3}) + \dots$$

| Gleichanteil | 1. Harmonische oder Grundwelle | 2. Harmonische oder 1. Oberwelle | 3. Harmonische oder 2. Oberwelle |

Für $k = 0$ ist die Wechselgröße ein Gleichanteil,

für $k = 1$ stimmt die Kreisfrequenz ω mit der Kreisfrequenz ω der nichtsinusförmigen Größe überein und heißt deshalb Grundwelle,

für $k = 2$ hat der Sinusanteil die doppelte Kreisfrequenz $2 \cdot \omega$ und wird deshalb 2. Harmonische oder 1. Oberwelle genannt,

für $k = 3$ hat der Sinusanteil die dreifache Kreisfrequenz $3 \cdot \omega$ und heißt deshalb 3. Harmonische oder 2. Oberwelle usw.

Die sinusförmigen Anteile der Fourierreihe haben unterschiedliche Amplituden $\hat{v}_k$ und unterschiedliche Anfangsphasenwinkel φ_{vk}. Die Abhängigkeit der Amplituden von der Frequenz, d. h. $\hat{v}_k = f(k)$, heißt *Amplitudenspektrum* und die Abhängigkeit der Anfangsphasenwinkel von der Frequenz, d. h. $\varphi_{vk} = f(k)$, wird *Phasenspektrum* genannt.

Damit die Fourierreihe in jedem Zeitpunkt eine beschränkte nichtsinusförmige Wechselgröße ersetzen kann, muss sie konvergent sein. Eine unendliche Reihe ist konvergent, wenn die Folge ihrer zugehörigen Teilsummen einen Grenzwert besitzt. Die Teilsummen sind für die Fourierreihen bis auf den Gleichanteil trigonometrische Summen:

$$s_0(t) = \hat{v}_0 \cdot \sin \varphi_{v0}$$
$$s_1(t) = \hat{v}_0 \cdot \sin \varphi_{v0} + \hat{v}_1 \cdot \sin(\omega t + \varphi_{v1})$$
$$s_2(t) = \hat{v}_0 \cdot \sin \varphi_{v0} + \hat{v}_1 \cdot \sin(\omega t + \varphi_{v1}) + \hat{v}_2 \cdot \sin(2\omega t + \varphi_{v2})$$
$$s_3(t) = \hat{v}_0 \cdot \sin \varphi_{v0} + \hat{v}_1 \cdot \sin(\omega t + \varphi_{v1}) + \hat{v}_2 \cdot \sin(2\omega t + \varphi_{v2}) + \hat{v}_3 \cdot \sin(3\omega t + \varphi_{v3})$$

usw.

und für beliebig viele Summenglieder:

$$s_n(t) = \sum_{k=0}^{n} \hat{v}_k \cdot \sin(k\omega t + \varphi_{vk}) \tag{9.3}$$

Konvergenz der Fourierreihen

Über die zugelassenen Unstetigkeitsstellen einer beschränkten periodischen Wechselgröße sagt die Dirichletsche Bedingung aus:

Ist die Wechselgröße $v(t)$ im Intervall $0 \leq t \leq T$ außer in höchstens endlich vielen Sprungstellen stetig und stückweise monoton, so konvergiert ihre Fourierreihe, und zwar gegen $v(t)$, wo $v(t)$ stetig ist. Sie konvergiert an den Sprungstellen gegen

$$\frac{v(t - 0) + v(t + 0)}{2},$$

wobei $v(t - 0)$ der linksseitige Grenzwert und $v(t + 0)$ der rechtsseitige Grenzwert der Funktion $v(t)$ mit der Sprungstelle an der Stelle t ist.

Periodische Funktion $v(\omega t)$

Ist die periodische nichtsinusförmige Wechselgröße in Abhängigkeit von ωt gegeben, dann lautet die Bedingung für die Periodizität

$$v(\omega t) = v(\omega t + k \cdot 2\pi) \quad \text{mit} \quad k = 0, \pm 1, \pm 2, \ldots \tag{9.4}$$

und die Teilsummen sind ebenfalls Funktionen von ωt: $s_0(\omega t), s_1(\omega t), s_2(\omega t), \ldots$

Beispiel:

Für die im Bild 9.1 gezeichnete periodische Sägezahnspannung

$$u(\omega t) = \hat{u} \cdot \left(1 - \frac{\omega t}{2\pi} \right) \quad \text{für} \ \ 0 < \omega t < 2\pi$$

ist die Fourierreihe entwickelt worden (siehe Beispiel 2 am Ende dieses Abschnitts):

$$u(\omega t) = \frac{\hat{u}}{2} + \frac{\hat{u}}{\pi} \cdot \sum_{k=1}^{\infty} \frac{\sin k\omega t}{k} \tag{9.5}$$

$$u(\omega t) = \frac{\hat{u}}{2} + \frac{\hat{u}}{\pi} \cdot \left(\frac{\sin \omega t}{1} + \frac{\sin 2\omega t}{2} + \frac{\sin 3\omega t}{3} + ... \right)$$

$$u(\omega t) = \frac{\hat{u}}{2} + \frac{\hat{u}}{\pi} \cdot \frac{\sin \omega t}{1} + \frac{\hat{u}}{\pi} \cdot \frac{\sin 2\omega t}{2} + \frac{\hat{u}}{\pi} \cdot \frac{\sin 3\omega t}{3} + ...$$

Die zugehörigen Teilsummen sind

$$s_0(\omega t) = \frac{\hat{u}}{2}$$

$$s_1(\omega t) = \frac{\hat{u}}{2} + \frac{\hat{u}}{\pi} \cdot \frac{\sin \omega t}{1}$$

$$s_2(\omega t) = \frac{\hat{u}}{2} + \frac{\hat{u}}{\pi} \cdot \frac{\sin \omega t}{1} + \frac{\hat{u}}{\pi} \cdot \frac{\sin 2\omega t}{2}$$

$$s_3(\omega t) = \frac{\hat{u}}{2} + \frac{\hat{u}}{\pi} \cdot \frac{\sin \omega t}{1} + \frac{\hat{u}}{\pi} \cdot \frac{\sin 2\omega t}{2} + \frac{\hat{u}}{\pi} \cdot \frac{\sin 3\omega t}{3}$$

$$\vdots$$

$$s_n(\omega t) = \frac{\hat{u}}{2} + \frac{\hat{u}}{\pi} \cdot \sum_{k=1}^{n} \frac{\sin k\omega t}{k} \ .$$

Die Sägezahnspannung $u(\omega t)$, die Summenglieder und die Teilsummen s_1, s_2, s_3 sind im Bild 9.1 dargestellt.

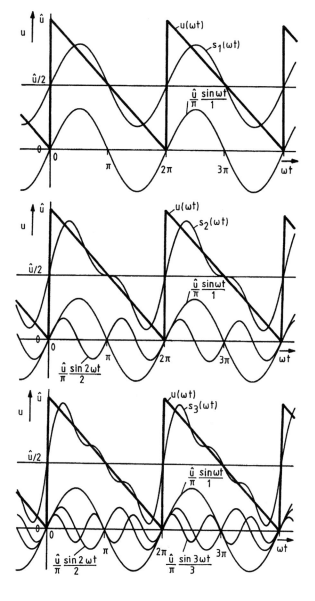

Bild 9.1
Trigonometrische
Teilsummen einer
Sägezahnspannung

Dem Gleichanteil $\hat{u}/2$ wird zunächst die Grundwelle $(\hat{u}/\pi) \cdot \sin\omega t$ überlagert, so dass sich die Teilsumme $s_1(\omega t)$ ergibt. Dann wird der Teilsumme $s_1(\omega t)$ die 1. Oberwelle $(\hat{u}/2\pi) \cdot \sin 2\omega t$ hinzugefügt, wodurch die Teilsumme $s_2(\omega t)$ entsteht. Wird zur Teilsumme $s_2(\omega t)$ die 2. Oberwelle $(\hat{u}/3\pi) \cdot \sin 3\omega t$ addiert, dann ergibt sich die Teilsumme $s_3(\omega t)$. Die trigonometrischen Reihen nähern sich mit größer werdendem n gegen die gegebene Funktion $u(\omega t)$:

$$u(\omega t) = \frac{\hat{u}}{2} + \frac{\hat{u}}{\pi} \cdot \lim_{n \to \infty} \sum_{k=1}^{n} \frac{\sin k\omega t}{k}$$

Fourierreihe mit Fourierkoeffizienten

Die Amplituden und Anfangsphasenwinkel der Fourierreihe werden nicht direkt aus der analytisch gegebenen Funktion berechnet, sondern über die Fourierkoeffizienten a_k und b_k. Die Fourierreihe wird in eine Form gebracht, in der Kosinus- und Sinusglieder vorkommen. Mit dem Additionstheorem

$$\sin(\alpha + \beta) = \sin \alpha \cdot \cos \beta + \cos \alpha \cdot \sin \beta$$

lassen sich die Sinusglieder in der Gl. (9.2) umformen:

$$v_k = \hat{v}_k \cdot \sin(k\omega t + \varphi_{vk})$$

$$v_k = \hat{v}_k \cdot \sin k\omega t \cdot \cos \varphi_{vk} + \hat{v}_k \cdot \cos k\omega t \cdot \sin \varphi_{vk}$$

$$v_k = \hat{v}_k \cdot \sin \varphi_{vk} \cdot \cos k\omega t + \hat{v}_k \cdot \cos \varphi_{vk} \cdot \sin k\omega t$$

$$v_k = a_k \cdot \cos k\omega t + b_k \cdot \sin k\omega t \tag{9.6}$$

$$\text{mit} \quad a_k = \hat{v}_k \cdot \sin \varphi_{vk} \tag{9.7}$$

$$\text{und} \quad b_k = \hat{v}_k \cdot \cos \varphi_{vk}. \tag{9.8}$$

Die Fourierreihe enthält dann die Amplituden a_k und b_k:

$$v(t) = \sum_{k=0}^{\infty} v_k = \sum_{k=0}^{\infty} (a_k \cdot \cos k\omega t + b_k \cdot \sin k\omega t).$$

Da für $k = 0$

$$v_0 = a_0 \cdot \cos 0 + b_0 \cdot \sin 0 = a_0,$$

kann in der Fourierreihe der Gleichanteil a_0 getrennt geschrieben werden:

$$v(t) = a_0 + \sum_{k=1}^{\infty} (a_k \cdot \cos k\omega t + b_k \cdot \sin k\omega t). \tag{9.9}$$

Ehe die Formeln für die Fourierkoeffizienten hergeleitet werden, kann der Zusammenhang zwischen dem Amplituden- und Phasenspektrum und den Fourierkoeffizienten berechnet werden. Durch Quadrieren der Gl. (9.7) und Gl. (9.8) und anschließendem Addieren wird φ_{vk} eliminiert und durch Dividieren der Gl. (9.7) durch die Gl. (9.8) wird $\hat{v}_k$ eliminiert:

$$a_k{}^2 + b_k{}^2 = \hat{v}_k{}^2 \cdot (\sin^2 \varphi_{vk} + \cos^2 \varphi_{vk}) = \hat{v}_k{}^2$$

$$\hat{v}_k = \sqrt{a_k{}^2 + b_k{}^2} \tag{9.10}$$

$$\frac{a_k}{b_k} = \frac{\hat{v}_k \cdot \sin \varphi_{vk}}{\hat{v}_k \cdot \cos \varphi_{vk}} = \tan \varphi_{vk}$$

$$\varphi_{vk} = \arctan \frac{a_k}{b_k}. \tag{9.11}$$

Sind die Fourierkoeffizienten aus den gegebenen periodischen Funktionen $v(t)$ bzw. $v(\omega t)$ ermittelt, können das Amplituden- und Phasenspektrum mit den Gln. (9.10) und (9.11) berechnet werden.

Ermittlung der Fourierkoeffizienten

Eine gegebene Funktion v(t) ist gleich der unendlichen Fourierreihe. Da aber nur eine endliche trigonometrische Reihe $s_n(t)$ aufgestellt werden kann, besteht immer eine Abweichung zwischen der Funktion und der sie ersetzenden Reihe, auch wenn n noch so groß gewählt wird. Bei einer derartigen Approximation soll die Abweichung in Abhängigkeit von den Fourierkoeffizienten möglichst gering sein.

Durch Anwendung der Methode der kleinsten Fehlerquadrate lassen sich damit die Formeln für die Fourierkoeffizienten herleiten, d. h. der mittlere Fehler soll in Abhängigkeit von $2n + 1$ Fourierkoeffizienten $a_0, a_1, \ldots, a_n, b_1, \ldots, b_n$ ein Minimum sein:

$$F = \frac{1}{T} \cdot \int_0^T \left[v(t) - s_n(t) \right]^2 \cdot dt \overset{!}{=} \text{Min.} \tag{9.12}$$

$$F = \frac{1}{T} \cdot \int_0^T \left[v(t) - a_0 - \sum_{k=1}^n (a_k \cdot \cos k\omega t + b_k \cdot \sin k\omega t) \right]^2 \cdot dt \overset{!}{=} \text{Min.} \tag{9.13}$$

Da sowohl v(t) als auch $s_n(t)$ periodisch sind, genügt es, das Fehlerintegral über eine Periode, also von 0 bis T, aufzustellen und nach den $2n + 1$ Variablen partiell zu differenzieren, wobei innerhalb der Integrale die Kettenregel der Differentialrechnung anzuwenden ist:

$$\frac{\partial F}{\partial a_0} = \frac{1}{T} \cdot \int_0^T 2 \cdot [v(t) - s_n(t)] \cdot (-1) \cdot dt = 0$$

$$\frac{\partial F}{\partial a_1} = \frac{1}{T} \cdot \int_0^T 2 \cdot [v(t) - s_n(t)] \cdot (-\cos \omega t) \cdot dt = 0$$

$$\frac{\partial F}{\partial a_2} = \frac{1}{T} \cdot \int_0^T 2 \cdot [v(t) - s_n(t)] \cdot (-\cos 2\omega t) \cdot dt = 0$$

$$\vdots$$

$$\frac{\partial F}{\partial a_n} = \frac{1}{T} \cdot \int_0^T 2 \cdot [v(t) - s_n(t)] \cdot (-\cos n\omega t) \cdot dt = 0$$

$$\frac{\partial F}{\partial b_1} = \frac{1}{T} \cdot \int_0^T 2 \cdot [v(t) - s_n(t)] \cdot (-\sin \omega t) \cdot dt = 0$$

$$\frac{\partial F}{\partial b_2} = \frac{1}{T} \cdot \int_0^T 2 \cdot [v(t) - s_n(t)] \cdot (-\sin 2\omega t) \cdot dt = 0$$

$$\vdots$$

$$\frac{\partial F}{\partial b_n} = \frac{1}{T} \cdot \int_0^T 2 \cdot [v(t) - s_n(t)] \cdot (-\sin n\omega t) \cdot dt = 0$$

Der Faktor 2/T braucht wegen den nullgesetzten Gleichungen jeweils nicht beachtet zu werden. Nach Multiplikation mit $-\cos k\omega t$ und $-\sin k\omega t$ lassen sich die Integrale nach der Summenregel der Integralrechnung in jeweils zwei Integrale zerlegen, die auf verschiedene Seiten der Gleichung gebracht werden:

$$\int_0^T v(t) \cdot dt = \int_0^T \left[a_0 + \sum_{k=1}^n (a_k \cdot \cos k\omega t + b_k \cdot \sin k\omega t) \right] \cdot dt$$

$$\int_0^T v(t) \cdot \cos \omega t \cdot dt = \int_0^T \left[a_0 + \sum_{k=1}^n (a_k \cdot \cos k\omega t + b_k \cdot \sin k\omega t) \right] \cdot \cos \omega t \cdot dt$$

$$\int_0^T v(t) \cdot \cos 2\omega t \cdot dt = \int_0^T \left[a_0 + \sum_{k=1}^n (a_k \cdot \cos k\omega t + b_k \cdot \sin k\omega t) \right] \cdot \cos 2\omega t \cdot dt$$

$$\vdots$$

$$\int_0^T v(t) \cdot \cos n\omega t \cdot dt = \int_0^T \left[a_0 + \sum_{k=1}^n (a_k \cdot \cos k\omega t + b_k \cdot \sin k\omega t) \right] \cdot \cos n\omega t \cdot dt$$

$$\int_0^T v(t) \cdot \sin \omega t \cdot dt = \int_0^T \left[a_0 + \sum_{k=1}^n (a_k \cdot \cos k\omega t + b_k \cdot \sin k\omega t) \right] \cdot \sin \omega t \cdot dt$$

$$\int_0^T v(t) \cdot \sin 2\omega t \cdot dt = \int_0^T \left[a_0 + \sum_{k=1}^n (a_k \cdot \cos k\omega t + b_k \cdot \sin k\omega t) \right] \cdot \sin 2\omega t \cdot dt$$

$$\vdots$$

$$\int_0^T v(t) \cdot \sin n\omega t \cdot dt = \int_0^T \left[a_0 + \sum_{k=1}^n (a_k \cdot \cos k\omega t + b_k \cdot \sin k\omega t) \right] \cdot \sin n\omega t \cdot dt$$

Auf der rechten Seite des Gleichungssystems treten nach Multiplikation mit $\cos k\omega t$ und $\sin k\omega t$ folgende Arten von Integralen auf, die fast alle Null sind:

$$\int_0^T dt = t \Big|_0^T = T \tag{9.14}$$

$$\int_0^T \cos k\omega t \cdot dt = \frac{\sin k\omega t}{k\omega} \Big|_0^T = \frac{\sin k2\pi - \sin 0}{k\omega} = 0 \tag{9.15}$$

$$\int_0^T \sin k\omega t \cdot dt = -\frac{\cos k\omega t}{k\omega} \Big|_0^T = -\frac{\cos k2\pi - \cos 0}{k\omega} = 0 \tag{9.16}$$

$$\int_0^T \cos \mu\omega t \cdot \cos \nu\omega t \cdot dt = \begin{cases} T/2 & \text{für } \mu = \nu \\ 0 & \text{für } \mu \neq \nu \end{cases} \tag{9.17}$$

$$\int\limits_0^T \sin\mu\omega t \cdot \sin\nu\omega t \cdot dt = \begin{cases} T/2 & \text{für } \mu = \nu \\ 0 & \text{für } \mu \neq \nu \end{cases} \tag{9.18}$$

$$\int\limits_0^T \sin\mu\omega t \cdot \cos\nu\omega t \cdot dt = 0 . \tag{9.19}$$

Die Gln. (9.17) bis (9.19) werden in der Literatur als *Orthogonalitätsrelationen der trigonometrischen Funktionen* bezeichnet. Sie werden dort häufig in Abhängigkeit von $\omega t = x$ angegeben.

Mit den Gln. (9.14) bis (9.19) vereinfacht sich das Gleichungssystem:

$$\int\limits_0^T v(t) \cdot dt = a_0 \cdot T$$

$$\int\limits_0^T v(t) \cdot \cos\omega t \cdot dt = a_1 \cdot \frac{T}{2} \qquad\qquad \int\limits_0^T v(t) \cdot \sin\omega t \cdot dt = b_1 \cdot \frac{T}{2}$$

$$\int\limits_0^T v(t) \cdot \cos 2\omega t \cdot dt = a_2 \cdot \frac{T}{2} \qquad\qquad \int\limits_0^T v(t) \cdot \sin 2\omega t \cdot dt = b_2 \cdot \frac{T}{2}$$

$$\vdots \qquad\qquad\qquad\qquad\qquad \vdots$$

$$\int\limits_0^T v(t)\cos n\omega t \cdot dt = a_n \cdot \frac{T}{2} \qquad\qquad \int\limits_0^T v(t) \cdot \sin n\omega t \cdot dt = b_n \cdot \frac{T}{2} .$$

Die Formeln für die Fourierkoeffizienten a_1 bis a_n und b_1 bis b_n lassen sich zusammenfassen:

$$a_0 = \frac{1}{T} \cdot \int\limits_0^T v(t) \cdot dt \tag{9.20}$$

$$a_k = \frac{2}{T} \cdot \int\limits_0^T v(t) \cdot \cos k\omega t \cdot dt \qquad \text{mit } k = 1, 2, ..., n \tag{9.21}$$

$$b_k = \frac{2}{T} \cdot \int\limits_0^T v(t) \cdot \sin k\omega t \cdot dt \qquad \text{mit } k = 1, 2, ..., n . \tag{9.22}$$

Ist die periodische nichtsinusförmige Funktion in Abhängigkeit von ωt gegeben, dann müssen die bestimmten Integrale mit Hilfe der Substitutionsmethode der Integralrechnung umgewandelt werden:

$$a_0 = \frac{1}{T} \cdot \int\limits_0^T v(t) \cdot dt = \frac{1}{T} \cdot \int\limits_0^{2\pi} v(x) \cdot \frac{dx}{\omega} \tag{9.23}$$

Substitution: $x = \omega t$ \qquad\qquad\qquad Grenzen: $t = 0$ $x = 0$

$$\frac{dx}{dt} = \omega, \ dt = \frac{dx}{\omega} , \qquad\qquad t = T \quad x = \omega T = 2\pi$$

und mit $x = \omega t$ und $\omega T = 2\pi$ ist

$$a_0 = \frac{1}{2\pi} \cdot \int\limits_0^{2\pi} v(\omega t) \cdot d(\omega t) \tag{9.24}$$

und entsprechend

$$a_k = \frac{1}{\pi} \cdot \int\limits_0^{2\pi} v(\omega t) \cdot \cos k(\omega t) \cdot d(\omega t) \tag{9.25}$$

$$b_k = \frac{1}{\pi} \cdot \int\limits_0^{2\pi} v(\omega t) \cdot \sin k(\omega t) \cdot d(\omega t) . \tag{9.26}$$

Die Formeln für die Fourierkoeffizienten können also einfach umgewandelt werden, wenn die nichtsinusförmigen periodischen Größen als unabhängige Variable statt der Zeit t das Bogenmaß ωt enthält:

Neben der unabhängigen Variablen wird T durch 2π ersetzt.

Andere Schreibweisen der Formeln für die Fourierkoeffizienten

Die Fourierkoeffizienten können auch berechnet werden, indem die untere Grenze statt t = 0 irgendein Zeitpunkt $t = t_0$ sein kann, z. B. $t = -T/2$. Die obere Grenze muss entsprechend in $t = t_0 + T$ geändert werden, z. B. in $t = T/2$.

$$a_0 = \frac{1}{T} \cdot \int\limits_{t_0}^{t_0+T} v(t) \cdot dt = \frac{1}{T} \cdot \int\limits_{-T/2}^{T/2} v(t) \cdot dt \tag{9.27}$$

$$a_k = \frac{2}{T} \cdot \int\limits_{t_0}^{t_0+T} v(t) \cdot \cos k\omega t \cdot dt = \frac{2}{T} \cdot \int\limits_{-T/2}^{T/2} v(t) \cdot \cos k\omega t \cdot dt \tag{9.28}$$

$$b_k = \frac{2}{T} \cdot \int\limits_{t_0}^{t_0+T} v(t) \cdot \sin k\omega t \cdot dt = \frac{2}{T} \cdot \int\limits_{-T/2}^{T/2} v(t) \cdot \sin k\omega t \cdot dt \tag{9.29}$$

und entsprechend

$$a_0 = \frac{1}{2\pi} \cdot \int\limits_{-\pi}^{\pi} v(\omega t) \cdot d(\omega t) \tag{9.30}$$

$$a_k = \frac{1}{\pi} \cdot \int\limits_{-\pi}^{\pi} v(\omega t) \cdot \cos k\omega t \cdot d(\omega t) \tag{9.31}$$

$$b_k = \frac{1}{\pi} \cdot \int\limits_{-\pi}^{\pi} v(\omega t) \cdot \sin k\omega t \cdot d(\omega t) \tag{9.32}$$

Andererseits kann auch die nichtsinusförmige Funktion für negative Argumente berücksichtigt werden:

$$a_0 = \frac{1}{T} \cdot \int_0^{T/2} [v(t) + v(-t)] \cdot dt \qquad\qquad (9.33)$$

$$a_k = \frac{2}{T} \cdot \int_0^{T/2} [v(t) + v(-t)] \cdot \cos k\omega t \cdot dt \qquad\qquad (9.34)$$

$$b_k = \frac{2}{T} \cdot \int_0^{T/2} [v(t) - v(-t)] \cdot \sin k\omega t \cdot dt \qquad\qquad (9.35)$$

Vereinfachungen bei der Berechnung der Fourierkoeffizienten

Besitzen die nichtsinusförmigen periodischen Funktionen spezielle Symmetrien, dann sind bestimmte Fourierkoeffizienten von vornherein Null. Es empfiehlt sich daher, die Untersuchung der Funktion nach Symmetrien sorgfältig vorzunehmen, weil mit ihr der Rechenaufwand erheblich vermindert werden kann. Wird allerdings eine falsche Symmetrie erkannt, wird die gesamte Fourierreihe falsch.

Vier Arten von Symmetrien werden unterschieden. Trifft für eine gegebene Funktion v(t) oder v(ωt) eine Symmetrie zu, dann braucht bei den verbleibenden Fourierkoeffizienten nur bis T/2 bzw. π integriert zu werden.

Symmetrie 1. Art: gerade Funktionen mit $v(-t) = v(t)$ bzw. $v(-\omega t) = v(\omega t)$

Eine gerade Funktion ist spiegelungssymmetrisch zur Ordinate, d. h. durch Spiegelung an der Ordinate kann die Funktion zur Deckung gebracht werden.

Ihre zugehörige Fourierreihe enthält nur Kosinus-Glieder, weil diese selbst gerade sind:

$$v(t) = a_0 + \sum_{k=1}^{\infty} a_k \cdot \cos k\omega t \qquad\qquad v(\omega t) = a_0 + \sum_{k=1}^{\infty} a_k \cdot \cos k(\omega t)$$

$$\text{mit } b_k = 0 \qquad\qquad\qquad\qquad\qquad \text{mit } b_k = 0$$

$$\text{und } a_0 = \frac{2}{T} \cdot \int_0^{T/2} v(t) \cdot dt \qquad\qquad \text{und } a_0 = \frac{1}{\pi} \cdot \int_0^{\pi} v(\omega t) \cdot d(\omega t)$$

$$\text{und } a_k = \frac{4}{T} \cdot \int_0^{T/2} v(t) \cdot \cos k\omega t \cdot dt \qquad \text{und } a_k = \frac{2}{\pi} \cdot \int_0^{\pi} v(\omega t) \cdot \cos k(\omega t) \cdot d(\omega t)$$

Die Gleichungen für a_0, a_k und b_k ergeben sich mit Hilfe der Gln. (9.33) bis (9.35), indem $v(-t)$ durch $v(t)$ ersetzt wird. Die Integrale für ωt lassen sich mit $T \rightarrow 2\pi$ bilden.

Beispiele:

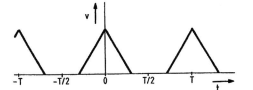

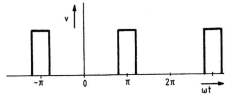

Bild 9.2 Dreieckförmige Impulse

Bild 9.3 Rechteckförmige Impulse

Symmetrie 2. Art: ungerade Funktionen mit   v(– t) = – v(t)   bzw.   v(– ωt) = – v(ωt)

Eine ungerade Funktion ist zentralsymmetrisch, d. h. durch Drehung um den Koordinatenursprung um 180° kann die Funktion zur Deckung gebracht werden.

Ihre zugehörige Fourierreihe enthält nur Sinus-Glieder, weil diese selbst ungerade sind:

$$v(t) = \sum_{k=1}^{\infty} b_k \cdot \sin k\omega t$$

mit $a_0 = 0$

und $a_k = 0$

und $b_k = \dfrac{4}{T} \cdot \int_0^{T/2} v(t) \cdot \sin k\omega t \cdot dt$

$$v(\omega t) = \sum_{k=1}^{\infty} b_k \cdot \sin k(\omega t)$$

mit $a_0 = 0$

und $a_k = 0$

und $b_k = \dfrac{2}{\pi} \cdot \int_0^{\pi} v(\omega t) \cdot \sin k(\omega t) \cdot d(\omega t)$

Die Gleichungen für a_0, a_k und b_k ergeben sich mit Hilfe der Gln. (9.33) bis (9.35), indem v(– t) durch – v(t) ersetzt wird. Die Integrale für ωt lassen sich mit $T \to 2\pi$ bilden.

Beispiele:

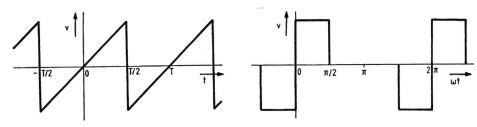

Bild 9.4 Sägezahnfunktion

Bild 9.5 Rechteckfunktion

Symmetrie 3. Art: $v(t + T/2) = -v(t)$ bzw. $v(\omega t + \pi) = -v(\omega t)$

Diese Symmetrie wird an der periodischen Funktion erkannt, indem sie durch Verschieben um T/2 bzw. π und anschließendem Spiegeln an der t-Achse bzw. ωt-Achse zur Deckung gebracht wird.

Ihre zugehörige Fourierreihe besteht nur aus ungeraden Kosinus- und Sinus-Gliedern:

$$v(t) = \sum_{k=0}^{\infty} \left[a_{2k+1} \cdot \cos(2k+1)\omega t + b_{2k+1} \cdot \sin(2k+1)\omega t \right]$$

$$\text{mit}\quad a_{2k+1} = \frac{4}{T} \cdot \int_{0}^{T/2} v(t) \cdot \cos(2k+1)\omega t \cdot dt \qquad\qquad a_{2k} = 0$$

$$\text{und}\quad b_{2k+1} = \frac{4}{T} \cdot \int_{0}^{T/2} v(t) \cdot \sin(2k+1)\omega t \cdot dt \qquad\qquad b_{2k} = 0$$

für   k = 0, 1, 2, 3, 4, …

oder

$$v(\omega t) = \sum_{k=0}^{\infty} \left[a_{2k+1} \cdot \cos(2k+1)\omega t + b_{2k+1} \cdot \sin(2k+1)\omega t \right]$$

$$\text{mit}\quad a_{2k+1} = \frac{2}{\pi} \cdot \int_{0}^{\pi} v(\omega t) \cdot \cos(2k+1)\omega t \cdot d(\omega t) \qquad\qquad a_{2k} = 0$$

$$\text{und}\quad b_{2k+1} = \frac{2}{\pi} \cdot \int_{0}^{\pi} v(\omega t) \cdot \sin(2k+1)\omega t \cdot d(\omega t) \qquad\qquad b_{2k} = 0$$

für   k = 0, 1, 2, 3, 4, …

Der Nachweis für das Fehlen geradzahliger cos- und sin-Anteile kann mit Hilfe der Symmetriegleichung $-v(\omega t) = v(\omega t + \pi)$ erbracht werden:

$$-v(\omega t) = -a_0 - \sum_{k=1}^{\infty} a_k \cdot \cos k(\omega t) - \sum_{k=1}^{\infty} b_k \cdot \sin k(\omega t)$$

$$v(\omega t + \pi) = a_0 + \sum_{k=1}^{\infty} a_k \cdot \cos k(\omega t + \pi) + \sum_{k=1}^{\infty} b_k \cdot \sin k(\omega t + \pi).$$

Ein Gleichanteil a_0 kann nicht existieren, weil das Gleichsetzen der Gleichanteile beider Reihen zu $-a_0 = a_0$ führt, und diese Gleichung ist nur für $a_0 = 0$ erfüllt.

Für   k > 0   kann nun untersucht werden, ob die Faktoren von a_k und b_k beider Reihen gleichgesetzt sinnvoll sind:

$$-\cos k(\omega t) = \cos k(\omega t + \pi) = \cos k\pi \cdot \cos k\omega t - \sin k\pi \cdot \sin k\omega t$$
$$-\sin k(\omega t) = \sin k(\omega t + \pi) = \sin k\pi \cdot \cos k\omega t + \cos k\pi \cdot \sin k\omega t$$

k = 1: $-\cos \omega t = \cos \pi \cdot \cos \omega t - \sin \pi \cdot \sin \omega t = -1 \cdot \cos \omega t - 0$

$\quad\quad -\sin \omega t = \sin \pi \cdot \cos \omega t + \cos \pi \cdot \sin \omega t = 0 - 1 \cdot \sin \omega t$

Die beiden Gleichungen sind für   k = 1   erfüllt, so dass a_1 und b_1 existieren.

$k = 2$: $-\cos 2\omega t \neq \cos 2\pi \cdot \cos 2\omega t - \sin 2\pi \cdot \sin 2\omega t = 1 \cdot \cos 2\omega t - 0$

$\qquad -\sin 2\omega t \neq \sin 2\pi \cdot \cos 2\omega t + \cos 2\pi \cdot \sin 2\omega t = 0 + 1 \cdot \sin 2\omega t$

Die beiden Gleichungen sind für $k = 2$ nicht erfüllt, so dass a_2 und b_2 nicht existieren.

Für alle weiteren k gilt Entsprechendes.

Beispiele:

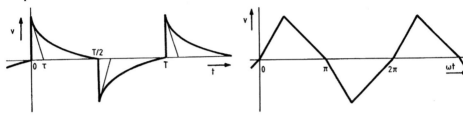

Bild 9.6 Abklingende e-Funktion   **Bild 9.7** Dreieckfunktion

Symmetrie 4. Art: $v(t + T/2) = v(t)$ bzw. $v(\omega t + \pi) = v(\omega t)$

Diese Symmetrie wird an der periodischen Funktion erkannt, indem sie durch Verschieben um T/2 bzw. π zur Deckung gebracht wird. Damit sind diese Funktionen periodisch nach T/2 bzw. π. Da sie häufig aus Sinusfunktionen entstehen, wird die Periode der Ursprungsfunktion beibehalten.

Ihre zugehörige Fourierreihe besteht nur aus geraden Kosinus- und Sinus-Gliedern:

$$v(t) = a_0 + \sum_{k=1}^{\infty} \left[a_{2k} \cdot \cos 2k\omega t + b_{2k} \cdot \sin 2k\omega t \right]$$

$$\text{mit} \quad a_0 = \frac{2}{T} \cdot \int_0^{T/2} v(t) \cdot dt$$

$$\text{und} \quad a_{2k} = \frac{4}{T} \cdot \int_0^{T/2} v(t) \cdot \cos 2k\omega t \cdot dt \qquad\qquad a_{2k-1} = 0$$

$$\text{und} \quad b_{2k} = \frac{4}{T} \cdot \int_0^{T/2} v(t) \cdot \sin 2k\omega t \cdot dt \qquad\qquad b_{2k-1} = 0$$

für $k = 1, 2, 3, 4, \ldots$

oder

$$v(\omega t) = a_0 + \sum_{k=1}^{\infty} \left[a_{2k} \cdot \cos 2k(\omega t) + b_{2k} \cdot \sin 2k(\omega t) \right]$$

$$\text{mit} \quad a_0 = \frac{1}{\pi} \cdot \int_0^{\pi} v(\omega t) \cdot d(\omega t)$$

$$\text{und} \quad a_{2k} = \frac{2}{\pi} \cdot \int_0^{\pi} v(\omega t) \cdot \cos 2k(\omega t) \cdot d(\omega t) \qquad\qquad a_{2k-1} = 0$$

$$\text{und} \quad b_{2k} = \frac{2}{\pi} \cdot \int_0^{\pi} v(\omega t) \cdot \sin 2k(\omega t) \cdot d(\omega t) \qquad\qquad b_{2k-1} = 0$$

für $k = 1, 2, 3, 4, \ldots$

Der Nachweis für das Fehlen ungeradzahliger cos- und sin-Anteile kann mit Hilfe der Symmetriegleichung $v(\omega t) = v(\omega t + \pi)$ erbracht werden:

$$v(\omega t) = a_0 + \sum_{k=1}^{\infty} a_k \cdot \cos k(\omega t) + \sum_{k=1}^{\infty} b_k \cdot \sin k(\omega t)$$

$$v(\omega t + \pi) = a_0 + \sum_{k=1}^{\infty} a_k \cdot \cos k(\omega t + \pi) + \sum_{k=1}^{\infty} b_k \cdot \sin k(\omega t + \pi).$$

Ein Gleichanteil a_0 existiert, weil das Gleichsetzen von a_0 beider Reihen zu keinem Widerspruch führt.

Für $k > 0$ kann nun untersucht werden, ob die Faktoren von a_k und b_k beider Reihen gleichgesetzt sinnvoll sind:

$$\cos k(\omega t) = \cos k(\omega t + \pi) = \cos k\,\pi \cdot \cos k\,\omega t - \sin k\,\pi \cdot \sin k\,\omega t$$
$$\sin k(\omega t) = \sin k(\omega t + \pi) = \sin k\,\pi \cdot \cos k\,\omega t + \cos k\,\pi \cdot \sin k\,\omega t$$

$k = 1$: $\cos \omega t \neq \cos \pi \cdot \cos \omega t - \sin \pi \cdot \sin \omega t = -1 \cdot \cos \omega t - 0$

$\quad\quad\;\; \sin \omega t \neq \sin \pi \cdot \cos \omega t + \cos \pi \cdot \sin \omega t = 0 - 1 \cdot \sin \omega t$

$\quad\quad\;\;$ Die beiden Gleichungen sind für $k = 1$ nicht erfüllt, so dass a_1 und b_1 nicht existieren.

$k = 2$: $\cos 2\omega t = \cos 2\pi \cdot \cos 2\omega t - \sin 2\pi \cdot \sin 2\omega t = 1 \cdot \cos 2\omega t - 0$

$\quad\quad\;\; \sin 2\omega t = \sin 2\pi \cdot \cos 2\omega t + \cos 2\pi \cdot \sin 2\omega t = 0 + \sin 2\omega t$

$\quad\quad\;\;$ Die beiden Gleichungen sind für $k = 2$ erfüllt, so dass a_2 und b_2 existieren.

Beispiele:

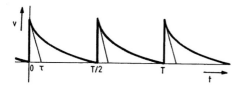

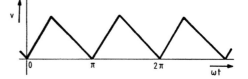

Bild 9.8 Abklingende e-Funktion   **Bild 9.9** Dreieckfunktion

Während die Symmetrien 1. und 2. Art nicht gleichzeitig auftreten können, weil sonst sämtliche Fourierkoeffizienten Null wären, können die Symmetrien 1. und 3. Art und 2. und 3. Art gleichzeitig vorkommen. Die Vereinfachungen aufgrund der Symmetrien 1. und 3. Art bzw. 2. und 3. Art werden übernommen. Außerdem braucht nur bis T/4 bzw. $\pi/2$ integriert zu werden.

Symmetrie 1. und 3. Art:

Die Fourierreihe einer geraden Funktion mit der Symmetrie 3. Art besteht nur aus ungeradzahligen Kosinus-Gliedern:

$$v(t) = \sum_{k=0}^{\infty} a_{2k+1} \cdot \cos(2k+1)\omega t \qquad\qquad v(\omega t) = \sum_{k=0}^{\infty} a_{2k+1} \cdot \cos(2k+1)\omega t$$

mit $b_k = 0, \quad a_{2k} = 0$ mit $b_k = 0, \quad a_{2k} = 0$

und   und

$$a_{2k+1} = \frac{8}{T} \cdot \int_{0}^{T/4} v(t) \cdot \cos(2k+1)\omega t \cdot dt \qquad a_{2k+1} = \frac{4}{\pi} \cdot \int_{0}^{\pi/2} v(\omega t) \cdot \cos(2k+1)\omega t \cdot d(\omega t)$$

Beispiel:

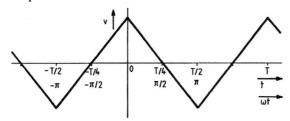

Bild 9.10 Dreieckfunktion

Symmetrie 2. und 3. Art:

Die Fourierreihe einer ungeraden Funktion mit der Symmetrie 3. Art besteht nur aus ungeradzahligen Sinus-Gliedern:

$$v(t) = \sum_{k=0}^{\infty} b_{2k+1} \cdot \sin(2k+1)\omega t \qquad\qquad v(\omega t) = \sum_{k=0}^{\infty} b_{2k+1} \cdot \sin(2k+1)\omega t$$

mit $a_0 = 0$, $\quad a_k = 0$, $\quad b_{2k} = 0$ $\qquad\qquad$ mit $a_0 = 0$, $\quad a_k = 0$, $\quad b_{2k} = 0$

und $\qquad\qquad\qquad\qquad\qquad\qquad\qquad$ und

$$b_{2k+1} = \frac{8}{T} \cdot \int_{0}^{T/4} v(t) \cdot \sin(2k+1)\omega t \cdot dt \qquad b_{2k+1} = \frac{4}{\pi} \cdot \int_{0}^{\pi/2} v(\omega t) \cdot \sin(2k+1)\omega t \cdot d(\omega t)$$

Beispiel:

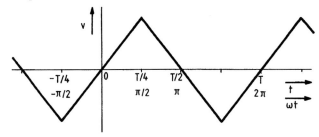

Bild 9.11 Dreieckfunktion

Die Symmetrien 1. und 4. Art treten gleichzeitig beispielsweise bei der Zweiweg-Gleichrichtung eines sinusförmigen Stroms auf. Es ist nicht untersucht, ob bei dieser Kombination von Symmetrien auch nur bis T/4 bzw. $\pi/2$ integriert zu werden braucht. Bei der Zweiweg-Gleichrichtung gäbe das keine Vorteile, weil die Funktion von 0 bis T/2 bzw. 0 bis π durch die Sinusfunktion beschrieben wird.

Beispiele von Fourierreihen-Entwicklungen

Gang der Berechnungen

Bei der Überführung einer analytisch gegebenen, nichtsinusförmigen periodischen Funktion v(t) oder v(ωt) in eine Fourierreihe mit Sinus- und Kosinus-Gliedern sollte nach folgenden Schritten vorgegangen werden:

1. Angabe der Funktionsgleichung und grafische Darstellung der Funktion

2. Untersuchung der Funktion nach Symmetrien

3. Berechnung der Fourierkoeffizienten nach den angegebenen Formeln in t oder ωt

4. Aufstellen der Fourierreihe in Summenform und in ausführlicher Form

5. Weitere Berechnungen, z. B. Effektivwert, Klirrfaktor, Leistungen

Beispiel 1: Fourierreihe einer Rechteckfunktion

Zu 1. Funktionsgleichung:

$$u(t) = \begin{cases} \hat{u} & \text{für} \quad 0 < t < T/2 \\ -\hat{u} & \text{für} \quad T/2 < t < T \end{cases}$$

Grafische Darstellung der Funktion:

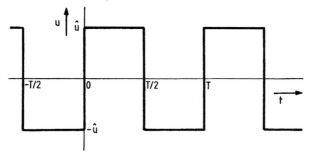

Bild 9.12
Rechteckfunktion
des Beispiels 1

Zu 2. Die Funktion besitzt Symmetrien 2. und 3. Art, die Fourierreihe besteht nur aus ungeradzahligen Sinus-Gliedern.

Zu 3. $a_0 = 0$, $a_k = 0$, $b_{2k} = 0$,

$$b_{2k+1} = \frac{8}{T} \cdot \int_0^{T/4} v(t) \cdot \sin(2k+1)\omega t \cdot dt$$

$$b_{2k+1} = \frac{8\hat{u}}{T} \cdot \int_0^{T/4} \sin(2k+1)\omega t \cdot dt$$

$$b_{2k+1} = \frac{8\hat{u}}{T} \cdot \left[-\frac{\cos(2k+1)\omega t}{(2k+1)\omega} \right]_0^{T/4}$$

$$b_{2k+1} = \frac{8\hat{u}}{\omega T} \cdot \frac{-\cos(2k+1)\frac{\omega T}{4} + \cos 0}{2k+1}$$

$$b_{2k+1} = \frac{8\hat{u}}{2\pi} \cdot \frac{-\cos(2k+1)\frac{\pi}{2} + 1}{2k+1}$$

$$b_{2k+1} = \frac{4\hat{u}}{\pi} \cdot \frac{1}{2k+1} \quad \text{mit} \quad \cos(2k+1)\frac{\pi}{2} = 0$$

Zu 4. $v(t) = \sum_{k=0}^{\infty} b_{2k+1} \cdot \sin(2k+1)\omega t$

$$u(t) = \frac{4\hat{u}}{\pi} \cdot \sum_{k=0}^{\infty} \frac{\sin(2k+1)\omega t}{2k+1} \quad \text{(Summenform)}$$

$$u(t) = \frac{4\hat{u}}{\pi} \cdot \left(\frac{\sin\omega t}{1} + \frac{\sin 3\omega t}{3} + \frac{\sin 5\omega t}{5} + \frac{\sin 7\omega t}{7} + ... \right) \quad \text{(ausführliche Form)}$$

Zu 5.   Ermittlung des Amplitudenspektrums:

Mit Gl. (9.10) ist

$$\hat{v}_k = \sqrt{a_k{}^2 + b_k{}^2} \quad \text{mit } \hat{v}_k = \hat{u}_k, \quad a_0 = 0, \quad a_k = 0 \quad \text{und} \quad b_{2k} = 0$$

ist

$$\hat{u}_{2k} = 0 \quad \text{und} \quad \hat{u}_{2k+1} = b_{2k+1} = \frac{4\hat{u}}{\pi(2k+1)} \quad \text{mit } k = 0, 1, 2, 3, \ldots$$

und im Einzelnen

$$u_0 = 0, \qquad \hat{u}_1 = \frac{4\hat{u}}{\pi} = 1{,}27 \cdot \hat{u}$$

$$\hat{u}_2 = 0, \qquad \hat{u}_3 = \frac{4\hat{u}}{\pi \cdot 3} - 0{,}424 \cdot \hat{u}$$

$$\hat{u}_4 = 0, \qquad \hat{u}_5 = \frac{4\hat{u}}{\pi \cdot 5} = 0{,}255 \cdot \hat{u}$$

$$\hat{u}_6 = 0, \qquad \hat{u}_7 = \frac{4\hat{u}}{\pi \cdot 7} = 0{,}182 \cdot \hat{u}$$

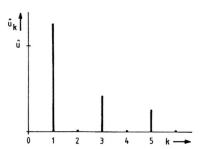

Berechnung des Effektivwerts und der Klirrfaktoren siehe Abschnitt 9.3 (S. 143 bzw. 145)

Bild 9.13 Amplitudenspektrum
der Rechteckkurve des Beispiels 1

Beispiel 2: Fourierreihe einer Sägezahnfunktion

Zu 1. Funktionsgleichung

$$u(\omega t) = \hat{u} \cdot \left(1 - \frac{\omega t}{2\pi}\right) \quad \text{für } 0 < \omega t < 2\pi$$

Grafische Darstellung der Funktion:

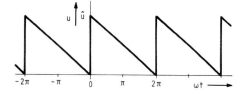

Bild 9.14
Sägezahnfunktion
des Beispiels 2

Zu 2.   Die Sägezahnfunktion besitzt keine der beschriebenen Symmetrien.

Zu 3.   Mit Gl. (9.24) lässt sich der Gleichanteil berechnen:

$$a_0 = \frac{1}{2\pi} \int_0^{2\pi} v(\omega t) \cdot d(\omega t)$$

$$a_0 = \frac{1}{2\pi} \int_0^{2\pi} \hat{u} \cdot \left(1 - \frac{\omega t}{2\pi}\right) \cdot d(\omega t) = \frac{\hat{u}}{2\pi} \cdot \left\{ \int_0^{2\pi} d(\omega t) - \frac{1}{2\pi} \int_0^{2\pi} (\omega t) \cdot d(\omega t) \right\}$$

$$a_0 = \frac{\hat{u}}{2\pi} \cdot \left\{ (\omega t) \Big|_0^{2\pi} - \frac{1}{2\pi} \cdot \frac{(\omega t)^2}{2} \Big|_0^{2\pi} \right\} = \frac{\hat{u}}{2\pi} \cdot \left\{ 2\pi - \frac{1}{2\pi} \frac{(2\pi)^2}{2} \right\} = \frac{\hat{u}}{2\pi} \cdot \pi$$

$$a_0 = \frac{\hat{u}}{2}$$

Der Gleichanteil kann auch aus der Funktion abgelesen werden, indem die Dreieckfläche in
eine flächengleiche Rechteckfläche mit den Seiten 2π und a_0 überführt wird.

Mit der Gl. (9.25) wird a_k berechnet:

$$a_k = \frac{1}{\pi} \int_0^{2\pi} v(\omega t) \cdot \cos k(\omega t) \cdot d(\omega t)$$

$$a_k = \frac{1}{\pi} \int_0^{2\pi} \hat{u} \cdot \left(1 - \frac{\omega t}{2\pi}\right) \cdot \cos k(\omega t) \cdot d(\omega t)$$

$$a_k = \frac{\hat{u}}{\pi} \cdot \left\{ \int_0^{2\pi} \cos k(\omega t) \cdot d(\omega t) - \frac{1}{2\pi} \int_0^{2\pi} (\omega t) \cdot \cos k(\omega t) \cdot d(\omega t) \right\}$$

mit $\int x \cdot \cos ax \cdot dx = \frac{\cos ax}{a^2} + \frac{x \cdot \sin ax}{a}$

$$a_k = \frac{\hat{u}}{\pi} \cdot \left\{ \left.\frac{\sin k(\omega t)}{k}\right|_0^{2\pi} - \frac{1}{2\pi} \cdot \left(\frac{\cos k(\omega t)}{k^2} + \frac{(\omega t) \cdot \sin k(\omega t)}{k}\right)\bigg|_0^{2\pi} \right\}$$

$$a_k = \frac{\hat{u}}{\pi} \cdot \left\{ \frac{\sin k(2\pi) - \sin 0}{k} - \frac{1}{2\pi} \cdot \left(\frac{\cos k(2\pi) - 1}{k^2} + \frac{(2\pi) \cdot \sin k(2\pi)}{k}\right) \right\}$$

$$a_k = 0$$

Mit der Gl. (9.26) wird b_k berechnet:

$$b_k = \frac{1}{\pi} \int_0^{2\pi} v(\omega t) \cdot \sin k(\omega t) \cdot d(\omega t)$$

$$b_k = \frac{1}{\pi} \int_0^{2\pi} \hat{u} \cdot \left(1 - \frac{\omega t}{2\pi}\right) \cdot \sin k(\omega t) \cdot d(\omega t)$$

$$b_k = \frac{\hat{u}}{\pi} \cdot \left\{ \int_0^{2\pi} \sin k(\omega t) \cdot d(\omega t) - \frac{1}{2\pi} \int_0^{2\pi} (\omega t) \cdot \sin k(\omega t) \cdot d(\omega t) \right\}$$

mit $\int x \cdot \sin ax \cdot dx = \frac{\sin ax}{a^2} - \frac{x \cdot \cos ax}{a}$

$$b_k = \frac{\hat{u}}{\pi} \cdot \left\{ \left.\frac{-\cos k(\omega t)}{k}\right|_0^{2\pi} - \frac{1}{2\pi} \cdot \left(\frac{\sin k(\omega t)}{k^2} - \frac{(\omega t) \cdot \cos k(\omega t)}{k}\right)\bigg|_0^{2\pi} \right\}$$

$$b_k = \frac{\hat{u}}{\pi} \cdot \left\{ \frac{-\cos k(2\pi) + 1}{k} - \frac{1}{2\pi} \cdot \left(\frac{\sin k(2\pi) - 0}{k^2} - \frac{(2\pi) \cdot \cos k(2\pi) - 0}{k}\right) \right\}$$

$$b_k = \frac{\hat{u}}{\pi} \cdot \left\{ \frac{1}{2\pi} \cdot \frac{2\pi}{k} \right\}$$

$$b_k = \frac{\hat{u}}{\pi k}$$

Zu 4. $v(\omega t) = a_0 + \sum_{k=1}^{\infty}(a_k \cdot \cos k\omega t + b_k \cdot \sin k\omega t)$

$u(\omega t) = \dfrac{\hat{u}}{2} + \dfrac{\hat{u}}{\pi} \cdot \sum_{k=1}^{\infty} \dfrac{\sin k\omega t}{k}$ (Summenform)

$u(\omega t) = \dfrac{\hat{u}}{2} + \dfrac{\hat{u}}{\pi} \cdot \left(\dfrac{\sin \omega t}{1} + \dfrac{\sin 2\omega t}{2} + \dfrac{\sin 3\omega t}{3} + \dfrac{\sin 4\omega t}{4} + ... \right)$ (ausführliche Form)

Die Überlagerung des Gleichanteils, der Grundwelle, der 1. und 2. Oberwellen zu trigonometrischen Summen ist im Bild 9.1, S. 98 dargestellt.

Wird die Sägezahnfunktion um $\hat{u}/2$ nach unten verschoben und damit der Gleichanteil zu Null, wird verständlich, warum in der Reihe keine Kosinusanteile vorhanden sind; sie ist nach der Verschiebung eine ungerade Funktion, die nur aus Sinusanteilen besteht.

Zu 5.   Berechnung des Effektivwerts siehe Abschnitt 9.3, S. 144.

Beispiel 3: Fourierreihe des gleichgerichteten Stroms bei Einweggleichrichtung

Zu 1.   Funktionsgleichung:

$$i(\omega t) = \begin{cases} \hat{i} \cdot \sin \omega t & \text{für } 0 \le \omega t \le \pi \\ 0 & \text{für } \pi \le \omega t \le 2\pi \end{cases}$$

Grafische Darstellung der Funktion:

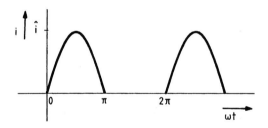

Bild 9.15
Einweggleichgerichteter Strom

Zu 2.   Die Funktion des gleichgerichteten Stroms besitzt keine der beschriebenen Symmetrien.

Zu 3. $a_0 = \dfrac{1}{2\pi} \int_0^{2\pi} v(\omega t) \cdot d(\omega t)$

$a_0 = \dfrac{1}{2\pi} \int_0^{\pi} \hat{i} \cdot \sin \omega t \cdot d(\omega t)$

$a_0 = \dfrac{\hat{i}}{2\pi} \cdot \left[-\cos \omega t \right]_0^{\pi} = \dfrac{\hat{i}}{2\pi} \cdot \left[-\cos \pi + 1 \right]$

$a_0 = \dfrac{\hat{i}}{\pi}$

$$a_k = \frac{1}{\pi} \int\limits_0^{2\pi} v(\omega t) \cdot \cos k\omega t \cdot d(\omega t)$$

$$a_k = \frac{1}{\pi} \int\limits_0^{\pi} \hat{i} \cdot \sin \omega t \cdot \cos k\omega t \cdot d(\omega t)$$

mit $\int \sin ax \cdot \cos bx \cdot dx = -\dfrac{a \cdot \cos ax \cdot \cos bx + b \cdot \sin ax \cdot \sin bx}{a^2 - b^2}$

für $|a| \neq |b|$ mit $a = 1$ und $b = k$

$$a_k = \frac{\hat{i}}{\pi} \cdot \left[-\frac{\cos \omega t \cdot \cos k\omega t + k \cdot \sin \omega t \cdot \sin k\omega t}{1 - k^2} \right]_0^{\pi}$$

$$a_k = -\frac{\hat{i}}{\pi(1 - k^2)} \cdot \left[\cos \pi \cdot \cos k\pi + k \cdot \sin \pi \cdot \sin k\pi - 1\right]$$

$$a_k = \frac{\hat{i}}{\pi(1 - k^2)} \cdot (\cos k\pi + 1) \quad \text{für } k \neq 1$$

$$a_1 = \frac{1}{\pi} \int\limits_0^{\pi} \hat{i} \cdot \sin \omega t \cdot \cos \omega t \cdot d(\omega t)$$

mit $\int \sin ax \cdot \cos ax \cdot dx = \dfrac{1}{2a} \cdot \sin^2 ax$

$$a_1 = \frac{\hat{i}}{\pi} \cdot \left[\frac{1}{2} \cdot \sin^2 \omega t \right]_0^{\pi}$$

$$a_1 = 0$$

$$b_k = \frac{1}{\pi} \int\limits_0^{2\pi} v(\omega t) \cdot \sin k\omega t \cdot d(\omega t)$$

$$b_k = \frac{1}{\pi} \int\limits_0^{\pi} \hat{i} \cdot \sin \omega t \cdot \sin k\omega t \cdot d(\omega t)$$

mit $\int \sin ax \cdot \sin bx \cdot dx = -\dfrac{a \cdot \cos ax \cdot \sin bx - b \cdot \sin ax \cdot \cos bx}{a^2 - b^2}$

für $|a| \neq |b|$ mit $a = 1$ und $b = k$

$$b_k = \frac{\hat{i}}{\pi} \cdot \left[-\frac{\cos \omega t \cdot \sin k\omega t - k \cdot \sin \omega t \cdot \cos k\omega t}{1 - k^2} \right]_0^{\pi}$$

$$b_k = -\frac{\hat{i}}{\pi(1 - k^2)} \cdot (\cos \pi \cdot \sin k\pi - k \cdot \sin \pi \cdot \cos k\pi)$$

$$b_k = 0 \quad \text{für } k \neq 1$$

$$b_1 = \frac{1}{\pi} \int_0^\pi \hat{i} \cdot \sin^2 \omega t \cdot d(\omega t)$$

$$\text{mit } \int \sin^2 ax \cdot dx = \frac{x}{2} - \frac{1}{4a} \cdot \sin 2ax$$

$$b_1 = \frac{\hat{i}}{\pi} \cdot \left[\frac{\omega t}{2} - \frac{1}{4} \cdot \sin 2\omega t \right]_0^\pi$$

$$b_1 = \frac{\hat{i}}{\pi} \cdot \left(\frac{\pi}{2} - \frac{1}{4} \cdot \sin 2\pi \right)$$

$$b_1 = \frac{\hat{i}}{2}$$

Zu 4. $i(\omega t) = \dfrac{\hat{i}}{\pi} + \dfrac{\hat{i}}{2} \cdot \sin \omega t + \dfrac{\hat{i}}{\pi(1-4)} \cdot 2 \cdot \cos 2\omega t + \dfrac{\hat{i}}{\pi(1-9)} \cdot 0 +$

$$+ \frac{\hat{i}}{\pi(1-16)} \cdot 2 \cdot \cos 4\omega t + \frac{\hat{i}}{\pi(1-25)} \cdot 0 +$$

$$+ \frac{\hat{i}}{\pi(1-36)} \cdot 2 \cdot \cos 6\omega t + \frac{\hat{i}}{\pi(1-49)} \cdot 0 + ...$$

$$i(\omega t) = \frac{\hat{i}}{\pi} + \frac{\hat{i}}{2} \cdot \sin \omega t - \frac{2 \cdot \hat{i}}{\pi} \cdot \left(\frac{\cos 2\omega t}{3} + \frac{\cos 4\omega t}{3 \cdot 5} + \frac{\cos 6\omega t}{5 \cdot 7} + ... \right)$$

9.2 Reihenentwicklung von in diskreten Punkten vorgegebenen nichtsinusförmigen periodischen Funktionen

Verfahren zur numerischen Berechnung trigonometrischer Reihen

Bei den bisher behandelten Beispielen von Fourierreihen-Entwicklungen, die auch unter dem Begriff *Harmonische Analyse* bekannt sind, waren die nichtsinusförmigen periodischen Wechselgrößen explizit als Zeitfunktionen gegeben, wodurch sich die Fourierreihen exakt berechnen lassen.

In der Praxis liegen häufig nur Kurvenverläufe periodischer Größen vor, die sich nicht ohne weiteres analytisch beschreiben lassen, z. B. das Tangentialdiagramm einer Kolbenkraftmaschine, das Diagramm des Druckverlaufs in einer Pumpe oder Aufzeichnungen von mechanischen, akustischen und elektrischen Schwingungen. Für derartige periodische nichtsinusförmige Funktionen lassen sich diskrete Funktionswerte, so genannte Stützstellen, ablesen und eine angenäherte harmonische Analyse durchführen.

Zwei der numerischen Verfahren zur Ermittlung von endlichen trigonometrischen Reihen, die behandelt werden sollen, sind:

1. Direkte trigonometrische Interpolation (Zipperer-Tafel)

2. Harmonische Analyse mit Hilfe einer Ersatzfunktion (Sprungstellenverfahren)

Direkte trigonometrische Interpolation

Zunächst wird die nichtsinusförmige periodische Funktion $v(\omega t) = v(x)$ im Intervall $(0, 2\pi)$ in m Teilintervalle mit gleichen $\Delta x = 2\pi/m$ zerlegt. Damit werden für die Periode 2π aus der Funktion $v(x)$ m Stützstellen mit den x_i-Werten

$$x_i = i \cdot \Delta x = i \cdot \frac{2\pi}{m} \quad \text{mit} \quad i = 0, 1, 2, 3, \dots, m-1$$

und m zugehörigen Funktionwerten $v_i = f(x_i)$ herausgegriffen.

Beispiel:

Im Bild 9.16 ist eine analytisch nicht fassbare Funktion mit $m = 12$ Stützstellen mit den Funktionwerten $v_0, v_1, v_2, \dots, v_{10}, v_{11}$ gezeichnet:

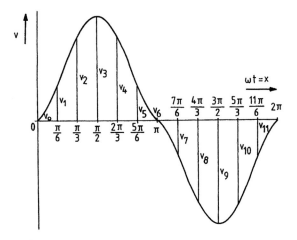

Bild 9.16 Nichtsinusförmige periodische Wechselgröße mit $m = 12$ Stützstellen

Die Interpolation ist am genauesten, wenn das mittlere Fehlerquadrat in Abhängigkeit von den Fourierkoeffizienten a_0, a_k und b_k minimal ist.

Anstelle des Fehlerquadratintegrals in der Gl. (9.12) wird eine Fehlerquadratsumme minimiert:

$$F = \frac{1}{m} \sum_{i=0}^{m-1} [F_i - v_i]^2 \overset{!}{=} \text{Min.} \tag{9.36}$$

$$\text{mit} \quad F_i = a_0 + \sum_{k=1}^{n} (a_k \cdot \cos k x_i + b_k \cdot \sin k x_i). \tag{9.37}$$

Durch partielle Differentiation nach den Koeffizienten a_0, a_1, a_2, ... , a_n, b_1, b_2, ... , b_n und nach Umformungen ergeben sich die *Besselschen Gleichungen*, mit denen die Fourierkoeffizienten der trigonometrischen Reihe berechnet werden können:

$$a_0 = \frac{1}{m} \sum_{i=0}^{m-1} v_i \tag{9.38}$$

$$a_k = \frac{2}{m} \sum_{i=0}^{m-1} v_i \cdot \cos kx_i \quad \text{für } k = 1, 2, 3, ... , n-1 \tag{9.39}$$

$$b_k = \frac{2}{m} \sum_{i=0}^{m-1} v_i \cdot \sin kx_i \quad \text{für } k = 1, 2, 3, ... , n-1 \tag{9.40}$$

mit $x_i = i \cdot \dfrac{2\pi}{m}$ und für $i = 0, 1, 2, 3, ... , m-1$

und zusätzlich für gerade m:

$$a_{\frac{m}{2}} = \frac{1}{m} \sum_{i=0}^{m-1} (-1)^i \cdot v_i . \tag{9.41}$$

Zwischen der Anzahl der Stützstellen m und der sich ergebenden Anzahl der Reihenglieder gibt es den Zusammenhang

$$m \geq 2n + 1 \quad \text{bzw.} \quad \frac{m-1}{2} \geq n , \tag{9.42}$$

so dass bei gerader Anzahl m der Stützstellen die Anzahl der Summenglieder n nicht größer als m/2 sein kann.

Die Formel für die Berechnung des Gleichanteils a_0 entspricht der Trapezregel für die numerische Integration:

$$a_0 = \frac{1}{m} \cdot (v_0 + v_1 + v_2 + v_3 + ... + v_{m-1}) . \tag{9.43}$$

Um genauere Gleichanteile berechnen zu können, wird für eine gerade Anzahl m von Stützstellen die Trapezregel durch die Simpsonregel ersetzt:

$$a_0 = \frac{1}{3m} \cdot (v_0 + 4v_1 + 2v_2 + 4v_3 + ... + 4v_{m-1} + v_m) \tag{9.44}$$

und mit $v_0 = v_m$

$$a_0 = \frac{1}{3m} \cdot (2v_0 + 4v_1 + 2v_2 + 4v_3 + ... + 4v_{m-1}) . \tag{9.45}$$

Die Besselschen Gleichungen lassen sich in Rechnern mit variabler Stützstellenanzahl programmieren, wodurch die angenäherten Fourierreihen mit beliebiger Genauigkeit errechnet werden können.

Beispiel:

Mit m = 12 kann die Berechnung der Fourierkoeffizienten schematisiert werden, so dass eine überschlägige Berechnung der trigonometrischen Reihe ohne Rechner möglich ist. Bei 12 abgelesenen diskreten Funktionswerten können sich mit Gl. (9.42)

$$\frac{m-1}{2} = 5,5 > n = 5 \quad \text{und} \quad m \text{ gerade}$$

nur die Fourierkoeffizienten $a_0, a_1, \ldots, a_5, b_1, \ldots, b_5, a_6$ ergeben. Mit der Simpsonformel ist

$$a_0 = \frac{1}{36} \cdot (2v_0 + 4v_1 + 2v_2 + 4v_3 + 2v_4 + 4v_5 + 2v_6 + 4v_7 + 2v_8 + 4v_9 + 2v_{10} + 4v_{11})$$

und mit der Sonderformel für gerade m ist

$$a_6 = \frac{1}{12} \cdot (v_0 - v_1 + v_2 - v_3 + v_4 - v_5 + v_6 - v_7 + v_8 - v_9 + v_{10} - v_{11}).$$

Entsprechend lassen sich die a_k-und b_k-Fourierkoeffizienten berechnen:

k = 1:

$$a_1 = \frac{1}{6} \cdot \left[v_0 \cdot \cos\left(1 \cdot 0 \cdot \frac{\pi}{6}\right) + v_1 \cdot \cos\left(1 \cdot 1 \cdot \frac{\pi}{6}\right) + v_2 \cdot \cos\left(1 \cdot 2 \cdot \frac{\pi}{6}\right) + \ldots + v_{11} \cdot \cos\left(1 \cdot 11 \cdot \frac{\pi}{6}\right) \right]$$

$$b_1 = \frac{1}{6} \cdot \left[v_0 \cdot \sin\left(1 \cdot 0 \cdot \frac{\pi}{6}\right) + v_1 \cdot \sin\left(1 \cdot 1 \cdot \frac{\pi}{6}\right) + v_2 \cdot \sin\left(1 \cdot 2 \cdot \frac{\pi}{6}\right) + \ldots + v_{11} \cdot \sin\left(1 \cdot 11 \cdot \frac{\pi}{6}\right) \right]$$

k = 2:

$$a_2 = \frac{1}{6} \cdot \left[v_0 \cdot \cos\left(2 \cdot 0 \cdot \frac{\pi}{6}\right) + v_1 \cdot \cos\left(2 \cdot 1 \cdot \frac{\pi}{6}\right) + v_2 \cdot \cos\left(2 \cdot 2 \cdot \frac{\pi}{6}\right) + \ldots + v_{11} \cdot \cos\left(2 \cdot 11 \cdot \frac{\pi}{6}\right) \right]$$

$$b_2 = \frac{1}{6} \cdot \left[v_0 \cdot \sin\left(2 \cdot 0 \cdot \frac{\pi}{6}\right) + v_1 \cdot \sin\left(2 \cdot 1 \cdot \frac{\pi}{6}\right) + v_2 \cdot \sin\left(2 \cdot 2 \cdot \frac{\pi}{6}\right) + \ldots + v_{11} \cdot \sin\left(2 \cdot 11 \cdot \frac{\pi}{6}\right) \right]$$

k = 3:

$$a_3 = \frac{1}{6} \cdot \left[v_0 \cdot \cos\left(3 \cdot 0 \cdot \frac{\pi}{6}\right) + v_1 \cdot \cos\left(3 \cdot 1 \cdot \frac{\pi}{6}\right) + v_2 \cdot \cos\left(3 \cdot 2 \cdot \frac{\pi}{6}\right) + \ldots + v_{11} \cdot \cos\left(3 \cdot 11 \cdot \frac{\pi}{6}\right) \right]$$

$$b_3 = \frac{1}{6} \cdot \left[v_0 \cdot \sin\left(3 \cdot 0 \cdot \frac{\pi}{6}\right) + v_1 \cdot \sin\left(3 \cdot 1 \cdot \frac{\pi}{6}\right) + v_2 \cdot \sin\left(3 \cdot 2 \cdot \frac{\pi}{6}\right) + \ldots + v_{11} \cdot \sin\left(3 \cdot 11 \cdot \frac{\pi}{6}\right) \right]$$

k = 4:

$$a_4 = \frac{1}{6} \cdot \left[v_0 \cdot \cos\left(4 \cdot 0 \cdot \frac{\pi}{6}\right) + v_1 \cdot \cos\left(4 \cdot 1 \cdot \frac{\pi}{6}\right) + v_2 \cdot \cos\left(4 \cdot 2 \cdot \frac{\pi}{6}\right) + \ldots + v_{11} \cdot \cos\left(4 \cdot 11 \cdot \frac{\pi}{6}\right) \right]$$

$$b_4 = \frac{1}{6} \cdot \left[v_0 \cdot \sin\left(4 \cdot 0 \cdot \frac{\pi}{6}\right) + v_1 \cdot \sin\left(4 \cdot 1 \cdot \frac{\pi}{6}\right) + v_2 \cdot \sin\left(4 \cdot 2 \cdot \frac{\pi}{6}\right) + \ldots + v_{11} \cdot \sin\left(4 \cdot 11 \cdot \frac{\pi}{6}\right) \right]$$

k = 5:

$$a_5 = \frac{1}{6} \cdot \left[v_0 \cdot \cos\left(5 \cdot 0 \cdot \frac{\pi}{6}\right) + v_1 \cdot \cos\left(5 \cdot 1 \cdot \frac{\pi}{6}\right) + v_2 \cdot \cos\left(5 \cdot 2 \cdot \frac{\pi}{6}\right) + \ldots + v_{11} \cdot \cos\left(5 \cdot 11 \cdot \frac{\pi}{6}\right) \right]$$

$$b_5 = \frac{1}{6} \cdot \left[v_0 \cdot \sin\left(5 \cdot 0 \cdot \frac{\pi}{6}\right) + v_1 \cdot \sin\left(5 \cdot 1 \cdot \frac{\pi}{6}\right) + v_2 \cdot \sin\left(5 \cdot 2 \cdot \frac{\pi}{6}\right) + \ldots + v_{11} \cdot \sin\left(5 \cdot 11 \cdot \frac{\pi}{6}\right) \right]$$

Die Argumente der cos- und sin-Faktoren verändern sich

bei k = 1 um 30°:	0°	30°	60°	90°	120°	150°	180°	210°	240°	270°	300°	330°
bei k = 2 um 60°:	0°	60°	120°	180°	240°	300°	360°	420°	480°	540°	600°	660°
bei k = 3 um 90°:	0°	90°	180°	270°	360°	450°	540°	630°	720°	810°	900°	990°
bei k = 4 um 120°:	0°	120°	240°	360°	480°	600°	720°	840°	960°	1080°	1200°	1320°
bei k = 5 um 150°:	0°	150°	300°	450°	600°	750°	900°	1050°	1200°	1350°	1500°	1650°

Wie am Einskreis zu sehen ist, können die cos- und sin-Faktoren für m = 12 nur die Werte 0, $\pm 0,5$, $\pm 0,866$ und ± 1 annehmen, denn

$$\sin 30° = \cos 60° = 0,5$$

und

$$\cos 30° = \sin 60° = 0,5 \cdot \sqrt{3} = 0,866$$

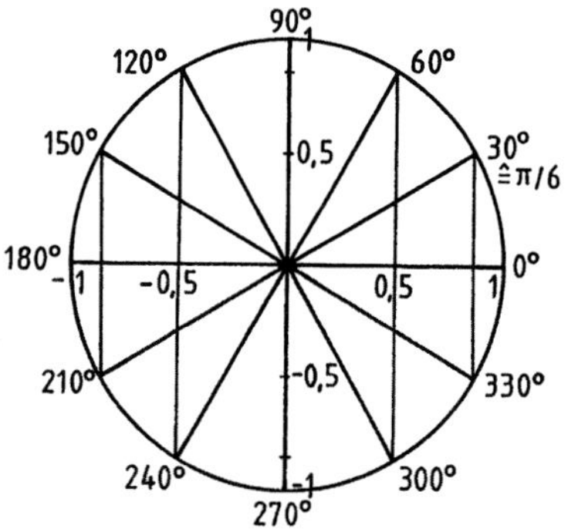

Bild 9.17
Einskreis mit den cos- und sin-Faktoren

Die Gleichungen für die Fourierkoeffizienten lauten damit

$$a_1 = \frac{1}{6}(v_0 \cdot 1 + v_1 \cdot 0,866 + v_2 \cdot 0,5 + v_3 \cdot 0 - v_4 \cdot 0,5 - v_5 \cdot 0,866$$
$$-v_6 \cdot 1 - v_7 \cdot 0,866 - v_8 \cdot 0,5 + v_9 \cdot 0 + v_{10} \cdot 0,5 + v_{11} \cdot 0,866)$$

$$b_1 = \frac{1}{6}(v_0 \cdot 0 + v_1 \cdot 0,5 + v_2 \cdot 0,866 + v_3 \cdot 1 + v_4 \cdot 0,866 + v_5 \cdot 0,5$$
$$+v_6 \cdot 0 - v_7 \cdot 0,5 - v_8 \cdot 0,866 - v_9 \cdot 1 - v_{10} \cdot 0,866 - v_{11} \cdot 0,5)$$

$$a_2 = \frac{1}{6}(v_0 \cdot 1 + v_1 \cdot 0,5 - v_2 \cdot 0,5 - v_3 \cdot 1 - v_4 \cdot 0,5 + v_5 \cdot 0,5$$
$$+v_6 \cdot 1 + v_7 \cdot 0,5 - v_8 \cdot 0,5 - v_9 \cdot 1 - v_{10} \cdot 0,5 + v_{11} \cdot 0,5)$$

$$b_2 = \frac{1}{6}(v_0 \cdot 0 + v_1 \cdot 0,866 + v_2 \cdot 0,866 - v_3 \cdot 0 - v_4 \cdot 0,866 - v_5 \cdot 0,866$$
$$+v_6 \cdot 0 + v_7 \cdot 0,866 + v_8 \cdot 0,866 - v_9 \cdot 0 - v_{10} \cdot 0,866 - v_{11} \cdot 0,866)$$

$$a_3 = \frac{1}{6}(v_0 \cdot 1 + v_1 \cdot 0 - v_2 \cdot 1 + v_3 \cdot 0 + v_4 \cdot 1 + v_5 \cdot 0$$
$$-v_6 \cdot 1 + v_7 \cdot 0 + v_8 \cdot 1 + v_9 \cdot 0 - v_{10} \cdot 1 + v_{11} \cdot 0)$$

$$b_3 = \frac{1}{6}(v_0 \cdot 0 + v_1 \cdot 1 + v_2 \cdot 0 - v_3 \cdot 1 + v_4 \cdot 0 + v_5 \cdot 1$$
$$-v_6 \cdot 0 - v_7 \cdot 1 + v_8 \cdot 0 + v_9 \cdot 1 + v_{10} \cdot 0 - v_{11} \cdot 1)$$

$$a_4 = \frac{1}{6}(v_0 \cdot 1 - v_1 \cdot 0,5 - v_2 \cdot 0,5 + v_3 \cdot 1 - v_4 \cdot 0,5 - v_5 \cdot 0,5$$
$$+v_6 \cdot 1 - v_7 \cdot 0,5 - v_8 \cdot 0,5 + v_9 \cdot 1 - v_{10} \cdot 0,5 - v_{11} \cdot 0,5)$$

$$b_4 = \frac{1}{6}(v_0 \cdot 0 + v_1 \cdot 0,866 - v_2 \cdot 0,866 + v_3 \cdot 0 + v_4 \cdot 0,866 - v_5 \cdot 0,866$$
$$+v_6 \cdot 0 + v_7 \cdot 0,866 - v_8 \cdot 0,866 + v_9 \cdot 0 + v_{10} \cdot 0,866 - v_{11} \cdot 0,866)$$

$$a_5 = \frac{1}{6}(v_0 \cdot 1 - v_1 \cdot 0,866 + v_2 \cdot 0,5 + v_3 \cdot 0 - v_4 \cdot 0,5 + v_5 \cdot 0,866$$
$$-v_6 \cdot 1 + v_7 \cdot 0,866 - v_8 \cdot 0,5 + v_9 \cdot 0 + v_{10} \cdot 0,5 - v_{11} \cdot 0,866)$$

$$b_5 = \frac{1}{6}(v_0 \cdot 0 + v_1 \cdot 0,5 - v_2 \cdot 0,866 + v_3 \cdot 1 - v_4 \cdot 0,866 + v_5 \cdot 0,5$$
$$+v_6 \cdot 0 - v_7 \cdot 0,5 + v_8 \cdot 0,866 - v_9 \cdot 1 + v_{10} \cdot 0,866 - v_{11} \cdot 0,5)$$

Die Rechenvorschrift für die Berechnung der Fourierkoeffizienten lässt sich übersichtlich in Tafelform angeben, wobei folgende Abkürzungen vereinbart sind:

$$p_i = v_i \cdot 0{,}5 \qquad \text{und} \qquad q_i = v_i \cdot 0{,}866$$

Tafel für die direkte trigonometrische Interpolation mit m = 12 (Zipperer-Tafel)

v_i	0	1		2		3		4		5		6
v_0	$2v_0$	$+v_0$	■	$+v_0$	■	$+v_0$	■	$+v_0$	■	$+v_0$	■	$+v_0$
v_1	$4v_1$	$+q_1$	$+p_1$	$+p_1$	$+q_1$	■	$+v_1$	$-p_1$	$+q_1$	$-q_1$	$+p_1$	$-v_1$
v_2	$2v_2$	$+p_2$	$+q_2$	$-p_2$	$+q_2$	$-v_2$	■	$-p_2$	$-q_2$	$+p_2$	$-q_2$	$+v_2$
v_3	$4v_3$	■	$+v_3$	$-v_3$	■	■	$-v_3$	$+v_3$	■	■	$+v_3$	$-v_3$
v_4	$2v_4$	$-p_4$	$+q_4$	$-p_4$	$-q_4$	$+v_4$	■	$-p_4$	$+q_4$	$-p_4$	$-q_4$	$+v_4$
v_5	$4v_5$	$-q_5$	$+p_5$	$+p_5$	$-q_5$	■	$+v_5$	$-p_5$	$-q_5$	$+q_5$	$+p_5$	$-v_5$
v_6	$2v_6$	$-v_6$	■	$+v_6$	■	$-v_6$	■	$+v_6$	■	$-v_6$	■	$+v_6$
v_7	$4v_7$	$-q_7$	$-p_7$	$+p_7$	$+q_7$	■	$-v_7$	$-p_7$	$+q_7$	$+q_7$	$-p_7$	$-v_7$
v_8	$2v_8$	$-p_8$	$-q_8$	$-p_8$	$+q_8$	$+v_8$	■	$-p_8$	$-q_8$	$-p_8$	$+q_8$	$+v_8$
v_9	$4v_9$	■	$-v_9$	$-v_9$	■	■	$+v_9$	$+v_9$	■	■	$-v_9$	$-v_9$
v_{10}	$2v_{10}$	$+p_{10}$	$-q_{10}$	$-p_{10}$	$-q_{10}$	$-v_{10}$	■	$-p_{10}$	$+q_{10}$	$+p_{10}$	$+q_{10}$	$+v_{10}$
v_{11}	$4v_{11}$	$+q_{11}$	$-p_{11}$	$+p_{11}$	$-q_{11}$	■	$-v_{11}$	$-p_{11}$	$-q_{11}$	$-q_{11}$	$-p_{11}$	$-v_{11}$
■	$36a_0$	$6a_1$	$6b_1$	$6a_2$	$6b_2$	$6a_3$	$6b_3$	$6a_4$	$6b_4$	$6a_5$	$6b_5$	$12a_6$

Die folgende leere Zipperer-Tafel kann für Rechenbeispiele kopiert und nach obiger Vorschrift ausgefüllt werden:

1. Ablesen und Eintragen der 12 Funktionswerte v_i

2. Berechnen und Eintragen der $p_i = v_i \cdot 0,5$ und $q_i = v_i \cdot 0,866$

3. Aufsummieren der Spaltenwerte und Berechnen der a_k und b_k

4. Aufstellen der trigonometrischen Summe

v_i	0	1	2	3	4	5	6

Beispiel:

Die im Beispiel 3 des vorigen Abschnitts entwickelte Fourierreihe des gleichgerichteten Stroms bei Einweggleichrichtung (siehe Bild 9.15, S. 114) soll für m = 12 durch direkte trigonometrische Interpolation angenähert werden, damit eine Beurteilung des Verfahrens durch Vergleich der exakten mit der angenäherten Reihe möglich ist.

Lösung:

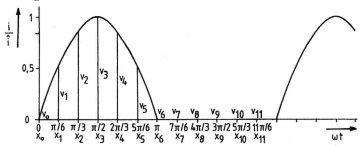

Bild 9.18 Aufteilung der Sinushalbwelle in Teilintervalle für die direkte trigonometrische Interpolation

v_i	0	1		2		3		4		5		6
0	0	0	■	0	■	0	■	0	■	0	■	0
0,5	2	0,43	0,25	0,25	0,43	■	0,5	– 0,25	0,43	– 0,43	0,25	– 0,5
0,866	1,73	0,43	0,75	– 0,43	0,75	– 0,87	■	– 0,43	– 0,75	0,43	– 0,75	0,87
1	4	■	1	– 1	■	■	– 1	1	■	■	1	– 1
0,866	1,73	– 0,43	0,75	– 0,43	– 0,75	0,87	■	– 0,43	0,75	– 0,43	– 0,75	0,87
0,5	2	– 0,43	0,25	0,25	– 0,43	■	0,5	– 0,25	– 0,43	0,43	0,25	– 0,5
0	0	0	■	0	■	0	■	0	■	0	■	0
0	0	0	0	0	0	■	0	0	0	0	0	0
0	0	0	0	0	0	0	■	0	0	0	0	0
0	0	■	0	0	■	■	0	0	■	■	0	0
0	0	0	0	0	0	0	■	0	0	0	0	0
0	0	0	0	0	0	■	0	0	0	0	0	0
■	11,46	0	3	– 1,36	0	0	0	– 0,36	0	0	0	– 0,26

$$a_0 = \frac{11,46}{36} = 0,318 \qquad\qquad a_6 = -\frac{0,26}{12} = -0,022$$

$$a_1 = 0 \qquad a_2 = -\frac{1,36}{6} = -0,227 \qquad a_3 = 0 \qquad a_4 = -\frac{0,36}{6} = -0,06 \qquad a_5 = 0$$

$$b_1 = \frac{3}{6} = 0,5 \qquad b_2 = 0 \qquad\qquad b_3 = 0 \qquad b_4 = 0 \qquad\qquad b_5 = 0$$

Die trigonometrische Summe der Sinushalbwelle bei m = 12 Stützstellen lautet damit:

$$i(\omega t) \approx \hat{i} \cdot (0,318 + 0,5 \cdot \sin \omega t - 0,227 \cdot \cos 2\omega t - 0,06 \cdot \cos 4\omega t - 0,022 \cdot \cos 6\omega t)$$

Zum Vergleich die exakt berechnete Fourierreihe (siehe Beispiel 3, S. 114–116):

$$i(\omega t) \approx \hat{i} \cdot (0,318 + 0,5 \cdot \sin \omega t - 0,212 \cdot \cos 2\omega t - 0,042 \cdot \cos 4\omega t - 0,018 \cdot \cos 6\omega t - \dots)$$

Obwohl nur 12 Stützstellen in die angenäherte Fourieranalyse eingehen, ist die Annäherung bereits relativ genau und für eine überschlägige Beurteilung der Harmonischen verwendbar.

Sind genauere Ergebnisse notwendig, muss die Stützstellenanzahl entsprechend erhöht werden oder die Fourieranalyse mit Hilfe einer Näherungsfunktion (Sprungstellen-Verfahren) vorgenommen werden.

Harmonische Analyse mit Hilfe einer Ersatzfunktion

Wird die nichtsinusförmige periodische Funktion durch eine Ersatzfunktion angenähert, dann können bei gleicher Stützstellenanzahl im Gegensatz zur direkten trigonometrischen Interpolation beliebig viele Fourierkoeffizienten berechnet werden und zwar nach den Formeln in den Gln. (9.20) bis (9.22) bzw. (9.24) bis (9.26). Die Ersatzfunktion kann selbstverständlich keine geschlossene periodische Funktion in Form einer elementaren Funktion sein, sondern besteht aus stückweise zusammengesetzten Polynomen niedrigen Grades. Ist die nichtsinusförmige periodische Funktion nur durch Stützstellen gegeben, bestimmen zwei, drei oder vier benachbarte Stützstellen den Verlauf der Polynomstücke, je nachdem ob Geradenstücke, Parabeln 2. oder 3. Grades verwendet werden.

Werden z. B. zwei Stützstellen durch Geradenstücke verbunden, dann müssen zunächst die Geradengleichungen mit Hilfe der Zwei-Punkte-Form ermittelt und dann die Fourierkoeffizienten errechnet werden. Bei 12 Stützstellen ergeben sich 12 Geraden, die stückweise integriert werden müssen:

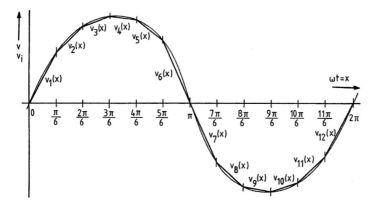

Bild 9.19 Geradenstücke als Ersatzfunktion für eine nichtsinusförmige periodische Funktion

Berechnung von a_0 nach Gl. (9.24) mit $x = \omega t$:

$$a_0 = \frac{1}{2\pi} \int_0^{2\pi} v(x) \cdot dx$$

$$a_0 = \frac{1}{2\pi} \cdot \left\{ \int_0^{\pi/6} v_1(x) \cdot dx + \int_{\pi/6}^{2\pi/6} v_2(x) \cdot dx + ... + \int_{11\pi/6}^{2\pi} v_{12}(x) \cdot dx \right\}$$

$$a_0 = \frac{1}{2\pi} \cdot \left\{ \int_0^{\pi/6} (A_{1,1} \cdot x + A_{0,1}) \cdot dx + ... + \int_{11\pi/6}^{2\pi} (A_{1,12} \cdot x + A_{0,12}) \cdot dx \right\}.$$

Entsprechend müssten a_k und b_k nach den Gln. (9.25) und (9.26) berechnet werden. Der Rechenaufwand wäre allerdings erheblich und würde noch größer werden, wenn Polynome 2. oder gar 3. Grades stückweise die nichtsinusförmige periodische Funktion ersetzen. Auf diese Weise ist es deshalb praktisch nicht möglich, die Fourierkoeffizienten zu ermitteln.

Wesentlich einfacher ist das *Sprungstellenverfahren*, bei dem auf die Integration völlig verzichtet werden kann.

Besteht zunächst die periodische Funktion v(x) nur aus Geradenstücken, die parallel zur ωt-Achse verlaufen, dann hat diese Treppenkurve r Sprungstellen an den Stellen ξ_i mit den Ordinatensprüngen

$$s_i = v(\xi_i + 0) - v(\xi_i - 0)$$

mit $v(\xi_i - 0)$ linksseitiger Grenzwert

und $v(\xi_i + 0)$ rechtsseitiger Grenzwert,

so wird bei der Berechnung der Fourierkoeffizienten von Sprungstelle zu Sprungstelle integriert:

$$\pi \cdot a_k = \int\limits_0^{2\pi} v(x) \cdot \cos kx \cdot dx$$

$$\pi \cdot a_k = \int\limits_0^{\xi_1} v(x) \cdot \cos kx \cdot dx + \int\limits_{\xi_1}^{\xi_2} v(x) \cdot \cos kx \cdot dx + ... + \int\limits_{\xi_r}^{2\pi} v(x) \cdot \cos kx \cdot dx$$

und

$$\pi \cdot b_k = \int\limits_0^{2\pi} v(x) \cdot \sin kx \cdot dx$$

$$\pi \cdot b_k = \int\limits_0^{\xi_1} v(x) \cdot \sin kx \cdot dx + \int\limits_{\xi_1}^{\xi_2} v(x) \cdot \sin kx \cdot dx + ... + \int\limits_{\xi_r}^{2\pi} v(x) \cdot \sin kx \cdot dx \; .$$

Durch partielle Integration lassen sich die Teilintegrale vereinfachen:

$$\int v(x) \cdot \cos kx \cdot dx = v(x) \cdot \frac{\sin kx}{k} - \int \frac{\sin kx}{k} \cdot v'(x) \cdot dx$$

mit $u = v(x)$ $\qquad\qquad dv = \cos kx \cdot dx$

$\qquad \dfrac{du}{dx} = v'(x)$ $\qquad\qquad v = \int \cos kx \cdot dx$

$\qquad du = v'(x) \cdot dx$ $\qquad\qquad v = \dfrac{\sin kx}{k}$

bzw.

$$\int v(x) \cdot \sin kx \cdot dx = v(x) \cdot \left(-\frac{\cos kx}{k} \right) - \int \left(-\frac{\cos kx}{k} \right) \cdot v'(x) \cdot dx$$

mit $u = v(x)$ $\qquad\qquad dv = \sin kx \cdot dx$

$\qquad \dfrac{du}{dx} = v'(x)$ $\qquad\qquad v = \int \sin kx \cdot dx$

$\qquad du = v'(x) \cdot dx$ $\qquad\qquad v = -\dfrac{\cos kx}{k}$

$$\pi \cdot a_k = \left[v(x) \cdot \frac{\sin kx}{k} \right]_0^{\xi_1 - 0} - \int_0^{\xi_1} v'(x) \cdot \frac{\sin kx}{k} \cdot dx$$

$$+ \left[v(x) \cdot \frac{\sin kx}{k} \right]_{\xi_1 + 0}^{\xi_2 - 0} - \int_{\xi_1}^{\xi_2} v'(x) \cdot \frac{\sin kx}{k} \cdot dx + \dots$$

$$\dots + \left[v(x) \cdot \frac{\sin kx}{k} \right]_{\xi_r + 0}^{2\pi} - \int_{\xi_r}^{2\pi} v'(x) \cdot \frac{\sin kx}{k} \cdot dx$$

bzw.

$$\pi \cdot b_k = -\left[v(x) \cdot \frac{\cos kx}{k} \right]_0^{\xi_1 - 0} + \int_0^{\xi_1} v'(x) \cdot \frac{\cos kx}{k} \cdot dx$$

$$- \left[v(x) \cdot \frac{\cos kx}{k} \right]_{\xi_1 + 0}^{\xi_2 - 0} + \int_{\xi_1}^{\xi_2} v'(x) \cdot \frac{\cos kx}{k} \cdot dx - \dots$$

$$\dots - \left[v(x) \cdot \frac{\cos kx}{k} \right]_{\xi_r + 0}^{2\pi} + \int_{\xi_r}^{2\pi} v'(x) \cdot \frac{\cos kx}{k} \cdot dx$$

und

$$\pi \cdot a_k = v(\xi_1 - 0) \cdot \frac{\sin k\xi_1}{k} - v(0) \cdot \frac{\sin k \cdot 0}{k}$$

$$+ v(\xi_2 - 0) \cdot \frac{\sin k\xi_2}{k} - v(\xi_1 + 0) \cdot \frac{\sin k\xi_1}{k}$$

$$+ v(\xi_3 - 0) \cdot \frac{\sin k\xi_3}{k} - v(\xi_2 + 0) \cdot \frac{\sin k\xi_2}{k} + \dots$$

$$\dots + v(\xi_r - 0) \cdot \frac{\sin k\xi_r}{k} - v(\xi_{r-1} + 0) \cdot \frac{\sin k\xi_{r-1}}{k}$$

$$+ v(2\pi) \cdot \frac{\sin k \cdot 2\pi}{k} - v(\xi_r + 0) \cdot \frac{\sin k\xi_r}{k} - \frac{1}{k} \int_0^{2\pi} v'(x) \cdot \sin kx \cdot dx$$

bzw.

$$\pi \cdot b_k = -v(\xi_1 - 0) \cdot \frac{\cos k\xi_1}{k} + v(0) \cdot \frac{\cos k \cdot 0}{k}$$

$$- v(\xi_2 - 0) \cdot \frac{\cos k\xi_2}{k} + v(\xi_1 + 0) \cdot \frac{\cos k\xi_1}{k}$$

$$- v(\xi_3 - 0) \cdot \frac{\cos k\xi_3}{k} + v(\xi_2 + 0) \cdot \frac{\cos k\xi_2}{k} - \dots$$

$$\dots - v(\xi_r - 0) \cdot \frac{\cos k\xi_r}{k} + v(\xi_{r-1} + 0) \cdot \frac{\cos k\xi_{r-1}}{k}$$

$$- v(2\pi) \cdot \frac{\cos k \cdot 2\pi}{k} + v(\xi_r + 0) \cdot \frac{\cos k\xi_r}{k} + \frac{1}{k} \int_0^{2\pi} v'(x) \cdot \cos kx \cdot dx$$

Mit

$$-v(0) \cdot \frac{\sin k \cdot 0}{k} + v(2\pi) \cdot \frac{\sin k \cdot 2\pi}{k} = 0$$

und

$$v(0) \cdot \frac{\cos k \cdot 0}{k} - v(2\pi) \cdot \frac{\cos k \cdot 2\pi}{k} = 0$$

wegen $v(0) = v(2\pi)$ ergibt sich

$$\pi \cdot a_k = -\frac{1}{k} \cdot \left\{ \left[v(\xi_1 + 0) - v(\xi_1 - 0) \right] \cdot \sin k \cdot \xi_1 \right.$$

$$+ \left[v(\xi_2 + 0) - v(\xi_2 - 0) \right] \cdot \sin k \cdot \xi_2$$

$$+ \ldots$$

$$\left. + \left[v(\xi_r + 0) - v(\xi_r - 0) \right] \cdot \sin k \cdot \xi_r \right\} - \frac{1}{k} \cdot \int_0^{2\pi} v'(x) \cdot \sin kx \cdot dx$$

bzw.

$$\pi \cdot b_k = \frac{1}{k} \cdot \left\{ \left[v(\xi_1 + 0) - v(\xi_1 - 0) \right] \cdot \cos k \cdot \xi_1 \right.$$

$$+ \left[v(\xi_2 + 0) - v(\xi_2 - 0) \right] \cdot \cos k \cdot \xi_2$$

$$+ \ldots$$

$$\left. + \left[v(\xi_r + 0) - v(\xi_r - 0) \right] \cdot \cos k \cdot \xi_r \right\} + \frac{1}{k} \cdot \int_0^{2\pi} v'(x) \cdot \cos kx \cdot dx$$

und mit den Ordinatensprüngen

$$s_i = v(\xi_i + 0) - v(\xi_i - 0) \tag{9.46}$$

ergeben sich die Formeln für die Fourierkoeffizienten:

$$a_k = -\frac{1}{\pi \cdot k} \cdot (s_1 \cdot \sin k\xi_1 + s_2 \cdot \sin k\xi_2 + \ldots + s_r \cdot \sin k\xi_r) - \frac{1}{\pi \cdot k} \int_0^{2\pi} v'(x) \cdot \sin kx \cdot dx$$

$$\tag{9.47}$$

$$b_k = \frac{1}{\pi \cdot k} \cdot (s_1 \cdot \cos k\xi_1 + s_2 \cdot \cos k\xi_2 + \ldots + s_r \cdot \cos k\xi_r) + \frac{1}{\pi \cdot k} \int_0^{2\pi} v'(x) \cdot \cos kx \cdot dx$$

$$\tag{9.48}$$

Besitzt die nichtsinusförmige periodische Funktion $v(x)$ oder die Ersatzfunktion nur Steigungen Null außer in den Sprungstellen, dann sind die Integrale mit $v'(x)$ Null. Für alle periodischen Rechteckfunktionen und für periodische Funktionen, die durch Treppenkurven angenähert werden, können die Fourierkoeffizienten ohne Integration ermittelt werden.

Beispiel: Fourierreihe einer Rechteckfunktion

Funktionsgleichung:

$$u(\omega t) = \begin{cases} \hat{u} & \text{für } 0 < \omega t < \pi \\ -\hat{u} & \text{für } \pi < \omega t < 2\pi \end{cases}$$

Grafische Darstellung der Funktion:

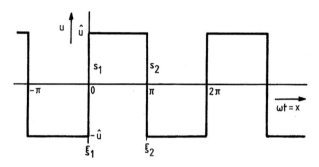

Bild 9.20
Rechteckfunktion

Sprungstellen (Anzahl r = 2): $\xi_1 = 0$ und $\xi_2 = \pi$
Ordinatensprünge:

$$s_1 = v(\xi_1 + 0) - v(\xi_1 - 0) = \hat{u} - (-\hat{u}) = 2\hat{u}$$

$$s_2 = v(\xi_2 + 0) - v(\xi_2 - 0) = -\hat{u} - \hat{u} = -2\hat{u}$$

Mit $v'(x) = 0$ ergibt die Gl. (9.47)

$$a_k = -\frac{1}{\pi \cdot k} \cdot (s_1 \cdot \sin k\xi_1 + s_2 \cdot \sin k\xi_2)$$

$$a_k = -\frac{1}{\pi \cdot k} \cdot (2\hat{u} \cdot \sin k \cdot 0 - 2\hat{u} \cdot \sin k \cdot \pi)$$

$$a_k = 0$$

und die Gl. (9.48)

$$b_k = \frac{1}{\pi \cdot k} \cdot (s_1 \cdot \cos k\xi_1 + s_2 \cdot \cos k\xi_2)$$

$$b_k = \frac{1}{\pi \cdot k} \cdot (2\hat{u} \cdot \cos k \cdot 0 - 2\hat{u} \cdot \cos k \cdot \pi)$$

$$b_k = \frac{2 \cdot \hat{u}}{\pi \cdot k} \cdot \left[1 - (-1)^k\right] = \begin{cases} 0 & \text{für gerade } k \\ \dfrac{4 \cdot \hat{u}}{\pi \cdot k} & \text{für ungerade } k \end{cases}$$

und damit die Fourierreihe

$$u(\omega t) = \frac{4 \cdot \hat{u}}{\pi} \cdot \left(\frac{\sin \omega t}{1} + \frac{\sin 3\omega t}{3} + \frac{\sin 5\omega t}{5} + \frac{\sin 7\omega t}{7} + ... \right)$$

(vgl. Fourierreihe im Beispiel 1 des Abschnitts 9.1, S. 111, Bild 9.12).

Ist die Ersatzfunktion für eine periodische Funktion v(x) eine Treppenkurve, die zwischen den Sprungstellen nur die Steigung Null hat, dann lässt sich das Sprungstellenverfahren entsprechend anwenden. Mit dieser groben Approximation kann selbstverständlich keine genaue Fourierreihe erwartet werden. Für genauere Approximation sollten mindestens Geradenstücke wie im Bild 9.19 oder Parabeln niedrigen Grades verwendet werden.

Besteht nun die periodische Funktion v(x) oder die Ersatzfunktion aus Geradenstücken (siehe Bild 9.19) oder aus Parabeln niedrigen Grades, die durch jeweils zwei bzw. drei benachbarte Stützstellen bestimmt sind, dann müssen die Integrale mit $v'(x)$ in den Gln. (9.47) und (9.48) auf die gleiche Weise mit Hilfe der partiellen Integration in Integrale mit $v''(x)$, dann mit $v'''(x), \dots, v^{(n)}(x)$ überführt werden, damit diese Null werden.

An den r' Stellen ξ_i' hat die 1. Ableitungsfunktion die Ordinatensprünge

$$s_i' = v'(\xi_i' + 0) - v'(\xi_i' - 0), \tag{9.49}$$

an den r'' Stellen ξ_i'' hat die 2. Ableitungsfunktion die Ordinatensprünge

$$s_i'' = v''(\xi_i'' + 0) - v''(\xi_i'' - 0), \tag{9.50}$$

an den r''' Stellen ξ_i''' hat die 3. Ableitungsfunktion die Ordinatensprünge

$$s_i''' = v'''(\xi_i''' + 0) - v'''(\xi_i''' - 0), \tag{9.51}$$

an den $r^{(n)}$ Stellen $\xi_i^{(n)}$ hat die n-te Ableitungsfunktion die Ordinatensprünge

$$s_i^{(n)} = v^{(n)}(\xi_i^{(n)} + 0) - v^{(n)}(\xi_i^{(n)} - 0). \tag{9.52}$$

Für die Fourierkoeffizienten ergibt sich dann

$$a_k = -\frac{1}{\pi \cdot k} \cdot \sum_{i=1}^{r} s_i \cdot \sin k \cdot \xi_i - \frac{1}{\pi \cdot k^2} \cdot \sum_{i=1}^{r'} s_i' \cdot \cos k \cdot \xi_i'$$

$$+ \frac{1}{\pi \cdot k^3} \cdot \sum_{i=1}^{r''} s_i'' \cdot \sin k \cdot \xi_i'' + \frac{1}{\pi \cdot k^4} \cdot \sum_{i=1}^{r'''} s_i''' \cdot \cos k \cdot \xi_i''' - \dots$$

$$\dots \pm \frac{1}{\pi \cdot k^{n+1}} \cdot \sum_{i=1}^{r^{(n)}} s_i^{(n)} \cdot \frac{\sin}{\cos} k \cdot \xi_i^{(n)} \pm \frac{1}{\pi \cdot k^{n+1}} \cdot \int_0^{2\pi} v^{(n+1)}(x) \cdot \frac{\sin}{\cos} k \cdot x \cdot dx \tag{9.53}$$

bzw.

$$b_k = \frac{1}{\pi \cdot k} \cdot \sum_{i=1}^{r} s_i \cdot \cos k \cdot \xi_i - \frac{1}{\pi \cdot k^2} \cdot \sum_{i=1}^{r'} s_i' \cdot \sin k \cdot \xi_i'$$

$$- \frac{1}{\pi \cdot k^3} \cdot \sum_{i=1}^{r''} s_i'' \cdot \cos k \cdot \xi_i'' + \frac{1}{\pi \cdot k^4} \cdot \sum_{i=1}^{r'''} s_i''' \cdot \sin k \cdot \xi_i''' + \dots$$

$$\dots \pm \frac{1}{\pi \cdot k^{n+1}} \sum_{i=1}^{r^{(n)}} s_i^{(n)} \cdot \frac{\cos}{\sin} k \cdot \xi_i^{(n)} \pm \frac{1}{\pi \cdot k^{n+1}} \cdot \int_0^{2\pi} v^{(n+1)}(x) \cdot \frac{\cos}{\sin} k \cdot x \cdot dx \tag{9.54}$$

mit $k = 1, 2, 3, \dots, n$.

Wird die zu analysierende periodische Funktion v(x) durch Parabelbögen k-ten Grades approximiert, so entfällt jeweils das Integral, und die Fourierkoeffizienten a_k und b_k lassen sich dann ohne Integration nur aus den Sprungstellen errechnen.

Beispiel: Fourierreihe einer Dreieckfunktion

Funktionsgleichung:

$$u(\omega t) = \begin{cases} \dfrac{2 \cdot \hat{u}}{\pi} \cdot \omega t & \text{für} \quad 0 \leq \omega t \leq \pi/2 \\[2mm] -\dfrac{2 \cdot \hat{u}}{\pi} \cdot \omega t + 2 \cdot \hat{u} & \text{für} \quad \pi/2 \leq \omega t \leq 3\pi/2 \\[2mm] \dfrac{2 \cdot \hat{u}}{\pi} \cdot \omega t - 4 \cdot \hat{u} & \text{für} \; 3\pi/2 \leq \omega t \leq 2\pi \end{cases}$$

Grafische Darstellung der Funktion und ihrer 1. Ableitung:

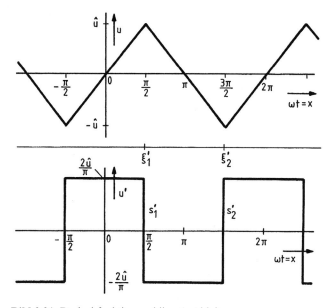

Bild 9.21 Dreieckfunktion und ihre 1. Ableitung

Die Stammfunktion $u(\omega t)$ hat keine Sprungstellen, denn die Funktion ist stetig.

Die 1. Ableitungsfunktion $u'(\omega t)$ hat $r' = 2$ Sprungstellen $\xi_1' = \pi/2$ und $\xi_2' = 3\pi/2$ mit den Ordinatensprüngen

$$s_1' = u'(\xi_1' + 0) - u'(\xi_1' - 0) = -\frac{2 \cdot \hat{u}}{\pi} - \left(+\frac{2 \cdot \hat{u}}{\pi} \right) = -\frac{4 \cdot \hat{u}}{\pi}$$

$$s_2' = u'(\xi_2' + 0) - u'(\xi_2' - 0) = \frac{2 \cdot \hat{u}}{\pi} - \left(-\frac{2 \cdot \hat{u}}{\pi} \right) = \frac{4 \cdot \hat{u}}{\pi} \, .$$

Die höheren Ableitungsfunktionen ab $u''(\omega t)$ sind Null und haben keine Sprungstellen.

Damit lassen sich die Formeln für die Fourierkoeffizienten in den Gln. (9.53) und (9.54) reduzieren und die Fourierkoeffizienten mit den festgestellten Sprungstellen berechnen.

$$a_k = -\frac{1}{\pi \cdot k^2} \cdot \sum_{i=1}^{2} s_i' \cdot \cos k \cdot \xi_i'$$

$$a_k = -\frac{1}{\pi \cdot k^2} \cdot \left(s_1' \cdot \cos k \cdot \xi_1' + s_2' \cdot \cos k \cdot \xi_2' \right)$$

$$a_k = -\frac{1}{\pi \cdot k^2} \cdot \left(-\frac{4 \cdot \hat{u}}{\pi} \cdot \cos k \cdot \frac{\pi}{2} + \frac{4 \cdot \hat{u}}{\pi} \cdot \cos k \cdot \frac{3\pi}{2} \right) = 0$$

$$b_k = -\frac{1}{\pi \cdot k^2} \cdot \sum_{i=1}^{2} s_i' \cdot \sin k \cdot \xi_i'$$

$$b_k = -\frac{1}{\pi \cdot k^2} \cdot \left(s_1' \cdot \sin k \cdot \xi_1' + s_2' \cdot \sin k \cdot \xi_2' \right)$$

$$b_k = -\frac{1}{\pi \cdot k^2} \cdot \left(-\frac{4 \cdot \hat{u}}{\pi} \cdot \sin k \cdot \frac{\pi}{2} + \frac{4 \cdot \hat{u}}{\pi} \cdot \sin k \cdot \frac{3\pi}{2} \right)$$

$$b_k = \frac{4 \cdot \hat{u}}{\pi^2 \cdot k^2} \cdot \left(\sin k \cdot \frac{\pi}{2} - \sin k \cdot \frac{3\pi}{2} \right)$$

d. h.

$$b_1 = \frac{8 \cdot \hat{u}}{\pi^2}, \qquad b_2 = 0$$

$$b_3 = -\frac{8 \cdot \hat{u}}{3^2 \cdot \pi^2}, \qquad b_4 = 0$$

$$b_5 = \frac{8 \cdot \hat{u}}{5^2 \cdot \pi^2}, \qquad b_6 = 0$$

$$\vdots$$

Die Fourierreihe der Dreieckfunktion besteht nur aus ungeradzahligen Sinusgliedern, weil sie die Symmetrie 2. und 3. Art erfüllt (siehe Bild 9.11, S. 110):

$$u(\omega t) = \frac{8 \cdot \hat{u}}{\pi^2} \cdot \left(\sin \omega t - \frac{\sin 3\omega t}{3^2} + \frac{\sin 5\omega t}{5^2} - + \dots \right)$$

Geradenapproximation und Sprungstellenverfahren

Wird die nichtsinusförmige periodische Funktion durch Geradenstücke approximiert, die benachbarte Stützstellen verbinden, dann werden bei Anwendung des Sprungstellenverfahrens die gleichen reduzierten Formeln für die Fourierkoeffizienten verwendet wie bei dem eben behandelten Beispiel der Dreieckfunktion:

$$a_k = -\frac{1}{\pi \cdot k^2} \cdot \sum_{i=1}^{r'} s_i' \cdot \cos k \cdot \xi_i' \tag{9.55}$$

$$b_k = -\frac{1}{\pi \cdot k^2} \cdot \sum_{i=1}^{r'} s_i' \cdot \sin k \cdot \xi_i' \tag{9.56}$$

mit den r' Ordinatensprüngen der 1. Ableitungsfunktionen an den Stellen ξ_i' :

$$s_i' = v'(\xi_i' + 0) - v'(\xi_i' - 0) \,. \tag{9.57}$$

Die Geradengleichungen (Stammfunktionen), die 2. Ableitungsfunktionen und die höheren Ableitungsfunktionen gehen nicht in die Formeln für die Fourierkoeffizienten ein, da sie keine Ordinatensprünge aufweisen.

Damit die Sprungstellen der 1. Ableitungsfunktion erfasst werden können, müssen also die Geradengleichungen der Geradenstücke

$$v_i(x) = A_{1,i} \cdot x + A_{0,i} \tag{9.58}$$

differenziert werden:

$$v_i'(x) = A_{1,i} \,. \tag{9.59}$$

Die in der 1. Ableitung verbleibenden Steigungen $A_{1,i}$ sind durch die Ordinaten- und Abszissenwerte der Stützstellen gegeben:

$$A_{1,i} = \frac{v_i - v_{i-1}}{x_i - x_{i-1}} = \frac{v_i - v_{i-1}}{\Delta x} \quad \text{bzw.} \quad A_{1,m} = \frac{v_0 - v_{m-1}}{x_0 - x_{m-1}} = \frac{v_0 - v_{m-1}}{\Delta x} \,, \tag{9.60}$$

wobei die Stützstellen für die Ersatzfunktion in x-Richtung gleiche Abstände Δx haben sollen.

Die Ordinatensprünge der 1. Ableitungsfunktionen an den Stellen ξ_i' können damit durch die Anstiege der Geraden ausgedrückt werden:

$$s_1' = v'(\xi_1' + 0) - v'(\xi_1' - 0) = A_{1,1} - A_{1,m} \tag{9.61}$$

$$s_i' = v'(\xi_i' + 0) - v'(\xi_i' - 0) = A_{1,i} - A_{i,i-1} \,. \tag{9.62}$$

Sie werden dann in den Formeln für die Fourierkoeffizienten berücksichtigt.

Beispiel:

Bei m = 12 Stützstellen hat die Ersatzfunktion aus 12 Geradenstücken 12 verschiedene Steigungen. Die 1. Ableitungsfunktion hat damit r′ = 12 Ordinatensprünge:

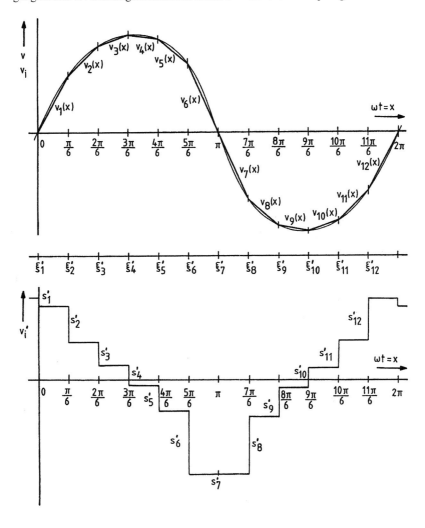

Bild 9.22 Geradenapproximation und Sprungstellenverfahren bei m = 12

Wird die Fourierreihe z. B. bis zur 8. Harmonischen mit n = 8 berechnet, so ergibt sich folgendes Gleichungssystem:

k = 1:

$$a_1 = -\frac{1}{\pi \cdot 1^2} \cdot \left[s_1' \cdot \cos(1 \cdot 0) + s_2' \cdot \cos\left(1 \cdot \frac{\pi}{6}\right) + s_3' \cdot \cos\left(1 \cdot \frac{2\pi}{6}\right) + \dots + s_{12}' \cdot \cos\left(1 \cdot \frac{11\pi}{6}\right) \right]$$

$$b_1 = -\frac{1}{\pi \cdot 1^2} \cdot \left[s_1' \cdot \sin(1 \cdot 0) + s_2' \cdot \sin\left(1 \cdot \frac{\pi}{6}\right) + s_3' \cdot \sin\left(1 \cdot \frac{2\pi}{6}\right) + \dots + s_{12}' \cdot \sin\left(1 \cdot \frac{11\pi}{6}\right) \right]$$

k = 2:

$$a_2 = -\frac{1}{\pi \cdot 2^2} \cdot \left[s_1' \cdot \cos\left(2 \cdot 0\right) + s_2' \cdot \cos\left(2 \cdot \frac{\pi}{6}\right) + s_3' \cdot \cos\left(2 \cdot \frac{2\pi}{6}\right) + \dots + s_{12}' \cdot \cos\left(2 \cdot \frac{11\pi}{6}\right) \right]$$

$$b_2 = -\frac{1}{\pi \cdot 2^2} \cdot \left[s_1' \cdot \sin\left(2 \cdot 0\right) + s_2' \cdot \sin\left(2 \cdot \frac{\pi}{6}\right) + s_3' \cdot \sin\left(2 \cdot \frac{2\pi}{6}\right) + \dots + s_{12}' \cdot \sin\left(2 \cdot \frac{11\pi}{6}\right) \right]$$

k = 3:

$$a_3 = -\frac{1}{\pi \cdot 3^2} \cdot \left[s_1' \cdot \cos\left(3 \cdot 0\right) + s_2' \cdot \cos\left(3 \cdot \frac{\pi}{6}\right) + s_3' \cdot \cos\left(3 \cdot \frac{2\pi}{6}\right) + \dots + s_{12}' \cdot \cos\left(3 \cdot \frac{11\pi}{6}\right) \right]$$

$$b_3 = -\frac{1}{\pi \cdot 3^2} \cdot \left[s_1' \cdot \sin\left(3 \cdot 0\right) + s_2' \cdot \sin\left(3 \cdot \frac{\pi}{6}\right) + s_3' \cdot \sin\left(3 \cdot \frac{2\pi}{6}\right) + \dots + s_{12}' \cdot \sin\left(3 \cdot \frac{11\pi}{6}\right) \right]$$

k = 4:

$$a_4 = -\frac{1}{\pi \cdot 4^2} \cdot \left[s_1' \cdot \cos\left(4 \cdot 0\right) + s_2' \cdot \cos\left(4 \cdot \frac{\pi}{6}\right) + s_3' \cdot \cos\left(4 \cdot \frac{2\pi}{6}\right) + \dots + s_{12}' \cdot \cos\left(4 \cdot \frac{11\pi}{6}\right) \right]$$

$$b_4 = -\frac{1}{\pi \cdot 4^2} \cdot \left[s_1' \cdot \sin\left(4 \cdot 0\right) + s_2' \cdot \sin\left(4 \cdot \frac{\pi}{6}\right) + s_3' \cdot \sin\left(4 \cdot \frac{2\pi}{6}\right) + \dots + s_{12}' \cdot \sin\left(4 \cdot \frac{11\pi}{6}\right) \right]$$

k = 5:

$$a_5 = -\frac{1}{\pi \cdot 5^2} \cdot \left[s_1' \cdot \cos\left(5 \cdot 0\right) + s_2' \cdot \cos\left(5 \cdot \frac{\pi}{6}\right) + s_3' \cdot \cos\left(5 \cdot \frac{2\pi}{6}\right) + \dots + s_{12}' \cdot \cos\left(5 \cdot \frac{11\pi}{6}\right) \right]$$

$$b_5 = -\frac{1}{\pi \cdot 5^2} \cdot \left[s_1' \cdot \sin\left(5 \cdot 0\right) + s_2' \cdot \sin\left(5 \cdot \frac{\pi}{6}\right) + s_3' \cdot \sin\left(5 \cdot \frac{2\pi}{6}\right) + \dots + s_{12}' \cdot \sin\left(5 \cdot \frac{11\pi}{6}\right) \right]$$

k = 6:

$$a_6 = -\frac{1}{\pi \cdot 6^2} \cdot \left[s_1' \cdot \cos\left(6 \cdot 0\right) + s_2' \cdot \cos\left(6 \cdot \frac{\pi}{6}\right) + s_3' \cdot \cos\left(6 \cdot \frac{2\pi}{6}\right) + \dots + s_{12}' \cdot \cos\left(6 \cdot \frac{11\pi}{6}\right) \right]$$

$$b_6 = -\frac{1}{\pi \cdot 6^2} \cdot \left[s_1' \cdot \sin\left(6 \cdot 0\right) + s_2' \cdot \sin\left(6 \cdot \frac{\pi}{6}\right) + s_3' \cdot \sin\left(6 \cdot \frac{2\pi}{6}\right) + \dots + s_{12}' \cdot \sin\left(6 \cdot \frac{11\pi}{6}\right) \right]$$

k = 7:

$$a_7 = -\frac{1}{\pi \cdot 7^2} \cdot \left[s_1' \cdot \cos\left(7 \cdot 0\right) + s_2' \cdot \cos\left(7 \cdot \frac{\pi}{6}\right) + s_3' \cdot \cos\left(7 \cdot \frac{2\pi}{6}\right) + \dots + s_{12}' \cdot \cos\left(7 \cdot \frac{11\pi}{6}\right) \right]$$

$$b_7 = -\frac{1}{\pi \cdot 7^2} \cdot \left[s_1' \cdot \sin\left(7 \cdot 0\right) + s_2' \cdot \sin\left(7 \cdot \frac{\pi}{6}\right) + s_3' \cdot \sin\left(7 \cdot \frac{2\pi}{6}\right) + \dots + s_{12}' \cdot \sin\left(7 \cdot \frac{11\pi}{6}\right) \right]$$

k = 8:

$$a_8 = -\frac{1}{\pi \cdot 8^2} \cdot \left[s_1' \cdot \cos\left(8 \cdot 0\right) + s_2' \cdot \cos\left(8 \cdot \frac{\pi}{6}\right) + s_3' \cdot \cos\left(8 \cdot \frac{2\pi}{6}\right) + \dots + s_{12}' \cdot \cos\left(8 \cdot \frac{11\pi}{6}\right) \right]$$

$$b_8 = -\frac{1}{\pi \cdot 8^2} \cdot \left[s_1' \cdot \sin\left(8 \cdot 0\right) + s_2' \cdot \sin\left(8 \cdot \frac{\pi}{6}\right) + s_3' \cdot \sin\left(8 \cdot \frac{2\pi}{6}\right) + \dots + s_{12}' \cdot \sin\left(8 \cdot \frac{11\pi}{6}\right) \right]$$

Bei m = 12 Stützstellen können die Sinus- und Kosinuswerte genauso wie bei der direkten trigonometrischen Interpolation nur die Werte 0, ± 0,5, ± 0,866 und ± 1 annehmen, wie am Einskreis (Bild 9.17) zu sehen ist:

$$a_1 = -\frac{1}{\pi} \cdot (s_1' \cdot 1 + s_2' \cdot 0,866 + s_3' \cdot 0,5 + s_4' \cdot 0 - s_5' \cdot 0,5 - s_6' \cdot 0,866$$
$$- s_7' \cdot 1 - s_8' \cdot 0,866 - s_9' \cdot 0,5 - s_{10}' \cdot 0 + s_{11}' \cdot 0,5 + s_{12}' \cdot 0,866)$$

$$b_1 = -\frac{1}{\pi} \cdot (s_1' \cdot 0 + s_2' \cdot 0,5 + s_3' \cdot 0,866 + s_4' \cdot 1 + s_5' \cdot 0,866 + s_6' \cdot 0,5$$
$$+ s_7' \cdot 0 - s_8' \cdot 0,5 - s_9' \cdot 0,866 - s_{10}' \cdot 1 - s_{11}' \cdot 0,866 - s_{12}' \cdot 0,5)$$

$$a_2 = -\frac{1}{4\pi} \cdot (s_1' \cdot 1 + s_2' \cdot 0,5 - s_3' \cdot 0,5 - s_4' \cdot 1 - s_5' \cdot 0,5 + s_6' \cdot 0,5$$
$$+ s_7' \cdot 1 + s_8' \cdot 0,5 - s_9' \cdot 0,5 - s_{10}' \cdot 1 - s_{11}' \cdot 0,5 + s_{12}' \cdot 0,5)$$

$$b_2 = -\frac{1}{4\pi} \cdot (s_1' \cdot 0 + s_2' \cdot 0,866 + s_3' \cdot 0,5 - s_4' \cdot 0 - s_5' \cdot 0,866 - s_6' \cdot 0,866$$
$$+ s_7' \cdot 0 + s_8' \cdot 0,866 + s_9' \cdot 0,866 - s_{10}' \cdot 0 - s_{11}' \cdot 0,866 - s_{12}' \cdot 0,866)$$

$$a_3 = -\frac{1}{9\pi} \cdot (s_1' \cdot 1 + s_2' \cdot 0 - s_3' \cdot 1 - s_4' \cdot 0 + s_5' \cdot 1 + s_6' \cdot 0$$
$$- s_7' \cdot 1 - s_8' \cdot 0 + s_9' \cdot 1 + s_{10}' \cdot 0 - s_{11}' \cdot 1 - s_{12}' \cdot 0)$$

$$b_3 = -\frac{1}{9\pi} \cdot (s_1' \cdot 0 + s_2' \cdot 1 - s_3' \cdot 0 - s_4' \cdot 1 + s_5' \cdot 0 + s_6' \cdot 1$$
$$- s_7' \cdot 0 - s_8' \cdot 1 + s_9' \cdot 0 + s_{10}' \cdot 1 - s_{11}' \cdot 0 - s_{12}' \cdot 1)$$

$$a_4 = -\frac{1}{16\pi} \cdot (s_1' \cdot 1 - s_2' \cdot 0,5 - s_3' \cdot 0,5 + s_4' \cdot 1 - s_5' \cdot 0,5 - s_6' \cdot 0,5$$
$$+ s_7' \cdot 1 - s_8' \cdot 0,5 - s_9' \cdot 0,5 + s_{10}' \cdot 1 - s_{11}' \cdot 0,5 - s_{12}' \cdot 0,5)$$

$$b_4 = -\frac{1}{16\pi} \cdot (s_1' \cdot 0 + s_2' \cdot 0,866 - s_3' \cdot 0,866 + s_4' \cdot 0 + s_5' \cdot 0,866 - s_6' \cdot 0,866$$
$$+ s_7' \cdot 0 + s_8' \cdot 0,866 - s_9' \cdot 0,866 + s_{10}' \cdot 0 + s_{11}' \cdot 0,866 - s_{12}' \cdot 0,866)$$

$$a_5 = -\frac{1}{25\pi} \cdot (s_1' \cdot 1 - s_2' \cdot 0,866 + s_3' \cdot 0,5 + s_4' \cdot 0 - s_5' \cdot 0,5 + s_6' \cdot 0,866$$
$$- s_7' \cdot 1 + s_8' \cdot 0,866 - s_9' \cdot 0,5 + s_{10}' \cdot 0 + s_{11}' \cdot 0,5 - s_{12}' \cdot 0,866)$$

$$b_5 = -\frac{1}{25\pi} \cdot (s_1' \cdot 0 + s_2' \cdot 0,5 - s_3' \cdot 0,866 + s_4' \cdot 1 - s_5' \cdot 0,866 + s_6' \cdot 0,5$$
$$+ s_7' \cdot 0 - s_8' \cdot 0,5 + s_9' \cdot 0,866 - s_{10}' \cdot 1 + s_{11}' \cdot 0,866 - s_{12}' \cdot 0,5)$$

$$a_6 = -\frac{1}{36\pi} \cdot (s_1' \cdot 1 - s_2' \cdot 1 + s_3' \cdot 1 - s_4' \cdot 1 + s_5' \cdot 1 - s_6' \cdot 1$$
$$+ s_7' \cdot 1 - s_8' \cdot 1 + s_9' \cdot 1 - s_{10}' \cdot 1 + s_{11}' \cdot 1 - s_{12}' \cdot 1)$$

$$b_6 = -\frac{1}{36\pi} \cdot (s_1' \cdot 0 + s_2' \cdot 0 + s_3' \cdot 0 + s_4' \cdot 0 + s_5' \cdot 0 + s_6' \cdot 0$$
$$+ s_7' \cdot 0 + s_8' \cdot 0 + s_9' \cdot 0 + s_{10}' \cdot 0 + s_{11}' \cdot 0 + s_{12}' \cdot 0)$$

$$a_7 = -\frac{1}{49\pi} \cdot (s_1' \cdot 1 - s_2' \cdot 0{,}866 + s_3' \cdot 0{,}5 + s_4' \cdot 0 - s_5' \cdot 0{,}5 + s_6' \cdot 0{,}866$$
$$- s_7' \cdot 1 + s_8' \cdot 0{,}866 - s_9' \cdot 0{,}5 + s_{10}' \cdot 0 + s_{11}' \cdot 0{,}5 - s_{12}' \cdot 0{,}866)$$

$$b_7 = -\frac{1}{49\pi} \cdot (s_1' \cdot 0 - s_2' \cdot 0{,}5 + s_3' \cdot 0{,}866 - s_4' \cdot 1 + s_5' \cdot 0{,}866 - s_6' \cdot 0{,}5$$
$$+ s_7' \cdot 0 + s_8' \cdot 0{,}5 - s_9' \cdot 0{,}866 + s_{10}' \cdot 1 - s_{11}' \cdot 0{,}866 + s_{12}' \cdot 0{,}5)$$

$$a_8 = -\frac{1}{64\pi} \cdot (s_1' \cdot 1 - s_2' \cdot 0{,}5 - s_3' \cdot 0{,}5 + s_4' \cdot 1 - s_5' \cdot 0{,}5 - s_6' \cdot 0{,}5$$
$$+ s_7' \cdot 1 - s_8' \cdot 0{,}5 - s_9' \cdot 0{,}5 + s_{10}' \cdot 1 - s_{11}' \cdot 0{,}5 - s_{12}' \cdot 0{,}5)$$

$$b_8 = -\frac{1}{64\pi} \cdot (s_1' \cdot 0 - s_2' \cdot 0{,}866 + s_3' \cdot 0{,}866 + s_4' \cdot 0 - s_5' \cdot 0{,}866 + s_6' \cdot 0{,}866$$
$$+ s_7' \cdot 0 - s_8' \cdot 0{,}866 + s_9' \cdot 0{,}866 + s_{10}' \cdot 0 - s_{11}' \cdot 0{,}866 + s_{12}' \cdot 0{,}866)$$

Tafel für die Berechnung der 8 Fourierkoeffizienten bei Geradenapproximation mit
m = 12 Stützstellen und Anwendung des Sprungstellenverfahrens

Arbeitsschritte:

1. **Ablesen und Eintragen der 12 Funktionswerte v_i**

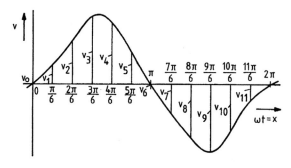

Bild 9.23
Geradenapproximation

2. **Eintragen der $2 \cdot v_i$-Werte bzw. $4 \cdot v_i$-Werte und**
   Berechnen des Gleichanteils a_0

   Die Berechnung des Gleichanteils erfolgt nach der Simpsonformel Gl. (9.44).

3. **Berechnen und Eintragen der Ordinatensprünge $\pm s_i'$ der Ableitungsfunktion**

$$s_1' = \frac{6}{\pi} \cdot (v_{11} - 2v_0 + v_1) \quad \text{und} \quad s_i' = \frac{6}{\pi} \cdot (v_{i-2} - 2 \cdot v_{i-1} + v_i)$$

Die Ordinatensprünge der Ableitungsfunktion $s_i' = v'(\xi_i' + 0) - v'(\xi_i' - 0)$ ergeben sich nach Gln. (9.61), (9.62) und (9.60) mit $\Delta x = \pi/6$ und $v_{12} = v_0$:

$$s_1' = A_{1,1} - A_{1,m} = A_{1,1} - A_{1,12}$$

$$s_i' = A_{1,i} - A_{1,i-1} \quad \text{mit } i = 2, 3, 4, \dots, 12$$

$$\text{mit } A_{1,i} = \frac{v_i - v_{i-1}}{\Delta x} \quad \text{und} \quad A_{1,12} = \frac{v_0 - v_{11}}{\Delta x}$$

Die Formeln für die Ordinatensprünge lauten dann:

$$s_1' = A_{1,1} - A_{1,12} = \frac{v_1 - v_0}{\Delta x} - \frac{v_0 - v_{11}}{\Delta x} = \frac{6}{\pi} \cdot (v_{11} - 2 \cdot v_0 + v_1)$$

$$s_2' = A_{1,2} - A_{1,1} = \frac{v_2 - v_1}{\Delta x} - \frac{v_1 - v_0}{\Delta x} = \frac{6}{\pi} \cdot (v_0 - 2 \cdot v_1 + v_2)$$

$$s_3' = A_{1,3} - A_{1,2} = \frac{v_3 - v_2}{\Delta x} - \frac{v_2 - v_1}{\Delta x} = \frac{6}{\pi} \cdot (v_1 - 2 \cdot v_2 + v_3)$$

$$s_4' = A_{1,4} - A_{1,3} = \frac{v_4 - v_3}{\Delta x} - \frac{v_3 - v_2}{\Delta x} = \frac{6}{\pi} \cdot (v_2 - 2 \cdot v_3 + v_4)$$

$$\vdots$$

$$s_{12}' = A_{1,12} - A_{1,11} = \frac{v_{12} - v_{11}}{\Delta x} - \frac{v_{11} - v_{10}}{\Delta x} = \frac{6}{\pi} \cdot (v_{10} - 2 \cdot v_{11} + v_{12})$$

4. **Berechnen und Eintragen der $\pm p_i = \pm 0{,}5 \cdot s_i'$ und $\pm q_i = \pm 0{,}866 \cdot s_i'$**

   Die auf den vorigen Seiten entwickelten Formeln für die Fourierkoeffizienten entsprechen den Spalten 1 bis 8 der folgenden Tabelle.

5. **Aufsummieren der Spaltenwerte und**
   Berechnen der Fourierkoeffizienten a_k und b_k

   Die Aufsummierung erfolgt spaltenweise, und die Spaltensummen müssen noch durch $\pi \cdot k^2$ dividiert werden.

Anm.:   Der Fourierkoeffizient b_6 lässt sich bei Geradenapproximation mit $m = 12$ nicht berechnen.

v_i	0	s_i'	1		2		3		4		5		6		7		8	
v_0	$2v_0$	s_1'	$+s_1'$		$+s_1'$		$+s_1'$		$+s_1'$		$+s_1'$		$+s_1'$		$+s_1'$		$+s_1'$	
v_1	$4v_1$	s_2'	$+q_2$	$+p_2$	$+p_2$	$+q_2$		$+s_2'$	$-p_2$	$+q_2$	$-q_2$	$+p_2$	$+s_2'$		$-q_2$	$-p_2$	$-p_2$	$-q_2$
v_2	$2v_2$	s_3'	$+p_3$	$+q_3$	$-p_3$	$+q_3$	$-s_3'$		$-p_3$	$-q_3$	$+p_3$	$-q_3$	$+s_3'$		$+p_3$	$+q_3$	$-p_3$	$+q_3$
v_3	$4v_3$	s_4'		$+s_4'$	$+s_4'$			$-s_4'$	$+s_4'$			$+s_4'$	$-s_4'$			$-s_4'$	$+s_4'$	
v_4	$2v_4$	s_5'	$-p_5$	$+q_5$	$-p_5$	$+q_5$	$+s_5'$		$-p_5$	$+q_5$	$-p_5$	$-q_5$	$+s_5'$		$-p_5$	$+q_5$	$-p_5$	$-q_5$
v_5	$4v_5$	s_6'	$-q_6$	$+p_6$	$+p_6$	$-q_6$		$+s_6'$	$-p_6$	$-q_6$	$+q_6$	$+p_6$	$-s_6'$		$+q_6$	$-p_6$	$-p_6$	$+q_6$
v_6	$2v_6$	s_7'	$-s_7'$		$+s_7'$		$-s_7'$		$+s_7'$		$-s_7'$		$+s_7'$		$-s_7'$		$+s_7'$	
v_7	$4v_7$	s_8'	$-q_8$	$-p_8$	$+p_8$	$+q_8$		$-s_8'$	$-p_8$	$+q_8$	$+q_8$	$-p_8$	$-s_8'$		$+q_8$	$+p_8$	$-p_8$	$-q_8$
v_8	$2v_8$	s_9'	$-p_9$	$-q_9$	$-p_9$	$+q_9$	$+s_9'$		$-p_9$	$-q_9$	$-p_9$	$+q_9$	$+s_9'$		$-p_9$	$-q_9$	$-p_9$	$+q_9$
v_9	$4v_9$	s_{10}'		$-s_{10}'$	$-s_{10}'$			$+s_{10}'$	$+s_{10}'$			$-s_{10}'$	$-s_{10}'$			$+s_{10}'$	$+s_{10}'$	
v_{10}	$2v_{10}$	s_{11}'	$+p_{11}$	$-q_{11}$	$-p_{11}$	$-q_{11}$	$-s_{11}'$		$-p_{11}$	$+q_{11}$	$+p_{11}$	$+q_{11}$	$+s_{11}'$		$+p_{11}$	$-q_{11}$	$-p_{11}$	$-q_{11}$
v_{11}	$4v_{11}$	s_{12}'	$+q_{12}$	$-p_{12}$	$+p_{12}$	$-q_{12}$		$-s_{12}'$	$-p_{12}$	$-q_{12}$	$-q_{12}$	$-p_{12}$	$-s_{12}'$		$-q_{12}$	$+p_{12}$	$-p_{12}$	$+q_{12}$
	A_0		A_1	B_1	A_2	B_2	A_3	B_3	A_4	B_4	A_5	B_5	A_6		A_7	B_7	A_8	B_8

$$a_0 = \frac{A_0}{36} \qquad a_k = -\frac{A_k}{\pi \cdot k^2} \qquad b_k = -\frac{B_k}{\pi \cdot k^2} \qquad \text{mit} \quad k = 1, 2, 3, \dots, 8$$

Die folgende leere Tafel kann für Rechenbeispiele kopiert und nach obiger Vorschrift ausgefüllt werden:

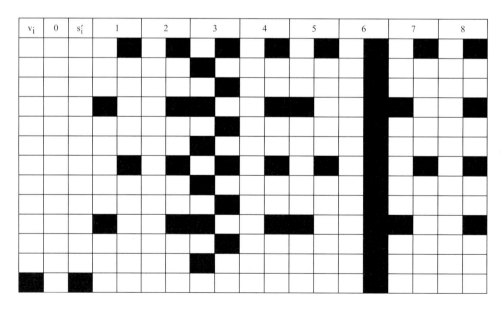

Beispiel: Die im Beispiel 3 des vorigen Abschnitts entwickelte Fourierreihe des gleichgerichteten Stroms bei Einweggleichrichtung (siehe Bild 9.15, S. 114) soll für $m = 12$ durch Geradenapproximation und mit Hilfe des Sprungstellenverfahrens angenähert werden, damit das Sprungstellenverfahren durch Vergleich der exakten mit der angenäherten Reihe beurteilt werden kann.

Lösung:

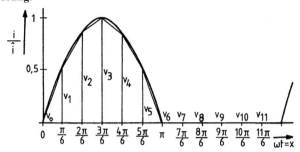

Bild 9.24 Aufteilung der Sinushalbwelle in Teilintervalle und Approximation durch Geradenstücke

v_i	0	s'_i	1	2	3	4	5	6	7	8
0	0	0,9549　0,9549		0,9549	0,9549	0,9549	0,9549	0,9549	0,9549	0,9549
0,5	2	−0,2558 −0,2215 −0,1279 −0,1279 −0,2215			−0,2558 0,1279	−0,2215 0,2215	−0,1279 0,2558		0,2215 0,1279	0,1279 0,2215
0,866	1,732	−0,4432 −0,2216 −0,3838 0,2216 0,3838 0,4432			0,2216 0,3838	−0,2216 0,3838	−0,4432		−0,2216 −0,3838	0,2216 −0,3838
1	4	−0,5118	−0,5118 0,5118		0,5118 −0,5118		−0,5118 0,5118		0,5118 −0,5118	
0,866	1,732	−0,4432 0,2216 −0,3838 0,2216 0,3838 −0,4432			0,2216 −0,3838	0,2216 −0,3838	−0,4432		0,2216 −0,3838	0,2216 0,3838
0,5	2	−0,2558 0,2215 −0,1279 −0,1279 0,2215			−0,2558 0,1279	0,2215 −0,2215	−0,1279 0,2558		−0,2215 0,1279	0,1279 −0,2215
0	0	0,9549 −0,9549		0,9549	−0,9549	0,9549	−0,9549	0,9549	−0,9549	0,9549
0	0	0	0	0	0	0	0 0 0	0 0	0	0 0	0 0
0	0	0	0	0	0	0	0 0	0 0	0	0 0	0 0
0	0	0	0	0		0	0 0	0 0	0	0	0 0
0	0	0	0	0	0	0	0 0	0 0	0	0 0	0 0
0	0	0	0	0	0	0	0 0	0 0	0	0 0	0 0
	11,464	0	−1,5352	2,609	0	0	2,097	0	0	2,0468	0	0	2,097	0

$$a_0 = \frac{11{,}464}{36} = 0{,}3184$$

$a_1 = 0$ 　　　　　$b_1 = -\dfrac{-1{,}5352}{\pi} = 0{,}4886$ 　　$a_5 = 0$ 　　　　$b_5 = 0$

$a_2 = -\dfrac{2{,}609}{\pi \cdot 2^2} = -0{,}2076$ 　　$b_2 = 0$ 　　　　　　　$a_6 = -\dfrac{2{,}0468}{\pi \cdot 6^2} = -0{,}0181$ 　　$b_6 = 0$

$a_3 = 0$ 　　　　　$b_3 = 0$ 　　　　　　　$a_7 = 0$ 　　　　$b_7 = 0$

$a_4 = -\dfrac{2{,}097}{\pi \cdot 4^2} = -0{,}0417$ 　　$b_4 = 0$ 　　　　　　　$a_8 = -\dfrac{2{,}097}{\pi \cdot 8^2} = -0{,}0104$ 　　$b_8 = 0$

Die angenäherte trigonometrische Fourierreihe der Sinushalbwelle, angenähert durch m = 12 Geradenstücke, lautet damit:

$$i(\omega t) \approx \hat{i} \cdot (0,3184 + 0,4866 \cdot \sin \omega t - 0,2076 \cdot \cos 2\omega t - 0,0417 \cdot \cos 4\omega t$$
$$- 0,0181 \cdot \cos 6\omega t - 0,0104 \cdot \cos 8\omega t - \ldots) \ .$$

Die Abweichung von der exakt berechneten Fourierreihe (siehe Beispiel 3 im Abschnitt 9.1, S. 114–116)

$$i(\omega t) = \hat{i} \cdot (0,318 + 0,5 \cdot \sin \omega t - 0,2122 \cdot \cos 2\omega t - 0,0424 \cdot \cos 4\omega t$$
$$- 0,0182 \cdot \cos 6\omega t - 0,0101 \cdot \cos 8\omega t - \ldots)$$

beträgt hinsichtlich der Amplituden maximal 3%. Die Fourierreihe mit Hilfe der Geraden-Approximation ist also für dieses Beispiel wesentlich genauer als die endliche Reihe, die mit der direkten trigonometrischen Interpolation berechnet wurde.

In Bereichen starker Krümmung der Originalfunktion weicht die Ersatzfunktion aus Geradenstücken erheblich von der Originalfunktion ab, z. B. bei der Sinushalbwelle im Bereich des Maximums. Um die Fourierreihen mit der Geradenapproximation genauer berechnen zu können, sollte in diesen Bereichen die Anzahl der Stützstellen und damit die Anzahl der Geradenstücke erhöht werden. Bei der Sinushalbwelle sollten z. B. folgende x_i-Werte mit zugehörigen Funktionswerten v_i berücksichtigt werden:

x_i	0°	30°	60°	75°	80°	85°	90°	95°	100°	105°	120°	150°	180°
v_i	0	0,5	0,866	0,966	0,985	0,996	1	0,996	0,085	0,966	0,866	0,5	0

Werden für die Approximation der nichtsinusförmigen periodischen Funktion statt Geraden Parabeln 2. Grades verwendet, dann muss die Anzahl der Stützstellen gerade sein, denn eine Parabel 2. Grades ist durch drei benachbarte Stützstellen bestimmt. In die Formeln für die Fourierkoeffizienten a_k und b_k gehen die Ordinatensprünge der Ableitungsfunktion und die Ordinatensprünge der 2. Ableitungsfunktion ein. Zunächst müssen aber die Koeffizienten der Parabeln und dann die Ordinatensprünge berechnet werden. Entsprechende Tafeln lassen sich für m = 12 entwickeln.

Wird die Ersatzfunktion aus Parabelstücken 3. Grades aus jeweils vier benachbarten Stützstellen gebildet, dann ist der rechnerische Aufwand nur noch mit Hilfe von Rechnern zu bewältigen.

9.3 Anwendungen der Fourierreihe

Wirkleistung bei nichtsinusförmigen Strömen und Spannungen

Die Wirkleistung P einer zeitlich veränderlichen periodischen Augenblicksleistung p(t) ist nach Gl. (4.189) im Band 2 gleich dem arithmetischen Mittelwert der Augenblicksleistung

$$P = \frac{1}{T} \int_0^T p(t) \cdot dt = \frac{1}{T} \int_0^T u(t) \cdot i(t) \cdot dt \qquad (9.63)$$

mit $p(t) = u(t) \cdot i(t)$.

Die nichtsinusförmige Spannung u(t) und der nichtsinusförmige Strom i(t) werden mit Hilfe der beschriebenen Methoden in die Fourierreihen

$$u(t) = a_0 + \sum_{k=1}^\infty (a_k \cdot \cos k\omega t + b_k \cdot \sin k\omega t)$$

und

$$i(t) = a_0' + \sum_{k=1}^\infty (a_k' \cdot \cos k\omega t + b_k' \cdot \sin k\omega t)$$

entwickelt, wobei die Fourierkoeffizienten der Strom-Reihe mit einem Strich versehen werden, damit sie nicht mit den Fourierkoeffizienten der Spannungs-Reihe verwechselt werden können. Keineswegs bedeutet der Strich Differentiation.

In das Integral für die Wirkleistung eingesetzt ergibt sich

$$P = \frac{1}{T} \int_0^T \left[a_0 + \sum_{k=1}^\infty (a_k \cdot \cos k\omega t + b_k \cdot \sin k\omega t) \right] \cdot \left[a_0' + \sum_{k=1}^\infty (a_k' \cdot \cos k\omega t + b_k' \cdot \sin k\omega t) \right] \cdot dt$$

Bei Berücksichtigung der Gln. (9.14) bis (9.19), siehe S. 101/102, sind fast alle Teilintegrale Null:

$$P = \frac{1}{T} \cdot \left\{ \int_0^T a_0 \cdot a_0' \cdot dt + \int_0^T \sum_{k=1}^\infty (a_k \cdot a_k' \cdot \cos^2 k\omega t + b_k \cdot b_k' \cdot \sin^2 k\omega t) \cdot dt \right\}$$

$$P = \frac{1}{T} \cdot \left\{ a_0 \cdot a_0' \cdot T + \sum_{k=1}^\infty \left(a_k \cdot a_k' \cdot \frac{T}{2} + b_k \cdot b_k' \cdot \frac{T}{2} \right) \right\}$$

$$P = a_0 \cdot a_0' + \sum_{k=1}^\infty \frac{a_k \cdot a_k' + b_k \cdot b_k'}{2} \qquad (9.64)$$

oder ausführlich

$$P = a_0 \cdot a_0' + \frac{a_1 \cdot a_1' + b_1 \cdot b_1'}{2} + \frac{a_2 \cdot a_2' + b_2 \cdot b_2'}{2} + \frac{a_3 \cdot a_3' + b_3 \cdot b_3'}{2} + \dots$$

Die Wirkleistung kann also unmittelbar aus den Fourierkoeffizienten der Spannungs- und Strom-Reihe berechnet werden, wobei in Gleichleistung, Grundwellenleistung, 1. Oberwellenleistung, 2. Oberwellenleistung, … unterschieden wird.

Mit den Gln. (9.7) und (9.8), siehe S. 99, können die Fourierkoeffizienten der Spannungs- und Strom-Reihe in der Formel für die Wirkleistung Gl. (9.64) ersetzt werden:

Mit

$$a_k = \hat{u}_k \cdot \sin\varphi_{uk} \qquad\qquad a'_k = \hat{i}_k \cdot \sin\varphi_{ik}$$

$$b_k = \hat{u}_k \cdot \cos\varphi_{uk} \qquad\qquad b'_2 = \hat{i}_k \cdot \cos\varphi_{ik}$$

ist

$$P = U_0 \cdot I_0 + \sum_{k=1}^{\infty} \frac{\hat{u}_k \cdot \hat{i}_k}{\sqrt{2} \cdot \sqrt{2}} \cdot (\sin\varphi_{uk} \cdot \sin\varphi_{ik} + \cos\varphi_{uk} \cdot \cos\varphi_{ik})$$

$$P = U_0 \cdot I_0 + \sum_{k=1}^{\infty} U_k \cdot I_k \cdot \cos(\varphi_{uk} - \varphi_{ik}) \tag{9.65}$$

$$P = U_0 \cdot I_0 + \sum_{k=1}^{\infty} U_k \cdot I_k \cdot \cos\varphi_k \qquad \text{mit} \quad \varphi_k = \varphi_{uk} - \varphi_{ik} \tag{9.66}$$

oder

$$P = U_0 \cdot I_0 + U_1 \cdot I_1 \cdot \cos\varphi_1 + U_2 \cdot I_2 \cdot \cos\varphi_2 + U_3 \cdot I_3 \cdot \cos\varphi_3 + \dots$$

Die Wirkleistung bei nichtsinusförmigen periodischen Spannungen und Strömen ist gleich der Summe der Gleichleistung und der Wechselstromleistungen der Grund- und Oberwellen.

Effektivwert einer nichtsinusförmigen periodischen Wechselgröße

Der Effektivwert V einer zeitlich veränderlichen periodischen Wechselgröße v(t) ist nach Gl. (4.5) im Band 2

$$V = \sqrt{\frac{1}{T} \int_0^T \left[v(t) \right]^2 \cdot dt} \; .$$

Das Quadrat des Effektivwertes wird formal nach der gleichen Formel berechnet wie die Wirkleistung in Gl. (9.63),

$$V^2 = \frac{1}{T} \int_0^T \left[v(t) \right]^2 \cdot dt \quad \text{und} \quad P = \frac{1}{T} \int_0^T u(t) \cdot i(t) \cdot dt,$$

wenn in der Leistungsformel sowohl u(t) als auch i(t) durch v(t) ersetzt werden.

Die Herleitung der Formeln für V^2 ist also gleich, so dass die Ergebnisse entsprechend übernommen werden können.

Für die nichtsinusförmige periodische Wechselgröße v(t) wird zunächst die Fourierreihe entwickelt:

$$v(t) = a_0 + \sum_{k=1}^{\infty} (a_k \cdot \cos k\omega t + b_k \cdot \sin k\omega t).$$

Dann wird Gl. (9.64) entsprechend geändert:

$$V^2 = a_0^2 + \sum_{k=1}^{\infty} \frac{a_k^2 + b_k^2}{2}, \tag{9.67}$$

so dass der Effektivwert aus den ermittelten Fourierkoeffizienten berechnet werden kann:

$$V = \sqrt{a_0^2 + \frac{a_1^2 + b_1^2}{2} + \frac{a_2^2 + b_2^2}{2} + \frac{a_3^2 + b_3^2}{2} + \dots} \quad . \tag{9.68}$$

Auch Gl. (9.66) lässt sich formal ändern:

$$V^2 = V_0^2 + \sum_{k=1}^{\infty} V_k^2 \tag{9.69}$$

oder ausführlich

$$V = \sqrt{V_0^2 + V_1^2 + V_2^2 + V_3^2 + V_4^2 + \dots} \quad . \tag{9.70}$$

Der Effektivwert einer nichtsinusförmigen periodischen Wechselgröße ist gleich der geometrischen Summe der Effektivwerte des Gleichanteils, der Grundwelle und der Oberwellen.

Beispiel 1: Effektivwert der Rechteckfunktion im Bild 9.12, S. 111

Die Fourierkoeffizienten der Rechteckfunktion sind im Beispiel 1, S. 111 ermittelt:

$$a_0 = 0 \qquad a_k = 0 \qquad b_{2k} = 0 \qquad b_{2k+1} = \frac{4\hat{u}}{\pi} \cdot \frac{1}{2k+1}$$

Nach Gl. (9.67) ist

$$V = \sqrt{\sum_{k=0}^{\infty} \frac{b_{2k+1}^2}{2}} = \sqrt{\sum_{k=0}^{\infty} \frac{(4\hat{u})^2}{\pi^2 2 \cdot (2k+1)^2}}$$

$$V = \frac{4\hat{u}}{\pi\sqrt{2}} \cdot \sqrt{\sum_{k=0}^{\infty} \frac{1}{(2k+1)^2}} = \frac{4\hat{u} \cdot \sqrt{\frac{\pi^2}{8}}}{\pi\sqrt{2}} = \hat{u}$$

$$\text{mit} \quad \sum_{k=0}^{\infty} \frac{1}{(2k+1)^2} = \frac{\pi^2}{8}$$

Beispiel 2: Effektivwert der Sägezahnfunktion im Bild 9.14, S. 112

Aus der Fourierreihe der Sägezahnfunktion, ermittelt im Abschnitt 9.1, Beispiel 2, S. 114

$$u(\omega t) = \frac{\hat{u}}{2} + \frac{\hat{u}}{\pi} \cdot \left(\frac{\sin \omega t}{1} + \frac{\sin 2\omega t}{2} + \frac{\sin 3\omega t}{3} + \frac{\sin 4\omega t}{4} + ... \right)$$

können die Effektivwerte entnommen und in die Gl. (9.70) eingesetzt werden, indem die Amplituden der Grundwelle und der Oberwellen durch $\sqrt{2}$ dividiert werden:

$$V = \sqrt{V_0{}^2 + V_1{}^2 + V_2{}^2 + V_3{}^2 + ...}$$

$$U = \sqrt{\left(\frac{\hat{u}}{2}\right)^2 + \left(\frac{\hat{u}}{\pi \cdot \sqrt{2}}\right)^2 \cdot \left(1 + \frac{1}{4} + \frac{1}{9} + \frac{1}{16} + ...\right)}$$

$$\text{mit } \sum_{k=1}^{\infty} \frac{1}{k^2} = 1 + \frac{1}{4} + \frac{1}{9} + \frac{1}{16} + ... = \frac{\pi^2}{6}$$

$$U = \hat{u} \cdot \sqrt{\frac{1}{4} + \frac{1}{\pi^2 \cdot 2} \cdot \frac{\pi^2}{6}} = \hat{u} \cdot \sqrt{\frac{3+1}{12}}$$

$$U = \frac{1}{\sqrt{3}} \cdot \hat{u} = 0{,}577 \cdot \hat{u}$$

Beurteilung der Abweichung vom sinusförmigen Verlauf

Die Abweichung einer nichtsinusförmigen periodischen Funktion von einer sinusförmigen Wechselgröße wird durch den Verzerrungsfaktor und durch zwei Klirrfaktoren erfasst. Für die Beurteilung der Kurvenform werden noch der Scheitelfaktor und der Formfaktor definiert.

Der **Verzerrungsfaktor** ist gleich dem Quotienten aus Effektivwert der Grundwelle und dem Effektivwert der nichtsinusförmigen periodischen Funktion:

$$k_v = \frac{V_1}{\sqrt{\dfrac{1}{T} \displaystyle\int_0^T [v(t)]^2 \cdot dt}} = \frac{V_1}{\sqrt{V_0{}^2 + V_1{}^2 + V_2{}^2 + V_3{}^2 + ...}} \tag{9.71}$$

Beispiele:

Sinusform (ohne Verzerrung): $k_v = 1$

Rechteckform nach Bild 9.12, S. 111:

$$k_v = \frac{\dfrac{4\hat{u}}{\pi \cdot \sqrt{2}}}{\hat{u}} = \frac{4}{\pi \cdot \sqrt{2}} = 0{,}9$$

Sägezahnform nach Bild 9.14, S. 112:

$$k_v = \frac{\dfrac{\hat{u}}{\pi \cdot \sqrt{2}}}{\dfrac{\hat{u}}{\sqrt{3}}} = \frac{\sqrt{3}}{\pi \cdot \sqrt{2}} = 0{,}4$$

Die beiden **Definitionen des Klirrfaktors** beziehen den Effektivwert der Oberwellen auf den Effektivwert der Gesamtwechselgröße oder auf den Effektivwert der Grundwelle:

$$k = \frac{\sqrt{V_2^2 + V_3^2 + V_4^2 + ...}}{\sqrt{V_1^2 + V_2^2 + V_3^2 + V_4^2 + ...}} \qquad (9.72)$$

bzw.

$$k' = \frac{\sqrt{V_2^2 + V_3^2 + V_4^2 + ...}}{V_1} . \qquad (9.73)$$

Zwischen beiden Klirrfaktoren besteht der Zusammenhang

$$k = \frac{k'}{\sqrt{1 + k'^2}} \qquad (9.74)$$

weil

$$k = \frac{\sqrt{V_2^2 + V_3^2 + V_4^2 + ...}}{V_1 \cdot \sqrt{1 + \dfrac{V_2^2 + V_3^2 + V_4^2 + ...}{V_1^2}}} = \frac{\sqrt{V_2^2 + V_3^2 + V_4^2 + ...}}{\sqrt{V_1^2 + V_2^2 + V_3^2 + V_4^2 + ...}}$$

Beispiele:
Klirrfaktoren der Rechteckfunktion nach Bild 9.12, S. 111

Aus der Fourierreihe der Rechteckfunktion (siehe Beispiel 1, S. 111 bzw. 143) werden die Effektivwerte der Grundwelle und der Oberwellen entnommen:

$$k = \frac{\sqrt{\left(\dfrac{4\hat{u}}{\pi \cdot \sqrt{2}}\right)^2 \cdot \left(\dfrac{1}{9} + \dfrac{1}{25} + \dfrac{1}{49} + ...\right)}}{\sqrt{\left(\dfrac{4\hat{u}}{\pi \cdot \sqrt{2}}\right)^2 \cdot \left(1 + \dfrac{1}{9} + \dfrac{1}{25} + \dfrac{1}{49} + ...\right)}} = \frac{\sqrt{\dfrac{\pi^2}{8} - 1}}{\sqrt{\dfrac{\pi^2}{8}}} = 0,435$$

$$k' = \frac{\sqrt{\left(\dfrac{4\hat{u}}{\pi \cdot \sqrt{2}}\right)^2 \cdot \left(\dfrac{1}{9} + \dfrac{1}{25} + \dfrac{1}{49} + ...\right)}}{\dfrac{4\hat{u}}{\pi \cdot \sqrt{2}}} = \sqrt{\dfrac{\pi^2}{8} - 1} = 0,483 \quad \text{mit} \sum_{k=0}^{\infty} \frac{1}{(2k+1)^2} = \frac{\pi^2}{8}$$

Klirrfaktoren der Sägezahnfunktion nach Bild 9.14, S. 112

Entsprechend können die Effektivwerte aus der Fourierreihe der Sägezahnfunktion (siehe Beispiel 2, Effektivwertberechnung, S. 144) entnommen werden:

$$k = \frac{\sqrt{\left(\dfrac{\hat{u}}{\pi \cdot \sqrt{2}}\right)^2 \cdot \left(\dfrac{1}{4} + \dfrac{1}{9} + \dfrac{1}{16} + ...\right)}}{\sqrt{\left(\dfrac{\hat{u}}{\pi \cdot \sqrt{2}}\right)^2 \cdot \left(1 + \dfrac{1}{4} + \dfrac{1}{9} + \dfrac{1}{16} + ...\right)}} = \frac{\sqrt{\dfrac{\pi^2}{6} - 1}}{\sqrt{\dfrac{\pi^2}{6}}} = 0,626$$

$$k' = \frac{\sqrt{\left(\dfrac{\hat{u}}{\pi \cdot \sqrt{2}}\right)^2 \cdot \left(\dfrac{1}{4} + \dfrac{1}{9} + \dfrac{1}{16} + ...\right)}}{\dfrac{\hat{u}}{\pi \cdot \sqrt{2}}} = \sqrt{\dfrac{\pi^2}{6} - 1} = 0,803 \quad \text{mit} \sum_{k=1}^{\infty} \frac{1}{k^2} = \frac{\pi^2}{6}$$

Der **Scheitelfaktor** gibt das Verhältnis des Maximalwertes (Scheitelwert) zum Effektivwert der nichtsinusförmigen periodischen Funktion an:

$$\xi = \frac{\hat{v}}{V} \qquad\qquad (9.75)$$

Beispiele:

Rechteckfunktion nach Bild 9.12, S. 111: $\xi = 1$

Sinusfunktion: $\xi = \sqrt{2} = 1,414$

Der **Formfaktor** bezieht den Effektivwert der nichtsinusförmigen periodischen Funktion auf den arithmetischen Mittelwert während einer Halbperiode oder Gleichrichtwert (siehe Gln. (4.3) und (4.4) im Band 2) der nichtsinusförmigen periodischen Funktion:

$$f = \frac{V}{V_a} \qquad\qquad (9.76)$$

Beispiele:

Rechteckfunktion nach Bild 9.12, S. 111: $f = 1$

Sinusfunktion: $f = 1,11$

Netzberechnungen bei nichtsinusförmigen periodischen Quellspannungen

Die nichtsinusförmige Quellspannung, erzeugt durch spezielle Generatoren, wird zunächst mit Hilfe der beschriebenen Rechenverfahren in eine Fourierreihe entwickelt (Harmonische Analyse).

Wenn alle ohmschen Widerstände, Induktivitäten und Kapazitäten lineare Kennlinien haben, kann für die Berechnung der Ströme das Superpositionsverfahren angewendet werden:

Auf das Netzwerk wirkt zunächst nur der Gleichanteil (Gleichstromberechnung nach Abschnitt 2.3 im Band 1),

dann die Grundwelle (Wechselstromberechnung nach Abschnitt 4.2.2, im Band 2)

und dann die 1. Oberwelle (Wechselstromberechnung nach Abschnitt 4.2.2 im Band 2),

dann die 2. Oberwelle, usw.

Die sich ergebenden Stromanteile werden schließlich überlagert (Harmonische Synthese).

Ströme und Spannungen in einem Netzwerk hängen von der Art der Bauelemente ab:

Bei **ohmschen Widerständen** haben die nichtsinusförmige Spannung und der nichtsinusförmige Strom gleichen Verlauf, weil ein ohmscher Widerstand frequenzunabhängig ist.

Der **induktive Widerstand** $X_L = \omega \cdot L$ wächst proportional mit zunehmender Frequenz. Mit größer werdender Frequenz werden die Oberwellen des Stroms mehr gedämpft. Die induktive Spannung steigt bei höheren Frequenzen, d. h. die Oberschwingungsanteile werden mit höheren Frequenzen größer.

Der **kapazitive Widerstand** $- X_C = 1/\omega C$ wird mit wachsender Frequenz kleiner. Mit größer werdender Frequenz steigen die Oberwellenanteile des Stroms. Die kapazitive Spannung sinkt bei höheren Frequenzen, d. h. die Oberschwingungsanteile werden mit höheren Frequenzen mehr gedämpft.

Prinzipielle Berechnung der Ausgangsfunktion eines Übertragungsgliedes
für periodische Eingangsgrößen

Für periodische nichtsinusförmige Eingangsgrößen x(t) lässt sich die Berechnung der
Ausgangsfunktion y(t) mit Hilfe der Übertragungsfunktion (Netzwerkfunktion) $G(jk\omega)$
durch folgendes Rechenschema veranschaulichen:

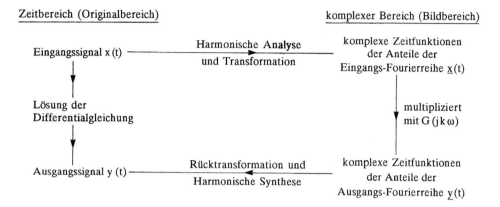

Folgende Rechenoperationen sind also für die Ermittlung der periodischen Ausgangs-
Zeitfunktion vorzunehmen:

1. Überführung der periodischen nichtsinusförmigen Eingangsgröße x(t) in eine Fourierreihe (Harmonische Analyse)

2. Berechnung des Gleichanteils Y_0 der Ausgangsgröße aus dem Gleichanteil X_0 der
   Eingangsgröße

3. Transformation der sinusförmigen Anteile x_k in komplexe Zeitfunktionen $\underline{x}_k$ (siehe
   Band 2, Abschnitt 4.2.2)

4. Ermittlung der Übertragungsfunktion (Netzwerkfunktion) $G(jk\omega)$ mit Hilfe der Symbolischen Methode (siehe Band 2, Abschnitt 4.2.4)

5. Berechnung der komplexen Zeitfunktionen der Anteile der Ausgangsgröße $\underline{y}_k$ durch
   Multiplikation mit der Übertragungsfunktion $G(jk\omega)$

6. Rücktransformation der komplexen Zeitfunktionen in sinusförmige Anteile y_k

7. Ermittlung der Fourierreihe der Ausgangsgröße y(t) durch Überlagerung des Gleichanteils Y_0 und der sinusförmigen Anteile y_k

Beispiel:

An den Eingang der RC-Schaltung
(siehe Bild 9.25) liegt eine Sägezahnspannung

$$u_1(\omega t) = \hat{u} \cdot \left(1 - \frac{\omega t}{2\pi}\right) \quad \text{für } 0 < \omega t < 2\pi \ ,$$

deren Funktionsgleichung auf S. 97 angegeben
und die im Bild 9.1, S. 98 gezeichnet ist.

Die Ausgangsspannung $u_2(\omega t)$ bezogen auf $\hat{u}$
ist zu ermitteln, wobei $\omega = 1/RC$ betragen soll.

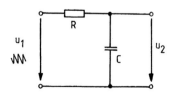

Bild 9.25 RC-Schaltung

Lösung nach den oben angegebenen Rechenschritten:

Zu 1. Im Beispiel 2 (siehe Abschnitt 9.1, S. 112–114) ist die Fourierreihe der Eingangsspannung bereits entwickelt:

$$u_1(\omega t) = \frac{\hat{u}}{2} + \frac{\hat{u}}{\pi} \cdot \left(\frac{\sin \omega t}{1} + \frac{\sin 2\omega t}{2} + \frac{\sin 3\omega t}{3} + ... + \frac{\sin k\omega t}{k} + ... \right)$$

$$u_1(\omega t) = U_{10} + u_{11}(\omega t) + u_{12}(\omega t) + u_{13}(\omega t) + ... + u_{1k}(\omega t) + ...$$

Zu 2. $U_{20} = U_{l0} = \dfrac{\hat{u}}{2}$

Zu 3. $u_{11}(\omega t) = \dfrac{\hat{u}}{\pi} \cdot \sin \omega t \qquad \rightarrow \underline{u}_{11}(\omega t) = \dfrac{\hat{u}}{\pi} \cdot e^{j\omega t}$

$\qquad u_{12}(\omega t) = \dfrac{\hat{u}}{2\pi} \cdot \sin 2\omega t \qquad \rightarrow \underline{u}_{12}(\omega t) = \dfrac{\hat{u}}{2\pi} \cdot e^{j2\omega t}$

$\qquad u_{13}(\omega t) = \dfrac{\hat{u}}{3\pi} \cdot \sin 3\omega t \qquad \rightarrow \underline{u}_{13}(\omega t) = \dfrac{\hat{u}}{3\pi} \cdot e^{j3\omega t}$

$\qquad \vdots$

$\qquad u_{1k}(\omega t) = \dfrac{\hat{u}}{k\pi} \cdot \sin k\omega t \qquad \rightarrow \underline{u}_{1k}(\omega t) = \dfrac{\hat{u}}{k\pi} \cdot e^{jk\omega t}$

Zu 4. $G(jk\omega) = \dfrac{\dfrac{1}{jk\omega C}}{R + \dfrac{1}{jk\omega C}} = \dfrac{1}{1 + jk\omega RC} \qquad$ (Spannungsteilerregel)

$\qquad G(jk\omega) = \dfrac{1}{1 + jk} = \dfrac{e^{-j\varphi_k}}{\sqrt{1 + k^2}} \quad$ mit $\quad \omega = \dfrac{1}{RC} \quad$ und $\quad \varphi_k = \arctan k$

Zu 5. $\underline{u}_{21}(\omega t) = \underline{u}_{11}(\omega t) \cdot G(j\omega) = \dfrac{\hat{u} \cdot e^{j(\omega t - \varphi_1)}}{\pi\sqrt{2}} \qquad$ mit $\varphi_1 = \arctan 1$

$\qquad \underline{u}_{22}(\omega t) = \underline{u}_{12}(\omega t) \cdot G(j2\omega) = \dfrac{\hat{u} \cdot e^{j(2\omega t - \varphi_2)}}{2\pi\sqrt{5}} \qquad$ mit $\varphi_2 = \arctan 2$

$\qquad \underline{u}_{23}(\omega t) = \underline{u}_{13}(\omega t) \cdot G(j3\omega) = \dfrac{\hat{u} \cdot e^{j(3\omega t - \varphi_3)}}{3\pi\sqrt{10}} \qquad$ mit $\varphi_3 = \arctan 3$

$\qquad \vdots$

$\qquad \underline{u}_{2k}(\omega t) = \underline{u}_{1k}(\omega t) \cdot G(jk\omega) = \dfrac{\hat{u} \cdot e^{j(k\omega t - \varphi_k)}}{k\pi\sqrt{1 + k^2}} \qquad$ mit $\varphi_k = \arctan k$

Zu 6. $\dfrac{u_{21}(\omega t)}{\hat{u}} = \dfrac{\sin(\omega t - \varphi_1)}{\pi \cdot \sqrt{2}} = 0,2251 \cdot \sin(\omega t - 0,7853)$

$\qquad \dfrac{u_{22}(\omega t)}{\hat{u}} = \dfrac{\sin(2\omega t - \varphi_2)}{2\pi \cdot \sqrt{5}} = 0,0712 \cdot \sin(2\omega t - 1,107)$

$\qquad \dfrac{u_{23}(\omega t)}{\hat{u}} = \dfrac{\sin(3\omega t - \varphi_3)}{3\pi \cdot \sqrt{10}} = 0,0335 \cdot \sin(3\omega t - 1,249)$

$\qquad \vdots$

$\qquad \dfrac{u_{2k}(\omega t)}{\hat{u}} = \dfrac{\sin(k\omega t - \varphi_k)}{k\pi \cdot \sqrt{1 + k^2}} \qquad$ mit $\quad \varphi_k = \arctan k$

Zu 7.

$u_2(\omega t) = U_{20} + u_{21}(\omega t) + u_{22}(\omega t) + u_{23}(\omega t) + \ldots + u_{2k}(\omega t) + \ldots$

$$\frac{u_2(\omega t)}{\hat{u}} = 0{,}5 + 0{,}225 \cdot \sin(\omega t - 0{,}785) + 0{,}0712 \cdot \sin(2\omega t - 1{,}11) + 0{,}0335 \cdot \sin(3\omega t - 1{,}25) +$$

$$+\ 0{,}0193 \cdot \sin(4\omega t - 1{,}33) + 0{,}0125 \cdot \sin(5\omega t - 1{,}37) + 0{,}0087 \cdot \sin(6\omega t - 1{,}41) +$$

$$+\ 0{,}0064 \cdot \sin(7\omega t - 1{,}43) + 0{,}0049 \cdot \sin(8\omega t - 1{,}45) + \ldots$$

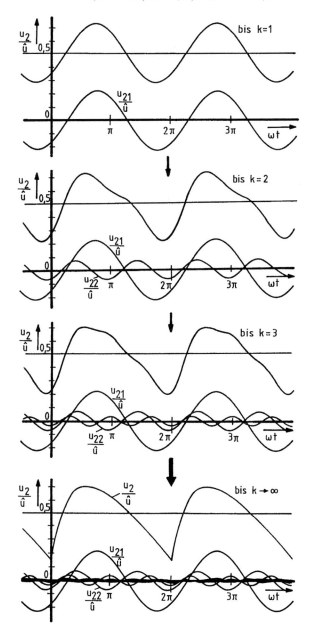

Bild 9.26
Fouriersynthese eines über-
tragenen periodischen
Signals

9.4 Die Darstellung nichtsinusförmiger periodischer Wechselgrößen durch komplexe Reihen

Übergang von der reellen Fourierreihe zur komplexen Fourierreihe

Eine nichtsinusförmige periodische Wechselgröße lässt sich nicht nur in eine reelle Fourierreihe, sondern auch in eine komplexe Reihe mit e-Anteilen entwickeln, die imaginäre Exponenten haben. Während die Fourierreihe mit Sinus-und Kosinusgliedern messtechnisch mit Analysatoren nachgewiesen werden kann, ist das selbstverständlich bei komplexen Fourierreihen nicht möglich.

Die komplexe Fourierreihe lässt sich aus der reellen Fourierreihe wie folgt herleiten:

In der reellen Fourierreihe

$$v(t) = a_0 + \sum_{k=1}^{\infty} (a_k \cdot \cos k\omega t + b_k \cdot \sin k\omega t)$$

werden die cos- und sin-Anteile ersetzt. Durch Addition und Subtraktion von

$$e^{j\alpha} = \cos \alpha + j \cdot \sin \alpha$$

und

$$e^{-j\alpha} = \cos \alpha - j \cdot \sin \alpha$$

entsteht

$$\cos \alpha = \frac{1}{2}(e^{j\alpha} + e^{-j\alpha}) \quad \text{und} \quad \sin \alpha = \frac{1}{2j}(e^{j\alpha} - e^{-j\alpha}),$$

d. h. mit $\alpha = k\omega t$ ist

$$v(t) = a_0 + \sum_{k=1}^{\infty} \left\{ \frac{a_k}{2} \cdot e^{jk\omega t} + \frac{a_k}{2} \cdot e^{-jk\omega t} + \frac{b_k}{2j} \cdot e^{jk\omega t} - \frac{b_k}{2j} \cdot e^{-jk\omega t} \right\}$$

$$v(t) = a_0 + \sum_{k=1}^{\infty} \left\{ \left(\frac{a_k}{2} + \frac{b_k}{2j} \right) \cdot e^{jk\omega t} + \left(\frac{a_k}{2} - \frac{b_k}{2j} \right) \cdot e^{-jk\omega t} \right\}$$

$$v(t) = \underline{c}_0 + \sum_{k=1}^{\infty} \left\{ \underline{c}_k \cdot e^{jk\omega t} + \underline{c}_{-k} \cdot e^{-jk\omega t} \right\} \tag{9.77}$$

$$\text{mit} \quad \underline{c}_k = \frac{a_k}{2} + \frac{b_k}{2j} \tag{9.78}$$

$$\underline{c}_{-k} = \frac{a_k}{2} - \frac{b_k}{2j} \tag{9.79}$$

$$\text{und} \quad \underline{c}_0 = a_0. \tag{9.80}$$

Durch die folgende Berechnung der komplexen Fourierkoeffizienten $\underline{c}_k$, $\underline{c}_{-k}$ und $\underline{c}_0$ aus den reellen Fourierkoeffizienten wird gezeigt, dass die Indizierung mit $-k$ sinnvoll ist.

In den Formeln für die Fourierkoeffizienten a_k und b_k in den Gln. (9.21) und (9.22), siehe S. 102, werden ebenfalls die cos- und sin-Anteile ersetzt:

$$a_k = \frac{2}{T} \cdot \int_0^T v(t) \cdot \cos k\omega t \cdot dt = \frac{2}{T} \cdot \int_0^T v(t) \cdot \frac{e^{jk\omega t} + e^{-jk\omega t}}{2} \cdot dt$$

$$b_k = \frac{2}{T} \cdot \int_0^T v(t) \cdot \sin k\omega t \cdot dt = \frac{2}{T} \cdot \int_0^T v(t) \cdot \frac{e^{jk\omega t} - e^{-jk\omega t}}{2j} \cdot dt \, ,$$

wodurch sich für die komplexen Fourierkoeffizienten ergibt

$$\underline{c}_k = \frac{a_k}{2} + \frac{b_k}{2j} = \frac{1}{T} \cdot \int_0^T v(t) \cdot \left(\frac{e^{jk\omega t}}{2} + \frac{e^{-jk\omega t}}{2} - \frac{e^{jk\omega t}}{2} + \frac{e^{-jk\omega t}}{2} \right) \cdot dt$$

$$\underline{c}_k = \frac{1}{T} \cdot \int_0^T v(t) \cdot e^{-jk\omega t} \cdot dt$$

und

$$\underline{c}_{-k} = \frac{a_k}{2} - \frac{b_k}{2j} = \frac{1}{T} \cdot \int_0^T v(t) \cdot \left(\frac{e^{jk\omega t}}{2} + \frac{e^{-jk\omega t}}{2} + \frac{e^{jk\omega t}}{2} - \frac{e^{-jk\omega t}}{2} \right) \cdot dt$$

$$\underline{c}_{-k} = \frac{1}{T} \cdot \int_0^T v(t) \cdot e^{jk\omega t} \cdot dt = \frac{1}{T} \cdot \int_0^T v(t) \cdot e^{-j(-k)\omega t} \cdot dt$$

und

$$\underline{c}_0 = a_0 = \frac{1}{T} \cdot \int_0^T v(t) \cdot dt \, .$$

Die komplexen Fourierkoeffizienten lassen sich also durch eine gemeinsame Formel für $\underline{c}_k$ berechnen, indem der Bereich von k um die negativen Zahlen und die Null erweitert wird. Damit lässt sich die Reihenfolge der Glieder der komplexen Fourierreihe ändern; statt k und $-k$ von 1 bis ∞ in Gl. (9.77) variiert wird, läuft nun k von $-\infty$ bis $+\infty$:

$$v(t) = \sum_{k=-\infty}^{\infty} \underline{c}_k \cdot e^{jk\omega t} \tag{9.81}$$

$$\text{mit} \quad \underline{c}_k = \frac{1}{T} \cdot \int_0^T v(t) \cdot e^{-jk\omega t} \cdot dt = \frac{1}{T} \cdot \int_{-T/2}^{T/2} v(t) \cdot e^{-jk\omega t} \cdot dt \tag{9.82}$$

Ist die nichtsinusförmige Funktion in Abhängigkeit von ωt gegeben, müssen die Integrationsvariable und die Grenzen geändert werden:

$$v(\omega t) = \sum_{k=-\infty}^{\infty} \underline{c}_k \cdot e^{jk\omega t} \tag{9.83}$$

$$\text{mit} \quad \underline{c}_k = \frac{1}{2\pi} \cdot \int_0^{2\pi} v(\omega t) \cdot e^{-jk(\omega t)} \cdot d(\omega t) = \frac{1}{2\pi} \cdot \int_{-\pi}^{\pi} v(\omega t) \cdot e^{-jk(\omega t)} \cdot d(\omega t) \tag{9.84}$$

Bei der komplexen Fourierreihe wird also der Frequenzbereich durch negative Frequenzen erweitert.

Die komplexen Fourierkoeffizienten der komplexen Fourierreihe können in algebraischer und in Exponentialschreibweise geschrieben werden:

$$\underline{c}_k = \frac{a_k}{2} - j \cdot \frac{b_k}{2} = \left|\underline{c}_k\right| \cdot e^{j \cdot \psi_k} \tag{9.85}$$

mit $\left|\underline{c}_k\right|$ Amplitudenspektrum

und ψ_k Phasenspektrum.

Da diese beiden Begriffe schon bei der reellen Fourierreihe (siehe S. 96) verwendet wurden, muss es einfache Zusammenhänge zwischen $\hat{v}_k$ und $\left| \underline{c}_k \right|$ bzw. φ_{vk} und ψ_k geben:

für das **Amplitudenspektrum** mit Gl. (9.10), S. 99

$$\left|\underline{c}_k\right| = \frac{1}{2} \cdot \sqrt{a_k{}^2 + b_k{}^2} = \frac{1}{2} \cdot \hat{v}_k \tag{9.86}$$

$-\infty < k < \infty \qquad\qquad\qquad 0 \le k < \infty$

und für das **Phasenspektrum** mit Gl. (9.11), S. 99

$$\tan \psi_k = \frac{-b_k}{a_k} = -\frac{1}{\tan \varphi_{vk}} = -\cot \varphi_{vk}$$

oder

$$\psi_k = \arctan\left(-\frac{b_k}{a_k}\right) = \arctan\frac{a_k}{b_k} - \frac{\pi}{2}$$

d. h.

$$\psi_k = \varphi_{vk} - \frac{\pi}{2}. \tag{9.87}$$

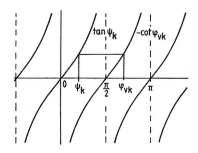

Bild 9.27 Zusammenhang zwischen den Phasenspektren

Wenn in der Literatur über das Amplituden- und Phasenspektrum einer nichtsinusförmigen periodischen Funktion geschrieben ist, muss aus dem Zusammenhang zu erkennen sein, um welche der beiden Definitionen es sich handelt.

Aus den Fourierkoeffizienten $\underline{c}_k$ der komplexen Fourierreihe können mit Gl. (9.85) die Fourierkoeffizienten der reellen Fourierreihe ermittelt werden:

$$a_k = \text{Re}\left\{2 \cdot \underline{c}_k\right\} \qquad\qquad b_k = -\text{Im}\left\{2 \cdot \underline{c}_k\right\}.$$

Beispiel 1:
Amplituden- und Phasenspektrum der Rechteckfunktion nach Bild 9.12, S. 111

$$u(t) = \begin{cases} \hat{u} & \text{für} \quad 0 < t < T/2 \\ -\hat{u} & \text{für} \quad T/2 < t < T \end{cases}$$

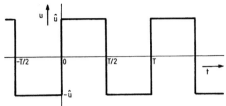

Mit Gl. (9.82) ist

$$\underline{c}_k = \frac{1}{T} \cdot \int_{-T/2}^{T/2} v(t) \cdot e^{-jk\omega t} \cdot dt$$

$$\underline{c}_k = \frac{1}{T} \cdot \left\{ \int_{-T/2}^{0} (-\hat{u}) \cdot e^{-jk\omega t} \cdot dt + \int_{0}^{T/2} \hat{u} \cdot e^{-jk\omega t} \cdot dt \right\}$$

$$\underline{c}_k = \frac{\hat{u}}{T} \cdot \left\{ \frac{-e^{-jk\omega t}}{-jk\omega} \Bigg|_{-T/2}^{0} + \frac{e^{-jk\omega t}}{-jk\omega} \Bigg|_{0}^{T/2} \right\}$$

$$\underline{c}_k = \frac{\hat{u}}{-jk\omega T} \cdot \left\{ \left(-1 + e^{jk\frac{\omega T}{2}} \right) + \left(e^{-jk\frac{\omega T}{2}} - 1 \right) \right\}$$

mit $\omega T = 2\pi$, $\quad e^{jk\frac{\omega T}{2}} = e^{jk\pi} = (-1)^k \quad$ und $\quad e^{-jk\frac{\omega T}{2}} = e^{-jk\pi} = (-1)^k$

$$\underline{c}_k = j \cdot \frac{\hat{u}}{k \cdot 2\pi} \cdot \left\{ -1 + (-1)^k + (-1)^k - 1 \right\} = j \cdot \frac{2\hat{u}}{k \cdot 2\pi} \cdot \left\{ -1 + (-1)^k \right\}$$

$$\underline{c}_k = -j \cdot \frac{\hat{u}}{k \cdot \pi} \cdot \left\{ 1 - (-1)^k \right\} = \frac{a_k}{2} - j \cdot \frac{b_k}{2} = -j \cdot \frac{b_k}{2}, \quad \text{d. h.} \quad a_k = 0$$

$$\text{für} \quad k > 0$$

Für $k = 0$ ist $\underline{c}_0$ nach obiger Gleichung undefiniert. Da aber $\underline{c}_0 = a_0$, ist $\underline{c}_0 = 0$, d. h. der Gleichanteil ist Null, wie aus der Kurve zu ersehen ist.

Für k = 1: $\qquad \underline{c}_1 = -j \cdot \frac{\hat{u}}{\pi} \cdot \left\{ 1 - (-1) \right\} = -j \cdot \frac{2\hat{u}}{\pi} = -j \cdot \frac{b_1}{2} \qquad$ mit $b_1 = \frac{4\hat{u}}{\pi}$

für k = 2: $\qquad \underline{c}_2 = -j \cdot \frac{\hat{u}}{2\pi} \cdot \left\{ 1 - (-1)^2 \right\} = 0 \qquad\qquad$ mit $b_2 = 0$

für k = 3: $\qquad \underline{c}_3 = -j \cdot \frac{\hat{u}}{3\pi} \cdot \left\{ 1 - (-1)^3 \right\} = -j \cdot \frac{2\hat{u}}{3\pi} = -j \cdot \frac{b_3}{2} \qquad$ mit $b_3 = \frac{4\hat{u}}{3\pi}$

für k = 4: $\qquad \underline{c}_4 = -j \cdot \frac{\hat{u}}{4\pi} \cdot \left\{ 1 - (-1)^4 \right\} = 0 \qquad\qquad$ mit $b_4 = 0$

$\vdots$

für k = – 1: $\underline{c}_{-1} = -j \cdot \dfrac{\hat{u}}{-\pi} \cdot \left\{1 - (-1)^{-1}\right\} = j \cdot \dfrac{2\hat{u}}{\pi}$

für k = – 2: $\underline{c}_{-2} = -j \cdot \dfrac{\hat{u}}{-2\pi} \cdot \left\{1 - (-1)^{-2}\right\} = 0$

für k = – 3: $\underline{c}_{-3} = -j \cdot \dfrac{\hat{u}}{-3\pi} \cdot \left\{1 - (-1)^{-3}\right\} = j \cdot \dfrac{2\hat{u}}{3\pi}$

für k = – 4: $\underline{c}_{-4} = -j \cdot \dfrac{\hat{u}}{-4\pi} \cdot \left\{1 - (-1)^{-4}\right\} = 0$

$\vdots$

Das Amplitudenspektrum ist der Betrag von $\underline{c}_k$:

$$|\underline{c}_k| = \begin{cases} \left|\dfrac{2\hat{u}}{k\pi}\right| & \text{für } k \text{ ungerade} \\[2mm] 0 & \text{für } k \text{ gerade} \end{cases}$$

Im Bild 9.28 sind das Amplitudenspektrum der reellen und komplexen Fourierreihe gegenüberge-stellt. Die Amplituden der reellen Reihe werden halbiert und auf den Bereich mit den entsprechen-den negativen k verteilt.

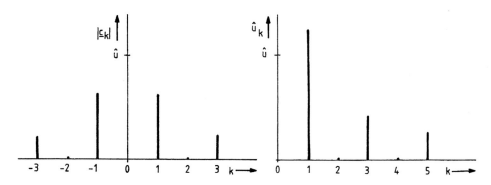

Bild 9.28 Amplitudenspektrum der Rechteckfunktion

Das Phasenspektrum ψ_k für ungerade k ist konstant:

mit $\underline{c}_k = |\underline{c}_k| \cdot e^{j\psi_k} = -j \cdot \dfrac{2\hat{u}}{k\pi} = \dfrac{2\hat{u}}{k\pi} \cdot e^{-j\pi/2}$

$$\psi_k = \begin{cases} -\pi/2 & \text{für } k > 0 \\ +\pi/2 & \text{für } k < 0 \end{cases}$$

mit $\psi_k = \varphi_k - \pi/2 = -\pi/2$ für k > 0

wegen $\varphi_k = 0$ (vgl. Beispiel 1 im Abschnitt 9.1, S. 111).

Beispiel 2:

Amplitudenspektrum des gleichgerichteten Stroms bei Einweggleichrichtung nach Bild 9.15, S. 114

$$i(\omega t) = \begin{cases} \hat{i} \cdot \sin \omega t & \text{für } 0 \le \omega t \le \pi \\ 0 & \text{für } \pi \le \omega t \le 2\pi \end{cases}$$

Mit Gl. (9.84) ist

$$\underline{c}_k = \frac{1}{2\pi} \int_0^{2\pi} v(\omega t) \cdot e^{-jk\omega t} \cdot d(\omega t)$$

$$\underline{c}_k = \frac{1}{2\pi} \int_0^{\pi} \hat{i} \cdot \sin \omega t \cdot e^{-jk\omega t} d(\omega t) = \frac{\hat{i}}{2\pi} \int_0^{\pi} e^{-jk\omega t} \cdot \sin \omega t \cdot d(\omega t)$$

mit $\int e^{ax} \cdot \sin bx \cdot dx = \frac{e^{ax}}{a^2 + b^2} \cdot (a \cdot \sin bx - b \cdot \cos bx)$

und $a = -jk, \qquad b = 1, \qquad x = \omega t$

$$\underline{c}_k = \frac{\hat{i}}{2\pi} \cdot \left[\frac{e^{-jk\omega t}}{(-jk)^2 + 1} \cdot (-jk \cdot \sin \omega t - 1 \cdot \cos \omega t) \right]_0^{\pi}$$

$$\underline{c}_k = \frac{\hat{i}}{2\pi} \cdot \frac{1}{1 - k^2} \cdot \left[e^{-jk\pi} \cdot (-jk \cdot \sin \pi - \cos \pi) + 1 \right]$$

mit $\sin \pi = 0$ und $\cos \pi = -1$

$$\underline{c}_k = \frac{\hat{i}}{2\pi} \cdot \frac{1}{1 - k^2} \cdot (e^{-jk\pi} + 1)$$

für $k = 0$: $\qquad \underline{c}_0 = a_0 = \dfrac{\hat{i}}{\pi}$

für $k = 1$ ist $\qquad \underline{c}_1 = \dfrac{\hat{i}}{2\pi} \cdot \dfrac{0}{0}$ undefiniert,

mit Hilfe der Regel von l'Hospital lässt sich durch Differenzieren nach k und anschließendem $k = 1$ setzen $\underline{c}_1$ berechnen:

$$\underline{c}_1 = \lim_{k \to 1} \underline{c}_k = \frac{\hat{i}}{2\pi} \cdot \lim_{k \to 1} \frac{-j\pi \cdot e^{-jk\pi}}{-2k} = \frac{\hat{i}}{2\pi} \cdot \frac{j\pi \cdot e^{-j\pi}}{2} = -j \cdot \frac{\hat{i}}{4} \quad \text{mit } e^{-j\pi} = -1$$

für $k = 2$: $\qquad \underline{c}_2 = \dfrac{\hat{i}}{2\pi} \cdot \dfrac{e^{-j2\pi} + 1}{1 - 4} = -\dfrac{\hat{i}}{3\pi} \quad \text{mit } e^{-j2\pi} = 1$

für $k = 3$: $\qquad \underline{c}_3 = 0 \quad \text{mit } e^{-j3\pi} = -1$

für $k = 4$: $\qquad \underline{c}_4 = \dfrac{\hat{i}}{2\pi} \cdot \dfrac{e^{-j4\pi} + 1}{1 - 16} = -\dfrac{\hat{i}}{15\pi} \quad \text{mit } e^{-j4\pi} = 1$

für $k = 5$: $\qquad \underline{c}_5 = 0 \quad \text{mit } e^{-j5\pi} = -1$

Amplitudenspektren (siehe Beispiel 3, S. 116) und vgl. mittels Gl. (9.86):

$$|\underline{c}_0| = \frac{\hat{i}}{\pi}, \qquad |\underline{c}_1| = \frac{\hat{i}}{4}, \qquad |\underline{c}_2| = \frac{\hat{i}}{3\pi}, \qquad |\underline{c}_3| = 0, \qquad |\underline{c}_4| = \frac{\hat{i}}{15\pi}, \qquad |\underline{c}_5| = 0...$$

$$I_0 = \frac{\hat{i}}{\pi}, \qquad \hat{i}_1 = \frac{\hat{i}}{2}, \qquad \hat{i}_2 = \frac{2 \cdot \hat{i}}{3\pi}, \qquad \hat{i}_3 = 0, \qquad \hat{i}_4 = \frac{2 \cdot \hat{i}}{15\pi}, \qquad \hat{i}_5 = 0...$$

9.5 Transformation von nichtsinusförmigen nichtperiodischen Größen durch das Fourierintegral

Übergang von der komplexen Fourierreihe zur Fouriertransformation

Während für eine periodische Funktion eine komplexe Fourierreihe mit einem diskreten Spektrum entwickelt werden kann, ist die Fouriertransformation für die Berechnung kontinuierlicher Spektren von aperiodischen Funktionen behilflich. Aperiodische Funktionen werden wie periodische Funktionen mit der Periode $T \to \infty$ aufgefasst.

Die Fouriertransformation einer aperiodischen Zeitfunktion v(t) bedeutet die Berechnung eines uneigentlichen Integrals V(jω), das aus dem Fourierkoeffizient $\underline{c}_k$ hergeleitet werden kann:

Ausgegangen wird von den Gln. (9.81) und (9.82)

$$v(t) = \sum_{k=-\infty}^{\infty} \underline{c}_k \cdot e^{jk\omega t}$$

mit

$$\underline{c}_k = \frac{1}{T} \int_0^T v(t) \cdot e^{-jk\omega t} \cdot dt = \frac{1}{T} \int_{-T/2}^{T/2} v(t) \cdot e^{-jk\omega t} \cdot dt \, .$$

In der periodischen Funktion ist $\omega T = 2\pi$, d. h. $1/T = \omega/2\pi$. Um von dem diskreten Spektrum zum kontinuierlichen Spektrum übergehen zu können, wird die Grundfrequenz $\omega = \Delta\omega$ genannt. Damit ist $1/T = \Delta\omega/2\pi$, das in der Gleichung für $\underline{c}_k$ berücksichtigt wird:

$$\underline{c}_k = \frac{\Delta\omega}{2\pi} \int_{-T/2}^{T/2} v(t) \cdot e^{-jk\cdot\Delta\omega\cdot t} \cdot dt \, .$$

Eingesetzt in die Gleichung für v(t) ergibt sich

$$v(t) = \sum_{k=-\infty}^{\infty} \left[\frac{\Delta\omega}{2\pi} \int_{-T/2}^{T/2} v(t) \cdot e^{-jk\cdot\Delta\omega\cdot t} \cdot dt \right] \cdot e^{jk\cdot\Delta\omega\cdot t} \, .$$

Mit $\Delta\omega \to 0$ und $T \to \infty$ ist

$$v(t) = \frac{1}{2\pi} \lim_{\substack{\Delta\omega \to 0 \\ T \to \infty}} \sum_{k=-\infty}^{\infty} \left[\int_{-T/2}^{T/2} v(t) \cdot e^{-jk\cdot\Delta\omega\cdot t} \cdot dt \right] \cdot e^{jk\cdot\Delta\omega\cdot t} \cdot \Delta\omega \, .$$

Durch den Grenzübergang $\Delta\omega \to 0$ wird $\omega = k \cdot \Delta\omega$ die kontinuierliche Kreisfrequenz:

$$v(t) = \frac{1}{2\pi} \int_{-\infty}^{\infty} \left[\int_{-\infty}^{\infty} v(t) \cdot e^{-j\omega t} \cdot dt \right] \cdot e^{j\omega t} \cdot d\omega$$

$$v(t) = \frac{1}{2\pi} \int_{-\infty}^{\infty} V(j\omega) \cdot e^{j\omega t} \cdot d\omega \qquad\qquad (9.88)$$

$$\text{mit } V(j\omega) = \int_{-\infty}^{\infty} v(t) \cdot e^{-j\omega t} \cdot dt \quad \text{und} \quad \int_{-\infty}^{\infty} \left| v(t) \right| \cdot dt < K < \infty \qquad (9.89)$$

d. h. das uneigentliche Integral der Zeitfunktion muss absolut konvergent sein.

Sinusförmige und nichtsinusförmige periodische Wechselgrößen sind bisher mit v(t) bzw. $\underline{v}$(t) und $\underline{V}$ bezeichnet worden. Bei der Laplacetransformation und auch bei der Fouriertransformation, bei denen nichtperiodische Zeitfunktionen abgebildet werden, sollten die Bezeichnungen f(t) bzw. F(s) und F(jω), wie in der Literatur üblich, verwendet werden. Die Transformationsgleichungen der Fouriertransformation lauten dann:

$$f(t) = \frac{1}{2\pi} \cdot \int\limits_{-\infty}^{\infty} F(j\omega) \cdot e^{j\omega t} \cdot d\omega \tag{9.90}$$

$$\text{mit } F(j\omega) = \int\limits_{-\infty}^{\infty} f(t) \cdot e^{-j\omega t} \cdot dt = F\{f(t)\} \tag{9.91}$$

$$\text{und } \int\limits_{-\infty}^{\infty} \left| f(t) \right| \cdot dt < K < \infty .$$

Zu jeder aperiodischen Zeitfunktion f(t), deren Fourierintegral konvergent ist, gehört also eine Fouriertransformierte F(jω), die eine Funktion von der kontinuierlich veränderlichen Kreisfrequenz ω ist (Fouriertransformation). Deshalb wird F(jω) auch Spektrum von f(t) genannt.

Umgekehrt kann aus der Fouriertransformierten F(jω) die zugehörige Zeitfunktion f(t) berechnet werden (Rücktransformation: Inversion der Fouriertransformation).

Darstellungsformen der Fouriertransformierten

Mit

$$e^{-j\omega t} = \cos\omega t - j \cdot \sin\omega t$$

ist

$$F(j\omega) = \int\limits_{-\infty}^{\infty} f(t) \cdot \cos\omega t \cdot dt - j \cdot \int\limits_{-\infty}^{\infty} f(t) \cdot \sin\omega t \cdot dt \tag{9.92}$$

$$F(j\omega) = R(\omega) + j \cdot X(\omega) = \left| F(j\omega) \right| \cdot e^{j\varphi(\omega)} \tag{9.93}$$

$$\text{mit } R(\omega) = \int\limits_{-\infty}^{\infty} f(t) \cdot \cos\omega t \cdot dt \tag{9.94}$$

$$\text{und } X(\omega) = -\int\limits_{-\infty}^{\infty} f(t) \cdot \sin\omega t \cdot dt \tag{9.95}$$

bzw.

$$\left| F(j\omega) \right| = \sqrt{[R(\omega)]^2 + [X(\omega)]^2} \tag{9.96}$$

$$\varphi(\omega) = \arctan \frac{X(\omega)}{R(\omega)} . \tag{9.97}$$

Der Betrag der Fouriertransformierten | F(jω) | ist das Amplitudenspektrum, das Argument φ(ω) der Fouriertransformierten das Phasenspektrum der aperiodischen Zeitfunktion f(t).

Beispiel 1: Fouriertransformierte eines Rechteckimpulses

$$f(t) = \begin{cases} A & \text{für } -T < t < +T \\ 0 & \text{für } |t| > |T| \quad \text{mit } T > 0 \end{cases}$$

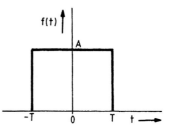

Bild 9.29 Rechteckimpuls

Mit Gl. (9.91)

$$F(j\omega) = \int\limits_{-\infty}^{\infty} f(t) \cdot e^{-j\omega t} \cdot dt$$

$$F(j\omega) = \int\limits_{-T}^{T} A \cdot e^{-j\omega t} \cdot dt = A \cdot \frac{e^{-j\omega t}}{-j\omega} \bigg|_{-T}^{+T}$$

$$F(j\omega) = \frac{A}{-j\omega} \cdot (e^{-j\omega T} - e^{j\omega T}) = \frac{2A}{\omega} \cdot \frac{e^{j\omega T} - e^{-j\omega T}}{2j}$$

mit $\dfrac{e^{j\alpha} - e^{-j\alpha}}{2j} = \sin\alpha$

$$F(j\omega) = 2A \cdot \frac{\sin\omega T}{\omega} = 2A \cdot T \cdot \frac{\sin\omega T}{\omega T} = 2AT \cdot \text{si}(\omega T) , \qquad\qquad (9.98)$$

wobei

$$\text{si}(x) = \frac{\sin x}{x}$$

Spaltfunktion genannt wird.

Die Fouriertransformierte des Rechteckimpulses ist also reell:

$$F(j\omega) = R(\omega) \quad \text{mit } X(\omega) = 0,$$

und bei $\omega = 0$ ist $F(j\omega)$ undefiniert. Deshalb muss dort der Grenzwert berechnet werden:

$$\lim_{\omega \to 0} F(j\omega) = 2A \cdot T \cdot \lim_{\omega T \to 0} \frac{\sin\omega T}{\omega T} = 2A \cdot T \qquad \text{mit} \quad \lim_{x \to 0} \frac{\sin x}{x} = 1 .$$

Die Nullstellen liegen bei $\omega T = \pm\,\pi, \pm\,2\pi, \ldots$ also bei $\omega = \pm\,\pi/T, \pm\,2\pi/T, \ldots$

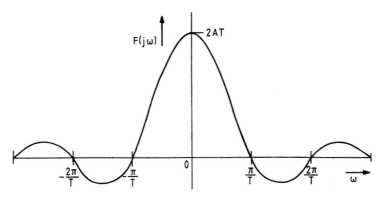

Bild 9.30 Spektrum eines Rechteckimpulses

Für die Übertragung eines Rechtecksignals der Breite 2T wird also theoretisch der gesamte Frequenzbereich benötigt. Da das nicht möglich ist, wird das übertragene Signal mehr oder weniger verzerrt sein, je nachdem ab welcher Frequenz die Anteile nicht mehr übertragen werden (Grenzfrequenz).

Beispiel 2: Fouriertransformierte des Diracimpulses

Der Diracimpuls wird als Grenzwert eines Rechteckimpulses aufgefasst, der durch Überlagerung zweier verschobener Sprungfunktionen entsteht:

$$f(t) = \delta(t - t_0) = \lim_{T \to 0} \frac{1}{T} \cdot \left[\sigma(t - t_0) - \sigma(t - t_0 - T) \right] = \begin{cases} \infty & \text{für } t = t_0 \\ 0 & \text{für } t \neq t_0 \end{cases}$$

Mit Gl. (9.91)

$$F(j\omega) = \int_{-\infty}^{\infty} f(t) \cdot e^{-j\omega t} \cdot dt$$

$$F(j\omega) = \lim_{T \to 0} \int_{t_0}^{t_0 + T} \frac{1}{T} \cdot e^{-j\omega t} \cdot dt$$

$$F(j\omega) = \lim_{T \to 0} \frac{1}{T} \cdot \frac{e^{-j\omega t}}{-j\omega} \Bigg|_{t_0}^{t_0 + T}$$

$$F(j\omega) = \lim_{T \to 0} \frac{e^{-j\omega t_0} \cdot e^{-j\omega T} - e^{-j\omega t_0}}{-j\omega T}$$

$$F(j\omega) = \lim_{T \to 0} e^{-j\omega t_0} \cdot \frac{e^{-j\omega T} - 1}{-j\omega T} = \frac{0}{0} .$$

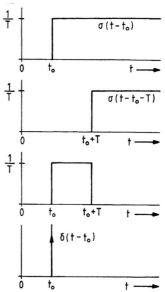

Bild 9.31 Erläuterung des Diracimpulses für technische Anwendungen

Mit Hilfe der Regel von l'Hospital lässt sich der Grenzwert berechnen:

$$F(j\omega) = e^{-j\omega t_0} \cdot \lim_{T \to 0} \frac{-j\omega \cdot e^{-j\omega T}}{-j\omega} = e^{-j\omega t_0} \cdot 1$$

$$F(j\omega) = F\{\delta(t - t_0)\} = e^{-j\omega t_0} \qquad (9.99)$$

$$\text{mit } |F(j\omega)| = 1$$

$$\text{und } \varphi(\omega) = -\omega t_0$$

Liegt der Diracimpuls bei $t_0 = 0$, dann ist die Fouriertransformierte $F\{\delta(t)\} = 1$.

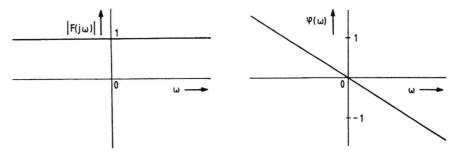

Bild 9.32 Amplituden- und Phasenspektrum des Diracimpulses

Beispiel 3: Zeitfunktion der rechteckförmigen Frequenzfunktion
(inverse Fouriertransformation)

Mit Gl. (9.90)

$$f(t) = \frac{1}{2\pi} \cdot \int_{-\infty}^{\infty} F(j\omega) \cdot e^{j\omega t} \cdot d\omega$$

$$f(t) = \frac{1}{2\pi} \cdot \int_{-\omega_0}^{\omega_0} A \cdot e^{j\omega t} \cdot d\omega$$

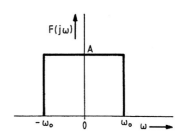

$$f(t) = \frac{A}{2\pi} \cdot \frac{e^{j\omega t}}{jt} \bigg|_{-\omega_0}^{+\omega_0}$$

Bild 9.33 Rechteck-Frequenzkurve

$$f(t) = \frac{A}{\pi \cdot t} \cdot \frac{e^{j\omega_0 t} - e^{-j\omega_0 t}}{2j}$$

$$f(t) = \frac{A \cdot \omega_0}{\pi} \cdot \frac{\sin \omega_0 t}{\omega_0 t} = \frac{A \cdot \omega_0}{\pi} \cdot \text{si}\,(\omega_0 t) \qquad\qquad (9.100)$$

für $t = 0$ muss wieder der Grenzwert berechnet werden:

$$\lim_{\omega_0 t \to 0} \frac{\sin \omega_0 t}{\omega_0 t} = 1$$

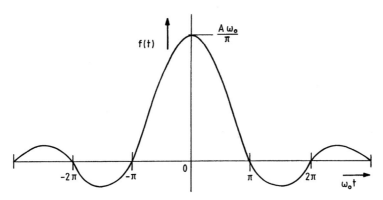

Bild 9.34 Zeitfunktion der Rechteck-Frequenzkurve

Die Zeitfunktion f(t), deren Fouriertransformierte ideales Tiefpassverhalten zeigt, weil alle Frequenzanteile bis ω_0 nicht gedämpft werden, ist ebenso eine Spaltfunktion.

Beispiel 4: Zeitfunktion der Frequenzfunktion F(jω) = 1
(inverse Fouriertransformation)

Nach dem Beispiel 2, S. 159, ist die Fouriertransformierte des Diracimpulses, der bei t = 0 auftritt, gleich 1, so dass die Zeitfunktion selbstverständlich der Diracimpuls ist:

$$F(j\omega) = F\{\delta(t)\} = \int_{-\infty}^{\infty} \delta(t) \cdot e^{-j\omega t} \cdot dt = 1 \qquad \text{mit } e^{-j\omega t_0} = e^0 = 1 \ .$$

Durch die inverse Abbildung der Frequenzfunktion entsteht aber eine weitere mathematische Beschreibung des Diracimpulses, die in der System- und Signaltheorie angewendet wird:

$$f(t) = \frac{1}{2\pi} \cdot \int_{-\infty}^{\infty} F(j\omega) \cdot e^{j\omega t} \cdot d\omega$$

$$\delta(t) = \frac{1}{2\pi} \cdot \int_{-\infty}^{\infty} e^{j\omega t} \cdot d\omega \qquad\qquad\qquad (9.101)$$

$$\delta(t) = \lim_{\omega_0 \to \infty} \frac{1}{2\pi} \cdot \int_{-\omega_0}^{\omega_0} e^{j\omega t} \cdot d\omega = \lim_{\omega_0 \to \infty} \frac{1}{2\pi} \cdot \frac{e^{j\omega t}}{jt} \Big|_{-\omega_0}^{+\omega_0}$$

$$\delta(t) = \lim_{\omega_0 \to \infty} \frac{1}{\pi \cdot t} \cdot \frac{e^{j\omega_0 t} - e^{-j\omega_0 t}}{2j}$$

$$\delta(t) = \lim_{\omega_0 \to \infty} \frac{\sin \omega_0 t}{\pi \cdot t} \qquad\qquad\qquad (9.102)$$

Beispiel 5: Fouriertransformierte der Zeitfunktion f(t) = 1

$$F(j\omega) = F\{f(t)\} = \int_{-\infty}^{\infty} f(t) \cdot e^{-j\omega t} \cdot dt$$

$$F\{1\} = \int_{-\infty}^{\infty} e^{-j\omega t} \cdot dt = \int_{-\infty}^{\infty} e^{j(-\omega)t} \cdot dt$$

In der Gl. (9.101)

$$\int_{-\infty}^{\infty} e^{jt\omega} \cdot d\omega = 2\pi \cdot \delta(t)$$

wird formal t durch −ω und ω durch t ersetzt und δ(−ω) = δ(ω) berücksichtigt:

$$\int_{-\infty}^{\infty} e^{j(-\omega)t} \cdot dt = 2\pi \cdot \delta(-\omega) = 2\pi \cdot \delta(\omega) \ .$$

Damit ergibt sich für die Fouriertransformierten von f(t) = 1

$$F\{1\} = 2\pi \cdot \delta(\omega),$$

d. h. im Frequenzbereich befindet sich bei ω = 0 ein Diracimpuls.

Zusammenhang zwischen der Laplacetransformation und der Fouriertransformation

Die Fouriertransformierte $F(j\omega)$ hat Ähnlichkeit mit der Laplacetransformierten $F(s)$ nach Gl. (8.73), S. 31:

$$F(s) = \int\limits_{+0}^{\infty} f(t) \cdot e^{-s \cdot t} \cdot dt \qquad \text{und} \qquad F(j\omega) = \int\limits_{-\infty}^{\infty} f(t) \cdot e^{-j\omega t} \cdot dt$$

$$\text{mit} \quad s = \delta + j\omega \qquad\qquad \text{mit} \quad \int\limits_{-\infty}^{\infty} |f(t)| \cdot dt < \infty \ ,$$

so dass man geneigt ist, die Korrespondenzentafeln der Laplacetransformierten für die Ermittlung des Frequenzverhaltens aperiodischer Zeitfunktionen zu verwenden.

Formal besteht also Identität zwischen der Laplacetransformierten mit $s = j\omega$ und der Fouriertransformierten $F(s = j\omega) = F(j\omega)$, wenn die Fouriertransformierte die Zusatzbedingung $f(t) = 0$ für $t < 0$ erhält.

Zusätzlich muss das uneigentliche Integral der absoluten Zeitfunktion konvergent sein.

Die Konvergenzuntersuchung sollte auch im Bildbereich vorgenommen werden, indem die Konvergenz der Laplacetransformierten $F(s) = F(\delta + j\omega)$ geprüft wird:

Befindet sich die $j\omega$-Achse innerhalb des Konvergenzbereichs von $s = \delta + j\omega$, ist die Transformation der Laplacetransformation $F(s = j\omega) = F(j\omega)$ ohne Einschränkung möglich.

Liegt die $j\omega$-Achse außerhalb des Konvergenzbereiches, so existiert für die Zeitfunktion keine Fouriertransformierte.

Ist die $j\omega$-Achse Grenze des Konvergenzbereichs, dann kann es wohl eine Fouriertransformierte geben, aber diese lässt sich nicht einfach durch $s = j\omega$ aus der Laplacetransformierten bilden.

Beispiel:

$f(t) = \sigma(t) \cdot e^{at}$

$$F(s) = L\left\{\sigma(t) \cdot e^{at}\right\} = \int\limits_{+0}^{\infty} \sigma(t) \cdot e^{at} \cdot e^{-st} \cdot dt = \int\limits_{+0}^{\infty} e^{-(s-a)t} \cdot dt = \left. \frac{e^{-(s-a)t}}{-(s-a)} \right|_0^{\infty}$$

$$F(s) = \left. \frac{e^{-(\delta+j\omega-a)t}}{-(\delta+j\omega-a)} \right|_0^{\infty} = \left. -\frac{e^{-(\delta-a)t} \cdot e^{-j\omega t}}{(\delta-a)+j\omega} \right|_0^{\infty} \qquad \text{mit} \quad s = \delta + j\omega$$

1. $a < 0$ (z. B. $a = -2$)

   Die Laplacetransformierte existiert für

   $\delta - a = \delta + 2 > 0$ oder $\delta > a = -2$,

   denn $e^{-(\delta-a)\infty}$ ist dann Null:

   $$F(s) = \frac{1}{\delta - a + j\omega} = \frac{1}{s-a} = \frac{1}{s+2}.$$

   Die Fouriertransformierte existiert, weil die $j\omega$-Achse im Konvergenzbereich von F(s) liegt und weil das uneigentliche Integral der absoluten Zeitfunktion konvergent ist:

   $$\int\limits_{-\infty}^{\infty} |f(t)| \cdot dt = \int\limits_{0}^{\infty} e^{-2t} \cdot dt = \frac{1}{2}.$$

2. $a > 0$ z. B. $a = 2$:

   Die Laplacetransformierte existiert für

   $\delta - a = \delta - 2 > 0$ oder $\delta > a = 2$, denn

   $e^{-(\delta-a)\infty}$ ist dann Null:

   $$F(s) = \frac{1}{\delta - a + j\omega} = \frac{1}{s-a} = \frac{1}{s-2}.$$

   Die Fouriertransformierte existiert nicht, weil die $j\omega$-Achse nicht im Konvergenzbereich von F(s) liegt und weil das uneigentliche Integral der absoluten Zeitfunktion divergent ist:

   $$\int\limits_{-\infty}^{\infty} |f(t)| \cdot dt = \int\limits_{0}^{\infty} e^{2t} \cdot dt = \infty.$$

3. $a = 0$:

   Die Laplacetransformierte und die Fouriertransformierte existieren, ergeben sich aber nicht durch $s = j\omega$, weil die $j\omega$-Achse die Grenze für den Konvergenzbereich ist und das uneigentliche Integral divergent ist.

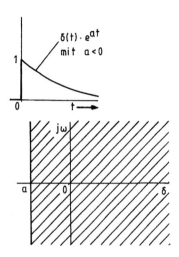

Bild 9.35 Konvergenz von F(s) für $a < 0$

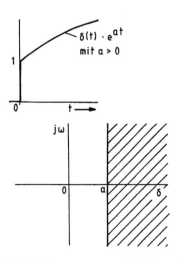

Bild 9.36 Konvergenz von F(s) für $a > 0$

Korrespondenzen der Fouriertransformation

f(t)	F(jω)
$\delta(t)$	1
$\delta(t - t_0)$	$e^{-j\omega t_0}$
1	$2\pi \cdot \delta(\omega)$
$\sigma(t)$	$\dfrac{1}{j\omega} + \pi \cdot \delta(\omega)$
$\cos \omega_0 t$	$\pi \cdot [\delta(\omega - \omega_0) + \delta(\omega + \omega_0)]$
$\sin \omega_0 t$	$\dfrac{\pi}{j} \cdot [\delta(\omega - \omega_0) - \delta(\omega + \omega_0)]$
$\sigma(t) \cdot \cos \omega_0 t$	$\dfrac{j\omega}{\omega_0^2 - \omega^2} + \dfrac{\pi}{2} \cdot [\delta(\omega - \omega_0) + \delta(\omega + \omega_0)]$
$\sigma(t) \cdot \sin \omega_0 t$	$\dfrac{\omega_0}{\omega_0^2 - \omega^2} + \dfrac{\pi}{2j} \cdot [\delta(\omega - \omega_0) - \delta(\omega + \omega_0)]$
$\sigma(t) \cdot e^{-at}$	$\dfrac{1}{a + j\omega}$ mit $a > 0$ bzw. $\mathrm{Re}\{a\} > 0$
$\sigma(t) \cdot t^n \cdot \dfrac{e^{-at}}{n!}$ mit $n = 0, 1, 2, \ldots$	$\dfrac{1}{(a + j\omega)^{n+1}}$ mit $a > 0$ bzw. $\mathrm{Re}\{a\} > 0$
$\sigma(t) \cdot e^{-at} \cdot \cos \omega_0 t$	$\dfrac{j\omega + a}{(j\omega + a)^2 + \omega_0^2}$ mit $a > 0$ bzw. $\mathrm{Re}\{a\} > 0$
$\sigma(t) \cdot e^{-at} \cdot \sin \omega_0 t$	$\dfrac{\omega_0}{(j\omega + a)^2 + \omega_0^2}$ mit $a > 0$ bzw. $\mathrm{Re}\{a\} > 0$
Rechteckimpuls: $q_T(t) = \begin{cases} 1 & \text{für } |t| < T \\ 0 & \text{für } |t| > T \end{cases}$	$\dfrac{2 \cdot \sin \omega T}{\omega}$
Doppel-Rechteckimpuls: $q_T(t - T) - q_T(t + T)$	$-4j \cdot \dfrac{\sin^2 \omega T}{\omega}$
$\dfrac{a}{t^2 + a^2}$ mit $\mathrm{Re}\{a\} > 0$	$\pi \cdot e^{-a\omega}$
$\dfrac{\sin Tt}{t}$ mit $T > 0$	$\pi \cdot q_T(\omega)$

Prinzipielle Berechnung der Ausgangsfunktion eines Übertragungsgliedes
für aperiodische Eingangsgrößen

Für ein lineares Übertragungsglied ist die Übertragungsfunktion (Frequenzgang) G(jω) der komplexe Operator, der das Übertragungsverhalten für sinusförmige Signale kennzeichnet. Die Übertragungsfunktion ist gleich dem Quotient der komplexen Ausgangs-Fouriertransformierten Y(jω) zur komplexen Eingangs-Fouriertransformierten X(jω):

$$G(j\omega) = \frac{Y(j\omega)}{X(j\omega)} \, . \tag{9.101}$$

Die Zerlegung des aperiodischen Eingangssignals in sinusförmige Signale verschiedener Frequenzen bedeutet, dass die Übertragungsfunktion (Frequenzgang) des Übertragungsgliedes für alle diese Frequenzen bekannt sein muss. Der Frequenzgang von Übertragungsgliedern kann messtechnisch ermittelt oder berechnet und in Ortskurven oder in Frequenz-Kennliniendiagrammen (Bodediagramm) dargestellt werden.

Für aperiodische Eingangsgrößen x(t) lässt sich die Berechnung der Ausgangsfunktion y(t) mit Hilfe der Übertragungsfunktion (Frequenzgang) G(jω) durch folgendes Rechenschema veranschaulichen:

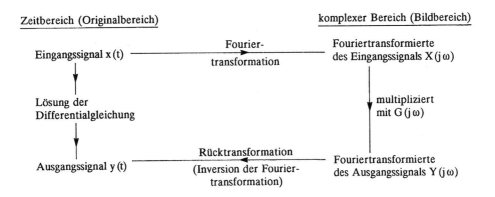

Folgende Rechenoperationen sind also für die Ermittlung der Ausgangs-Zeitfunktion vorzunehmen:

$$X(j\omega) = F\{x(t)\} = \int_{-\infty}^{\infty} x(t) \cdot e^{-j\omega t} \cdot dt$$

$$Y(j\omega) = X(j\omega) \cdot G(j\omega)$$

$$y(t) = F^{-1}\{Y(j\omega)\} = \frac{1}{2\pi} \cdot \int_{-\infty}^{\infty} Y(j\omega) \cdot e^{j\omega t} \cdot d\omega$$

Beispiel:

Für die im Bild 9.37 gezeichnete RC-Schaltung soll im Zeitpunkt t = 0 ein Dirac-Impuls angelegt werden. Die Impulsantwort soll berechnet werden.

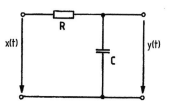

Lösung:

$$x(t) = \delta(t)$$

$$X(j\omega) = F\big|\delta(t)\big| = 1 \qquad \text{(siehe Korrespondenzen S. 164)}$$

$$Y(j\omega) = X(j\omega) \cdot G(j\omega)$$

$$\text{mit} \quad G(j\omega) = \frac{\dfrac{1}{j\omega C}}{\dfrac{1}{j\omega C} + R} = \frac{1}{1 + j\omega RC}$$

$$Y(j\omega) = \frac{1}{1 + j\omega RC} \cdot 1 = \frac{1}{RC \cdot \left(\dfrac{1}{RC} + j\omega\right)}$$

$$\text{mit} \quad F^{-1}\left\{\frac{1}{a + j\omega}\right\} = \sigma(t) \cdot e^{-at} \qquad \text{(siehe Korrespondenzen S. 164)}$$

$$y(t) = \frac{1}{RC} \cdot \sigma(t) \cdot e^{-t/RC} \quad \text{mit} \quad a = \frac{1}{RC}$$

$$y(t) = \frac{1}{\tau} \cdot \sigma(t) \cdot e^{-t/\tau} \quad \text{mit} \quad \tau = RC$$

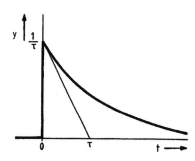

Bild 9.38
Impulsantwort einer RC-Schaltung

Die Impulsfunktion und die Impulsantwort, die so genannte Gewichtsfunktion $y(t) = g(t)$, spielen in der Signal- und Systemtheorie der Nachrichtentechnik eine große Rolle.

Übungsaufgaben zu den Abschnitten 9.1 bis 9.5

9.1   Für die gezeichnete Sägezahnfunktion

$$u(t) = \frac{2\hat{u}}{T} \cdot t \qquad \text{für} \quad -\frac{T}{2} < t < \frac{T}{2}$$

ist eine Fourieranalyse vorzunehmen.

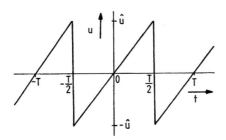

Bild 9.39
Übungsaufgabe 9.1

1. Ermitteln Sie die Fourierkoeffizienten und die Fourierreihe in Summenform und in ausführlicher Form, wenn die Maximalspannung $\hat{u} = 314\,V$ beträgt.

2. Geben Sie das Amplituden- und Phasenspektrum an, und stellen Sie das Amplitudenspektrum bis zur 5. Oberwelle dar.

3. Berechnen Sie den Klirrfaktor k'.

9.2   Auf einem Oszilloskop ist der gezeichnete Verlauf einer dreieckförmigen Spannung abgebildet.

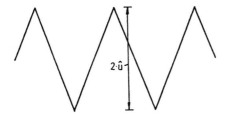

Bild 9.40
Übungsaufgabe 9.2

1. Entwickeln Sie für die periodische Spannung die beiden Fourierreihen in ausführlicher Form, indem Sie die Funktion einmal als gerade und einmal als ungerade Funktion auffassen.

2. Kontrollieren Sie das Ergebnis, indem Sie eine Verschiebung längs der Abszisse vornehmen.

9.3   Führen Sie von dem sinusförmigen Strom $i(\omega t) = \hat{i} \cdot \sin \omega t$ eine Zweiweggleichrichtung und anschließend eine Fourieranalyse durch:

1. Stellen Sie die gleichgerichtete Sinusfunktion analytisch und zeichnerisch dar.

2. Berechnen Sie die Amplituden $\hat{i}_k$ der zweiten, dritten und vierten Oberwelle des gleichgerichteten sinusförmigen Stroms.

9.4   Berechnen Sie die Amplituden $\hat{u}_k$ der zweiten und dritten Oberwelle der angeschnittenen sinusförmigen Spannung u(ωt) mit der Amplitude $\hat{u} = \sqrt{2} \cdot 220V$ und dem Anschnittwinkel $\psi = \pi/2$.

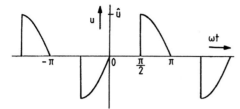

Bild 9.41
Übungsaufgabe 9.4

9.5   Für die gezeichnete Rechteckimpulsfolge soll eine Fourieranalyse vorgenommen werden:

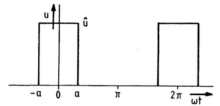

Bild 9.42
Übungsaufgabe 9.5

1. Ermitteln Sie die reelle Fourierreihe in ausführlicher Form.
2. Kontrollieren Sie die Reihe mit Hilfe des Sprungstellenverfahrens.
3. Geben Sie das Amplitudenspektrum $\hat{u}_k$ und das Phasenspektrum φ_{uk} an.

4. Berechnen Sie schließlich das Amplitudenspektrum $|\underline{c}_k|$ und das Phasenspektrum ψ_k der komplexen Fourierreihe über den Ansatz für $\underline{c}_k$.
   Stellen Sie den Zusammenhang zur reellen Fourierreihe dar.

9.6   Für die gezeichnete dreieckförmige Impulsspannung u(ωt) ist die Fourierreihe zu entwickeln.

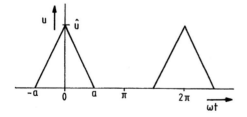

Bild 9.43
Übungsaufgabe 9.6

1. Berechnen Sie die Fourierkoeffizienten und geben Sie die Fourierreihe in Summenform und in ausführlicher Form bis zur zweiten Oberwelle an.
2. Bestätigen Sie das Ergebnis mit Hilfe des Sprungstellenverfahrens.
3. Aus dieser Reihe ist dann die Fourierreihe der Dreieckkurve mit a = π herzuleiten.
4. Berechnen Sie schließlich für die spezielle Dreieckkurve den Klirrfaktor k′. Hierfür gilt:

$$\sum_{n=1}^{\infty} \frac{1}{(2n-1)^4} = \frac{\pi^4}{96}$$

9.7   Für die skizzierte Rechteckimpulsfolge soll eine Fourieranalyse vorgenommen werden:

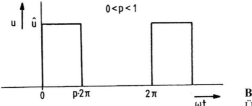

Bild 9.44
Übungsaufgabe 9.7

1.   Berechnen Sie die Fourierkoeffizienten der reellen Fourierreihe.
2.   Kontrollieren Sie die Ergebnisse, indem Sie die Fourierkoeffizienten $\underline{c}_k$ der komplexen Fourierreihe berechnen.
3.   Ermitteln Sie anschließend die Amplitudenspektren der reellen und komplexen Fourierreihen.
4.   Berechnen Sie für das Tastverhältnis $p = 0{,}2$ das Amplitudenspektrum der reellen Fourierreihe mit bezogenen Größen für $k = 1, 2, 3, \dots, 10$ und stellen Sie es dar.

9.8   Anhand der Fourierreihe eines periodischen Stroms

$$i(\omega t) = \sum_{k=0}^{\infty} \hat{i}_k \cdot \sin(k\omega + \varphi_{ik})$$

soll erläutert werden, dass der Effektivwert und der Klirrfaktor von den Anfangsphasenwinkeln φ_{ik} unabhängig sind. Zur Vereinfachung bestehe der nichtsinusförmige Strom nur aus der ersten und dritten Harmonischen:

$$i(\omega t) = \hat{i}_1 \cdot \sin \omega t + \hat{i}_3 \cdot \sin(3\omega t + \varphi_{i3}) \quad \text{mit} \quad \hat{i}_1 = 3 \cdot \hat{i}_3$$

1.   Stellen Sie den Stromverlauf $i(\omega t)$ für $\varphi_{i3} = 0$ und $\varphi_{i3} = \pi$ durch Überlagerung der Grundwelle und der Oberwelle grafisch dar.
2.   Ermitteln Sie den Effektivwert des nichtsinusförmigen Stroms $i(\omega t)$ in Bezug auf den Effektivwert der Grundwelle.
3.   Berechnen Sie die Klirrfaktoren k und k'.

9.9   1.   Berechnen Sie die Fouriertransformierte der Zeitfunktion

$$f(t) = \begin{cases} e^{-at} \;\; \text{mit } a > 0 & \text{für } t \geq 0 \\ 0 & \text{für } t < 0 \end{cases}$$

und stellen Sie $F(j\omega)$ durch eine Ortskurve dar.

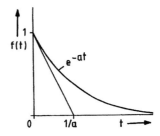

2.   Geben Sie die Fouriertransformierte
    in Real- und Imaginärteil und
    in Betrag und Phase
    an.

3.   Stellen Sie das Amplitudenspektrum und das Phasenspektrum dar.

Bild 9.45
Übungsaufgabe 9.9

9.10. 1. Weisen Sie nach, dass die Fouriertransformierte der Signum-Funktion

$$\operatorname{sgn} t = \begin{cases} -1 \ \text{für } t < 0 \\ \ \ 1 \ \text{für } t > 0 \end{cases}$$

$F\{\operatorname{sgn} t\} = \dfrac{2}{j\omega}$ ist, und stellen Sie $X(\omega)$ dar.

2. Fassen Sie die Sprungfunktion $\sigma(t)$ als eine verschobene Signumfunktion auf und ermitteln Sie mit der Fouriertransformierten der Signumfunktion die Fouriertransformierte der Sprungfunktion.

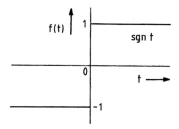

Bild 9.46
Übungsaufgabe 9.10

9.11 Für die im Bild 9.47 gezeichnete Schaltung ist die Impulsantwort zu berechnen.

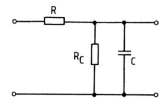

Bild 9.47
Übungsaufgabe 9.11

9.12 1. Für die im Bild 9.48 gezeichnete Schaltung ist die Übertragungsfunktion $G(j\omega)$ zu berechnen.

2. Konstruieren Sie anschließend die Ortskurve des Frequenzgangs $G(j\omega)$ mit

$$\begin{aligned} R_r &= \ \ 5\text{k}\Omega & C_r &= 2\text{nF} \\ R_p &= 10\text{k}\Omega & C_p &= 1\text{nF} \end{aligned}$$

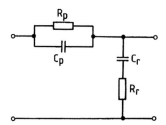

Bild 9.48
Übungsaufgabe 9.12

10 Vierpoltheorie

10.1 Grundlegende Zusammenhänge der Vierpoltheorie

Aufgabe der Vierpoltheorie

Elektrische Schaltungen zur Übertragung von Energien oder zur Verarbeitung von Informationen sind in den meisten Fällen „Zweitore" oder „Vierpole", also Schaltungen mit zwei Eingangsklemmen und zwei Ausgangsklemmen. Sie erhalten die Energie bzw. die Information von einem Netzwerk, das an den Eingang des Vierpols geschaltet ist und durch einen aktiven Zweipol ersetzt werden kann. Sie geben die Energie bzw. die Information an ein Netzwerk weiter, das an den Ausgang des Vierpols geschaltet ist und durch einen passiven Zweipol ersetzt werden kann.

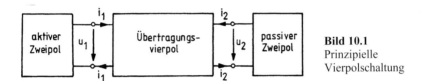

Bild 10.1
Prinzipielle
Vierpolschaltung

Beispiel: Empfangseinrichtung einer Nachrichten-Übertragung

aktiver Zweipol:	Antenne
Vierpol:	Übertragungsstrecke mit Verstärkern
passiver Zweipol:	Endgerät, z. B. Lautsprecher

Vierpolschaltungen findet man in vielen Anwendungsbereichen der Nachrichten- und Schaltungstechnik, z. B. bei

Transformatoren und Übertragern,
Filter- und Siebschaltungen,
Verstärkerschaltungen mit Transistoren und Röhren,
Oszillatorschaltungen und
Leitungen.

Für derartige Schaltungen gibt es unter bestimmten Voraussetzungen allgemeingültige Gesetzmäßigkeiten, die unter dem Begriff „Vierpoltheorie" zusammengefasst sind. Mit Hilfe dieser Theorie ist es möglich, das Übertragungsverhalten von Vierpolen allgemeingültig zu beschreiben, Vierpolschaltungen zu analysieren, Vierpolschaltungen für vorgegebene Kenngrößen zu entwickeln (Vierpolsynthese) und die Vierpole in Zusammenschaltung ihrer elektrischen Umgebung zu erfassen.

Voraussetzungen für eine allgemeingültige Behandlung von Vierpolschaltungen sind die Linearität und die Stabilität der Vierpole:

„Lineare Vierpole" sind Schaltungen mit strom- und spannungsunabhängigen ohmschen Widerständen, Induktivitäten und Kapazitäten und mit Transistoren und Röhren, deren Kennlinien in Bereichen linear angenommen werden.

„Stabile Vierpole" liegen vor, wenn ohne anliegende Spannungen die Ströme des Vierpols Null sind. Strom- oder Spannungsquellen dürfen sich also nicht unabhängig verändern, sondern müssen von anliegenden Spannungen oder Strömen gesteuert sein.

Wie im vorigen Kapitel beschrieben, lassen sich periodische und aperiodische Größen
durch Summen von sinusförmigen Größen mit diskreten und kontinuierlichen Spektren
darstellen. Deshalb kann sich die Vierpoltheorie auf die Behandlung sinusförmiger Ströme und Spannungen beschränken, die nach den Erfahrungen mit der „Symbolischen Methode" im Kapitel 4 im Band 2 selbstverständlich im Bildbereich erfolgt. Die Vierpolschaltung mit den sinusförmigen Eingangsgrößen u_1, i_1 und den sinusförmigen Ausgangsgrößen u_2, i_2 wird also in komplexen Effektivwerten mit den im Bild 10.2 festgeleg-
ten Richtungen angegeben.

Bild 10.2
Prinzipielle Vierpolschaltung im Bildbereich

Diese Richtungsdefinitionen sind in der nachrichtentechnischen Literatur üblich. Auto-
ren der theoretischen Elektrotechnik bevorzugen die umgekehrte Richtung des Aus-
gangsstroms $\underline{I}_2$, so dass bei der Übernahme von Ergebnissen auf Vorzeichen zu achten
ist. Welchen Einfluss geänderte Richtungen von Strömen und Spannungen auf Größen
haben, die den Vierpol beschreiben, wird später erläutert.

Ist bei einem Vierpol eine Eingangsklemme mit einer Ausgangsklemme durch eine
durchgehende Leitung verbunden, dann handelt es sich um den Sonderfall eines Vierpols,
den Dreipol, der genauso wie ein echter Vierpol behandelt wird (z. B. Transistor).

Ehe auf Einzelheiten von Vierpolschaltungen eingegangen werden kann, sollen die
grundsätzlichen Zusammenhänge zwischen den Betriebskenngrößen, den Vierpolzusam-
menschaltungen, den Vierpolgleichungen, den Vierpolparametern und den Ersatzschaltungen erläutert werden.

Betriebskenngrößen von Vierpolschaltungen

Die Energieübertragung erfolgt also vom aktiven Zweipol (Sender) über den Übertragungsvierpol zum passiven Zweipol (Empfänger). Diese normale Betriebsschaltung heißt
„Vorwärtsbetrieb", wobei der aktive Zweipol häufig als Ersatzstromquelle angenommen
und der passive Zweipol durch einen Leitwert ersetzt wird:

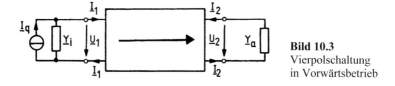

Bild 10.3
Vierpolschaltung
in Vorwärtsbetrieb

Für die Beschreibung der Übertragungseigenschaften eines Vierpols in Vorwärtsbetrieb werden sechs Betriebskenngrößen definiert:

Eingangsleitwert:

$$\underline{Y}_{in} = \frac{\underline{I}_1}{\underline{U}_1}$$

Eingangswiderstand:

$$\underline{Z}_{in} = \frac{\underline{U}_1}{\underline{I}_1} = \frac{1}{\underline{Y}_{in}}$$

Übertragungsleitwert vorwärts:

$$\underline{Y}_{üf} = \frac{\underline{I}_2}{\underline{U}_1}$$

Übertragungswiderstand vorwärts:

$$\underline{Z}_{üf} = \frac{\underline{U}_2}{\underline{I}_1}$$

Spannungsübersetzung vorwärts:

$$\underline{V}_{uf} = \frac{\underline{U}_2}{\underline{U}_1}$$

Stromübersetzung vorwärts:

$$\underline{V}_{if} = \frac{\underline{I}_2}{\underline{I}_1}$$

Zwischen den Betriebskenngrößen in Vorwärtsbetrieb gibt es folgende Zusammenhänge:

$$\underline{V}_{uf} = \underline{Y}_{in} \cdot \underline{Z}_{üf} \qquad (10.1) \qquad \text{und} \qquad \underline{V}_{if} = \underline{Z}_{in} \cdot \underline{Y}_{üf} \qquad (10.2)$$

Die Indizierungen bedeuten: u = Spannung und i = Strom,
in = input (Eingang), ü = Übertragung, f = forward (vorwärts).

Dem normalen Vorwärtsbetrieb ist stets eine Rückwirkung vom Ausgang zum Eingang überlagert, die auch zu Störungen bei der Signalübertragung führen kann; diese Betriebsschaltung wird „Rückwärtsbetrieb" genannt:

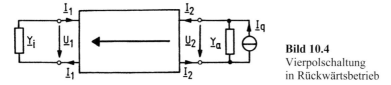

Bild 10.4
Vierpolschaltung
in Rückwärtsbetrieb

Für die Beschreibung der Übertragungseigenschaften einer Vierpolschaltung in Rückwärtsbetrieb werden ebenfalls sechs Betriebskenngrößen definiert:

Ausgangsleitwert:

$$\underline{Y}_{out} = \frac{\underline{I}_2}{\underline{U}_2}$$

Ausgangswiderstand:

$$\underline{Z}_{out} = \frac{\underline{U}_2}{\underline{I}_2} = \frac{1}{\underline{Y}_{out}}$$

Übertragungsleitwert rückwärts:

$$\underline{Y}_{ür} = \frac{\underline{I}_1}{\underline{U}_2}$$

Übertragungswiderstand rückwärts:

$$\underline{Z}_{ür} = \frac{\underline{U}_1}{\underline{I}_2}$$

Spannungsrückwirkung:

$$\underline{V}_{ur} = \frac{\underline{U}_1}{\underline{U}_2}$$

Stromrückwirkung:

$$\underline{V}_{ir} = \frac{\underline{I}_1}{\underline{I}_2}$$

Die Zusammenhänge zwischen den Betriebskenngrößen in Rückwärtsbetrieb lauten entsprechend:

$$\underline{V}_{ur} = \underline{Y}_{out} \cdot \underline{Z}_{ür} \qquad (10.3) \qquad \text{und} \qquad \underline{V}_{ir} = \underline{Z}_{out} \cdot \underline{Y}_{ür} \qquad (10.4)$$

Die Indizierungen bedeuten: u = Spannung und i = Strom,
out = output (Ausgang), ü = Übertragung, r = reverse (rückwärts).

Arten des Zusammenschaltens von Vierpolen:

Kompliziertere Schaltungen, z. B. eine Verstärkerstufe, können durch Zusammenschalten von Elementar-Vierpolen analysiert werden, wie später beschrieben wird. Grundsätzlich gibt es fünf Arten der Zusammenschaltung zweier Vierpole:

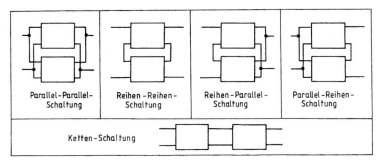

Bild 10.5 Arten der Vierpolzusammenschaltung

Vierpolgleichungen und Vierpolparameter:

Die linearen Zusammenhänge zwischen den komplexen Effektivwerten der Ströme und Spannungen eines Vierpols werden grundsätzlich von zwei Vierpolgleichungen mit vier komplexen Vierpolparametern (Vierpolkonstanten) erfasst. Die vier Vierpolparameter beschreiben also das Wechselstromverhalten eines Vierpols. Da es fünf Arten der Zusammenschaltung von Vierpolen gibt, werden auch fünf verschiedene Arten von jeweils zwei Vierpolgleichungen mit jeweils vier Vierpolparametern unterschieden:

Zusammenschaltung:	Vierpolgleichungen:	Vierpolparameter:
Parallel-Parallel-Schaltung	in Leitwertform	Y-Parameter
Reihen-Reihen-Schaltung	in Widerstandsform	Z-Parameter
Reihen-Parallel-Schaltung	in Reihen-Parallel-Form	H-Parameter
Parallel-Reihen-Schaltung	in Parallel-Reihen-Form	C-Parameter
Ketten-Schaltung	in Kettenform	A-Parameter

Nach den Regeln der Matrizenmultiplikation (siehe Band 1, Abschnitt 2.3.6.1, S. 111–113) lassen sich die beiden Vierpolgleichungen jeweils in Matrizenschreibweise angeben.

Zusammenhang zwischen Betriebskenngrößen und Vierpolparametern

Die Vierpolparameter sind Betriebskenngrößen für den Vorwärts- und Rückwärtsbetrieb bei Leerlauf oder Kurzschluss. Im folgenden werden die einzelnen Vierpolparameter nach den entsprechenden Betriebskenngrößen benannt und durch entsprechende Definitionsgleichungen erfasst.

Ersatzschaltungen von Vierpolen

Da der innere Schaltungsaufbau eines Vierpols kompliziert sein kann oder der Vierpol wie beim Transistor einer Netzberechnung nicht zugänglich ist, wäre ein Schaltungsentwurf mit einem solchen Vierpol aufwändig oder überhaupt nicht möglich. Deshalb werden für die verschiedenen Arten von Vierpolen Ersatzschaltungen verwendet, die die gleichen Wechselstromeigenschaften wie die betreffenden Vierpole haben müssen. Die Vierpolgleichungen, die den Vierpolschaltungen genügen, müssen auch für die Ersatzschaltungen gelten.

10.2 Vierpolgleichungen, Vierpolparameter und Ersatzschaltungen

Leitwertform der Vierpolgleichungen:

Die Vierpolgleichungen in Leitwert- oder Admittanzform sind Stromgleichungen in komplexen Effektivwerten:

$$\underline{I}_1 = \underline{Y}_{11} \cdot \underline{U}_1 + \underline{Y}_{12} \cdot \underline{U}_2$$
$$\underline{I}_2 = \underline{Y}_{21} \cdot \underline{U}_1 + \underline{Y}_{22} \cdot \underline{U}_2 \qquad \text{oder} \qquad \begin{pmatrix} \underline{I}_1 \\ \underline{I}_2 \end{pmatrix} = \begin{pmatrix} \underline{Y}_{11} & \underline{Y}_{12} \\ \underline{Y}_{21} & \underline{Y}_{22} \end{pmatrix} \cdot \begin{pmatrix} \underline{U}_1 \\ \underline{U}_2 \end{pmatrix} \qquad (10.5)$$

Die $\underline{Y}$-Parameter werden aus den Vierpolgleichungen ermittelt, indem entweder $\underline{U}_2$ oder $\underline{U}_1$ Null gesetzt werden; sie sind also Betriebskenngrößen bei Kurzschluss in Vorwärts- bzw. in Rückwärtsbetrieb:

Kurzschluss-Eingangsleitwert:

$$\underline{Y}_{11} = \left(\frac{\underline{I}_1}{\underline{U}_1} \right)_{\underline{U}_2 = 0} = (\underline{Y}_{in})_{\underline{Y}_a = \infty}$$

Kurzschluss-Übertragungsleitwert rückwärts:

$$\underline{Y}_{12} = \left(\frac{\underline{I}_1}{\underline{U}_2} \right)_{\underline{U}_1 = 0} = (\underline{Y}_{ür})_{\underline{Y}_i = \infty}$$

Kurzschluss-Übertragungsleitwert vorwärts:

$$\underline{Y}_{21} = \left(\frac{\underline{I}_2}{\underline{U}_1} \right)_{\underline{U}_2 = 0} = (\underline{Y}_{üf})_{\underline{Y}_a = \infty}$$

Kurzschluss-Ausgangsleitwert:

$$\underline{Y}_{22} = \left(\frac{\underline{I}_2}{\underline{U}_2} \right)_{\underline{U}_1 = 0} = (\underline{Y}_{out})_{\underline{Y}_i = \infty}$$

Für Vierpolschaltungen, deren Y-Parameter bekannt sind, gibt es zwei Ersatzschaltungen, die den Vierpolgleichungen in Leitwertform genügen:

U-Ersatzschaltung mit zwei Stromquellen:

In diesem Ersatzschaltbild kann die Energie vom Eingang zum Ausgang nur über die Stromquelle $\underline{Y}_{21} \cdot \underline{U}_1$ übertragen werden. Die Rückwirkung erfasst die Stromquelle $\underline{Y}_{12} \cdot \underline{U}_2$. Deshalb müssen auch bei Ersatzschaltungen passiver Vierpole die Stromquellen erhalten bleiben.

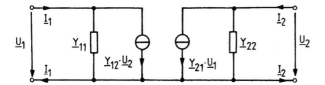

Bild 10.6
U-Ersatzschaltung
mit $\underline{Y}$-Parametern

π-Ersatzschaltung mit einer Stromquelle:

Für passive Vierpole ist die Stromquelle in der Ersatzschaltung Null, weil der Vierpol auch ohne Stromquelle Energie vom Eingang zum Ausgang und umgekehrt übertragen kann (siehe Abschnitt 10.6).

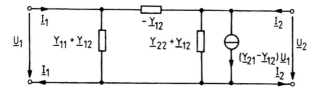

Bild 10.7
π-Ersatzschaltung
mit $\underline{Y}$-Parametern

Widerstandsform der Vierpolgleichungen

Die Vierpolgleichungen in Widerstands- oder Impedanzform sind Spannungsgleichungen in komplexen Effektivwerten:

$$\underline{U}_1 = \underline{Z}_{11} \cdot \underline{I}_1 + \underline{Z}_{12} \cdot \underline{I}_2 \qquad\text{oder}\qquad \begin{pmatrix} \underline{U}_1 \\ \underline{U}_2 \end{pmatrix} = \begin{pmatrix} \underline{Z}_{11} & \underline{Z}_{12} \\ \underline{Z}_{21} & \underline{Z}_{22} \end{pmatrix} \cdot \begin{pmatrix} \underline{I}_1 \\ \underline{I}_2 \end{pmatrix} \qquad (10.6)$$
$$\underline{U}_2 = \underline{Z}_{21} \cdot \underline{I}_1 + \underline{Z}_{22} \cdot \underline{I}_2$$

Die $\underline{Z}$-Parameter werden aus den Vierpolgleichungen ermittelt, indem entweder $\underline{I}_2$ oder $\underline{I}_1$ Null gesetzt werden; sie sind also Betriebskenngrößen bei Leerlauf in Vorwärts- bzw. in Rückwärtsbetrieb:

Leerlauf-Eingangswiderstand:

$$\underline{Z}_{11} = \left(\frac{\underline{U}_1}{\underline{I}_1} \right)_{\underline{I}_2 = 0} = (\underline{Z}_{in})_{\underline{Y}_a = 0}$$

Leerlauf-Übertragungswiderstand rückwärts:

$$\underline{Z}_{12} = \left(\frac{\underline{U}_1}{\underline{I}_2} \right)_{\underline{I}_1 = 0} = (\underline{Z}_{\ddot{u}r})_{\underline{Y}_i = 0}$$

Leerlauf-Übertragungswiderstand vorwärts:

$$\underline{Z}_{21} = \left(\frac{\underline{U}_2}{\underline{I}_1} \right)_{\underline{I}_2 = 0} = (\underline{Z}_{\ddot{u}f})_{\underline{Y}_a = 0}$$

Leerlauf-Ausgangswiderstand:

$$\underline{Z}_{22} = \left(\frac{\underline{U}_2}{\underline{I}_2} \right)_{\underline{I}_1 = 0} = (\underline{Z}_{out})_{\underline{Y}_i = 0}$$

Für Vierpolschaltungen, deren $\underline{Z}$-Parameter bekannt sind, gibt es zwei Ersatzschaltungen, die den Vierpolgleichungen in Widerstandsform genügen:

U-Ersatzschaltung mit zwei Spannungsquellen:

In diesem Ersatzschaltbild kann die Energie vom Eingang zum Ausgang nur über die Spannungsquelle $\underline{Z}_{21} \cdot \underline{I}_1$ übertragen werden. Die Rückwirkung erfasst die Spannungsquelle $\underline{Z}_{12} \cdot \underline{I}_2$. Deshalb müssen auch bei Ersatzschaltungen passiver Vierpole die Spannungsquellen erhalten bleiben.

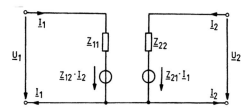

Bild 10.8
U-Ersatzschaltung
mit $\underline{Z}$-Parametern

T-Ersatzschaltung mit einer Spannungsquelle:

Für passive Vierpole ist die Spannungsquelle in der Ersatzschaltung Null, weil der Vierpol auch ohne Spannungsquelle vom Eingang zum Ausgang und umgekehrt Energie übertragen kann (siehe Abschnitt 10.6).

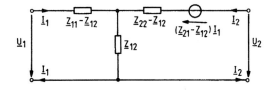

Bild 10.9
T-Ersatzschaltung
mit $\underline{Z}$-Parametern

Reihen-Parallel-Form der Vierpolgleichungen

Die erste Vierpolgleichung in Reihen-Parallel-Form oder Hybrid-Form ist eine Spannungsgleichung, die zweite eine Stromgleichung in komplexen Effektivwerten:

$$\underline{U}_1 = \underline{H}_{11} \cdot \underline{I}_1 + \underline{H}_{12} \cdot \underline{U}_2 \qquad \text{oder} \qquad \begin{pmatrix} \underline{U}_1 \\ \underline{I}_2 \end{pmatrix} = \begin{pmatrix} \underline{H}_{11} & \underline{H}_{12} \\ \underline{H}_{21} & \underline{H}_{22} \end{pmatrix} \cdot \begin{pmatrix} \underline{I}_1 \\ \underline{U}_2 \end{pmatrix} \qquad (10.7)$$
$$\underline{I}_2 = \underline{H}_{21} \cdot \underline{I}_1 + \underline{H}_{22} \cdot \underline{U}_2$$

Die $\underline{H}$-Parameter werden aus den Vierpolgleichungen ermittelt, indem entweder $\underline{U}_2$ oder $\underline{I}_1$ Null gesetzt werden; sie sind also Betriebskenngrößen bei Kurzschluss in Vorwärtsbetrieb und bei Leerlauf in Rückwärtsbetrieb:

Kurzschluss-Eingangswiderstand:

$$\underline{H}_{11} = \left(\frac{\underline{U}_1}{\underline{I}_1} \right)_{\underline{U}_2 = 0} = (\underline{Z}_{in})_{\underline{Y}_a = \infty}$$

Kurzschluss-Stromübersetzung vorwärts:

$$\underline{H}_{21} = \left(\frac{\underline{I}_2}{\underline{I}_1} \right)_{\underline{U}_2 = 0} = (\underline{V}_{if})_{\underline{Y}_a = \infty}$$

Leerlauf-Spannungsrückwirkung:

$$\underline{H}_{12} = \left(\frac{\underline{U}_1}{\underline{U}_2} \right)_{\underline{I}_1 = 0} = (\underline{V}_{ur})_{\underline{Y}_i = 0}$$

Leerlauf-Ausgangsleitwert:

$$\underline{H}_{22} = \left(\frac{\underline{I}_2}{\underline{U}_2} \right)_{\underline{I}_1 = 0} = (\underline{Y}_{out})_{\underline{Y}_i = 0}$$

Für Vierpolschaltungen oder Elementarvierpole (z. B. Transistor), deren $\underline{H}$-Parameter bekannt sind, kann eine Ersatzschaltung angegeben werden, die den Vierpolgleichungen in Reihen-Parallel-Form genügt:

U-Ersatzschaltung mit einer Spannungsquelle und einer Stromquelle:

In diesem Ersatzschaltbild kann die Energie vom Eingang zum Ausgang nur über die Stromquelle $\underline{H}_{21} \cdot \underline{I}_1$ übertragen werden. Die Rückwirkung erfasst die Spannungsquelle $\underline{H}_{12} \cdot \underline{U}_2$. Deshalb müssen auch bei Ersatzschaltungen passiver Vierpole die Spannungs- und die Stromquelle erhalten bleiben.

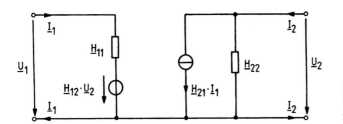

Bild 10.10
U-Ersatzschaltung
mit $\underline{H}$-Parametern

In der Schaltungstechnik ist es üblich, die Vierpolparameter mit kleinen Buchstaben zu bezeichnen, z. B. für Transistoren in Datenbüchern oder in Schaltungsbüchern der Nachrichtentechnik und angewandten Elektronik. Für Transistoren werden die Parameter in Leitwertform oder Hybridform angegeben. In den meisten Anwendungen sind sie reell, so dass auf die Unterstreichung verzichtet werden kann:

$$\underline{I}_1 = y_{11} \cdot \underline{U}_1 + y_{12} \cdot \underline{U}_2 \qquad\qquad \underline{U}_1 = h_{11} \cdot \underline{I}_1 + h_{12} \cdot \underline{U}_2$$
$$\underline{I}_2 = y_{21} \cdot \underline{U}_1 + y_{22} \cdot \underline{U}_2 \qquad\qquad \underline{I}_2 = h_{21} \cdot \underline{I}_1 + h_{22} \cdot \underline{U}_2$$

Parallel-Reihen-Form der Vierpolgleichungen

Die erste Vierpolgleichung in Parallel-Reihen-Form ist eine Stromgleichung, die zweite eine Spannungsgleichung in komplexen Effektivwerten:

$$\begin{aligned} \underline{I}_1 &= \underline{C}_{11} \cdot \underline{U}_1 + \underline{C}_{12} \cdot \underline{I}_2 \\ \underline{U}_2 &= \underline{C}_{21} \cdot \underline{U}_1 + \underline{C}_{22} \cdot \underline{I}_2 \end{aligned} \qquad \text{oder} \qquad \begin{pmatrix} \underline{I}_1 \\ \underline{U}_2 \end{pmatrix} = \begin{pmatrix} \underline{C}_{11} & \underline{C}_{12} \\ \underline{C}_{21} & \underline{C}_{22} \end{pmatrix} \cdot \begin{pmatrix} \underline{U}_1 \\ \underline{I}_2 \end{pmatrix} \qquad (10.8)$$

Die $\underline{C}$-Parameter werden aus den Vierpolgleichungen ermittelt, indem entweder $\underline{I}_2$ oder $\underline{U}_1$ Null gesetzt werden; sie sind also Betriebskenngrößen bei Leerlauf in Vorwärtsbetrieb und bei Kurzschluss in Rückwärtsbetrieb:

Leerlauf-Eingangsleitwert:

$$\underline{C}_{11} = \left(\frac{\underline{I}_1}{\underline{U}_1} \right)_{\underline{I}_2 = 0} = (\underline{Y}_{\text{in}})_{\underline{Y}_a = 0}$$

Leerlauf-Spannungsübersetzung vorwärts:

$$\underline{C}_{21} = \left(\frac{\underline{U}_2}{\underline{U}_1} \right)_{\underline{I}_2 = 0} = (\underline{V}_{\text{uf}})_{\underline{Y}_a = 0}$$

Kurzschluss-Stromrückwirkung:

$$\underline{C}_{12} = \left(\frac{\underline{I}_1}{\underline{I}_2} \right)_{\underline{U}_1 = 0} = (\underline{V}_{\text{ir}})_{\underline{Y}_i = \infty}$$

Kurzschluss-Ausgangswiderstand:

$$\underline{C}_{22} = \left(\frac{\underline{U}_2}{\underline{I}_2} \right)_{\underline{U}_1 = 0} = (\underline{Z}_{\text{out}})_{\underline{Y}_i = \infty}$$

Für Vierpolschaltungen, deren $\underline{C}$-Parameter bekannt sind, kann eine Ersatzschaltung angegeben werden, die den Vierpolgleichungen in Reihen-Parallel-Form genügt:

U-Ersatzschaltung mit einer Stromquelle und einer Spannungsquelle:

In diesem Ersatzschaltbild kann die Energie vom Eingang zum Ausgang nur über die Spannungsquelle $\underline{C}_{21} \cdot \underline{U}_1$ übertragen werden. Die Rückwirkung erfasst die Stromquelle $\underline{C}_{12} \cdot \underline{I}_2$. Deshalb müssen auch bei Ersatzschaltungen passiver Zweipole die Stromquellen erhalten bleiben.

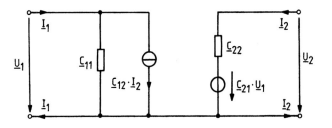

Bild 10.11
U-Ersatzschaltung
mit $\underline{C}$-Parametern

Die $\underline{C}$-Parameter haben in der Schaltungstechnik und Nachrichtentechnik keine Bedeutung, weil die entsprechenden Parallel-Reihen-Schaltungen kaum Anwendung finden. Für die Umrechnung von Vierpolparametern von Dreipolen im Abschnitt 10.8 kann aber eine derartige Zusammenschaltung angegeben werden.

Kettenform der Vierpolgleichungen

Die erste Vierpolgleichung in Kettenform ist eine Spannungsgleichung, die zweite eine Stromgleichung in komplexen Effektivwerten:

$$
\begin{aligned}
\underline{U}_1 &= \underline{A}_{11} \cdot \underline{U}_2 + \underline{A}_{12} \cdot (-\underline{I}_2) \\
\underline{I}_1 &= \underline{A}_{21} \cdot \underline{U}_2 + \underline{A}_{22} \cdot (-\underline{I}_2)
\end{aligned}
\qquad \text{oder} \qquad
\begin{pmatrix} \underline{U}_1 \\ \underline{I}_1 \end{pmatrix}
=
\begin{pmatrix} \underline{A}_{11} & \underline{A}_{12} \\ \underline{A}_{21} & \underline{A}_{22} \end{pmatrix}
\cdot
\begin{pmatrix} \underline{U}_2 \\ -\underline{I}_2 \end{pmatrix}
\qquad (10.9)
$$

Auffällig an den beiden Vierpolgleichungen ist, dass die $\underline{A}$-Parameter für den umgekehrten Ausgangsstrom $-\underline{I}_2$ definiert sind. Die Kettenform der Vierpolgleichungen wird für die Kettenschaltung von Vierpolen angewendet, wie im Abschnitt 10.7 beschrieben wird. Da der Ausgangsstrom des ersten Vierpols umgekehrt zum Eingangsstrom des zweiten Vierpols gerichtet ist, wird die Definition der $\underline{A}$-Parameter auf einen Strom zwischen beiden Vierpolen festgelegt – und das ist der Eingangsstrom des nächstfolgenden Vierpols:

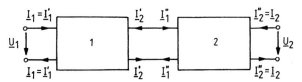

Bild 10.12 Definition der $\underline{A}$-Parameter mittels Kettenschaltung

Die $\underline{A}$-Parameter werden aus den Vierpolgleichungen ermittelt, indem entweder $\underline{I}_2$ oder $\underline{U}_2$ Null gesetzt werden; sie sind also reziproke Betriebskenngrößen bei Leerlauf und bei Kurzschluss in Vorwärtsbetrieb:

reziproke Leerlauf-Spannungsübersetzung vorwärts:

$$
\underline{A}_{11} = \left(\frac{\underline{U}_1}{\underline{U}_2} \right)_{\underline{I}_2=0} = \left(\frac{1}{\underline{V}_{uf}} \right)_{\underline{Y}_a=0}
$$

reziproker Leerlauf-Übertragungswiderstand vorwärts:

$$
\underline{A}_{21} = \left(\frac{\underline{I}_1}{\underline{U}_2} \right)_{\underline{I}_2=0} = \left(\frac{1}{\underline{Z}_{üf}} \right)_{\underline{Y}_a=0}
$$

negativer reziproker Kurzschluss-Übertragungsleitwert vorwärts:

$$
\underline{A}_{12} = \left(\frac{\underline{U}_1}{-\underline{I}_2} \right)_{\underline{U}_2=0} = \left(\frac{1}{-\underline{Y}_{üf}} \right)_{\underline{Y}_a=\infty}
$$

negative reziproke Kurzschluss-Stromübersetzung vorwärts:

$$
\underline{A}_{22} = \left(\frac{\underline{I}_1}{-\underline{I}_2} \right)_{\underline{U}_2=0} = \left(\frac{1}{-\underline{V}_{if}} \right)_{\underline{Y}_a=\infty}
$$

Eine Ersatzschaltung mit $\underline{A}$-Parametern ist nicht bekannt.

In der Leitungstheorie und bei analogen Filterschaltungen werden die $\underline{A}$-Parameter angewendet. Im Abschnitt 10.9 werden die Wellenparameter eines passiven Vierpols mit Hilfe der $\underline{A}$-Parameter beschrieben.

Umrechnung der Vierpolparameter von einer Form in eine andere

Wie im einleitenden Abschnitt im Bild 10.5 dargestellt, gibt es fünf verschiedene Arten der Zusammenschaltung zweier Vierpole. Aus den Vierpolparametern der Einzelvierpole ergeben sich durch Matrizenoperationen die Vierpolparameter des Gesamtvierpols.

Im Abschnitt 10.7 wird nachgewiesen, dass diese Operationen nur mit den Vierpolparametern möglich sind, die den Zusammenschaltungen entsprechen:

> die Parallel-Parallel-Schaltung mit $\underline{Y}$-Parametern,
>
> die Reihen-Reihen-Schaltung mit $\underline{Z}$-Parametern,
>
> die Reihen-Parallel-Schaltung mit $\underline{H}$-Parametern,
>
> die Parallel-Reihen-Schaltung mit $\underline{C}$-Parametern und
>
> die Kettenschaltung mit $\underline{A}$-Parametern.

Sind von einem Einzelvierpol die Vierpolparameter bekannt, die nicht der Zusammenschaltung mit einem anderen Vierpol entsprechen, dann müssen die Vierpolparameter in die Form umgerechnet werden, die für die Zusammenschaltung verwendet werden kann. Sind z. B. von einem Vierpol, der mit einem anderen Vierpol in Parallel-Parallel-Schaltung zusammengeschaltet ist, die $\underline{Z}$-Parameter bekannt, dann müssen die $\underline{Z}$-Parameter in die $\underline{Y}$-Parameter umgerechnet werden und diese mit den $\underline{Y}$-Parametern des zweiten Vierpols zusammengefasst werden.

Bei den fünf verschiedenen Formen der Vierpolgleichungen handelt es sich um ein lineares Gleichungssystem zweier Gleichungen mit zwei impliziten und zwei expliziten Variablen. Mit Hilfe des Eliminationsverfahrens ist es möglich, jede Form der Vierpolgleichungen in eine andere Form zu überführen.

Beispiel: Umrechnung der $\underline{Z}$-Parameter in die $\underline{Y}$-Parameter

1. Berechnung von $\underline{Y}_{11}$ und $\underline{Y}_{12}$:

$$\underline{U}_1 = \underline{Z}_{11} \cdot \underline{I}_1 + \underline{Z}_{12} \cdot \underline{I}_2 \quad | \cdot \underline{Z}_{22}$$

$$\underline{U}_2 = \underline{Z}_{21} \cdot \underline{I}_1 + \underline{Z}_{22} \cdot \underline{I}_2 \quad | \cdot \underline{Z}_{12}$$

$$\underline{Z}_{22} \cdot \underline{U}_1 = \underline{Z}_{11} \cdot \underline{Z}_{22} \cdot \underline{I}_1 + \underline{Z}_{12} \cdot \underline{Z}_{22} \cdot \underline{I}_2$$

$$-\left(\underline{Z}_{12} \cdot \underline{U}_2 = \underline{Z}_{12} \cdot \underline{Z}_{21} \cdot \underline{I}_1 + \underline{Z}_{12} \cdot \underline{Z}_{22} \cdot \underline{I}_2 \right)$$

$$\underline{Z}_{22} \cdot \underline{U}_1 - \underline{Z}_{12} \cdot \underline{U}_2 = (\underline{Z}_{11} \cdot \underline{Z}_{22} - \underline{Z}_{12} \cdot \underline{Z}_{21}) \cdot \underline{I}_1$$

mit

$$\underline{Z}_{11} \cdot \underline{Z}_{22} - \underline{Z}_{12} \cdot \underline{Z}_{21} = \begin{vmatrix} \underline{Z}_{11} & \underline{Z}_{12} \\ \underline{Z}_{21} & \underline{Z}_{22} \end{vmatrix} = \det \underline{Z}$$

(siehe Band 1, Abschnitt 2.3.6.2, S. 114, Determinanten …)

ist

$$\underline{I}_1 = \frac{\underline{Z}_{22}}{\det \underline{Z}} \cdot \underline{U}_1 + \frac{-\underline{Z}_{12}}{\det \underline{Z}} \cdot \underline{U}_2 = \underline{Y}_{11} \cdot U_1 + \underline{Y}_{12} \cdot \underline{U}_2$$

d. h.

$$\underline{Y}_{11} = \frac{\underline{Z}_{22}}{\det \underline{Z}} \quad \text{und} \quad \underline{Y}_{12} = -\frac{\underline{Z}_{12}}{\det \underline{Z}}$$

2. Berechnung von $\underline{Y}_{12}$ und $\underline{Y}_{22}$:

$$\underline{U}_1 = \underline{Z}_{11} \cdot \underline{I}_1 + \underline{Z}_{12} \cdot \underline{I}_2 \quad | \cdot \underline{Z}_{21}$$

$$\underline{U}_2 = \underline{Z}_{21} \cdot \underline{I}_1 + \underline{Z}_{22} \cdot \underline{I}_2 \quad | \cdot \underline{Z}_{11}$$

$$\underline{Z}_{21} \cdot \underline{U}_1 = \underline{Z}_{11} \cdot \underline{Z}_{21} \cdot \underline{I}_1 + \underline{Z}_{12} \cdot \underline{Z}_{21} \cdot \underline{I}_2$$

$$-\left(\underline{Z}_{11} \cdot \underline{U}_2 = \underline{Z}_{11} \cdot \underline{Z}_{21} \cdot \underline{I}_1 + \underline{Z}_{11} \cdot \underline{Z}_{22} \cdot \underline{I}_2\right)$$

$$\underline{Z}_{21} \cdot \underline{U}_1 - \underline{Z}_{11} \cdot \underline{U}_2 = (\underline{Z}_{12} \cdot \underline{Z}_{21} - \underline{Z}_{11} \cdot \underline{Z}_{22}) \cdot \underline{I}_2$$

$$-\underline{Z}_{21} \cdot \underline{U}_1 + \underline{Z}_{11} \cdot \underline{U}_2 = (\underline{Z}_{11} \cdot \underline{Z}_{22} - \underline{Z}_{12} \cdot \underline{Z}_{21}) \cdot \underline{I}_2$$

mit $\quad \underline{Z}_{11} \cdot \underline{Z}_{22} - \underline{Z}_{12} \cdot \underline{Z}_{21} = \det \underline{Z}$

ist

$$\underline{I}_2 = \frac{-\underline{Z}_{21}}{\det \underline{Z}} \cdot \underline{U}_1 + \frac{\underline{Z}_{11}}{\det \underline{Z}} \cdot \underline{U}_2 = \underline{Y}_{21} \cdot \underline{U}_1 + \underline{Y}_{22} \cdot \underline{U}_2$$

d. h.

$$\underline{Y}_{21} = \frac{-\underline{Z}_{21}}{\det \underline{Z}} \quad \text{und} \quad \underline{Y}_{22} = \frac{\underline{Z}_{11}}{\det \underline{Z}}$$

Sämtliche Umrechnungsformen lassen sich in einer Tabelle zusammenfassen:

(Y)	$\underline{Y}_{11}$	$\underline{Y}_{12}$	$\dfrac{\underline{Z}_{22}}{\det \underline{Z}}$	$\dfrac{-\underline{Z}_{12}}{\det \underline{Z}}$	$\dfrac{1}{\underline{H}_{11}}$	$\dfrac{-\underline{H}_{12}}{\underline{H}_{11}}$	$\dfrac{\det \underline{C}}{\underline{C}_{22}}$	$\dfrac{\underline{C}_{12}}{\underline{C}_{22}}$	$\dfrac{\underline{A}_{22}}{\underline{A}_{12}}$	$\dfrac{-\det \underline{A}}{\underline{A}_{12}}$
	$\underline{Y}_{21}$	$\underline{Y}_{22}$	$\dfrac{-\underline{Z}_{21}}{\det \underline{Z}}$	$\dfrac{\underline{Z}_{11}}{\det \underline{Z}}$	$\dfrac{\underline{H}_{21}}{\underline{H}_{11}}$	$\dfrac{\det \underline{H}}{\underline{H}_{11}}$	$\dfrac{-\underline{C}_{21}}{\underline{C}_{22}}$	$\dfrac{1}{\underline{C}_{22}}$	$\dfrac{-1}{\underline{A}_{12}}$	$\dfrac{\underline{A}_{11}}{\underline{A}_{12}}$
(Z)	$\dfrac{\underline{Y}_{22}}{\det \underline{Y}}$	$\dfrac{-\underline{Y}_{12}}{\det \underline{Y}}$	$\underline{Z}_{11}$	$\underline{Z}_{12}$	$\dfrac{\det \underline{H}}{\underline{H}_{22}}$	$\dfrac{\underline{H}_{12}}{\underline{H}_{22}}$	$\dfrac{1}{\underline{C}_{11}}$	$\dfrac{-\underline{C}_{12}}{\underline{C}_{11}}$	$\dfrac{\underline{A}_{11}}{\underline{A}_{21}}$	$\dfrac{\det \underline{A}}{\underline{A}_{21}}$
	$\dfrac{-\underline{Y}_{21}}{\det \underline{Y}}$	$\dfrac{\underline{Y}_{11}}{\det \underline{Y}}$	$\underline{Z}_{21}$	$\underline{Z}_{22}$	$\dfrac{-\underline{H}_{21}}{\underline{H}_{22}}$	$\dfrac{1}{\underline{H}_{22}}$	$\dfrac{\underline{C}_{21}}{\underline{C}_{11}}$	$\dfrac{\det \underline{C}}{\underline{C}_{11}}$	$\dfrac{1}{\underline{A}_{21}}$	$\dfrac{\underline{A}_{22}}{\underline{A}_{21}}$
(H)	$\dfrac{1}{\underline{Y}_{11}}$	$\dfrac{-\underline{Y}_{12}}{\underline{Y}_{11}}$	$\dfrac{\det \underline{Z}}{\underline{Z}_{22}}$	$\dfrac{\underline{Z}_{12}}{\underline{Z}_{22}}$	$\underline{H}_{11}$	$\underline{H}_{12}$	$\dfrac{\underline{C}_{22}}{\det \underline{C}}$	$\dfrac{-\underline{C}_{12}}{\det \underline{C}}$	$\dfrac{\underline{A}_{12}}{\underline{A}_{22}}$	$\dfrac{\det \underline{A}}{\underline{A}_{22}}$
	$\dfrac{\underline{Y}_{21}}{\underline{Y}_{11}}$	$\dfrac{\det \underline{Y}}{\underline{Y}_{11}}$	$\dfrac{-\underline{Z}_{21}}{\underline{Z}_{22}}$	$\dfrac{1}{\underline{Z}_{22}}$	$\underline{H}_{21}$	$\underline{H}_{22}$	$\dfrac{-\underline{C}_{21}}{\det \underline{C}}$	$\dfrac{\underline{C}_{11}}{\det \underline{C}}$	$\dfrac{-1}{\underline{A}_{22}}$	$\dfrac{\underline{A}_{21}}{\underline{A}_{22}}$
(C)	$\dfrac{\det \underline{Y}}{\underline{Y}_{22}}$	$\dfrac{\underline{Y}_{12}}{\underline{Y}_{22}}$	$\dfrac{1}{\underline{Z}_{11}}$	$\dfrac{-\underline{Z}_{12}}{\underline{Z}_{11}}$	$\dfrac{\underline{H}_{22}}{\det \underline{H}}$	$\dfrac{-\underline{H}_{12}}{\det \underline{H}}$	$\underline{C}_{11}$	$\underline{C}_{12}$	$\dfrac{\underline{A}_{21}}{\underline{A}_{11}}$	$\dfrac{-\det \underline{A}}{\underline{A}_{11}}$
	$\dfrac{-\underline{Y}_{21}}{\underline{Y}_{22}}$	$\dfrac{1}{\underline{Y}_{22}}$	$\dfrac{\underline{Z}_{21}}{\underline{Z}_{11}}$	$\dfrac{\det \underline{Z}}{\underline{Z}_{11}}$	$\dfrac{-\underline{H}_{21}}{\det \underline{H}}$	$\dfrac{\underline{H}_{11}}{\det \underline{H}}$	$\underline{C}_{21}$	$\underline{C}_{22}$	$\dfrac{1}{\underline{A}_{11}}$	$\dfrac{\underline{A}_{12}}{\underline{A}_{11}}$
(A)	$\dfrac{-\underline{Y}_{22}}{\underline{Y}_{21}}$	$\dfrac{-1}{\underline{Y}_{21}}$	$\dfrac{\underline{Z}_{11}}{\underline{Z}_{21}}$	$\dfrac{\det \underline{Z}}{\underline{Z}_{21}}$	$\dfrac{-\det \underline{H}}{\underline{H}_{21}}$	$\dfrac{-\underline{H}_{11}}{\underline{H}_{21}}$	$\dfrac{1}{\underline{C}_{21}}$	$\dfrac{\underline{C}_{22}}{\underline{C}_{21}}$	$\underline{A}_{11}$	$\underline{A}_{12}$
	$\dfrac{-\det \underline{Y}}{\underline{Y}_{21}}$	$\dfrac{-\underline{Y}_{11}}{\underline{Y}_{21}}$	$\dfrac{1}{\underline{Z}_{21}}$	$\dfrac{\underline{Z}_{22}}{\underline{Z}_{21}}$	$\dfrac{-\underline{H}_{22}}{\underline{H}_{21}}$	$\dfrac{-1}{\underline{H}_{21}}$	$\dfrac{\underline{C}_{11}}{\underline{C}_{21}}$	$\dfrac{\det \underline{C}}{\underline{C}_{21}}$	$\underline{A}_{21}$	$\underline{A}_{22}$

Formeln für Vierpoldeterminanten:

$$\det \underline{Y} = \underline{Y}_{11}\underline{Y}_{22} - \underline{Y}_{12}\underline{Y}_{21} = \frac{1}{\det \underline{Z}} = \frac{\underline{H}_{22}}{\underline{H}_{11}} = \frac{\underline{C}_{11}}{\underline{C}_{22}} = \frac{\underline{A}_{21}}{\underline{A}_{12}}$$

$$\det \underline{Z} = \frac{1}{\det \underline{Y}} = \underline{Z}_{11}\underline{Z}_{22} - \underline{Z}_{12}\underline{Z}_{21} = \frac{\underline{H}_{11}}{\underline{H}_{22}} = \frac{\underline{C}_{22}}{\underline{C}_{11}} = \frac{\underline{A}_{12}}{\underline{A}_{21}}$$

$$\det \underline{H} = \frac{\underline{Y}_{22}}{\underline{Y}_{11}} = \frac{\underline{Z}_{11}}{\underline{Z}_{22}} = \underline{H}_{11}\underline{H}_{22} - \underline{H}_{12}\underline{H}_{21} = \frac{1}{\det \underline{C}} = \frac{\underline{A}_{11}}{\underline{A}_{22}}$$

$$\det \underline{C} = \frac{\underline{Y}_{11}}{\underline{Y}_{22}} = \frac{\underline{Z}_{22}}{\underline{Z}_{11}} = \frac{1}{\det \underline{H}} = \underline{C}_{11}\underline{C}_{22} - \underline{C}_{12}\underline{C}_{21} = \frac{\underline{A}_{22}}{\underline{A}_{11}}$$

$$\det \underline{A} = \frac{\underline{Y}_{12}}{\underline{Y}_{21}} = \frac{\underline{Z}_{12}}{\underline{Z}_{21}} = -\frac{\underline{H}_{12}}{\underline{H}_{21}} = -\frac{\underline{C}_{12}}{\underline{C}_{21}} = \underline{A}_{11}\underline{A}_{22} - \underline{A}_{12}\underline{A}_{21}$$

Anwendungsbeispiele:

1. Für den im Bild 10.13 gezeichneten T-Vierpol sollen die $\underline{Z}$-Parameter mit Hilfe der Kirchhoffschen Sätze ermittelt werden.

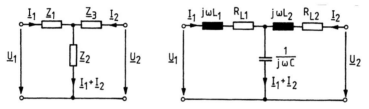

Bild 10.13 Anwendungsbeispiel 1

Lösung:

$$\underline{U}_1 = \underline{Z}_1 \cdot \underline{I}_1 + \underline{Z}_2(\underline{I}_1 + \underline{I}_2) = (\underline{Z}_1 + \underline{Z}_2) \cdot \underline{I}_1 + \underline{Z}_2 \cdot \underline{I}_2 = \underline{Z}_{11} \cdot \underline{I}_1 + \underline{Z}_{12} \cdot \underline{I}_2$$

$$\underline{U}_2 = \underline{Z}_3 \cdot \underline{I}_2 + \underline{Z}_2(\underline{I}_1 + \underline{I}_2) = \underline{Z}_2 \cdot \underline{I}_1 + (\underline{Z}_2 + \underline{Z}_3) \cdot \underline{I}_2 = \underline{Z}_{21} \cdot \underline{I}_1 + \underline{Z}_{22} \cdot \underline{I}_2$$

d. h.

$$(\underline{Z}) = \begin{pmatrix} \underline{Z}_1 + \underline{Z}_2 & \underline{Z}_2 \\ \underline{Z}_2 & \underline{Z}_2 + \underline{Z}_3 \end{pmatrix} = \begin{pmatrix} R_{L1} + j\omega L_1 + \dfrac{1}{j\omega C} & \dfrac{1}{j\omega C} \\ \dfrac{1}{j\omega C} & R_{L2} + j\omega L_2 + \dfrac{1}{j\omega C} \end{pmatrix}$$

2. Mit Hilfe der Definitionsgleichungen sind die $\underline{Y}$-Parameter des T-Vierpols im Bild 10.14 zu ermitteln.

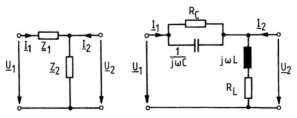

Bild 10.14 Anwendungsbeispiel 2

Lösung:

Kurzschluss am Ausgang:

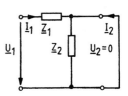

$$\underline{Y}_{11} = \left(\frac{\underline{I}_1}{\underline{U}_1}\right)_{\underline{U}_2=0} = \frac{1}{\underline{Z}_1} = \frac{1}{R_C} + j\omega C$$

$$\underline{Y}_{21} = \left(\frac{\underline{I}_2}{\underline{U}_1}\right)_{\underline{U}_2=0} = -\frac{1}{\underline{Z}_1} = -\left(\frac{1}{R_C} + j\omega C\right)$$

Bild 10.15 Beispiel 2, Kurzschluss am Ausgang

Kurzschluss am Eingang:

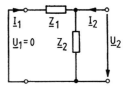

$$\underline{Y}_{12} = \left(\frac{\underline{I}_1}{\underline{U}_2}\right)_{\underline{U}_1=0} = -\frac{1}{\underline{Z}_1} = -\left(\frac{1}{R_C} + j\omega C\right)$$

$$\underline{Y}_{22} = \left(\frac{\underline{I}_2}{\underline{U}_2}\right)_{\underline{U}_1=0} = \frac{1}{\underline{Z}_1} + \frac{1}{\underline{Z}_2} = \frac{1}{R_C} + j\omega C + \frac{1}{R_L + j\omega L}$$

Bild 10.16 Beispiel 2, Kurzschluss am Eingang

3. Für einen verlustlosen Übertrager mit gleichsinnigem Wickelsinn sollen die T-Ersatzschaltung und die π-Ersatzschaltung ermittelt werden.

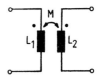

Bild 10.17 Anwendungsbeispiel 3

Lösung:

Für die T-Ersatzschaltung sind nach Bild 10.9 die $\underline{Z}$-Parameter des Übertragers zu bestimmen, die sich aus den Spannungsgleichungen des Transformators ergeben.

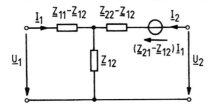

Bild 10.18 T-Ersatzschaltung

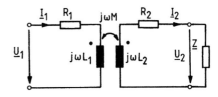

Bild 10.19 Ersatzschaltung des Transformators

Im Band 2, Abschnitt 6.2, S. 221 sind die Spannungsgleichungen für die Ersatzschaltung des Transformators (siehe Bild 6.4) mit den Gln. (6.4) und (6.5) angegeben:

$$\underline{U}_1 = \underline{R}_1 \cdot \underline{I}_1 + j\omega L_1 \cdot \underline{I}_1 - j\omega M \cdot \underline{I}_2 = (R_1 + j\omega L_1) \cdot \underline{I}_1 + j\omega M \cdot (-\underline{I}_2)$$

$$\underline{U}_2 = -\underline{R}_2 \cdot \underline{I}_2 - j\omega L_2 \cdot \underline{I}_2 + j\omega M \cdot \underline{I}_1 = j\omega M \cdot \underline{I}_1 + (R_2 + j\omega L_2) \cdot (-\underline{I}_2)$$

Da der Übertrager verlustlos sein soll, sind $R_1 = 0$ und $R_2 = 0$.

Nach den Richtungsdefinitionen eines Vierpols ist der Ausgangsstrom $\underline{I}_2$ umgekehrt anzunehmen als sich beim Transformator nach der Rechte-Hand-Regel ergibt, d. h. mit $-\underline{I}_2 \rightarrow \underline{I}_2$ lauten die Spannungsgleichungen:

$$\underline{U}_1 = j\omega L_1 \cdot \underline{I}_1 + j\omega M \cdot \underline{I}_2 = \underline{Z}_{11} \cdot \underline{I}_1 + \underline{Z}_{12} \cdot \underline{I}_2$$

$$\underline{U}_2 = j\omega M \cdot \underline{I}_1 + j\omega L_2 \cdot \underline{I}_2 = \underline{Z}_{21} \cdot \underline{I}_1 + \underline{Z}_{22} \cdot \underline{I}_2$$

d. h. $(Z) = \begin{pmatrix} j\omega L_1 & j\omega M \\ j\omega M & j\omega L_2 \end{pmatrix}$.

Die T-Ersatzschaltung mit den Elementen

$$\underline{Z}_{11} - \underline{Z}_{12} = j\omega(L_1 - M)$$

$$\underline{Z}_{22} - \underline{Z}_{12} = j\omega(L_2 - M)$$

$$\underline{Z}_{12} = j\omega M \text{ und}$$

$$(\underline{Z}_{21} - \underline{Z}_{12}) \cdot \underline{I}_1 = 0 \text{ wegen } \underline{Z}_{12} = \underline{Z}_{21}$$

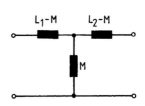

Bild 10.20 T-Ersatzschaltung eines Übertragers

stimmt mit der Ersatzschaltung im Bild 6.14
(im Band 2, S. 230) mit $R_1 = 0$ und $R_2 = 0$ überein.

Für die π-Ersatzschaltung im Bild 10.7 sind die $\underline{Y}$-Parameter erforderlich, die mit Hilfe der Umrechnungsformeln (siehe Tabelle S. 181) berechnet werden:

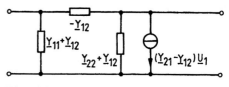

Bild 10.21 π-Ersatzschaltung

Mit

$$\det \underline{Z} = \underline{Z}_{11} \cdot \underline{Z}_{22} - \underline{Z}_{12} \cdot \underline{Z}_{21} = j\omega L_1 \cdot j\omega L_2 - (j\omega M)^2 = (j\omega)^2 (L_1 L_2 - M^2)$$

$$\underline{Y}_{11} + \underline{Y}_{12} = \frac{\underline{Z}_{22} - \underline{Z}_{12}}{\det \underline{Z}} \qquad\qquad \underline{Y}_{22} + \underline{Y}_{12} = \frac{\underline{Z}_{11} - \underline{Z}_{12}}{\det \underline{Z}}$$

$$\underline{Y}_{11} + \underline{Y}_{12} = \frac{j\omega(L_2 - M)}{(j\omega)^2 (L_1 L_2 - M^2)} \qquad \underline{Y}_{22} + \underline{Y}_{12} = \frac{j\omega(L_1 - M)}{(j\omega)^2 (L_1 L_2 - M^2)}$$

$$\frac{1}{\underline{Y}_{11} + \underline{Y}_{12}} = j\omega \cdot \frac{L_1 L_2 - M^2}{L_2 - M} \qquad \frac{1}{\underline{Y}_{22} + \underline{Y}_{12}} = j\omega \cdot \frac{L_1 L_2 - M^2}{L_1 - M}$$

$$-Y_{12} = -\frac{\underline{Z}_{12}}{\det \underline{Z}} = \frac{j\omega M}{(j\omega)^2 (L_1 L_2 - M^2)}$$

$$\frac{1}{-\underline{Y}_{12}} = j\omega \cdot \frac{L_1 L_2 - M^2}{M}$$

$$(\underline{Y}_{21} - Y_{12}) \cdot \underline{U}_1 = 0 \text{ wegen } \underline{Y}_{21} = \underline{Y}_{12}$$

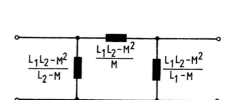

Bild 10.22 π-Ersatzschaltung eines Übertragers

4. Ersatzschaltbilder von Transistoren:

Um eine elektronische Schaltung mit Transistoren für analoge Signalverarbeitungen mit den behandelten Netzberechnungs-Verfahren, in der nur Spannungsquellen, Stromquellen und Wechselstromwiderstände zugelassen sind, berechnen zu können, werden die Transistoren durch Ersatzschaltbilder ersetzt.

In den Datenbüchern der Transistor-Hersteller werden die $\underline{Y}$-Parameter oder die $\underline{H}$-Parameter angegeben, wobei die Kleinschrift bevorzugt wird. Als Ersatzschaltbilder werden die in den Bildern 10.6 und 10.10 angegebenen U-Vierpole verwendet:

Die Vierpolparameter von Vierpolen werden aus den Kennlinien abgelesen und sind im Niederfrequenzbereich praktisch reell, so dass die Striche unter den Bezeichnungen entfallen können. Im Hochfrequenzbereich sind sie komplex.

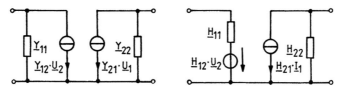

Bild 10.23 Ersatzschaltbilder von Transistoren mit y- und h-Parametern

Für bestimmte Frequenzbereiche können auch physikalische Ersatzschaltbilder angegeben werden, die Stromquellen, ohmsche Widerstände und Kapazitäten enthalten.

Beispiel:

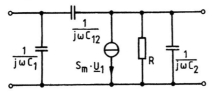

Bild 10.24
Physikalisches Ersatzschaltbild eines MOSFET (Metal-Oxide-Semiconductor, Feldeffekt-Transistor)

10.3 Vierpolparameter passiver Vierpole

Wie in den Anwendungsbeispielen im vorigen Abschnitt gezeigt, können die Vierpolparameter passiver Vierpole entweder mit Hilfe der Kirchhoffschen Sätze oder mit den Definitionsgleichungen ermittelt werden. Da sie für die Zusammenschaltung von Vierpolen in verschiedenen Formen gebraucht werden, müssen sie mit den Umrechnungsformeln entsprechend umgewandelt werden. In der folgenden Tabelle sind die Vierpolparameter für einige passive Vierpole zusammengestellt.

Längswiderstand

$(\underline{Y})$	$(\underline{Z})$
$\begin{matrix} \dfrac{1}{\underline{Z}} & -\dfrac{1}{\underline{Z}} \\[2mm] -\dfrac{1}{\underline{Z}} & \dfrac{1}{\underline{Z}} \end{matrix}$	$(\underline{Z})$ existiert nicht (Matrixelemente sind unendlich)

$(\underline{A})$	$(\underline{H})$	$(\underline{C})$
$\begin{matrix} 1 & \underline{Z} \\ 0 & 1 \end{matrix}$	$\begin{matrix} \underline{Z} & 1 \\ -1 & 0 \end{matrix}$	$\begin{matrix} 0 & -1 \\ 1 & \underline{Z} \end{matrix}$

Querwiderstand

$(\underline{Y})$	$(\underline{Z})$
$(\underline{Y})$ existiert nicht (Matrixelemente sind unendlich)	$\begin{matrix} \underline{Z} & \underline{Z} \\[2mm] \underline{Z} & \underline{Z} \end{matrix}$

$(\underline{A})$	$(\underline{H})$	$(\underline{C})$
$\begin{matrix} 1 & 0 \\[2mm] \dfrac{1}{\underline{Z}} & 1 \end{matrix}$	$\begin{matrix} 0 & 1 \\[2mm] -1 & \dfrac{1}{\underline{Z}} \end{matrix}$	$\begin{matrix} \dfrac{1}{\underline{Z}} & -1 \\[2mm] 1 & 0 \end{matrix}$

Γ-Vierpol I

$(\underline{Y})$	$(\underline{Z})$
$\begin{matrix} \dfrac{1}{\underline{Z}_1}+\dfrac{1}{\underline{Z}_2} & -\dfrac{1}{\underline{Z}_2} \\[2mm] -\dfrac{1}{\underline{Z}_2} & \dfrac{1}{\underline{Z}_2} \end{matrix}$	$\begin{matrix} \underline{Z}_1 & \underline{Z}_1 \\[2mm] \underline{Z}_1 & \underline{Z}_1+\underline{Z}_2 \end{matrix}$

$(\underline{A})$	$(\underline{H})$	$(\underline{C})$
$\begin{matrix} 1 & \underline{Z}_2 \\[2mm] \dfrac{1}{\underline{Z}_1} & 1+\dfrac{\underline{Z}_2}{\underline{Z}_1} \end{matrix}$	$\begin{matrix} \dfrac{\underline{Z}_1\cdot\underline{Z}_2}{\underline{Z}_1+\underline{Z}_2} & \dfrac{\underline{Z}_1}{\underline{Z}_1+\underline{Z}_2} \\[2mm] -\dfrac{\underline{Z}_1}{\underline{Z}_1+\underline{Z}_2} & \dfrac{1}{\underline{Z}_1+\underline{Z}_2} \end{matrix}$	$\begin{matrix} \dfrac{1}{\underline{Z}_1} & -1 \\[2mm] 1 & \underline{Z}_2 \end{matrix}$

Γ-Vierpol II	$(\underline{Y})$		$(\underline{Z})$	
	$\dfrac{1}{\underline{Z}_1}$	$-\dfrac{1}{\underline{Z}_1}$	$\underline{Z}_1 + \underline{Z}_2$	$\underline{Z}_2$
	$-\dfrac{1}{\underline{Z}_1}$	$\dfrac{1}{\underline{Z}_1} + \dfrac{1}{\underline{Z}_2}$	$\underline{Z}_2$	$\underline{Z}_2$
$(\underline{A})$	$(\underline{H})$		$(\underline{C})$	
$1 + \dfrac{\underline{Z}_1}{\underline{Z}_2}$ $\underline{Z}_1$	$\underline{Z}_1$	1	$\dfrac{1}{\underline{Z}_1 + \underline{Z}_2}$	$-\dfrac{\underline{Z}_2}{\underline{Z}_1 + \underline{Z}_2}$
$\dfrac{1}{\underline{Z}_2}$ 1	-1	$\dfrac{1}{\underline{Z}_2}$	$\dfrac{\underline{Z}_2}{\underline{Z}_1 + \underline{Z}_2}$	$\dfrac{\underline{Z}_1 \cdot \underline{Z}_2}{\underline{Z}_1 + \underline{Z}_2}$

T-Schaltung	$(\underline{Y})$		$(\underline{Z})$	
  mit $\underline{K} = \underline{Z}_1\underline{Z}_2 + \underline{Z}_1\underline{Z}_3 + \underline{Z}_2\underline{Z}_3$	$\dfrac{\underline{Z}_2 + \underline{Z}_3}{\underline{K}}$	$-\dfrac{\underline{Z}_2}{\underline{K}}$	$\underline{Z}_1 + \underline{Z}_2$	$\underline{Z}_2$
	$-\dfrac{\underline{Z}_2}{\underline{K}}$	$\dfrac{\underline{Z}_1 + \underline{Z}_2}{\underline{K}}$	$\underline{Z}_2$	$\underline{Z}_2 + \underline{Z}_3$
$(\underline{A})$	$(\underline{H})$		$(\underline{C})$	
$1 + \dfrac{\underline{Z}_1}{\underline{Z}_2}$ $\underline{Z}_1 + \underline{Z}_3 + \dfrac{\underline{Z}_1\underline{Z}_3}{\underline{Z}_2}$	$\dfrac{\underline{K}}{\underline{Z}_2 + \underline{Z}_3}$	$\dfrac{\underline{Z}_2}{\underline{Z}_2 + \underline{Z}_3}$	$\dfrac{1}{\underline{Z}_1 + \underline{Z}_2}$	$-\dfrac{\underline{Z}_2}{\underline{Z}_1 + \underline{Z}_2}$
$\dfrac{1}{\underline{Z}_2}$ $1 + \dfrac{\underline{Z}_3}{\underline{Z}_2}$	$-\dfrac{\underline{Z}_2}{\underline{Z}_2 + \underline{Z}_3}$	$\dfrac{1}{\underline{Z}_2 + \underline{Z}_3}$	$\dfrac{\underline{Z}_2}{\underline{Z}_1 + \underline{Z}_2}$	$\underline{Z}_3 + \dfrac{\underline{Z}_1\underline{Z}_2}{\underline{Z}_1 + \underline{Z}_2}$

π-Schaltung	$(\underline{Y})$		$(\underline{Z})$	
	$\dfrac{1}{\underline{Z}_1} + \dfrac{1}{\underline{Z}_2}$	$-\dfrac{1}{\underline{Z}_2}$	$\dfrac{\underline{Z}_1(\underline{Z}_2 + \underline{Z}_3)}{\underline{Z}_1 + \underline{Z}_2 + \underline{Z}_3}$	$\dfrac{\underline{Z}_1\underline{Z}_3}{\underline{Z}_1 + \underline{Z}_2 + \underline{Z}_3}$
	$-\dfrac{1}{\underline{Z}_2}$	$\dfrac{1}{\underline{Z}_2} + \dfrac{1}{\underline{Z}_3}$	$\dfrac{\underline{Z}_1\underline{Z}_3}{\underline{Z}_1 + \underline{Z}_2 + \underline{Z}_3}$	$\dfrac{\underline{Z}_3(\underline{Z}_1 + \underline{Z}_2)}{\underline{Z}_1 + \underline{Z}_2 + \underline{Z}_3}$
$(\underline{A})$	$(\underline{H})$		$(\underline{C})$	
$1 + \dfrac{\underline{Z}_2}{\underline{Z}_3}$ $\underline{Z}_2$	$\dfrac{\underline{Z}_1 \cdot \underline{Z}_2}{\underline{Z}_1 + \underline{Z}_2}$	$\dfrac{\underline{Z}_1}{\underline{Z}_1 + \underline{Z}_2}$	$\dfrac{\underline{Z}_1 + \underline{Z}_2 + \underline{Z}_3}{\underline{Z}_1(\underline{Z}_2 + \underline{Z}_3)}$	$-\dfrac{\underline{Z}_3}{\underline{Z}_2 + \underline{Z}_3}$
$\dfrac{1}{\underline{Z}_1} + \dfrac{1}{\underline{Z}_3} + \dfrac{\underline{Z}_2}{\underline{Z}_1\underline{Z}_3}$ $1 + \dfrac{\underline{Z}_2}{\underline{Z}_1}$	$-\dfrac{\underline{Z}_1}{\underline{Z}_1 + \underline{Z}_2}$	$\dfrac{\underline{Z}_1 + \underline{Z}_2 + \underline{Z}_3}{\underline{Z}_3(\underline{Z}_1 + \underline{Z}_2)}$	$\dfrac{\underline{Z}_3}{\underline{Z}_2 + \underline{Z}_3}$	$\dfrac{\underline{Z}_2\underline{Z}_3}{\underline{Z}_2 + \underline{Z}_3}$

Umpoler	$(\underline{Y})$	$(\underline{Z})$
	existiert nicht	existiert nicht

$(\underline{A})$	$(\underline{H})$	$(\underline{C})$
$\begin{array}{cc} -1 & 0 \\ 0 & -1 \end{array}$	$\begin{array}{cc} 0 & -1 \\ 1 & 0 \end{array}$	$\begin{array}{cc} 0 & 1 \\ -1 & 0 \end{array}$

Symmetrische X-Schaltung	$(\underline{Y})$	$(\underline{Z})$
	$\begin{array}{cc} \frac{1}{2}\left(\frac{1}{\underline{Z}_1}+\frac{1}{\underline{Z}_2}\right) & \frac{1}{2}\left(\frac{1}{\underline{Z}_1}-\frac{1}{\underline{Z}_2}\right) \\[2mm] \frac{1}{2}\left(\frac{1}{\underline{Z}_1}-\frac{1}{\underline{Z}_2}\right) & \frac{1}{2}\left(\frac{1}{\underline{Z}_1}+\frac{1}{\underline{Z}_2}\right) \end{array}$	$\begin{array}{cc} \frac{1}{2}(\underline{Z}_1+\underline{Z}_2) & \frac{1}{2}(\underline{Z}_1-\underline{Z}_2) \\[2mm] \frac{1}{2}(\underline{Z}_1-\underline{Z}_2) & \frac{1}{2}(\underline{Z}_1+\underline{Z}_2) \end{array}$

$(\underline{A})$	$(\underline{H})$	$(\underline{C})$
$\begin{array}{cc} \frac{\underline{Z}_1+\underline{Z}_2}{\underline{Z}_1-\underline{Z}_2} & \frac{2\cdot\underline{Z}_1\cdot\underline{Z}_2}{\underline{Z}_1-\underline{Z}_2} \\[2mm] \frac{2}{\underline{Z}_1-\underline{Z}_2} & \frac{\underline{Z}_1+\underline{Z}_2}{\underline{Z}_1-\underline{Z}_2} \end{array}$	$\begin{array}{cc} \frac{2\cdot\underline{Z}_1\cdot\underline{Z}_2}{\underline{Z}_1+\underline{Z}_2} & \frac{\underline{Z}_1-\underline{Z}_2}{\underline{Z}_1+\underline{Z}_2} \\[2mm] -\frac{\underline{Z}_1-\underline{Z}_2}{\underline{Z}_1+\underline{Z}_2} & \frac{2}{\underline{Z}_1+\underline{Z}_2} \end{array}$	$\begin{array}{cc} \frac{2}{\underline{Z}_1+\underline{Z}_2} & -\frac{\underline{Z}_1-\underline{Z}_2}{\underline{Z}_1+\underline{Z}_2} \\[2mm] \frac{\underline{Z}_1-\underline{Z}_2}{\underline{Z}_1+\underline{Z}_2} & \frac{2\cdot\underline{Z}_1\cdot\underline{Z}_2}{\underline{Z}_1+\underline{Z}_2} \end{array}$

Symmetrischer Brücken-T-Vierpol	$(\underline{Y})$	
	$\begin{array}{cc} \dfrac{\underline{Z}_1+\underline{Z}_2}{\underline{Z}_1{}^2+2\cdot\underline{Z}_1\cdot\underline{Z}_2}+\dfrac{1}{\underline{Z}_3} & -\left(\dfrac{\underline{Z}_2}{\underline{Z}_1{}^2+2\cdot\underline{Z}_1\cdot\underline{Z}_2}+\dfrac{1}{\underline{Z}_3}\right) \\[4mm] -\left(\dfrac{\underline{Z}_2}{\underline{Z}_1{}^2+2\cdot\underline{Z}_1\cdot\underline{Z}_2}+\dfrac{1}{\underline{Z}_3}\right) & \dfrac{\underline{Z}_1+\underline{Z}_2}{\underline{Z}_1{}^2+2\cdot\underline{Z}_1\cdot\underline{Z}_2}+\dfrac{1}{\underline{Z}_3} \end{array}$	
	$(\underline{Z})$	
	$\begin{array}{cc} \dfrac{\underline{Z}_1{}^2+\underline{Z}_1\cdot\underline{Z}_3}{2\cdot\underline{Z}_1+\underline{Z}_3}+\underline{Z}_2 & \dfrac{\underline{Z}_1{}^2}{2\cdot\underline{Z}_1+\underline{Z}_3}+\underline{Z}_2 \\[4mm] \dfrac{\underline{Z}_1{}^2}{2\cdot\underline{Z}_1+\underline{Z}_3}+\underline{Z}_2 & \dfrac{\underline{Z}_1{}^2+\underline{Z}_1\cdot\underline{Z}_3}{2\cdot\underline{Z}_1+\underline{Z}_3}+\underline{Z}_2 \end{array}$	

10.4 Betriebskenngrößen von Vierpolen

Das Wechselstrom-Übertragungsverhalten von Vierpolschaltungen wird durch die Betriebskenngrößen erfasst. Wie im einleitenden Abschnitt erwähnt, wird der Vorwärtsbetrieb durch die meist unerwünschte Rückwirkung überlagert, so dass sowohl für den Vorwärtsbetrieb als auch für den Rückwärtsbetrieb jeweils sechs Betriebskenngrößen definiert werden.

Kenngrößen eines Vierpols im Vorwärtsbetrieb

Befindet sich der aktive Zweipol (Sender, Generator) am Eingang und der passive Zweipol (Empfänger, Verbraucher) am Ausgang des Übertragungsvierpols, dann handelt es sich um die normale Vorwärtsbetriebsschaltung:

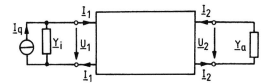

Bild 10.25
Vierpol in Vorwärtsbetrieb

Die sechs Kenngrößen des Vorwärtsbetriebs sind abhängig von den Vierpolparametern und dem Belastungsleitwert $\underline{Y}_a$ und sind bei Leerlauf mit $\underline{Y}_a = 0$ und bei Kurzschluss mit $\underline{Y}_a = \infty$ gleich bestimmten Vierpolparametern, wie bereits bei den Definitionsgleichungen der Vierpolparameter zu erkennen war:

Betriebskenngröße		Leerlauf	Kurzschluss
Eingangsleitwert	$\underline{Y}_{in} = \dfrac{\underline{I}_1}{\underline{U}_1}$	$\underline{C}_{11}$	$\underline{Y}_{11}$
Eingangswiderstand	$\underline{Z}_{in} = \dfrac{\underline{U}_1}{\underline{I}_1}$	$\underline{Z}_{11}$	$\underline{H}_{11}$
Übertragungsleitwert vorwärts	$\underline{Y}_{üf} = \dfrac{\underline{I}_2}{\underline{U}_1}$	0	$\underline{Y}_{21} = -\dfrac{1}{\underline{A}_{12}}$
Übertragungswiderstand vorwärts	$\underline{Z}_{üf} = \dfrac{\underline{U}_2}{\underline{I}_1}$	$\underline{Z}_{21} = \dfrac{1}{\underline{A}_{21}}$	0
Spannungsübersetzung vorwärts	$\underline{V}_{uf} = \dfrac{\underline{U}_2}{\underline{U}_1}$	$\underline{C}_{21} = \dfrac{1}{\underline{A}_{11}}$	0
Stromübersetzung vorwärts	$\underline{V}_{if} = \dfrac{\underline{I}_2}{\underline{I}_1}$	0	$\underline{H}_{21} = -\dfrac{1}{\underline{A}_{22}}$

Die Formeln für die Betriebskenngrößen bei normalem Betrieb, also bei beliebiger Belastung $\underline{Y}_a$, werden aus den Vierpolgleichungen und der Gleichung für die Belastung ermittelt.

Beispiel: Formeln für die Betriebskenngrößen in Leitwertform

Aus den Vierpolgleichungen in Leitwertform

$$\underline{I}_1 = \underline{Y}_{11} \cdot \underline{U}_1 + \underline{Y}_{12} \cdot \underline{U}_2 \tag{10.10}$$

$$\underline{I}_2 = \underline{Y}_{21} \cdot \underline{U}_1 + \underline{Y}_{22} \cdot \underline{U}_2 \tag{10.11}$$

und der Gleichung für den passiven Zweipol

$$\underline{I}_2 = -\underline{Y}_a \cdot \underline{U}_2 \tag{10.12}$$

können die sechs Betriebskenngrößen in Leitwertform errechnet werden:

Eingangsleitwert:

Mit Gl. (10.10) ist

$$\underline{Y}_{in} = \frac{\underline{I}_1}{\underline{U}_1} = \underline{Y}_{11} + \underline{Y}_{12} \cdot \frac{\underline{U}_2}{\underline{U}_1}$$

und mit den Gln. (10.11) und (10.12)

$$\underline{I}_2 = \underline{Y}_{21} \cdot \underline{U}_1 + \underline{Y}_{22} \cdot \underline{U}_2 = -\underline{Y}_a \cdot \underline{U}_2$$

$$\underline{Y}_{21} \cdot \underline{U}_1 = -(\underline{Y}_{22} \cdot \underline{Y}_a) \cdot \underline{U}_2$$

ergibt sich

$$\frac{\underline{U}_2}{\underline{U}_1} = -\frac{\underline{Y}_{21}}{\underline{Y}_{22} + \underline{Y}_a} \tag{10.13}$$

und damit

$$\underline{Y}_{in} = \underline{Y}_{11} - \frac{\underline{Y}_{12} \cdot \underline{Y}_{21}}{\underline{Y}_{22} + \underline{Y}_a} \tag{10.14}$$

$$\underline{Y}_{in} = \frac{\underline{Y}_{11} \cdot \underline{Y}_{22} - \underline{Y}_{12} \cdot \underline{Y}_{21} + \underline{Y}_{11} \cdot \underline{Y}_a}{\underline{Y}_{22} + \underline{Y}_a}$$

$$\underline{Y}_{in} = \frac{\det \underline{Y} + \underline{Y}_{11} \cdot \underline{Y}_a}{\underline{Y}_{22} + \underline{Y}_a} \quad \text{mit} \quad \det \underline{Y} = \underline{Y}_{11} \cdot \underline{Y}_{22} - \underline{Y}_{12} \cdot \underline{Y}_{21} \tag{10.15}$$

Der Eingangsleitwert ist bei

   Leerlauf am Ausgang mit $\underline{Y}_a = 0$:   Kurzschluss am Ausgang mit $\underline{Y}_a = \infty$:

$$\underline{Y}_{in} = \frac{\det \underline{Y}}{\underline{Y}_{22}} = \underline{C}_{11} \qquad\qquad\qquad \underline{Y}_{in} - \underline{Y}_{11}$$

Eingangswiderstand:

$$\underline{Z}_{in} = \frac{1}{\underline{Y}_{in}} = \frac{\underline{Y}_{22} + \underline{Y}_a}{\det \underline{Y} + \underline{Y}_{11} \cdot \underline{Y}_a} \tag{10.16}$$

Der Eingangswiderstand ist bei

   Leerlauf am Ausgang mit $\underline{Y}_a = 0$:   Kurzschluss am Ausgang mit $\underline{Y}_a = \infty$:

$$\underline{Z}_{in} = \frac{\underline{Y}_{22}}{\det \underline{Y}} = \underline{Z}_{11} \qquad\qquad\qquad \underline{Z}_{in} = \frac{1}{\underline{Y}_{11}} = \underline{H}_{11}$$

Übertragungsleitwert vorwärts:

Aus Gl. (10.11) ergibt sich

$$\underline{Y}_{\text{üf}} = \frac{\underline{I}_2}{\underline{U}_1} = \underline{Y}_{21} + \underline{Y}_{22} \cdot \frac{\underline{U}_2}{\underline{U}_1}$$

und mit Gl. (10.13)

$$\underline{Y}_{\text{üf}} = \underline{Y}_{21} - \frac{\underline{Y}_{22} \cdot \underline{Y}_{21}}{\underline{Y}_{22} + \underline{Y}_a}$$

$$\underline{Y}_{\text{üf}} = \frac{\underline{Y}_{21} \cdot \underline{Y}_{22} + \underline{Y}_{21} \cdot \underline{Y}_a - \underline{Y}_{22} \cdot \underline{Y}_{21}}{\underline{Y}_{22} + \underline{Y}_a}$$

$$\underline{Y}_{\text{üf}} = \frac{\underline{Y}_{21} \cdot \underline{Y}_a}{\underline{Y}_{22} + \underline{Y}_a} \qquad (10.17)$$

Der Übertragungsleitwert vorwärts ist bei

Leerlauf am Ausgang mit $\underline{Y}_a = 0$:   Kurzschluss am Ausgang mit $\underline{Y}_a = \infty$:

$$\underline{Y}_{\text{üf}} = 0 \qquad\qquad\qquad \underline{Y}_{\text{üf}} = \underline{Y}_{21} = -\frac{1}{\underline{A}_{12}}$$

Übertragungswiderstand vorwärts:

Aus Gl. (10.10) ergibt sich

$$\frac{\underline{I}_1}{\underline{U}_2} = \underline{Y}_{11} \cdot \frac{\underline{U}_1}{\underline{U}_2} + \underline{Y}_{12}$$

und mit Gl. (10.13)

$$\frac{\underline{I}_1}{\underline{U}_2} = -\underline{Y}_{11} \cdot \frac{\underline{Y}_{22} + \underline{Y}_a}{\underline{Y}_{21}} + \underline{Y}_{12}$$

$$\frac{\underline{I}_1}{\underline{U}_2} = -\frac{\underline{Y}_{11} \cdot \underline{Y}_{22} - \underline{Y}_{12} \cdot \underline{Y}_{21} + \underline{Y}_{11} \cdot \underline{Y}_a}{\underline{Y}_{21}}$$

und mit $\underline{Y}_{11} \cdot \underline{Y}_{22} - \underline{Y}_{12} \cdot \underline{Y}_{21} = \det \underline{Y}$

$$\underline{Z}_{\text{üf}} = \frac{\underline{U}_2}{\underline{I}_1} = -\frac{\underline{Y}_{21}}{\det \underline{Y} + \underline{Y}_{11} \cdot \underline{Y}_a} \qquad (10.18)$$

Der Übertragungswiderstand vorwärts ist bei

Leerlauf am Ausgang mit $\underline{Y}_a = 0$:   Kurzschluss am Ausgang mit $\underline{Y}_a = \infty$:

$$\underline{Z}_{\text{üf}} = -\frac{\underline{Y}_{21}}{\det \underline{Y}} = \underline{Z}_{21} = \frac{1}{\underline{A}_{21}} \qquad\qquad \underline{Z}_{\text{üf}} = 0$$

Spannungsübersetzung vorwärts:

Nach Gl. (10.13) ist

$$\underline{V}_{uf} = \frac{\underline{U}_2}{\underline{U}_1} = -\frac{\underline{Y}_{21}}{\underline{Y}_{22} + \underline{Y}_a} \tag{10.19}$$

Die Spannungsübersetzung vorwärts ist bei

Leerlauf am Ausgang mit $\underline{Y}_a = 0$:   Kurzschluss am Ausgang mit $\underline{Y}_a = \infty$:

$$\underline{V}_{uf} = -\frac{\underline{Y}_{21}}{\underline{Y}_{22}} = \underline{C}_{21} = \frac{1}{\underline{A}_{11}} \qquad\qquad \underline{V}_{uf} = 0$$

Der Betrag der Spannungsübersetzung wird häufig in Dezibel angegeben:

$$V_{uf} = 20 \cdot \lg\left(\frac{U_2}{U_1}\right) \quad \text{in dB} \tag{10.20}$$

Stromübersetzung vorwärts:

Mit den Gln. (10.10) und (10.11) ist

$$\frac{\underline{I}_2}{\underline{I}_1} = \frac{\underline{Y}_{21} \cdot \underline{U}_1 + \underline{Y}_{22} \cdot \underline{U}_2}{\underline{Y}_{11} \cdot \underline{U}_1 + \underline{Y}_{12} \cdot \underline{U}_2} = \frac{\underline{Y}_{21} + \underline{Y}_{22} \cdot \dfrac{\underline{U}_2}{\underline{U}_1}}{\underline{Y}_{11} + \underline{Y}_{12} \cdot \dfrac{\underline{U}_2}{\underline{U}_1}}$$

und mit Gl. (10.13)

$$\frac{\underline{I}_2}{\underline{I}_1} = \frac{\underline{Y}_{21} + \underline{Y}_{22} \cdot \left(-\dfrac{\underline{Y}_{21}}{\underline{Y}_{22} + \underline{Y}_a}\right)}{\underline{Y}_{11} + \underline{Y}_{12} \cdot \left(-\dfrac{\underline{Y}_{21}}{\underline{Y}_{22} + \underline{Y}_a}\right)}$$

$$\frac{\underline{I}_2}{\underline{I}_1} = \frac{\underline{Y}_{21} \cdot \underline{Y}_{22} + \underline{Y}_{21} \cdot \underline{Y}_a - \underline{Y}_{22} \cdot \underline{Y}_{21}}{\underline{Y}_{11} \cdot \underline{Y}_{22} + \underline{Y}_{11} \cdot \underline{Y}_a - \underline{Y}_{12} \cdot \underline{Y}_{21}}$$

und mit $\underline{Y}_{11} \cdot \underline{Y}_{22} - \underline{Y}_{12} \cdot \underline{Y}_{21} = \det \underline{Y}$

$$\underline{V}_{if} = \frac{\underline{I}_2}{\underline{I}_1} = \frac{\underline{Y}_{21} \cdot \underline{Y}_a}{\det \underline{Y} + \underline{Y}_{11} \cdot \underline{Y}_a} \tag{10.21}$$

Die Stromübersetzung vorwärts ist bei

Leerlauf am Ausgang mit $\underline{Y}_a = 0$:   Kurzschluss am Ausgang mit $\underline{Y}_a = \infty$:

$$\underline{V}_{if} = 0 \qquad\qquad\qquad \underline{V}_{if} = \frac{\underline{Y}_{21}}{\underline{Y}_{11}} = \underline{H}_{21} = -\frac{1}{\underline{A}_{22}}$$

Mit Hilfe der Umrechnungsformeln für Vierpolparameter in der Tabelle auf S. 181 können die $\underline{Y}$-Parameter in den hergeleiteten Formeln für die Betriebskenngrößen durch die anderen Vierpolparameter ersetzt werden. Am Ende dieses Abschnitts sind sämtliche Formeln für die Betriebskenngrößen in Abhängigkeit von allen Vierpolparametern zusammengestellt.

Kenngrößen eines Vierpols im Rückwärtsbetrieb

Beim Rückwärtsbetrieb eines Vierpols, der die Rückwirkung eines Ausgangssignals auf den Eingang erfasst, befindet sich der aktive Zweipol am Ausgang und der passive Zweipol am Eingang des Vierpols:

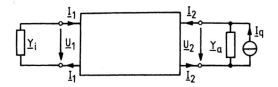

Bild 10.26
Vierpol in Rückwärtsbetrieb

Die sechs Kenngrößen des Rückwärtsbetriebs sind abhängig von den Vierpolparametern und dem Belastungsleitwert $\underline{Y}_i$ und sind bei Leerlauf mit $\underline{Y}_i = 0$ und bei Kurzschluss mit $\underline{Y}_i = \infty$ gleich bestimmten Vierpolparametern, wie bereits bei den Definitionsgleichungen der Vierpolparameter zu erkennen war:

Betriebskenngröße		Leerlauf	Kurzschluss
Ausgangsleitwert	$\underline{Y}_{out} = \dfrac{\underline{I}_2}{\underline{U}_2}$	$\underline{H}_{22}$	$\underline{Y}_{22}$
Ausgangswiderstand	$\underline{Z}_{out} = \dfrac{\underline{U}_2}{\underline{I}_2}$	$\underline{Z}_{22}$	$\underline{C}_{22}$
Übertragungsleitwert rückwärts	$\underline{Y}_{ür} = \dfrac{\underline{I}_1}{\underline{U}_2}$	0	$\underline{Y}_{12}$
Übertragungswiderstand rückwärts	$\underline{Z}_{ür} = \dfrac{\underline{U}_1}{\underline{I}_2}$	$\underline{Z}_{12}$	0
Spannungsrückwirkung	$\underline{V}_{ur} = \dfrac{\underline{U}_1}{\underline{U}_2}$	$\underline{H}_{12}$	0
Stromrückwirkung	$\underline{V}_{ir} = \dfrac{\underline{I}_1}{\underline{I}_2}$	0	$\underline{C}_{12}$

Die Formeln für die Betriebskenngrößen in Rückwärtsbetrieb brauchen nicht wie beim Vorwärtsbetrieb berechnet zu werden, weil die beiden Betriebsschaltungen und die drei Gleichungen in Leitwertform identisch sind, wenn in der Vorwärtsschaltung (Bild 10.25) und in den Gln. (10.10) bis (10.21) die Indizes 1 durch 2, 2 durch 1 und a durch i ersetzt werden:

Die Vorwärtsbetriebsschaltung (Bild 10.25) mit den ersetzten Indizes ist dann nur seitenverkehrt die Rückwärtsbetriebsschaltung (Bild 10.26).

Die drei Gleichungen (10.10) bis (10.12) mit den ersetzten Indizes lauten:

$$\underline{I}_2 = \underline{Y}_{22} \cdot \underline{U}_2 + \underline{Y}_{21} \cdot \underline{U}_1 \qquad\qquad \underline{I}_1 = -\underline{Y}_i \cdot \underline{U}_1$$

$$\underline{I}_1 = \underline{Y}_{12} \cdot \underline{U}_2 + \underline{Y}_{11} \cdot \underline{U}_1$$

Das sind die den Rückwärtsbetrieb bestimmenden drei Gleichungen mit den Eingangsgrößen $\underline{U}_2$ und $\underline{I}_2$ und den Ausgangsgrößen $\underline{U}_1$ und $\underline{I}_1$.

Die Formeln für die Betriebskenngrößen in Rückwärtsbetrieb mit $\underline{Y}$-Parametern können deshalb aus den Formeln der Betriebskenngrößen in Vorwärtsbetrieb mit $\underline{Y}$-Parametern übernommen werden, indem ebenfalls die Indizes vertauscht werden. Auch die Determinante der $\underline{Y}$-Parameter, die in den Formeln vorkommen, bleibt durch Ersetzen der Indizes unverändert:

$$\det \underline{Y} = \underline{Y}_{11} \cdot \underline{Y}_{22} - \underline{Y}_{12} \cdot \underline{Y}_{21} = \underline{Y}_{22} \cdot \underline{Y}_{11} - \underline{Y}_{21} \cdot \underline{Y}_{12}$$

Ausgangsleitwert:

In Gl. (10.15)

$$\underline{Y}_{in} = \frac{\det \underline{Y} + \underline{Y}_{11} \cdot \underline{Y}_a}{\underline{Y}_{22} + \underline{Y}_a}$$

werden die Indizes 1 durch 2, 2 durch 1 und a durch i ersetzt:

$$\underline{Y}_{out} = \frac{\det \underline{Y} + \underline{Y}_{22} \cdot \underline{Y}_i}{\underline{Y}_{11} + \underline{Y}_i} \, . \qquad\qquad (10.22)$$

Der Ausgangsleitwert ist bei

Leerlauf am Eingang mit $\underline{Y}_i = 0$:   Kurzschluss am Eingang mit $\underline{Y}_i = \infty$:

$$\underline{Y}_{out} = \frac{\det \underline{Y}}{\underline{Y}_{11}} = \underline{H}_{22} \qquad\qquad\qquad \underline{Y}_{out} = \underline{Y}_{22}$$

Ausgangswiderstand:

Mit Gl. (10.16) ergibt sich

$$\underline{Z}_{out} = \frac{\underline{Y}_{11} + \underline{Y}_i}{\det \underline{Y} + \underline{Y}_{22} \cdot \underline{Y}_i} \qquad\qquad (10.23)$$

Der Ausgangswiderstand ist bei

Leerlauf am Eingang mit $\underline{Y}_1 = 0$:   Kurzschluss am Eingang mit $\underline{Y}_i = \infty$:

$$\underline{Z}_{out} = \frac{\underline{Y}_{11}}{\det \underline{Y}} = \underline{Z}_{22} \qquad\qquad\qquad \underline{Z}_{out} = \frac{1}{\underline{Y}_{22}} = \underline{C}_{22}$$

Übertragungsleitwert rückwärts:

Mit Gl. (10.17) ergibt sich

$$\underline{Y}_{\ddot{u}r} = \frac{\underline{Y}_{12} \cdot \underline{Y}_i}{\underline{Y}_{11} + \underline{Y}_i} \qquad\qquad (10.24)$$

Der Übertragungsleitwert rückwärts ist bei

Leerlauf am Eingang mit $\underline{Y}_i = 0$:   Kurzschluss am Eingang mit $\underline{Y}_i = \infty$:

$$\underline{Y}_{\ddot{u}r} = 0 \qquad\qquad\qquad\qquad \underline{Y}_{\ddot{u}r} = \underline{Y}_{12}$$

Übertragungswiderstand rückwärts:

Mit Gl. (10.18) ergibt sich

$$\underline{Z}_{\text{ür}} = -\frac{\underline{Y}_{12}}{\det \underline{Y} + \underline{Y}_{22} \cdot \underline{Y}_{\text{i}}} \tag{10.25}$$

Der Übertragungswiderstand rückwärts ist bei

Leerlauf am Eingang mit $\underline{Y}_{\text{i}} = 0$:   Kurzschluss am Eingang mit $\underline{Y}_{\text{i}} = \infty$:

$$\underline{Z}_{\text{ür}} = -\frac{\underline{Y}_{12}}{\det \underline{Y}} = \underline{Z}_{12} \qquad\qquad \underline{Z}_{\text{ür}} = 0$$

Spannungsrückwirkung:

Mit Gl. (10.19) ergibt sich

$$\underline{V}_{\text{ur}} = -\frac{\underline{Y}_{12}}{\underline{Y}_{11} + \underline{Y}_{\text{i}}} \tag{10.26}$$

Die Spannungsrückwirkung ist bei

Leerlauf am Eingang mit $\underline{Y}_{\text{i}} = 0$:   Kurzschluss am Eingang mit $\underline{Y}_{\text{i}} = \infty$:

$$\underline{V}_{\text{ur}} = -\frac{\underline{Y}_{12}}{\underline{Y}_{11}} = \underline{H}_{12} \qquad\qquad \underline{V}_{\text{ur}} = 0$$

Stromrückwirkung:

Mit Gl. (10.21) ergibt sich

$$\underline{V}_{\text{ir}} = \frac{\underline{Y}_{12} \cdot \underline{Y}_{\text{i}}}{\det \underline{Y} + \underline{Y}_{22} \cdot \underline{Y}_{\text{i}}} \tag{10.27}$$

Die Stromrückwirkung ist bei

Leerlauf am Eingang mit $\underline{Y}_{\text{i}} = 0$:   Kurzschluss am Eingang mit $\underline{Y}_{\text{i}} = \infty$:

$$\underline{V}_{\text{ir}} = 0 \qquad\qquad \underline{V}_{\text{ir}} = \frac{\underline{Y}_{12}}{\underline{Y}_{22}} = \underline{C}_{12}$$

Mit Hilfe der Umrechnungsformeln für die Vierpolparameter auf S. 181 können wieder die $\underline{Y}$-Parameter in den hergeleiteten Formeln durch die anderen Vierpolparameter ersetzt werden.

Sämtliche Formeln für die Betriebskenngrößen in Vorwärts- und Rückwärtsbetrieb sind in den folgenden Tabellen zusammengefasst.

Die Formeln für die Betriebskenngrößen des Rückwärtsbetriebs lassen sich nur aus den Formeln für den Vorwärtsbetrieb durch Ersetzen der Indizes herleiten, wenn die $\underline{Y}$- oder die $\underline{Z}$-Parameter in den Formeln vorkommen, wie in der folgenden Tabelle überprüft werden kann. Bei den Formeln mit den anderen Parametern führt das Ersetzen der Indizes zu falschen Formeln, weil auch die entsprechenden Vierpolgleichungen des Vorwärtsbetriebs nicht durch Ersetzen der Indizes zu den Vierpolgleichungen des Rückwärtsbetriebs führen.

Das Überführen der Formeln ist nur deshalb möglich, weil hinsichtlich des Stroms $\underline{I}_2$ „symmetrische Strompfeile" vereinbart wurden.

Kenngrößen des beschalteten Vierpols im Vorwärtsbetrieb

	$(\underline{Y})$	$(\underline{Z})$	$(\underline{H})$	$(\underline{C})$	$(\underline{A})$
$\underline{Y}_{in}$	$\dfrac{\det\underline{Y} + \underline{Y}_{11}\cdot\underline{Y}_a}{\underline{Y}_{22} + \underline{Y}_a}$	$\dfrac{1 + \underline{Z}_{22}\cdot\underline{Y}_a}{\underline{Z}_{11} + \underline{Y}_a\cdot\det\underline{Z}}$	$\dfrac{\underline{H}_{22} + \underline{Y}_a}{\det\underline{H} + \underline{H}_{11}\cdot\underline{Y}_a}$	$\dfrac{\underline{C}_{11} + \underline{Y}_a\cdot\det\underline{C}}{1 + \underline{C}_{22}\cdot\underline{Y}_a}$	$\dfrac{\underline{A}_{21} + \underline{A}_{22}\cdot\underline{Y}_a}{\underline{A}_{11} + \underline{A}_{12}\cdot\underline{Y}_a}$
$\underline{Z}_{in}$	$\dfrac{\underline{Y}_{22} + \underline{Y}_a}{\det\underline{Y} + \underline{Y}_{11}\cdot\underline{Y}_a}$	$\dfrac{\underline{Z}_{11} + \underline{Y}_a\cdot\det\underline{Z}}{1 + \underline{Z}_{22}\cdot\underline{Y}_a}$	$\dfrac{\det\underline{H} + \underline{H}_{11}\cdot\underline{Y}_a}{\underline{H}_{22} + \underline{Y}_a}$	$\dfrac{1 + \underline{C}_{22}\cdot\underline{Y}_a}{\underline{C}_{11} + \underline{Y}_a\cdot\det\underline{C}}$	$\dfrac{\underline{A}_{11} + \underline{A}_{12}\cdot\underline{Y}_a}{\underline{A}_{21} + \underline{A}_{22}\cdot\underline{Y}_a}$
$\underline{Y}_{üf}$	$\dfrac{\underline{Y}_{21}\cdot\underline{Y}_a}{\underline{Y}_{22} + \underline{Y}_a}$	$\dfrac{-\underline{Z}_{21}\cdot\underline{Y}_a}{\underline{Z}_{11} + \underline{Y}_a\cdot\det\underline{Z}}$	$\dfrac{\underline{H}_{21}\cdot\underline{Y}_a}{\det\underline{H} + \underline{H}_{11}\cdot\underline{Y}_a}$	$\dfrac{-\underline{C}_{21}\cdot\underline{Y}_a}{1 + \underline{C}_{22}\cdot\underline{Y}_a}$	$\dfrac{-\underline{Y}_a}{\underline{A}_{11} + \underline{A}_{12}\cdot\underline{Y}_a}$
$\underline{Z}_{üf}$	$\dfrac{-\underline{Y}_{21}}{\det\underline{Y} + \underline{Y}_{11}\cdot\underline{Y}_a}$	$\dfrac{\underline{Z}_{21}}{1 + \underline{Z}_{22}\cdot\underline{Y}_a}$	$\dfrac{-\underline{H}_{21}}{\underline{H}_{22} + \underline{Y}_a}$	$\dfrac{\underline{C}_{21}}{\underline{C}_{11} + \underline{Y}_a\cdot\det\underline{C}}$	$\dfrac{1}{\underline{A}_{21} + \underline{A}_{22}\cdot\underline{Y}_a}$
$\underline{V}_{uf}$	$\dfrac{-\underline{Y}_{21}}{\underline{Y}_{22} + \underline{Y}_a}$	$\dfrac{\underline{Z}_{21}}{\underline{Z}_{11} + \underline{Y}_a\cdot\det\underline{Z}}$	$\dfrac{-\underline{H}_{21}}{\det\underline{H} + \underline{H}_{11}\cdot\underline{Y}_a}$	$\dfrac{\underline{C}_{21}}{1 + \underline{C}_{22}\cdot\underline{Y}_a}$	$\dfrac{1}{\underline{A}_{11} + \underline{A}_{12}\cdot\underline{Y}_a}$
$\underline{V}_{if}$	$\dfrac{\underline{Y}_{21}\cdot\underline{Y}_a}{\det\underline{Y} + \underline{Y}_{11}\,\underline{Y}_a}$	$\dfrac{-\underline{Z}_{21}\cdot\underline{Y}_a}{1 + \underline{Z}_{22}\cdot\underline{Y}_a}$	$\dfrac{\underline{H}_{21}\cdot\underline{Y}_a}{\underline{H}_{22} + \underline{Y}_a}$	$\dfrac{-\underline{C}_{21}\cdot\underline{Y}_a}{\underline{C}_{11} + \underline{Y}_a\cdot\det\underline{C}}$	$\dfrac{-\underline{Y}_a}{\underline{A}_{21} + \underline{A}_{22}\cdot\underline{Y}_a}$

Kenngrößen des beschalteten Vierpols im Rückwärtsbetrieb

	$(\underline{Y})$	$(\underline{Z})$	$(\underline{H})$	$(\underline{C})$	$(\underline{A})$
$\underline{Y}_{out}$	$\dfrac{\det\underline{Y} + \underline{Y}_{22}\cdot\underline{Y}_i}{\underline{Y}_{11} + \underline{Y}_i}$	$\dfrac{1 + \underline{Z}_{11}\cdot\underline{Y}_i}{\underline{Z}_{22} + \underline{Y}_i\cdot\det\underline{Z}}$	$\dfrac{\underline{H}_{22} + \underline{Y}_i\cdot\det\underline{H}}{1 + \underline{H}_{11}\cdot\underline{Y}_i}$	$\dfrac{\underline{C}_{11} + \underline{Y}_i}{\det\underline{C} + \underline{C}_{22}\cdot\underline{Y}_i}$	$\dfrac{\underline{A}_{21} + \underline{A}_{11}\cdot\underline{Y}_i}{\underline{A}_{22} + \underline{A}_{12}\cdot\underline{Y}_i}$
$\underline{Z}_{out}$	$\dfrac{\underline{Y}_{11} + \underline{Y}_i}{\det\underline{Y} + \underline{Y}_{22}\cdot\underline{Y}_i}$	$\dfrac{\underline{Z}_{22} + \underline{Y}_i\cdot\det\underline{Z}}{1 + \underline{Z}_{11}\cdot\underline{Y}_i}$	$\dfrac{1 + \underline{H}_{11}\cdot\underline{Y}_i}{\underline{H}_{22} + \underline{Y}_i\cdot\det\underline{H}}$	$\dfrac{\det\underline{C} + \underline{C}_{22}\cdot\underline{Y}_i}{\underline{C}_{11} + \underline{Y}_i}$	$\dfrac{\underline{A}_{22} + \underline{A}_{12}\cdot\underline{Y}_i}{\underline{A}_{21} + \underline{A}_{11}\cdot\underline{Y}_i}$
$\underline{Y}_{ür}$	$\dfrac{\underline{Y}_{12}\cdot\underline{Y}_i}{\underline{Y}_{11} + \underline{Y}_i}$	$\dfrac{-\underline{Z}_{12}\cdot\underline{Y}_i}{\underline{Z}_{22} + \underline{Y}_i\cdot\det\underline{Z}}$	$\dfrac{-\underline{H}_{12}\cdot\underline{Y}_i}{1 + \underline{H}_{11}\cdot\underline{Y}_i}$	$\dfrac{\underline{C}_{12}\cdot\underline{Y}_i}{\det\underline{C} + \underline{C}_{22}\cdot\underline{Y}_i}$	$\dfrac{-\underline{Y}_i\cdot\det\underline{A}}{\underline{A}_{22} + \underline{A}_{12}\cdot\underline{Y}_i}$
$\underline{Z}_{ür}$	$\dfrac{-\underline{Y}_{12}}{\det\underline{Y} + \underline{Y}_{22}\cdot\underline{Y}_i}$	$\dfrac{\underline{Z}_{12}}{1 + \underline{Z}_{11}\cdot\underline{Y}_i}$	$\dfrac{\underline{H}_{12}}{\underline{H}_{22} + \underline{Y}_i\cdot\det\underline{H}}$	$\dfrac{-\underline{C}_{12}}{\underline{C}_{11} + \underline{Y}_i}$	$\dfrac{\det\underline{A}}{\underline{A}_{21} + \underline{A}_{11}\cdot\underline{Y}_i}$
$\underline{V}_{ur}$	$\dfrac{-\underline{Y}_{12}}{\underline{Y}_{11} + \underline{Y}_i}$	$\dfrac{\underline{Z}_{12}}{\underline{Z}_{22} + \underline{Y}_i\cdot\det\underline{Z}}$	$\dfrac{\underline{H}_{12}}{1 + \underline{H}_{11}\cdot\underline{Y}_i}$	$\dfrac{-\underline{C}_{12}}{\det\underline{C} + \underline{C}_{22}\cdot\underline{Y}_i}$	$\dfrac{\det\underline{A}}{\underline{A}_{22} + \underline{A}_{12}\cdot\underline{Y}_i}$
$\underline{V}_{ir}$	$\dfrac{\underline{Y}_{12}\cdot\underline{Y}_i}{\det\underline{Y} + \underline{Y}_{22}\,\underline{Y}_i}$	$\dfrac{-\underline{Z}_{12}\cdot\underline{Y}_i}{1 + \underline{Z}_{11}\cdot\underline{Y}_i}$	$\dfrac{-\underline{H}_{12}\cdot\underline{Y}_i}{\underline{H}_{22} + \underline{Y}_i\cdot\det\underline{H}}$	$\dfrac{\underline{C}_{12}\cdot\underline{Y}_i}{\underline{C}_{11} + \underline{Y}_i}$	$\dfrac{-\underline{Y}_i\cdot\det\underline{A}}{\underline{A}_{21} + \underline{A}_{11}\cdot\underline{Y}_i}$

Anwendungsbeispiele:

1. Für den im Bild 10.27 gezeichneten passiven Vierpol sollen sämtliche Vorwärts-Betriebskenngrößen bei Leerlauf und Kurzschluss am Ausgang ermittelt werden.

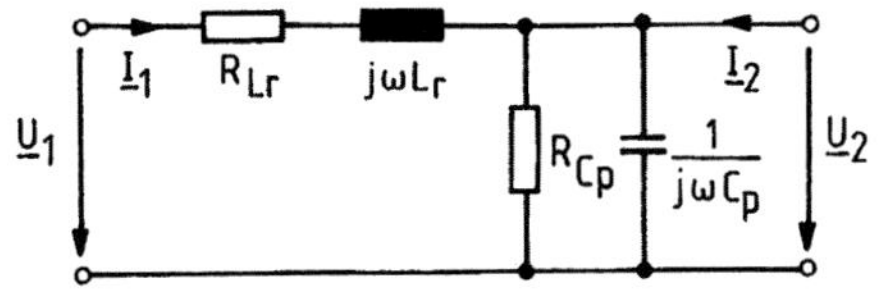

Bild 10.27
Anwendungsbeispiel 1

Lösung:

Bei der gezeichneten Schaltung handelt es sich um einen Γ-Vierpol II mit

$$\underline{Z}_1 = R_{Lr} + j\omega L_r \quad \text{und} \quad \underline{Z}_2 = \cfrac{1}{\cfrac{1}{R_{Cp}} + j\omega C_p},$$

dessen Vierpolparameter in der Tabelle auf S. 187 zu finden sind.
Die Vorwärts-Betriebskenngrößen bei Leerlauf und Kurzschluss sind in der Tabelle im Abschnitt 10.4 zusammengestellt.

Leerlauf-Betriebskenngrößen:

$$\underline{Y}_{in} = \underline{C}_{11} = \frac{1}{\underline{Z}_1 + \underline{Z}_2} = \cfrac{1}{R_{Lr} + j\omega L_r + \cfrac{1}{\cfrac{1}{R_{Cp}} + j\omega C_p}}$$

$$\underline{Z}_{in} = \underline{Z}_{11} = \underline{Z}_1 + \underline{Z}_2 = R_{Lr} + j\omega L_r + \cfrac{1}{\cfrac{1}{R_{Cp}} + j\omega C_p}$$

$$\underline{Y}_{üf} = 0 \qquad\qquad \underline{Z}_{üf} = \underline{Z}_{21} = \underline{Z}_2 = \cfrac{1}{\cfrac{1}{R_{Cp}} + j\omega C_p}$$

$$\underline{V}_{uf} = \underline{C}_{21} = \frac{1}{\underline{A}_{11}} = \cfrac{1}{1 + \cfrac{\underline{Z}_1}{\underline{Z}_2}} = \frac{1}{1 + \underline{Z}_1 \cdot \underline{Y}_2} = \cfrac{1}{1 + \left(R_{Lr} + j\omega L_r\right) \cdot \left(\cfrac{1}{R_{Cp}} + j\omega C_p\right)}$$

$$\underline{V}_{uf} = \cfrac{1}{\left(1 + \cfrac{R_{Lr}}{R_{Cp}} - \omega^2 L_r C_p\right) + j\omega \cdot \left(R_{Lr} C_p + \cfrac{L_r}{R_{Cp}}\right)}$$

(vgl. Band 2, Abschnitt 4.4, S. 67–69 Beispiel 3 bzw. S.73–74 Beispiel 7)

$$\underline{V}_{if} = 0$$

Kurzschluss-Betriebskenngrößen:

$$\underline{Y}_{in} = \underline{Y}_{11} = \frac{1}{\underline{Z}_1} = \frac{1}{R_{Lr} + j\omega L_r} \qquad\qquad \underline{Z}_{in} = \underline{H}_{11} = \underline{Z}_1 = R_{Lr} + j\omega L_r$$

$$\underline{Y}_{üf} = \underline{Y}_{21} = -\frac{1}{\underline{Z}_1} = -\frac{1}{R_{Lr} + j\omega L_r} \qquad\qquad \underline{Z}_{üf} = 0 \qquad \underline{V}_{uf} = 0$$

$$\underline{V}_{if} = \underline{H}_{21} = -1$$

2. Für einen stabilisierten Transistor-Verstärker in Emitterschaltung mit einem Bipolartransistor BC 237 sollen der Eingangswiderstand, die Spannungsverstärkung, die Stromverstärkung und der Ausgangswiderstand berechnet werden, wenn die Belastung $R_a = 3k\Omega$ beträgt.

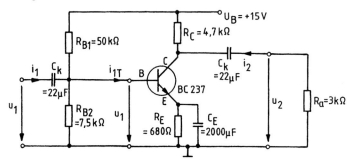

Bild 10.28 Anwendungsbeispiel 2: Transistorverstärker

In der Schaltungstechnik werden die Vierpolparameter der Transistoren mit kleinen Buchstaben bezeichnet. Außerdem werden sie nicht unterstrichen, wenn sie im Anwendungsbereich (Niederfrequenzbereich) praktisch reell sind.

Im Hochfrequenzbereich werden die $\underline{y}$ -Parameter und S-Parameter verwendet, die komplex sind. Die S-Parameter werden hier nicht behandelt.

Für den Transistor BC237 betragen die h_e-Parameter:

Kurzschluss-Eingangswiderstand (input) $h_{11e} = h_i = r_{BE} = 2,7k\Omega$

Leerlauf-Spannungsrückwirkung (reverse) $h_{12e} = h_r = 1,5 \cdot 10^{-4}$

Kurzschluss-Stromverstärkung (forward) $h_{21e} = h_f = \beta_0 = 220$

Leerlauf-Ausgangsleitwert (output) $h_{22e} = h_o = 1/r_{CE} = 18\mu S$

Neben der Indizierung, die durch die Matrizenrechnung bestimmt ist, werden auch Indizierungen i, r, f, o verwendet, die mit den Betriebskenngrößen zusammenhängen (vorzugsweise im anglo-amerikanischen Schrifttum).

Die Transistor-Vierpolparameter sind meistens in h-Form, aber auch in y-Form in den Datenblättern gegeben. Sie können aber auch grafisch aus den Kennlinienfeldern abgelesen werden, indem Bereiche linearisiert und Steigungsmaße berechnet werden.

Lösung:

Die Kondensatoren mit den hohen Kapazitätswerten sind in dem Frequenzbereich, in dem die Schaltung betrieben wird, zu vernachlässigen, weil sie jeweils praktisch einen Kurzschluss bedeuten; der Emitterwiderstand R_E braucht also nicht beachtet zu werden.

Auch die Gleichspannungsquelle mit der Spannung U_B stellt für den Wechselstrombetrieb einen Kurzschluss dar, so dass das Wechselstrom-Ersatzschaltbild in Vierpolzusammenschaltung gezeichnet werden kann:

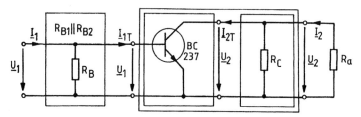

Bild 10.29 Anwendungsbeispiel 2: Ersatzschaltbild

Wenn die Vierpolparameter der Verstärkerschaltung zu berechnen wären, müssten die Basis-spannungsteiler-Widerstände R_{B1} und R_{B2} und der Kollektorwiderstand R_C mit dem Transistor zusammengefasst werden, wobei drei Vierpole in Kette geschaltet sind (siehe Abschnitt 10.7.6, Beispiel 3, S. 245–246). Da nur die Betriebskenngrößen berechnet werden sollen, können die Matrizenoperationen entfallen.

Eingangswiderstand:

$$\underline{Z}_{in} = \frac{\underline{U}_1}{\underline{I}_1} = \frac{1}{\dfrac{1}{R_B} + \dfrac{1}{\underline{Z}_{in_T}}}$$

$$\text{mit } R_B = \frac{1}{\dfrac{1}{R_{B1}} + \dfrac{1}{R_{B2}}}$$

$$R_B = \frac{1}{\dfrac{1}{50\,k\Omega} + \dfrac{1}{7,5\,k\Omega}} = 6,52\,k\Omega$$

und dem Eingangswiderstand des belasteten Transistors

$$\underline{Z}_{in_T} = \frac{\det h_e + h_{11e} \cdot \underline{Y}_{ages}}{h_{22e} + \underline{Y}_{ages}}$$

$$\text{mit} \quad \det h_e = h_{11e} \cdot h_{22e} - h_{12e} \cdot h_{21e}$$

$$\det h_e = 2,7 \cdot 10^3\Omega \cdot 18 \cdot 10^{-6}S - 1,5 \cdot 10^{-4} \cdot 220 = 15,6 \cdot 10^{-3}$$

$$\text{und} \quad \underline{Y}_{ages} = \frac{1}{R_C} + \frac{1}{R_a} = \frac{1}{4,7\,k\Omega} + \frac{1}{3\,k\Omega} = 546\,\mu S$$

$$\underline{Z}_{in_T} = \frac{15,6 \cdot 10^{-3} + 2,7 \cdot 10^3\Omega \cdot 546 \cdot 10^{-6}S}{18 \cdot 10^{-6}S + 546 \cdot 10^{-6}S} = 2,64\,k\Omega$$

$$\underline{Z}_{in} = \frac{1}{\dfrac{1}{6,52\,k\Omega} + \dfrac{1}{2,64\,k\Omega}} = 1,88\,k\Omega$$

Der Kollektorwiderstand R_C, der zum Belastungswiderstand R_a parallel liegt, wird als Gesamtbelastung $\underline{Y}_{ages}$ des Transistors aufgefasst.

Spannungsverstärkung:

$$\underline{V}_{uf} = -\frac{h_{21e}}{\det h_e + h_{11e} \cdot \underline{Y}_{ages}}$$

$$\underline{V}_{uf} = -\frac{220}{15,6 \cdot 10^{-3} + 2,7 \cdot 10^3\Omega \cdot 546 \cdot 10^{-6}S} = -148$$

bzw. in Dezibel:

$$V_{uf} = 20 \cdot \lg |-148| = 43,4\,dB.$$

Das Minuszeichen bedeutet, dass die Ausgangsspannung gegenüber der Eingangsspannung eine Phasenverschiebung von 180° hat; beide Spannungen verlaufen gegenphasig.

Stromverstärkung:

$$\underline{V}_{if} = \frac{I_2}{I_1} = \frac{I_{1T}}{I_1} \cdot \frac{I_{2T}}{I_{1T}} \cdot \frac{I_2}{I_{2T}}$$

mit $\dfrac{I_2}{I_{2T}} = \dfrac{R_C}{R_C + R_a}$ (Stromteiler)

$$\frac{I_2}{I_{2T}} = \frac{4,7\,\text{k}\Omega}{4,7\,\text{k}\Omega + 3\,\text{k}\Omega} = 0,61$$

und $\dfrac{I_{2T}}{I_{1T}} = \dfrac{h_{21e} \cdot \underline{Y}_{ages}}{h_{22e} + \underline{Y}_{ages}}$

$$\frac{I_{2T}}{I_{1T}} = \frac{220 \cdot 546 \cdot 10^{-6}\,\text{S}}{18 \cdot 10^{-6}\,\text{S} + 546 \cdot 10^{-6}\,\text{S}} = 213$$

und $\dfrac{I_{1T}}{I_1} = \dfrac{R_B}{R_B + \underline{Z}_{in_T}}$ (Stromteiler)

$$\frac{I_{1T}}{I_1} = \frac{6,52\,\text{k}\Omega}{6,52\,\text{k}\Omega + 2,64\,\text{k}\Omega} = 0,71$$

$\underline{V}_{if} = 0,61 \cdot 213 \cdot 0,71 = 92,2$

Ausgangswiderstand:

$$\underline{Z}_{out} = \frac{1}{\dfrac{1}{R_C} + \dfrac{1}{\underline{Z}_{out_T}}}$$

mit dem Ausgangswiderstand des belasteten Transistors

$$\underline{Z}_{out_T} = \frac{1 + h_{11e} \cdot \underline{Y}_i}{h_{22e} + \underline{Y}_i \cdot \det h_e} = \frac{1 + 2,7 \cdot 10^3\,\Omega \cdot 153,3 \cdot 10^{-6}\,\text{S}}{18 \cdot 10^{-6} + 153,3 \cdot 10^{-6}\,\text{S} \cdot 15,6 \cdot 10^{-3}} = 69,3\,\text{k}\Omega$$

mit $\underline{Y}_i = \dfrac{1}{R_B} = \dfrac{1}{6,52\,\text{k}\Omega} = 153,3 \cdot 10^{-6}\,\text{S}$

Für den Rückwärtsbetrieb ist der Basisspannungsteiler die Belastung für den Transistor.

$$\underline{Z}_{out} = \frac{1}{\dfrac{1}{4,7\,\text{k}\Omega} + \dfrac{1}{69,3\,\text{k}\Omega}} = 4,4\,\text{k}\Omega$$

Der Eingangswiderstand eines Transistors in Emitterschaltung, d. h. ohne Berücksichtigung des Basisspannungsteilers, ist praktisch gleich dem Kurzschluss-Eingangswiderstand h_{11e} und beträgt $300\,\Omega$ bis $3\,\text{k}\Omega$.

Der Ausgangswiderstand des Transistors in Emitterschaltung ohne Kollektorwiderstand nimmt Werte von $10\,\text{k}\Omega$ bis $100\,\text{k}\Omega$ an.

3. Für den Transistor BC 237 sind die Vierpolparameter in Emitterschaltung gegeben:

$h_{11e} = 2,7\,\text{k}\Omega$ $h_{12e} = 1,5 \cdot 10^{-4}$ $h_{21e} = 220$ $h_{22e} = 18\,\mu\text{S}$

Dieser Transistor soll zunächst in der Kollektorschaltung (Bild 10.30) und dann in der Basisschaltung (Bild 10.31) verwendet werden.

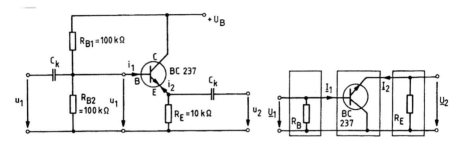

Bild 10.30 Kollektorschaltung mit Wechselstrom-Ersatzschaltung

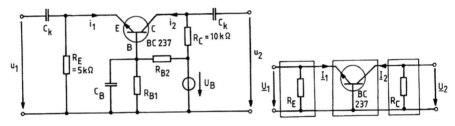

Bild 10.31 Basisschaltung mit Wechselstrom-Ersatzschaltung

Für diese Transistorschaltungen sind die (h_c)-Parameter und die (h_b)-Parameter notwendig, die aus den (h_e)-Parametern mit folgenden Formeln berechnet werden sollen:

$$\left(h_c \right) = \begin{pmatrix} h_{11e} & 1 - h_{12e} \\ -(h_{21e} + 1) & h_{22e} \end{pmatrix}$$

$$\left(h_b \right) = \begin{pmatrix} \dfrac{h_{11e}}{1 + h_{21e}} & \dfrac{\det h_e - h_{12e}}{1 + h_{21e}} \\ \dfrac{-h_{21e}}{1 + h_{21e}} & \dfrac{h_{22e}}{1 + h_{21e}} \end{pmatrix}$$

Diese Umrechnungsformeln für Transistor-Vierpolparameter werden im Abschnitt 10.8 hergeleitet.

Anschließend sollen die Betriebskenngrößen Eingangs- und Ausgangswiderstand und Spannungs- und Stromverstärkung ohne Belastung $\underline{Y}_a$ berechnet werden, wobei für die Vorwärtsbetriebskenngrößen die ohmschen Widerstände am Eingang nicht berücksichtigt werden sollen.

Auf Grund der Rechenergebnisse soll nachgewiesen werden, dass die beiden Schaltungen komplementär sind.

Lösung:

$$(h_c) = \begin{pmatrix} 2,7 \cdot 10^3\Omega & 1 - 1,5 \cdot 10^{-4} \\ -(220+1) & 18 \cdot 10^{-6}\text{S} \end{pmatrix}$$

$$(h_c) = \begin{pmatrix} 2,7\text{k}\Omega & 1 \\ -221 & 18\,\mu\text{S} \end{pmatrix} \quad \text{mit} \quad \det h_c = 221$$

und mit $\quad \det h_e = h_{11e} \cdot h_{22e} - h_{12e} \cdot h_{21e}$

$\qquad\qquad \det h_e = 2,7 \cdot 10^3\Omega \cdot 18 \cdot 10^{-6} - 1,5 \cdot 10^4 \cdot 220 = 15,6 \cdot 10^{-3}$

$$(h_b) = \begin{pmatrix} \dfrac{2,7 \cdot 10^3\Omega}{1+220} & \dfrac{15,6 \cdot 10^{-3} - 1,5 \cdot 10^{-4}}{1+220} \\ \dfrac{-220}{1+220} & \dfrac{18 \cdot 10^{-6}\text{S}}{1+220} \end{pmatrix} = \begin{pmatrix} 12,2\Omega & 69,9 \cdot 10^{-6} \\ -995 \cdot 10^{-3} & 81,4\,\text{nS} \end{pmatrix}$$

mit $\quad \det h_b = 70,5 \cdot 10^{-6}$

Betriebskenngrößen der Kollektorschaltung:

$$\underline{Z}_{in} = \frac{\det h_c + h_{11c} \cdot 1/R_E}{h_{22c} + 1/R_E} = \frac{221 + 2,7\text{k}\Omega/10\text{k}\Omega}{18\,\mu\text{S} + 1/10\,\text{k}\Omega} = 1,88\,\text{M}\Omega \quad \text{(sehr hoch)}$$

$$\underline{Z}_{out} = \frac{1 + h_{11c} \cdot 1/R_B}{h_{22c} + 1/R_B \cdot \det h_c} = \frac{1 + 2,7\text{k}\Omega/50\,\text{k}\Omega}{18\,\mu\text{S} + 221/50\text{k}\Omega} = 237\Omega \quad \text{(niedrig)}$$

$$\underline{V}_{uf} = -\frac{h_{21c}}{\det h_c + h_{11c}/R_E} = -\frac{-221}{221 + 2,7\text{k}\Omega/10\,\text{k}\Omega} = 0,999 \quad \text{(praktisch 1)}$$

$$\underline{V}_{if} = \frac{h_{21c}/R_E}{h_{22c} + 1/R_E} = \frac{-221/10\,\text{k}\Omega}{18\,\mu\text{S} + 1/10\,\text{k}\Omega} = -187 \text{ (hoch)}$$

Betriebskenngrößen der Basisschaltung:

$$\underline{Z}_{in} = \frac{\det h_b + h_{11b}/R_C}{h_{22b} + 1/R_C} = \frac{70,5 \cdot 10^{-6} + 12,2\Omega/10\text{k}\Omega}{81,4\text{nS} + 1/10\text{k}\Omega} = 12,9\Omega \text{ (niedrig)}$$

$$\underline{Z}_{out} = \frac{1 + h_{11b}/R_E}{h_{22b} + 1/R_E \cdot \det h_b} = \frac{1 + 12,2\Omega/5\text{k}\Omega}{81,4\text{nS} + 70,5 \cdot 10^{-6}/5\text{k}\Omega} = 10,5\text{M}\Omega \text{ (sehr hoch)}$$

$$\underline{V}_{uf} = -\frac{h_{21b}}{\det h_b + h_{11b}/R_C} = -\frac{-995 \cdot 10^{-3}}{70,5 \cdot 10^{-6} + 12,2/10\text{k}\Omega} = 771 \text{ (hoch)}$$

$$\underline{V}_{if} = \frac{h_{21b}/R_C}{h_{22b} + 1/R_C} = \frac{-995 \cdot 10^{-3}/10\text{k}\Omega}{81,4\,\text{nS} + 1/10\text{k}\Omega} = -0,994 \quad \text{(praktisch} - 1)$$

Vergleich der beiden komplementären Schaltungen:

	Kollektorschaltung	Basisschaltung
Eingangswiderstand	sehr hoch	niedrig
Ausgangswiderstand	niedrig	sehr hoch
Spannungsübersetzung	praktisch 1	hoch
Stromübersetzung	hoch	praktisch − 1

10.5 Leistungsverstärkung und Dämpfung

Leistungsübertragung des Übertragungsvierpols
vom aktiven Zweipol auf den passiven Zweipol

Ein Übertragungsvierpol nimmt am Eingang eine bestimmte Wechselstromleistung vom aktiven Zweipol auf und gibt am Ausgang eine bestimmte Wechselstromleistung an den passiven Zweipol ab. Genutzt werden kann nur die Wirkleistung im Verbraucher am Vierpolausgang.

Die Übertragung der Leistung vom aktiven Zweipol auf den mit $\underline{Y}_a$ belasteten Vierpol ist gleichbedeutend mit der Übertragung der Leistung vom aktiven Zweipol auf den Ersatz-Zweipol, der dem belasteten Vierpol entspricht. Der Ersatzleitwert des belasteten Vierpols ist der Eingangsleitwert $\underline{Y}_{in}$, wie im Abschnitt 10.4 bereits rechnerisch nachgewiesen wurde. Der aktive Zweipol wird also hinsichtlich des Vierpoleingangs mit dem Eingangsleitwert belastet:

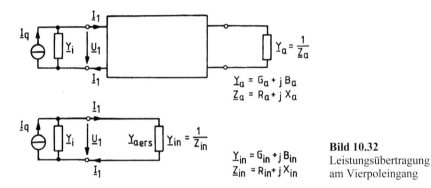

Bild 10.32
Leistungsübertragung
am Vierpoleingang

Genauso kann die Leistungsübertragung am Vierpolausgang auf die Belastung $\underline{Y}_a$ durch eine Leistungsübertragung von einem aktiven Ersatz-Zweipol auf die Belastung $\underline{Y}_a$ beschrieben werden, indem von der Stromquelle und dem Vierpol eine Ersatz-Stromquelle gebildet wird:

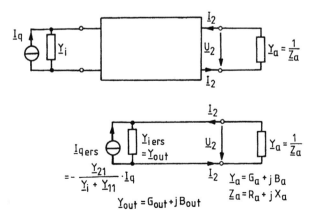

Bild 10.33
Leistungsübertragung
am Vierpolausgang

Nachgewiesen wird die Richtigkeit der Ersatzschaltung mit Hilfe der Zweipoltheorie. Der Ersatz-Innenleitwert $\underline{Y}_{iers}$ ist gleich dem wirksamen Leitwert des Vierpols im Rückwärtsbetrieb, dem Ausgangsleitwert $\underline{Y}_{out}$:

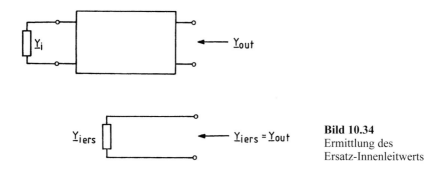

Bild 10.34
Ermittlung des
Ersatz-Innenleitwerts

Der Ersatz-Quellstrom $\underline{I}_{qers}$ wird durch Kurzschluss am Vierpolausgang ermittelt und kann in Abhängigkeit von $\underline{Y}$-Parametern angegeben werden:

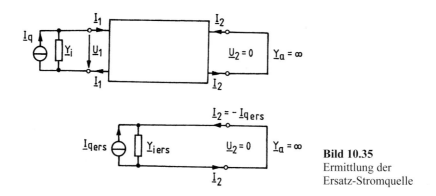

Bild 10.35
Ermittlung der
Ersatz-Stromquelle

In der Ersatzschaltung sind Quellstrom und Kurzschlussstrom entgegengerichtet:

$$\underline{I}_{qers} = (-I_2)_{\underline{U}_2=0} = -\underline{Y}_{21} \cdot \underline{U}_1$$

$$\text{mit} \quad \left(\frac{\underline{I}_2}{\underline{U}_1}\right)_{\underline{U}_2=0} = \left(\underline{Y}_{üf}\right)_{\underline{Y}_a=\infty} = \underline{Y}_{21} \qquad \text{(siehe Abschnitt 10.2, S. 175)}$$

Nun wird die Eingangsspannung $\underline{U}_1$ durch den Quellstrom $\underline{I}_q$ ersetzt:

$$\underline{I}_q = \underline{Y}_i \cdot \underline{U}_1 + \underline{I}_1$$

$$\text{mit} \quad \left(\frac{\underline{I}_1}{\underline{U}_1}\right)_{\underline{U}_2=0} = \left(\underline{Y}_{in}\right)_{\underline{Y}_a=\infty} = \underline{Y}_{11} \qquad \text{(siehe Abschnitt 10.2, S. 175)}$$

$$\text{oder} \quad \underline{I}_1 = \underline{Y}_{11} \cdot \underline{U}_1$$

$$\underline{I}_q = \underline{Y}_i \cdot \underline{U}_1 + \underline{Y}_{11} \cdot \underline{U}_1 = (\underline{Y}_i + \underline{Y}_{11}) \cdot \underline{U}_1$$

Damit ist

$$\underline{U}_1 = \frac{1}{\underline{Y}_i + \underline{Y}_{11}} \cdot \underline{I}_q$$

und

$$\underline{I}_{qers} = -\frac{\underline{Y}_{21}}{\underline{Y}_i + \underline{Y}_{11}} \cdot \underline{I}_q \qquad (10.28)$$

Da die Leistungsübertragung am Vierpoleingang und am Vierpolausgang jeweils eine Leistungsübertragung von einem aktiven auf einen passiven Zweipol darstellt, können die im Band 2, Abschnitt 4.7.4 für den Grundstromkreis mit Ersatzstromquelle hergeleiteten Formeln für die Wirkleistung P_a übernommen werden:

$$P_a = U^2 \cdot G_a = I^2 \cdot R_a \qquad (10.29)$$

und

$$P_a = \frac{I_q^2 \cdot G_a}{(G_i + G_a)^2 + (B_i + B_a)^2}$$

(vgl. Gl. (4.283) und Bild 4.173 im Band 2)

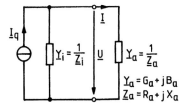

Bild 10.36
Grundstromkreis

Bei Anpassung muss die Bedingung nach den Gln. (4.284) bis (4.286)

$$\underline{Y}_a = \underline{Y}_i^*$$

d. h. $\quad G_a = G_i \quad$ und $\quad B_a = -B_i$

erfüllt sein.

Die Wirkleistung P_a ist dann maximal nach Gl. (4.287):

$$P_{a\,max} = \frac{I_q^2}{4 \cdot G_i} \qquad (10.30)$$

Die maximale Wirkleistung wird auch *verfügbare Leistung* P_v genannt.

Genauso wie im Grundstromkreis gibt es bei einer Vierpolschaltung eine Anpassung am Vierpoleingang und eine Anpassung am Vierpolausgang.

Leistungsverstärkung und Dämpfung

Bei aktiven Vierpolschaltungen wird für die Beurteilung der Leistungsübertragung die Leistungsverstärkung V_p definiert:

Die Leistungsverstärkung (Klemmen-Leistungsverstärkung, power gain) ist gleich dem Verhältnis der Wirkleistung am Vierpolausgang P_{out} zur Wirkleistung am Vierpoleingang P_{in}:

$$V_p = \frac{P_{out}}{P_{in}}. \tag{10.31}$$

Die Leistungsverstärkungen werden meistens in Dezibel (dB) angegeben:

$$V_p = 10 \cdot \lg\left(\frac{P_{out}}{P_{in}}\right) \quad \text{in dB.} \tag{10.32}$$

Bei passiven Vierpolen wird der Kehrwert der Leistungsverstärkung als Leistungskenngröße verwendet und *Dämpfung* genannt.

Die Leistungsverstärkung kann durch andere Betriebskenngrößen im Vorwärtsbetrieb berechnet werden:

$$V_p = \frac{P_{out}}{P_{in}}$$

mit $\quad P_{out} = U_2^2 \cdot G_a = I_2^2 \cdot R_a \quad$ (nach Bild 10.33 und Gl. (10.29))

mit $\quad P_{in} = U_1^2 \cdot G_{in} = I_1^2 \cdot R_{in} \quad$ (nach Bild 10.32 und Gl. (10.29))

$$V_p = \left(\frac{U_2}{U_1}\right)^2 \cdot \frac{G_a}{G_{in}} = \left(\frac{I_2}{I_1}\right)^2 \cdot \frac{R_a}{R_{in}}$$

$$V_p = \left|\underline{V}_{uf}\right|^2 \cdot \frac{G_a}{G_{in}} \quad\quad \text{mit} \quad G_{in} = \text{Re}\{\underline{Y}_{in}\} \tag{10.33}$$

oder

$$V_p = \left|\underline{V}_{if}\right|^2 \cdot \frac{R_a}{R_{in}} \quad\quad \text{mit} \quad R_{in} = \text{Re}\{\underline{Z}_{in}\}. \tag{10.34}$$

Sind der Eingangswiderstand und der Belastungswiderstand reell, dann kann die Leistungsverstärkung auch aus der Strom- und Spannungsverstärkung errechnet werden:

$$V_p = \frac{I_2}{I_1} \cdot \frac{I_2 \cdot R_a}{I_1 \cdot R_{in}} = \frac{I_2}{I_1} \cdot \frac{U_2}{U_1} = \left|\underline{V}_{if}\right| \cdot \left|\underline{V}_{uf}\right| \tag{10.35}$$

Anwendungsbeispiel:

Berechnung der Leistungsverstärkung des Transistor-Verstärkers in Emitterschaltung im Anwendungsbeispiel 2 im Abschnitt 10.4, S. 198–200 (Bild 10.28):

$$V_p = \left|\underline{V}_{uf}\right|^2 \cdot \frac{G_a}{G_{in}} = 148^2 \cdot \frac{1/3k\Omega}{1/1,88k\Omega} = 13727$$

bzw. in Dezibel

$$V_p = 10 \cdot \lg 13\,727 = 41{,}38\text{dB}$$

oder

$$V_p = |\underline{V}_{if}|^2 \cdot \frac{R_a}{R_{in}} = 92{,}2^2 \cdot \frac{3k\Omega}{1{,}88k\Omega} = 13565$$

bzw. in Dezibel

$$V_p = 10 \cdot \lg 13565 = 41{,}32dB$$

oder

$$V_p = |\underline{V}_{if}| \cdot |\underline{V}_{uf}| = 92{,}2 \cdot 148 = 13646$$

bzw. in Dezibel

$$V_p = 10 \cdot \lg 13646 = 41{,}35dB.$$

Da die Betriebskenngrößen $\underline{V}_{uf}$, $\underline{V}_{if}$, Y_{in} und $\underline{Z}_{in}$ in Abhängigkeit von den Vierpolparametern angegeben werden können (siehe Tabelle auf S. 196), lassen sich auch die Formeln für V_p mit den verschiedenen Vierpolparametern entwickeln.

V_p-Formel mit $\underline{H}$-Parametern:

Mit

$$\underline{V}_{uf} = \frac{-\underline{H}_{21}}{\det \underline{H} + \underline{H}_{11} \cdot \underline{Y}_a} \qquad \text{und} \qquad G_{in} = \mathrm{Re}\{\underline{Y}_{in}\} = \mathrm{Re}\left\{\frac{\underline{H}_{22} + \underline{Y}_a}{\det \underline{H} + \underline{H}_{11} \cdot \underline{Y}_a}\right\}$$

ist

$$V_p = |\underline{V}_{uf}|^2 \cdot \frac{G_a}{G_{in}} = \frac{|\underline{H}_{21}|^2 \cdot G_a}{|\det \underline{H} + \underline{H}_{11} \cdot \underline{Y}_a|^2 \cdot \mathrm{Re}\left\{\dfrac{\underline{H}_{22} + \underline{Y}_a}{\det \underline{H} + \underline{H}_{11} \cdot \underline{Y}_a}\right\}}$$

$$V_p = \frac{|\underline{H}_{21}|^2 \cdot G_a}{\mathrm{Re}\left\{(\underline{H}_{22} + \underline{Y}_a) \cdot \dfrac{|\det \underline{H} + \underline{H}_{11} \cdot \underline{Y}_a|^2}{\det \underline{H} + \underline{H}_{11} \cdot \underline{Y}_a}\right\}}$$

mit $\quad \underline{z} \cdot \underline{z}^* = |\underline{z}|^2 \quad$ bzw. $\quad \dfrac{|\underline{z}|^2}{\underline{z}} = \underline{z}^*$

$$V_p = \frac{|\underline{H}_{21}|^2 \cdot G_a}{\mathrm{Re}\left\{(\underline{H}_{22} + \underline{Y}_a) \cdot \left[(\det \underline{H})^* + \underline{H}_{11}^* \cdot \underline{Y}_a^*\right]\right\}} \qquad (10.36)$$

Sind die $\underline{H}$-Parameter reell, dann vereinfacht sich die Formel für die Leistungsverstärkung:

$$V_p = \frac{\underline{H}_{21}^2 \cdot G_a}{(\underline{H}_{22} + \underline{Y}_a) \cdot (\det \underline{H} + \underline{H}_{11} \cdot \underline{Y}_a)} \qquad (10.37)$$

und mit ohmscher Belastung $\underline{Y}_a = G_a = 1/R_a$ ergibt sich

$$V_p = \frac{\underline{H}_{21}^2 \cdot R_a}{(R_a \cdot H_{22} + 1) \cdot (R_a \cdot \det H + H_{11})} \qquad (10.38)$$

V$_p$-Formel mit $\underline{Y}$-Parametern:

Mit

$$\underline{V}_{uf} = \frac{-\underline{Y}_{21}}{\underline{Y}_{22} + \underline{Y}_a} \qquad \text{und} \qquad G_{in} = \text{Re}\{\underline{Y}_{in}\} = \text{Re}\left\{\frac{\det \underline{Y} + \underline{Y}_{11} \cdot \underline{Y}_a}{\underline{Y}_{22} + \underline{Y}_a}\right\}$$

ist

$$V_p = |\underline{V}_{uf}|^2 \cdot \frac{G_a}{G_{in}} = \frac{|\underline{Y}_{21}|^2 \cdot G_a}{|\underline{Y}_{22} + \underline{Y}_a|^2 \cdot \text{Re}\left\{\dfrac{\det \underline{Y} + \underline{Y}_{11} \cdot \underline{Y}_a}{\underline{Y}_{22} + \underline{Y}_a}\right\}}$$

$$V_p = \frac{|\underline{Y}_{21}|^2 \cdot G_a}{\text{Re}\left\{\left(\det \underline{Y} + \underline{Y}_{11} \cdot \underline{Y}_a\right) \cdot \dfrac{|\underline{Y}_{22} + \underline{Y}_a|^2}{\underline{Y}_{22} + \underline{Y}_a}\right\}}$$

mit $\quad \underline{z} \cdot \underline{z}^* = |\underline{z}|^2 \quad$ bzw. $\quad \dfrac{|\underline{z}|^2}{\underline{z}} = \underline{z}^*$

$$V_p = \frac{|\underline{Y}_{21}|^2 \cdot G_a}{\text{Re}\left\{\left(\det \underline{Y} + \underline{Y}_{11} \cdot \underline{Y}_a\right) \cdot \left(\underline{Y}_{22}^* + \underline{Y}_a^*\right)\right\}} \qquad (10.39)$$

V$_p$-Formel mit $\underline{A}$-Parametern:

Mit

$$\underline{V}_{uf} = \frac{1}{\underline{A}_{11} + \underline{A}_{12} \cdot \underline{Y}_a} \qquad \text{und} \qquad G_{in} = \text{Re}\{\underline{Y}_{in}\} = \text{Re}\left\{\frac{\underline{A}_{21} + \underline{A}_{22} \cdot \underline{Y}_a}{\underline{A}_{11} + \underline{A}_{12} \cdot \underline{Y}_a}\right\}$$

ist

$$V_p = |\underline{V}_{uf}|^2 \cdot \frac{G_a}{G_{in}} = \frac{G_a}{|\underline{A}_{11} + \underline{A}_{12} \cdot \underline{Y}_a|^2 \cdot \text{Re}\left\{\dfrac{\underline{A}_{21} + \underline{A}_{22} \cdot \underline{Y}_a}{\underline{A}_{11} + \underline{A}_{12} \cdot \underline{Y}_a}\right\}}$$

$$V_p = \frac{G_a}{\text{Re}\left\{\left(\underline{A}_{21} + \underline{A}_{22} \cdot \underline{Y}_a\right) \cdot \dfrac{|\underline{A}_{11} + \underline{A}_{12} \cdot \underline{Y}_a|^2}{\underline{A}_{11} + \underline{A}_{12} \cdot \underline{Y}_a}\right\}}$$

mit $\quad \underline{z} \cdot \underline{z}^* = |\underline{z}|^2 \quad$ bzw. $\quad \dfrac{|\underline{z}|^2}{\underline{z}} = \underline{z}^*$

$$V_p = \frac{G_a}{\text{Re}\left\{\left(\underline{A}_{21} + \underline{A}_{22} \cdot \underline{Y}_a\right) \cdot \left(\underline{A}_{11}^* + \underline{A}_{12}^* \cdot \underline{Y}_a^*\right)\right\}} \qquad (10.40)$$

Für das Anwendungsbeispiel 2 im Abschnitt 10.4 (S. 198–200) werden im Abschnitt 10.7 (S. 245–246) die $\underline{A}$-Parameter des gesamten Verstärkers berechnet, so dass obiges Rechenergebnis für die Leistungsverstärkung mit Gl. (10.40) bestätigt werden kann.

Rechenbeispiele:

1. Für das Anwendungsbeispiel 2 im Abschnitt 10.4, S. 198–200 kann die Leistungsverstärkung auch gleich aus den gegebenen h_e-Parametern des Transistors errechnet werden, wobei zunächst nur die Leistungsverstärkung V_{pT} des belasteten Transistors berechnet wird.

Mit Gl. (10.37) und $\underline{Y}_{ages} = \underline{G}_{ages} = 546\mu S$ ist

$$V_{pT} = \frac{h_{21e}^2 \cdot G_{ages}}{(h_{22e} + G_{ages}) \cdot (\det h_e + h_{11e} \cdot G_{ages})}$$

$$V_{pT} = \frac{220^2 \cdot 546\mu S}{(18\mu S + 546\mu S) \cdot (15,6 \cdot 10^{-3} + 2,7k\Omega \cdot 546\mu S)}$$

$$V_{pT} = 31451$$

oder in Dezibel

$$V_{pT} = 10 \cdot \lg 31451 = 44,98$$

Die Leistungsverstärkung des Transistors

$$V_{pT} = \frac{I_{2T}}{I_{1T}} \cdot \frac{U_2}{U_1}$$

wird durch die Widerstände reduziert, d. h. die Leistungsverstärkung der gesamten Stufe ist entsprechend der Stromverhältnisse geringer.

Die Gl. (10.35)

$$V_p = \frac{I_2}{I_1} \cdot \frac{U_2}{U_1}$$

wird durch Stromverhältnisse erweitert:

$$V_p = \frac{I_{1T}}{I_1} \cdot \frac{I_{2T}}{I_{1T}} \cdot \frac{I_2}{I_{2T}} \cdot \frac{U_2}{U_1}$$

$$V_p = \frac{I_{1T}}{I_1} \cdot \frac{I_2}{I_{2T}} \cdot V_{pT}$$

$$V_p = \frac{R_B}{R_B + R_{inT}} \cdot \frac{R_C}{R_C + R_a} \cdot V_{pT} \tag{10.41}$$

$$V_p = 0,71 \cdot 0,61 \cdot 31451 = 13622$$

oder in Dezibel

$$V_p = 10 \cdot \lg 0,71 + 10 \cdot \lg 0,61 + 10 \cdot \lg 31451$$

$$V_p = -1,49dB - 2,15dB + 44,98dB = 41,34dB$$

2. Ein HF-Transistor BFY 90 wird bei einer Frequenz f = 500MHz am Eingang und Ausgang mit Parallelschwingkreisen beschaltet, deren Induktivität L_p = 6,4nH und deren Leerlaufgüte Q_p = 25 betragen.

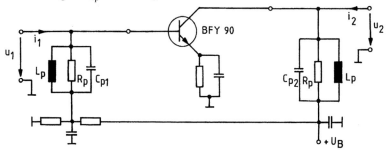

Bild 10.37 Rechenbeispiel 2: HF-Verstärker

2.1 Zunächst sind die Leitwertparameter des Transistors aus einem Datenbuch zu entnehmen und gegebenenfalls zu interpretieren.

2.2 Dann ist für den im Bild 10.37 gezeichneten Transistorverstärker eine Ersatzschaltung anzugeben, wobei die Kapazitäten und die reellen Resonanzwiderstände und -leitwerte bei Leerlauf zu berechnen sind.

2.3 Anschließend sind die Spannungsverstärkung und die Leistungsverstärkung zu ermitteln.

2.4 Schließlich ist zu untersuchen, auf welche Werte sich die Güte des Eingangs- und Ausgangs-Resonanzkreises aufgrund des Transistors verändern und wie die Güte unter Umständen angehoben werden kann.

Lösung:

Zu 2.1

Bei einem Gleichstrom-Arbeitspunkt mit I_C = 2mA und U_{CE} = 5V werden in Datenbüchern für f = 500MHz folgende Leitwertparameter angegeben:

$\quad$ Kurzschluss-Eingangsadmittanz: $\qquad g_{ie}$ = 16mS $\qquad b_{ie}$ = 12mS

$\quad$ Kurzschluss-Rückwärtssteilheit: $\qquad \left| \underline{y}_{re} \right|$ = 1,55mS $\quad -\varphi_{re}$ = 102°

$\quad$ Kurzschluss-Vorwärtssteilheit: $\qquad \left| \underline{y}_{fe} \right|$ = 45mS $\quad -\varphi_{fe}$ = 75°

$\quad$ Kurzschluss-Ausgangsadmittanz: $\qquad g_{oe}$ = 190µS $\qquad b_{oe}$ = 6mS

Die Indizierung der Parameter aus dem anglo-amerikanischen Schrifttum bedeutet:

$\quad$ i $\hat{=}$ input, Eingang $\qquad\qquad\qquad$ r $\hat{=}$ reverse, rückwärts

$\quad$ f $\hat{=}$ forward, vorwärts $\qquad\qquad\quad$ o $\hat{=}$ Output, Ausgang

Die Indizes entsprechen den hier verwendeten Indizes der Matrizenrechnung:

$$(\underline{y}_e) = \begin{pmatrix} \underline{y}_{11e} & \underline{y}_{12e} \\ \underline{y}_{21e} & \underline{y}_{22e} \end{pmatrix} = \begin{pmatrix} g_{11e} + jb_{11e} & |\underline{y}_{12e}| \cdot e^{j\varphi_{12e}} \\ |\underline{y}_{21e}| \cdot e^{j\varphi_{21e}} & g_{22e} + jb_{22e} \end{pmatrix}$$

$$(\underline{y}_e) = \begin{pmatrix} \underline{y}_{ie} & \underline{y}_{re} \\ \underline{y}_{fe} & \underline{y}_{oe} \end{pmatrix} = \begin{pmatrix} g_{ie} + jb_{ie} & |\underline{y}_{re}| \cdot e^{j\varphi_{re}} \\ |\underline{y}_{fe}| \cdot e^{j\varphi_{fe}} & g_{oe} + jb_{oe} \end{pmatrix}$$

$$(\underline{y}_e) = \begin{pmatrix} 16mS + j \cdot 12mS & 1,55mS \cdot e^{-j \cdot 102°} \\ 45mS \cdot e^{-j \cdot 75°} & 190µS + j \cdot 6mS \end{pmatrix}$$

Zu 2.2

Mit Gl. (4.142) im Band 2, S. 113 können die Werte der beiden Parallelschwingkreise berechnet werden:

$$Q_p = \frac{B_{kp}}{G_p} = \frac{R_p}{\omega_o L_p},$$

für den reellen Resonanzwiderstand ergibt sich

$$R_p = \omega_o \cdot L_p \cdot Q_p$$
$$R_p = 2 \cdot \pi \cdot 500 \cdot 10^6 s^{-1} \cdot 6{,}4nH \cdot 25 = 502{,}6\Omega$$

d. h. $R_p = 500\Omega$ und $G_p = 2mS$.

Mit Gl. (4.142) kann auch die notwendige Kapazität der Schwingkreise berechnet werden:

$$Q_p = \frac{B_{kp}}{G_p} = \omega_o C_p R_p$$

$$C_p = \frac{Q_p}{\omega_o R_p} = \frac{25}{2\pi \cdot 500 \cdot 10^6 s^{-1} \cdot 502{,}6\Omega} = 15{,}83pF \approx 16pF.$$

Dieser Wert kann kontrolliert werden:

$$f_o = \frac{1}{2\pi\sqrt{L_p C_p}} = \frac{1}{2\pi\sqrt{6{,}4nH \cdot 15{,}83pF}} = 500MHz.$$

Die Kapazitäten im Basisspannungsteiler, in der Emitterzuleitung und in der Gleichspannungsversorgung stellen für hochfrequenten Betrieb einen Kurzschluss dar, so dass entsprechende ohmsche Widerstände im Bild 10.37 entfallen. Es entsteht damit ein einfaches Wechselstrom-Ersatzschaltbild (Bild 10.38):

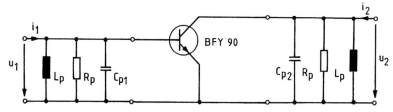

Bild 10.38 Rechenbeispiel 2: Ersatzschaltbild

Wird der Transistor durch eine U-Ersatzschaltung (siehe Bild 10.6, S. 175) ersetzt, dann wird ersichtlich, dass der Kurzschluss-Eingangsleitwert

$$\underline{y}_{11e} = g_{11e} + j\, b_{11e} = g_{11e} + j\, \omega_o\, C_{11}$$

den Eingangs-Parallelschwingkreis und der Kurzschluss-Ausgangsleitwert

$$\underline{y}_{22e} = g_{22e} + j\, b_{22e} = g_{22e} + j\, \omega_o\, C_{22}$$

den Ausgangs-Parallelschwingkreis beeinflussen (Bild 10.39):

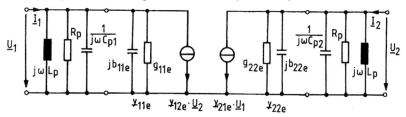

Bild 10.39 Rechenbeispiel 2: Transistor als U-Vierpol

Der Transistor liefert also für die beiden Schwingkreise jeweils einen kapazitiven und einen ohmschen Anteil. Die berechnete Kapazität C_p besteht also aus der Parallelschaltung von jeweils zwei Kapazitäten am Eingang und Ausgang:

Mit

$$b_{11e} = \omega_o C_{11}$$

ist

$$C_{11} = \frac{b_{11e}}{\omega_o} = \frac{12\,mS}{2\pi \cdot 500 \cdot 10^6\,s^{-1}} = 3{,}82\,pF$$

und

$$C_{p1} = C_p - C_{11} = 15{,}83\,pF - 3{,}82\,pF = 12{,}01\,pF \qquad \text{d. h. } C_{p1} = 12\,pF$$

und mit

$$b_{22e} = \omega_o C_{22}$$

ist

$$C_{22} = \frac{b_{22e}}{2\pi f} = \frac{6\,mS}{2\,\pi \cdot 500 \cdot 10^6\,s^{-1}} = 1{,}91\,pF$$

und

$$C_{p2} = C_p - C_{22} = 15{,}83\,pF - 1{,}91\,pF = 13{,}92\,pF \qquad \text{d. h. } C_{p2} = 14\,pF.$$

Damit entsteht ein Ersatzschaltbild, mit dessen Hilfe die Spannungs- und Leistungsverstärkung ermittelt werden kann (Bild 10.40), in dem die Induktivitäten und Kapazitäten entfallen können, weil sie sich bei Resonanz kompensieren:

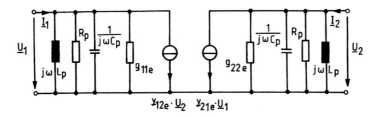

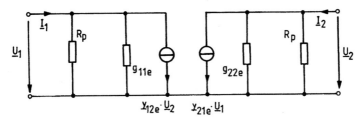

Bild 10.40 Rechenbeispiel 2: Ersatzschaltbild

Zu 2.3

Die Spannungsverstärkung wird mit Gl. (10.19), S. 192 berechnet:

$$\underline{V}_{uf} = \frac{\underline{U}_2}{\underline{U}_1} = -\frac{\underline{y}_{21e}}{\underline{y}_{22e} + \underline{Y}_a}$$

mit $\underline{y}_{22e} = g_{22e} = 190\mu S$, da kompensiert

und $\underline{Y}_a = G_p = 2mS$

$$\underline{V}_{uf} = -\frac{45mS \cdot e^{-j \cdot 75°}}{190\mu S + 2mS} = -\frac{45mS \cdot e^{-j \cdot 75°}}{2,19mS}$$

$$\underline{V}_{uf} = 20,55 \cdot e^{j \cdot (180° - 75°)} \quad \text{mit} \quad e^{j \cdot 180°} = -1$$

$$\underline{V}_{uf} = \frac{\underline{U}_2}{\underline{U}_1} = 20,6 \cdot e^{j \cdot 105°}.$$

Für die Leistungsverstärkung des Verstärkers bleibt der Resonanzwiderstand R_p am Eingang zunächst unberücksichtigt. Sie kann nach Gl. (10.33) mit Hilfe der Spannungsverstärkung und des Eingangsleitwertes errechnet werden:

$$V_{pT} = \left|\underline{V}_{uf}\right|^2 \cdot \frac{G_a}{G_{in}}$$

mit $\left|\underline{V}_{uf}\right| = V_{uf} = 20,6$

und $G_a = G_p = 2mS$

und $G_{in} = \text{Re}\left\{\underline{Y}_{in}\right\}$

mit Gl. (10.14), S. 190

$$\underline{Y}_{in} = \underline{y}_{11e} - \frac{\underline{y}_{12e} \cdot \underline{y}_{21e}}{\underline{y}_{22e} + \underline{Y}_a}$$

mit $\underline{y}_{11e} = g_{11e} = 16mS$ und $\underline{y}_{22e} = g_{22e} = 190\mu S$

$$\underline{Y}_{in} = 16mS - \frac{1,55mS \cdot e^{-j \cdot 102°} \cdot 45mS \cdot e^{-j \cdot 75°}}{190\mu S + 2mS}$$

$$\underline{Y}_{in} = 16mS - 31,85mS \cdot e^{-j \cdot 177°} = 16mS + 31,85mS + j \cdot 1,67mS$$

$$\underline{Y}_{in} = 47,8mS + j \cdot 1,67mS, \quad \text{d. h.} \quad G_{in} = 47,8mS$$

$$V_{pT} = 20,6^2 \cdot \frac{2mS}{47,8mS} = 17,7$$

d. h. $V_{pT} = 18$ oder 12,5dB.

Dieses Ergebnis kann auch mit Hilfe der Gl. (10.39) erzielt werden, indem nur von den $\underline{y}$-Parametern ausgegangen wird:

$$V_{pT} = \frac{\left|\underline{y}_{21e}\right|^2 \cdot G_a}{\text{Re}\left\{\left(\det \underline{y}_e + \underline{y}_{11e} \cdot \underline{Y}_a\right)\left(\underline{y}_{22e}^* + \underline{Y}_a^*\right)\right\}}$$

mit

$$\left|\underline{y}_{21}\right| = 45\text{mS} \quad \text{und} \quad G_a = G_p = 2\text{mS}$$

und

$$\det \underline{y}_e = \underline{y}_{11e} \cdot \underline{y}_{22e} - \underline{y}_{12e} \cdot \underline{y}_{21e} = g_{11e} \cdot g_{22e} - \underline{y}_{12} \cdot \underline{y}_{21}$$

$$\det \underline{y}_e = 16\text{mS} \cdot 0,19\text{mS} - 1,55\text{mS} \cdot 45\text{mS} \cdot e^{-j \cdot (102° + 75°)}$$

$$\det \underline{y}_e = 3,04\mu\text{S} - 69,75\mu\text{S} \cdot e^{-j \cdot 177°}$$

$$\det \underline{y}_e = 3,04\mu\text{S} + 69,65\mu\text{S} + j \cdot 3,65\mu\text{S} = 72,69\mu\text{S} + j \cdot 3,65\mu\text{S}$$

und

$$\underline{y}_{11e} \cdot \underline{Y}_a = g_{11e} \cdot G_p = 16\text{mS} \cdot 2\text{mS} = 32\mu\text{S}$$

und

$$\underline{y}_{22e}^* + \underline{Y}_a^* = g_{22e} + G_p = 0,19\text{mS} + 2\text{mS} = 2,19\text{mS}$$

$$V_{pT} = \frac{(45\text{mS})^2 \cdot 2\text{mS}}{\text{Re}\left\{(72,69\mu\text{S} + j \cdot 3,65\mu\text{S} + 32\mu\text{S}) \cdot 2,19\text{mS}\right\}}$$

$$V_{pT} = \frac{(45\text{mS})^2 \cdot 2\text{mS}}{229,27\text{nS}} = 17,7$$

d. h.

$$V_{pT} = 18 \quad \text{oder} \quad 12,5\text{dB}.$$

Bei Berücksichtigung des Eingangs-Resonanzwiderstandes reduziert sich entsprechend der Stromteilerregel die Leistungsverstärkung:

$$V_p = \frac{R_p}{R_p + R_{in}} \cdot V_{pT}$$

$$\text{mit } R_{in} = \text{Re}\left\{\underline{Z}_{in}\right\} = \text{Re}\left\{\frac{1}{\underline{Y}_{in}}\right\} = \text{Re}\left\{\frac{1}{(47,8 + j \cdot 1,67)\text{mS}}\right\} = 20,9\Omega$$

$$V_p = \frac{500\Omega}{500\Omega + 20,9\Omega} \cdot 17,7 = 0,96 \cdot 17,7$$

$$V_p = 17 \quad \text{oder} \quad 12,3\text{dB}.$$

Zu 2.4

Bei Berücksichtigung des Eingangs- und Ausgangsleitwertes vermindert sich die Güte des Eingangs-Schwingkreises auf

$$Q_{p1} = \frac{\omega_o \cdot C_p}{G_p + G_{in}} = \frac{2\pi \cdot 500 \cdot 10^6 s^{-1} \cdot 16pF}{2mS + 47,8mS} = 1,0$$

und die Güte des Ausgangsschwingkreises auf

$$Q_{p2} = \frac{\omega_o \cdot C_p}{G_p + G_{out}} = \frac{2\pi \cdot 500 \cdot 10^6 s^{-1} \cdot 16pF}{2mS + 3,93mS} = 8,5$$

mit

$$G_{out} = \mathrm{Re}\{\underline{Y}_{out}\}$$

$$\underline{Y}_{out} = \underline{y}_{22e} - \frac{\underline{y}_{21e} \cdot \underline{y}_{12e}}{\underline{y}_{11e} + \underline{Y}_i}$$

mit $\underline{y}_{22e} = g_{22e} = 190\mu S$ und $\underline{y}_{11e} = g_{11e} = 16mS$, da jeweils kompensiert

$$\underline{Y}_{out} = 0,19mS - \frac{45mS \cdot e^{-j\cdot 75^o} \cdot 1,5mS \cdot e^{-j\cdot 102^o}}{16mS + 2mS}$$

$$\underline{Y}_{out} = 0,19mS - 3,75mS \cdot e^{-j\cdot 177^o} = 0,19mS + 3,74mS - j \cdot 0,20mS$$

$$\underline{Y}_{out} = 3,93mS - j \cdot 0,2mS, \quad \text{d. h.} \quad G_{out} = 3,93mS.$$

Da die Betriebsdämpfung zwischen 20 und 30 betragen sollte, um brauchbare Selektionseigenschaften zu gewährleisten, müssen die wirksamen ohmschen Widerstände durch eine Übersetzung vergrößert werden.

Am Eingang kann eine kapazitive Widerstandstransformation vorgenommen werden, so dass sich der zu R_p parallel zu schaltende Widerstand G_{in} entsprechend vergrößert. Die Gleichspannungsversorgung muss dann allerdings über einen hochohmigen Spannungsteiler erfolgen, weil der kapazitive Spannungsteiler die Gleichspannung sperrt.

Am Ausgang wird die Widerstandstransformation wegen des höheren Stromflusses im Kollektorkreis über eine Anzapfung der Schwingkreisspule ausgeführt. Die mögliche Gleichspannungsversorgung über einen parallelen ohmschen Widerstand bei kapazitiver Transformation führt zu unnötigen Belastungen und Verlusten.

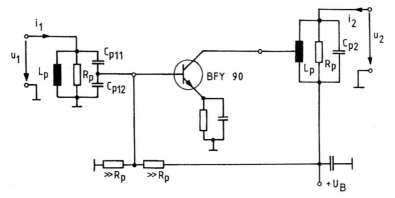

Bild 10.41 Rechenbeispiel 2: Geänderter HF-Verstärker

Übertragungs-Leistungsverstärkung (transducer gain)

Bei der bisher behandelten Leistungsverstärkung V_p ist die Ausgangswirkleistung auf die am Vierpoleingang aufgenommene Wirkleistung bezogen. Diese Klemmen-Leistungsverstärkung ermöglicht allerdings keine Aussage darüber, inwieweit die verfügbare Leistung des aktiven Zweipols von dem belasteten Vierpol aufgenommen wird. Deshalb wird die Ausgangswirkleistung auch auf die verfügbare Leistung des aktiven Zweipols bezogen:

$$V_{p\ddot{u}} = \frac{P_{out}}{P_v} \tag{10.42}$$

$$\text{mit} \quad P_{out} = U_2^2 \cdot G_a \quad \text{und} \quad P_v = \frac{I_q^2}{4 \cdot G_i} \qquad \text{(siehe Gl. 10.30)}$$

$$V_{p\ddot{u}} = \frac{U_2^2 \cdot G_a}{\dfrac{I_q^2}{4 \cdot G_i}} = 4 \cdot G_a \cdot G_i \cdot \left| \frac{U_2}{I_q} \right|^2 .$$

Wird der Betragsanteil durch $\underline{U}_1$ erweitert, dann kann $V_{p\ddot{u}}$ mit Hilfe von Betriebskenngrößen berechnet werden:

$$\frac{\underline{U}_2}{\underline{I}_q} = \frac{\underline{U}_2}{\underline{U}_1} \cdot \frac{\underline{U}_1}{\underline{I}_q} = \underline{V}_{uf} \cdot \frac{1}{\underline{Y}_i + \underline{Y}_{in}} \quad \text{mit} \quad \underline{V}_{uf} = \frac{\underline{U}_2}{\underline{U}_1} \tag{10.43}$$

$$\text{und} \quad \frac{\underline{U}_1}{\underline{I}_q} = \frac{1}{\underline{Y}_i + \underline{Y}_{in}} \quad \text{aus} \quad \underline{I}_q = \underline{U}_1 \cdot (\underline{Y}_i + \underline{Y}_{in}) \qquad \text{(siehe Bild 10.32, S. 203)}$$

$$V_{p\ddot{u}} = 4 \cdot G_a \cdot G_i \cdot \left| \frac{\underline{V}_{uf}}{\underline{Y}_i + \underline{Y}_{in}} \right|^2 . \tag{10.44}$$

Da die Betriebskenngrößen durch die Vierpolparameter bestimmt werden, kann auch die Formel für die Übertragungs-Leistungsverstärkung z. B. durch $\underline{Y}$-Parameter angegeben werden:

$$\text{Mit Gl. (10.19)} \quad \underline{V}_{uf} = -\frac{\underline{Y}_{21}}{\underline{Y}_{22} + \underline{Y}_a} \quad \text{und Gl. (10.14)} \quad \underline{Y}_{in} = \underline{Y}_{11} - \frac{\underline{Y}_{12} \cdot \underline{Y}_{21}}{\underline{Y}_{22} + \underline{Y}_a}$$

ist

$$\frac{\underline{V}_{uf}}{\underline{Y}_i + \underline{Y}_{in}} = -\frac{\underline{Y}_{21}}{\underline{Y}_{22} + \underline{Y}_a} \cdot \frac{1}{\underline{Y}_i + \underline{Y}_{11} - \dfrac{\underline{Y}_{12} \cdot \underline{Y}_{21}}{\underline{Y}_{22} + \underline{Y}_a}}$$

$$\frac{\underline{V}_{uf}}{\underline{Y}_i + \underline{Y}_{in}} = -\frac{\underline{Y}_{21}}{(\underline{Y}_{22} + \underline{Y}_a) \cdot (\underline{Y}_i + \underline{Y}_{11}) - \underline{Y}_{12} \cdot \underline{Y}_{21}} \tag{10.45}$$

$$V_{p\ddot{u}} = \frac{4 \cdot G_a \cdot G_i \cdot \left| \underline{Y}_{21} \right|^2}{\left| (\underline{Y}_{22} + \underline{Y}_a) \cdot (\underline{Y}_i + \underline{Y}_{11}) - \underline{Y}_{12} \cdot \underline{Y}_{21} \right|^2} \tag{10.46}$$

Verfügbare Leistungsverstärkung (available power gain)

Die verfügbare Leistung am Vierpolausgang kann genauso auf die verfügbare Leistung des aktiven Zweipols P_v bezogen werden:

$$V_{pv} = \frac{P_{v\,out}}{P_v} \tag{10.47}$$

$$\text{mit} \quad P_v = \frac{I_q^{\,2}}{4 \cdot G_i}. \quad \text{(siehe Gl. (10.30))}$$

Für die verfügbare Ausgangsleistung sind die vorbereitenden Berechnungen am Anfang dieses Abschnitts vorgenommen, indem der belastete Vierpol im Bild 10.33 ausgangsseitig in einen Grundstromkreis überführt wurde (siehe Gl. (10.28) und Bild 10.34):

$$P_{v\,out} = \frac{I_{qers}^{\,2}}{4 \cdot G_{iers}} = \frac{|\underline{Y}_{21}|^2}{|\underline{Y}_i + \underline{Y}_{11}|^2} \cdot \frac{I_q^{\,2}}{4 \cdot G_{out}}. \tag{10.48}$$

Die Formel für die verfügbare Leistungsverstärkung lautet dann in $\underline{Y}$-Parametern:

$$V_{pv} = \frac{G_i}{G_{out}} \cdot \frac{|\underline{Y}_{21}|^2}{|\underline{Y}_i + \underline{Y}_{11}|^2} \tag{10.49}$$

und mit Gl. (10.22) $\quad G_{out} = \text{Re}\left\{ \dfrac{\det \underline{Y} + \underline{Y}_{22} \cdot \underline{Y}_i}{\underline{Y}_{11} + \underline{Y}_i} \right\}$ ist

$$V_{pv} = \frac{G_i}{\text{Re}\left\{ \dfrac{\det \underline{Y} + \underline{Y}_{22} \cdot \underline{Y}_i}{\underline{Y}_i + \underline{Y}_{11}} \right\}} \cdot \frac{|\underline{Y}_{21}|^2}{|\underline{Y}_i + \underline{Y}_{11}|^2}$$

wegen $\quad \dfrac{|\underline{z}|^2}{\underline{z}} = \underline{z}^* \quad$ oder $\quad |\underline{z}|^2 = \underline{z} \cdot \underline{z}^*$

ist

$$V_{pv} = \frac{G_i \cdot |\underline{Y}_{21}|^2}{\text{Re}\left\{ \left(\det \underline{Y} + \underline{Y}_{22} \cdot \underline{Y}_i \right)\left(\underline{Y}_i^* + \underline{Y}_{11}^* \right) \right\}}. \tag{10.50}$$

Maximale Leistungsverstärkung (maximum power gain)

Können der Innenleitwert $\underline{Y}_i$ des aktiven Zweipols und der Außenleitwert $\underline{Y}_a$ des passiven Zweipols so gewählt werden, dass am Eingang des Vierpols mit

$$\underline{Y}_i = \underline{Y}_{in}^* \tag{10.51}$$

und am Ausgang des Vierpols mit

$$\underline{Y}_a = \underline{Y}_{out}^* \tag{10.52}$$

jeweils komplexe Anpassung herrscht, dann sind mit

$$P_{in} = P_v \quad \text{und} \quad P_{out} = P_{v\,out} = P_{v\,out\,max}$$

alle Leistungsverstärkungen gleich der maximalen Leistungsverstärkung:

$$V_p = V_{p\ddot{u}} = V_{pv} = V_{p\,max} \tag{10.53}$$

10.6 Spezielle Vierpole

Umkehrbare Vierpole

Ein Vierpol ist umkehrbar (reziprok, übertragungssymmetrisch), wenn für diesen Vierpol der Kirchhoffsche Umkehrungssatz gilt:

Wird ein Vierpol im Vorwärtsbetrieb und anschließend im Rückwärtsbetrieb mit der gleichen Stromquelle $\underline{I}_q$ eingespeist und sind für beide Fälle die Ausgangsspannungen gleich, $\underline{U}_2 = \underline{U}'_1$, dann heißt der Vierpol umkehrbar:

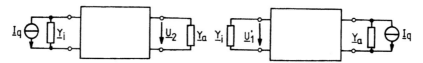

Bild 10.42 Umkehrbarer Vierpol mit Stromquellen-Einspeisung

Entsprechendes gilt für die Ausgangsströme $\underline{I}_2 = \underline{I}'_1$, wenn der Vierpol im Vorwärts- und Rückwärtsbetrieb mit der gleichen Spannungsquelle $\underline{U}_q$ betrieben wird:

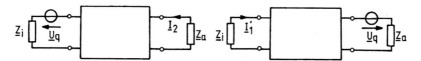

Bild 10.43 Umkehrbarer Vierpol mit Spannungsquellen-Einspeisung

Beispiel:

Ein Γ-Vierpol II ist umkehrbar, wie mit der Spannungsquellen-Einspeisung nachgewiesen werden kann:

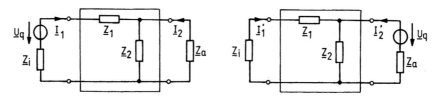

Bild 10.44 Beispiel für einen umkehrbaren Vierpol

Vorwärtsbetrieb:

$$\frac{-\underline{I}_2}{\underline{I}_1} = \frac{\underline{Z}_2}{\underline{Z}_2 + \underline{Z}_a}$$

$$\text{mit } \underline{I}_1 = \frac{\underline{U}_q}{\underline{Z}_i + \underline{Z}_1 + \dfrac{\underline{Z}_2 \underline{Z}_a}{\underline{Z}_2 + \underline{Z}_a}}$$

$$-\underline{I}_2 = \frac{\underline{Z}_2}{\underline{Z}_2 + \underline{Z}_a} \cdot \frac{\underline{U}_q}{\underline{Z}_i + \underline{Z}_1 + \dfrac{\underline{Z}_2 \underline{Z}_a}{\underline{Z}_2 + \underline{Z}_a}}$$

$$-\underline{I}_2 = \frac{\underline{Z}_2 \cdot \underline{U}_q}{(\underline{Z}_2 + \underline{Z}_a)(\underline{Z}_i + \underline{Z}_1) + \underline{Z}_2 \underline{Z}_a}$$

Rückwärtsbetrieb:

$$\frac{-\underline{I}_1'}{\underline{I}_2'} = \frac{\underline{Z}_2}{\underline{Z}_i + \underline{Z}_1 + \underline{Z}_2}$$

$$\text{mit } \underline{I}_2' = \frac{\underline{U}_q}{\underline{Z}_a + \dfrac{(\underline{Z}_i + \underline{Z}_1)\underline{Z}_2}{\underline{Z}_i + \underline{Z}_1 + \underline{Z}_2}}$$

$$-\underline{I}_1' = \frac{\underline{Z}_2}{\underline{Z}_i + \underline{Z}_1 + \underline{Z}_2} \cdot \frac{\underline{U}_q}{\underline{Z}_a + \dfrac{(\underline{Z}_i + \underline{Z}_1)\underline{Z}_2}{\underline{Z}_i + \underline{Z}_1 + \underline{Z}_2}}$$

$$-\underline{I}_1' = \frac{\underline{Z}_2 \cdot \underline{U}_q}{(\underline{Z}_i + \underline{Z}_1 + \underline{Z}_2)\underline{Z}_a + (\underline{Z}_i + \underline{Z}_1)\underline{Z}_2}$$

$$-\underline{I}_2 = \frac{\underline{Z}_2 \cdot \underline{U}_q}{\underline{Z}_2 \underline{Z}_i + \underline{Z}_2 \underline{Z}_1 + \underline{Z}_a \underline{Z}_i + \underline{Z}_a \underline{Z}_1 + \underline{Z}_2 \underline{Z}_a} = -\underline{I}_1'$$

Es wäre zu mühsam, jeden Vierpol zu untersuchen, ob er den Umkehrungssatz erfüllt, also umkehrbar ist. Da das Wechselstromverhalten eines Vierpols durch die Vierpolparameter erfasst wird, muss auch aus den Vierpolparametern zu ersehen sein, ob er diese Eigenschaft besitzt oder nicht.

Für den umkehrbaren Vierpol mit Stromquellen-Einspeisung (siehe Bild 10.42) sind die jeweiligen Ausgangsspannungen gleich:

$$\underline{U}_2 = \underline{U}_1'$$

Diese lassen sich durch Betriebskenngrößen, also auch in $\underline{Y}$-Parametern, darstellen:
Für den Vorwärtsbetrieb ist das Verhältnis $\underline{U}_2/\underline{I}_q$ ab Gl. (10.43) hergeleitet, so dass das Endergebnis in Gl. (10.45) übernommen werden kann:

$$\underline{U}_2 = -\frac{\underline{Y}_{21}}{(\underline{Y}_{22} + \underline{Y}_a)(\underline{Y}_i + \underline{Y}_{11}) - \underline{Y}_{12} \cdot \underline{Y}_{21}} \cdot \underline{I}_q$$

Für den Rückwärtsbetrieb kann die Gleichung für die Ausgangsspannung aus obiger Gleichung abgelesen werden, indem genauso wie im Abschnitt 10.4 (Kenngrößen eines Vierpols im Rückwärtsbetrieb) die Indizes 1 durch 2, 2 durch 1, a durch i und zusätzlich i durch a ersetzt werden:

$$\underline{U}_1' = -\frac{\underline{Y}_{12}}{(\underline{Y}_{11} + \underline{Y}_i)(\underline{Y}_a + \underline{Y}_{22}) - \underline{Y}_{21} \cdot \underline{Y}_{12}} \cdot \underline{I}_q$$

In beiden Gleichungen ist der Nenner gleich, und der Zähler ergibt die Bedingungsgleichung für umkehrbare Vierpole in $\underline{Y}$-Parametern:

$$\underline{Y}_{12} = \underline{Y}_{21} \qquad\qquad\qquad\qquad\qquad\qquad\qquad (10.54)$$

Mit Hilfe der Umrechnungsformeln für Vierpolparameter (Tabelle S. 181) können die Bedingungsgleichungen in den anderen Formen angegeben werden:

Aus

$$\frac{-\underline{Z}_{12}}{\det \underline{Z}} = \frac{-\underline{Z}_{21}}{\det \underline{Z}} \qquad \text{folgt} \qquad \underline{Z}_{12} = \underline{Z}_{21} \tag{10.55}$$

aus

$$\frac{-\underline{H}_{12}}{\underline{H}_{11}} = \frac{\underline{H}_{21}}{\underline{H}_{11}} \qquad \text{folgt} \qquad \underline{H}_{12} = -\underline{H}_{21} \tag{10.56}$$

aus

$$\frac{\underline{C}_{12}}{\underline{C}_{22}} = \frac{-\underline{C}_{21}}{\underline{C}_{22}} \qquad \text{folgt} \qquad \underline{C}_{12} = -\underline{C}_{21} \tag{10.57}$$

aus

$$\frac{-\det \underline{A}}{\underline{A}_{12}} = \frac{-1}{\underline{A}_{12}} \qquad \text{folgt} \qquad \det \underline{A} = 1 \tag{10.58}$$

Passive Vierpole sind umkehrbar, da für passive Vierpole die π-Ersatzschaltung (siehe Bild 10.7, S. 175) nur sinnvoll ist, wenn die Stromquelle entfällt:

$$(\underline{Y}_{21} - \underline{Y}_{12}) \cdot \underline{U}_1 = 0 \qquad \text{d. h.} \qquad \underline{Y}_{12} = \underline{Y}_{21}$$

Entsprechendes gilt für die Spannungsquelle in der T-Ersatzschaltung (siehe Bild 10.9, S. 176):

$$(\underline{Z}_{21} - \underline{Z}_{12}) \cdot \underline{I}_1 = 0 \qquad \text{d. h.} \qquad \underline{Z}_{12} = \underline{Z}_{21}$$

Wie in der Tabelle der Vierpolparameter passiver Vierpole im Abschnitt 10.3, S. 186–188 überprüft werden kann, erfüllen sämtliche dort angegebenen Vierpolparameter die Bedingungsgleichungen für umkehrbare Vierpole.

Das Wechselstromverhalten passiver Vierpole ist also bei $\underline{Y}$- und $\underline{Z}$-Parametern nur durch drei Vierpolparameter bestimmt:

$$\underline{Y}_{11}, \quad \underline{Y}_{12} = \underline{Y}_{21} \qquad \text{und} \qquad \underline{Y}_{22}$$
$$\underline{Z}_{11}, \quad \underline{Z}_{12} = \underline{Z}_{21} \qquad \text{und} \qquad \underline{Z}_{22}$$

Symmetrische Vierpole

Ein symmetrischer oder widerstandslängssymmetrischer Vierpol hat gleiches Übertragungsverhalten in Vorwärts- und Rückwärtsrichtung. Das ist nur dann möglich, wenn ein Vierpol sowohl den Umkehrungssatz als auch die Bedingung der Richtungssymmetrie erfüllt.

Richtungssymmetrische Vierpole besitzen gleiche Eingangsleitwerte in Vorwärts- und Rückwärtsbetrieb:

Wird der Ausgang eines Vierpols mit einem beliebigen Leitwert $\underline{Y}$ abgeschlossen, dann besitzt der Vierpol einen Eingangsleitwert $\underline{Y}_{in}$.

Entsprechend hat er einen Ausgangsleitwert $\underline{Y}_{out}$, wenn er am Eingang mit dem gleichen Leitwert $\underline{Y}$ abgeschlossen wird.

Gibt es für einen Vierpol einen Leitwert $\underline{Y}$, für den der Eingangsleitwert gleich dem Ausgleichsleitwert ist, dann ist der Vierpol richtungssymmetrisch:

$$\underline{Y}_{in}(\underline{Y}) = \underline{Y}_{out}(\underline{Y})$$

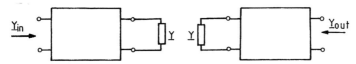

Bild 10.45 Richtungssymmetrischer Vierpol

Beispiel:

Wird eine symmetrische π-Schaltung zuerst am Eingang und dann am Ausgang mit einem beliebigen Leitwert $\underline{Y}$ abgeschlossen, dann erfüllt der Vierpol die Richtungssymmetrie, denn der Eingangsleitwert ist gleich dem Ausgangsleitwert:

$$\underline{Y}_{in}(\underline{Y}) = \cfrac{1}{\cfrac{1}{\underline{Y} + 1/\underline{Z}_1} + \underline{Z}_2} + \frac{1}{\underline{Z}_1} = \underline{Y}_{out}(\underline{Y})$$

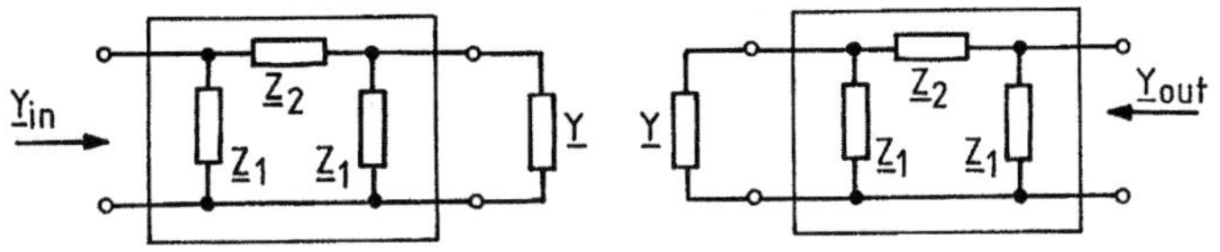

Bild 10.46 Beispiel für die Richtungssymmetrie eines Vierpols

Ob ein passiver Vierpol auch richtungssymmetrisch ist, lässt sich aus den Vierpolparametern erkennen, denn der Eingangsleitwert und der Ausgangsleitwert können durch die Vierpolparameter beschrieben werden:

Nach Gl. (10.14) ist   und mit Indizesvertauschung ist

$$\underline{Y}_{in}(\underline{Y}_a) = \underline{Y}_{11} - \frac{\underline{Y}_{12}\underline{Y}_{21}}{\underline{Y}_{22} + \underline{Y}_a} \qquad \underline{Y}_{out}(\underline{Y}_i) = \underline{Y}_{22} - \frac{\underline{Y}_{21}\underline{Y}_{12}}{\underline{Y}_{11} + \underline{Y}_i}$$

Mit

$$\underline{Y}_{in}(\underline{Y}) = \underline{Y}_{out}(\underline{Y})$$

ist

$$\underline{Y}_{11} - \frac{\underline{Y}_{12}\underline{Y}_{21}}{\underline{Y}_{22} + \underline{Y}} = \underline{Y}_{22} - \frac{\underline{Y}_{21}\underline{Y}_{12}}{\underline{Y}_{11} + \underline{Y}}$$

Diese Gleichung kann nur erfüllt sein, wenn

$$\underline{Y}_{11} = \underline{Y}_{22} \tag{10.59}$$

gilt. Mit Hilfe der Umrechnungsformeln für Vierpolparameter in der Tabelle auf S. 181 können die Bedingungsgleichungen für die anderen Formen der Vierpolparameter abgelesen werden:

Aus

$$\frac{\underline{Z}_{22}}{\det \underline{Z}} = \frac{\underline{Z}_{11}}{\det \underline{Z}} \qquad \text{folgt} \qquad \underline{Z}_{11} = \underline{Z}_{22} \tag{10.60}$$

aus

$$\frac{1}{\underline{H}_{11}} = \frac{\det \underline{H}}{\underline{H}_{11}} \qquad \text{folgt} \qquad \det \underline{H} = 1 \tag{10.61}$$

aus

$$\frac{\det \underline{C}}{\underline{C}_{22}} = \frac{1}{\underline{C}_{22}} \qquad \text{folgt} \qquad \det \underline{C} = 1 \tag{10.62}$$

aus

$$\frac{\underline{A}_{22}}{\underline{A}_{12}} = \frac{\underline{A}_{11}}{\underline{A}_{12}} \qquad \text{folgt} \qquad \underline{A}_{11} = \underline{A}_{22}. \tag{10.63}$$

Ein symmetrischer Vierpol erfüllt also gleichzeitig den Umkehrungssatz und die Bedingung der Richtungssymmetrie:

$\underline{Y}_{11} = \underline{Y}_{22}$	$\underline{Z}_{11} = \underline{Z}_{22}$	$\det \underline{H} = 1$	$\det \underline{C} = 1$	$\underline{A}_{11} = \underline{A}_{22}$
$\underline{Y}_{12} = \underline{Y}_{21}$	$\underline{Z}_{12} = \underline{Z}_{21}$	$\underline{H}_{12} = -\underline{H}_{21}$	$\underline{C}_{12} = -\underline{C}_{21}$	$\det \underline{A} = 1$

Er wird bei $\underline{Y}$- und $\underline{Z}$-Parametern nur noch durch zwei Vierpolparameter bestimmt. Wie eingangs ausgesagt, hat ein symmetrischer Vierpol in Vorwärts- und Rückwärtsrichtung gleiches Übertragungsverhalten, wie durch die Vierpolgleichungen in Leitwertform gezeigt werden kann:

Vorwärtsbetrieb:

$$\underline{I}_1 = \underline{Y}_{11} \cdot \underline{U}_1 + \underline{Y}_{12} \cdot \underline{U}_2$$

$$\underline{I}_2 = \underline{Y}_{12} \cdot \underline{U}_1 + \underline{Y}_{11} \cdot \underline{U}_2$$

Rückwärtsbetrieb:

$$\underline{I}_2 = \underline{Y}_{11} \cdot \underline{U}_2 + \underline{Y}_{12} \cdot \underline{U}_1$$

$$\underline{I}_1 = \underline{Y}_{12} \cdot \underline{U}_2 + \underline{Y}_{11} \cdot \underline{U}_1$$

Die Vierpolgleichungen des Vorwärtsbetriebs brauchen nur nach Eingangs- und Ausgangsgrößen des Rückwärtsbetriebs umsortiert zu werden, um zu sehen, dass die Vierpolmatrizen gleich sind.

Wenn die Originalschaltungen symmetrisch sind, müssen es die Ersatzschaltungen selbstverständlich auch sein. Die π-Ersatzschaltung in Leitwertparametern (siehe Bild 10.7, S. 175) und die T-Ersatzschaltung in Widerstandsparametern (siehe Bild 10.9, S. 176) vereinfachen sich mit oben zusammengestellten Bedingungsgleichungen:

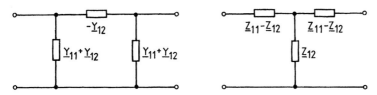

Bild 10.47 Ersatzschaltungen symmetrischer Vierpole

Beispiele symmetrischer Vierpole:

Homogene Leitungen, spezielle Dämpfungsglieder, Filterschaltungen in T- und π-Form (Tief- und Hochpässe, Bandsperren), Symmetrische X-Schaltung, Brücken-T-Vierpol (siehe Abschnitt 10.3, S. 188)

Rückwirkungsfreie Vierpole

Wird bei einem Vierpol eine Ausgangsgröße nicht auf den Eingang übertragen, dann ist der Vierpol rückwirkungsfrei; ein Rückwärtsbetrieb ist nicht möglich.

Praktisch gibt es keine rückwirkungsfreien Vierpole:
passive Vierpole übertragen in beiden Richtungen,
bei aktiven Vierpolen wie Transistoren sind die Hersteller bestrebt, die Rückwirkung möglichst klein zu halten.

In den Vierpolgleichungen werden Abhängigkeiten des Vorwärts- und Rückwärtsbetriebs erfasst, wie in den Definitionsgleichungen für Vierpolparameter im Abschnitt 10.2, S. 175–178 dargestellt ist. Soll der Rückwärtsbetrieb ausgeschlossen sein, dann müssen die Vierpolparameter Null sein, die die Abhängigkeit einer Eingangsgröße ($\underline{U}_1$ oder $\underline{I}_1$) von einer Ausgangsgröße $\underline{U}_2$ oder $\underline{I}_2$ beschreiben.

Zum Beispiel wird in der 1. Vierpolgleichung in Leitwertform (siehe S. 175) die Abhängigkeit des Eingangsstroms $\underline{I}_1$ von der Ausgangsspannung $\underline{U}_2$ durch den Vierpolparameter $\underline{Y}_{12}$ erfasst:

$$\underline{I}_1 = \underline{Y}_{11} \cdot \underline{U}_1 + \underline{Y}_{12} \cdot \underline{U}_2$$

$$\underline{I}_2 = \underline{Y}_{21} \cdot \underline{U}_1 + \underline{Y}_{22} \cdot \underline{U}_2$$

Die Bedingungsgleichung für einen rückwirkungsfreien Vierpol, dessen $\underline{Y}$-Parameter bekannt sind, lautet demnach:

$$\underline{Y}_{12} = 0 \tag{10.64}$$

Mit Hilfe der Umrechnungsformeln für Vierpolparameter (Tabelle S. 181) können die Bedingungsgleichungen in den anderen Formen angegeben werden:
Aus

$$\frac{-\underline{Z}_{12}}{\det \underline{Z}} = 0 \qquad\qquad \text{folgt} \qquad\qquad \underline{Z}_{12} = 0 \qquad\qquad (10.65)$$

aus

$$\frac{-\underline{H}_{12}}{\underline{H}_{11}} = 0 \qquad\qquad \text{folgt} \qquad\qquad \underline{H}_{12} = 0 \qquad\qquad (10.66)$$

aus

$$\frac{\underline{C}_{12}}{\underline{C}_{22}} = 0 \qquad\qquad \text{folgt} \qquad\qquad \underline{C}_{12} = 0 \qquad\qquad (10.67)$$

aus

$$\frac{-\det \underline{A}}{\underline{A}_{12}} = 0 \qquad\qquad \text{folgt} \qquad\qquad \det \underline{A} = 0 \qquad\qquad (10.68)$$

Bei der Behandlung der U-Ersatzschaltungen mit zwei Stromquellen (Bild 10.6, S. 175) und mit zwei Spannungsquellen (Bild 10.8, S. 176) wurde darauf hingewiesen, dass die Stromquelle $\underline{Y}_{12} \cdot \underline{U}_2$ bzw. die Spannungsquelle $\underline{Z}_{12} \cdot \underline{I}_2$ für die Rückwirkung verantwortlich sind. Für rückwirkungsfreie Vierpole entfallen mit obigen Bedingungen diese Stromquelle bzw. diese Spannungsquelle:

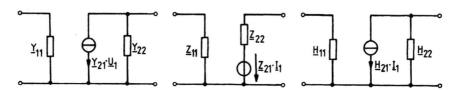

Bild 10.48 Ersatzschaltungen rückwirkungsfreier Vierpole

Die Betriebskenngrößen eines rückwirkungsfreien Vierpols vereinfachen sich oder sind Null, wobei mit $\underline{Y}_{12} = 0$ die Determinante $\det \underline{Y} = \underline{Y}_{11} \cdot \underline{Y}_{22}$ ist:
Mit Gl. (10.14) ist

$$\underline{Y}_{in} = \underline{Y}_{11} - \frac{\underline{Y}_{12} \cdot \underline{Y}_{21}}{\underline{Y}_{22} + \underline{Y}_{a}} = \underline{Y}_{11} \qquad\qquad (10.69)$$

und mit Gl. (10.22) ist

$$\underline{Y}_{out} = \frac{\det \underline{Y} + \underline{Y}_{22} \cdot \underline{Y}_{i}}{\underline{Y}_{11} + \underline{Y}_{i}} = \frac{\underline{Y}_{11} \cdot \underline{Y}_{22} + \underline{Y}_{i} \cdot \underline{Y}_{22}}{\underline{Y}_{11} + \underline{Y}_{i}} = \underline{Y}_{22} \qquad\qquad (10.70)$$

mit den Gln. (10.24) bis (10.27) sind folgende Betriebskenngrößen des Rückwärtsbetriebs Null:

$$\underline{Y}_{\text{ür}} = \frac{\underline{Y}_{12} \cdot \underline{Y}_i}{\underline{Y}_{11} + \underline{Y}_i} = 0 \qquad\qquad \underline{Z}_{\text{ür}} = -\frac{\underline{Y}_{12}}{\det \underline{Y} + \underline{Y}_{22} \cdot \underline{Y}_i} = 0$$

$$\underline{V}_{\text{ur}} = -\frac{\underline{Y}_{12}}{\underline{Y}_{11} + \underline{Y}_i} = 0 \qquad\qquad \underline{V}_{\text{ir}} = \frac{\underline{Y}_{12} \cdot \underline{Y}_i}{\det \underline{Y} + \underline{Y}_{22} \cdot \underline{Y}_i} = 0$$

Rückwirkungsfreie Vierpole sind für die Übertragung von Signalen anzustreben, weil sich Störungen am Ausgang nicht am Eingang bemerkbar machen sollten.

Transistoren sind nicht rückwirkungsfrei. Bei vielen Typen ist allerdings der Vierpolparameter $\underline{y}_{12e}$ so klein, dass er bei Berechnungen vernachlässigt werden kann.

Rechenbeispiele:

1. Für das Anwendungsbeispiel 2 im Abschnitt 10.4, S. 198–200 bzw. 10.5, S. 209 weichen die Ergebnisse für die Spannungs- und Leistungsverstärkung nur unwesentlich ab, wenn der Transistor rückwirkungsfrei angenommen wird:
   Mit
   $$h_{12e} = 0 \quad \text{ist} \quad \det h_e = h_{11e} \cdot h_{22e} = 2{,}7 \cdot 10^3 \Omega \cdot 18 \cdot 10^{-6} S = 48{,}6 \cdot 10^{-3}$$
   beträgt die Spannungsverstärkung -144 gegenüber -148:
   $$\underline{V}_{\text{uf}} = -\frac{h_{21e}}{h_{11e} \cdot h_{22e} + h_{11e} \cdot \underline{Y}_{a\,ges}} = -\frac{220}{48{,}6 \cdot 10^{-3} + 2{,}7 \cdot 10^3 \Omega \cdot 546 \cdot 10^{-6} S} = -144$$
   und die Leistungsverstärkung des Transistors 30769 gegenüber 31451:
   $$\underline{V}_{\text{pT}} = \frac{h_{21e}^2 \cdot G_{a\,ges}}{(h_{22e} + G_{a\,ges}) \cdot (h_{11e} \cdot h_{22e} + h_{11e} \cdot G_{a\,ges})}$$
   $$\underline{V}_{\text{pT}} = \frac{220^2 \cdot 546\mu S}{(18\mu S + 546\mu S) \cdot (48{,}6 \cdot 10^{-3} + 2{,}7 k\Omega \cdot 546\mu S)} = 30769$$

2. Für das Rechenbeispiel 2 im Abschnitt 10.5, S. 210–215 (Bild 10.37) kann die Rückwirkung für die Berechnung der Leistungsverstärkung des Transistors nicht vernachlässigt werden, weil die Leistungsverstärkung 53 gegenüber 18 betragen würde:
   Mit
   $$y_{12e} = 0$$
   ist nach Gl. (10.69) $\underline{Y}_{\text{in}} = \underline{y}_{11e}$ und damit $G_{\text{in}} = g_{11e} = 16mS$ gegenüber $47{,}8mS$
   $$|\underline{V}_{\text{uf}}|^2 \cdot \frac{G_a}{g_{11e}} = 20{,}6^2 \cdot \frac{2mS}{16mS} = 53$$

Um die Rückwirkung eines Transistors zu vermindern, können auch *Neutralisationsschaltungen* verwendet werden. Zum Transistor werden geeignete Rückkopplungsvierpole geschaltet, um z. B. den $\underline{y}_{12e}$-Parameter möglichst klein zu halten. Die Zusammenschaltung von Vierpolen wird im folgenden Abschnitt behandelt.

10.7 Zusammenschalten zweier Vierpole

10.7.1 Grundsätzliches über Vierpolzusammenschaltungen

Vierpolparameter einer Vierpolzusammenschaltung

Um das Wechselstromverhalten von nicht einfachen passiven Vierpolen (z. B. Symmetrische X-Schaltung, Symmetrischer Brücken-T-Vierpol, Phasenketten, Laufzeitketten) und von rückgekoppelten aktiven Vierpolen (z. B. einstufige und mehrstufige Transistorverstärker im Kleinsignalbetrieb) mit Hilfe der Betriebskenngrößen beschreiben zu können, sind deren Vierpolparameter zu berechnen.

Die Parameter können aber erst ermittelt werden, wenn die Vierpolzusammenschaltung entwickelt ist, d. h. wenn untersucht ist, auf welche Art die vorkommenden einfachen Vierpole wechselstrommäßig zusammengeschaltet sind. Bei einem Verstärker z. B. sollte beim Vierpol „Transistor" begonnen werden und dann die Zusammenschaltung des Transistors mit den Widerständen untersucht werden.

Sind mehr als zwei einfache Vierpole zusammengeschaltet, dann werden zunächst zwei Vierpole zu einem Vierpol zusammengefasst und dann der dritte Vierpol mit dem zusammengefassten Vierpol vereinigt, usw. Dabei ist darauf zu achten, dass die Reihenfolge nicht vertauschbar ist. Es handelt sich also immer nur um die Zusammenschaltung von jeweils zwei Vierpolen.

Wie im einleitenden Abschnitt 10.1 erwähnt, gibt es fünf verschiedene Arten der Zusammenschaltung zweier Vierpole „1" und „2" (siehe Bild 10.49), für die mit Hilfe von Matrizenoperationen aus bestimmten Vierpolparametern der Einzelvierpole die Parameter der Zusammenschaltung berechnet werden:

> Parallel-Parallel-Schaltung (Matrizen-Addition der $\underline{Y}$-Parameter),
>
> Reihen-Reihen-Schaltung (Matrizen-Addition der $\underline{Z}$-Parameter),
>
> Reihen-Parallel-Schaltung (Matrizen-Addition bzw. -Subtraktion der $\underline{H}$-Parameter),
>
> Parallel-Reihen-Schaltung (Matrizen-Addition der $\underline{C}$-Parameter) und
>
> Kettenschaltung (Matrizen-Multiplikation der $\underline{A}$-Parameter).

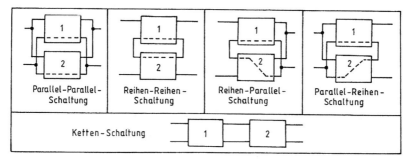

Bild 10.49 Arten der Vierpolzusammenschaltung

Werden zwei Dreipole (z. B. Transistor und Γ-Vierpol) zusammen geschaltet, dann muss bei der Zusammenschaltung die durchgehende Verbindung mit der gestrichelten Linie in den Prinzipschaltungen (siehe Bild 10.49) übereinstimmen.

Beispiel: Vierpol-Zusammenschaltung eines zweistufigen Verstärkers

Die Vierpol-Zusammenschaltung des im Bild 10.50 gezeichneten zweistufigen Verstärkers besteht aus der Kettenschaltung von vier Vierpolen, wobei der Vierpol 3 eine Reihen-Reihen-Schaltung von zwei Vierpolen ist.

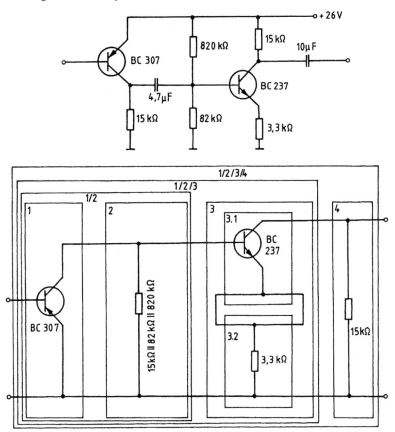

Bild 10.50 Vierpolzusammenschaltung eines zweistufigen Verstärkers

Für die Reihen-Reihen-Schaltung der Vierpole 3.1 und 3.2 müssen die $\underline{Z}$-Parameter beider Vierpole bekannt sein. Da für Transistoren (Vierpol 3.1) in Datenbüchern nur $\underline{Y}$ oder $\underline{H}$-Parameter angegeben werden, müssen diese mit der Tabelle mit den Umrechnungsformeln im Abschnitt 10.2, S. 181 in die $\underline{Z}$-Parameter umgerechnet werden. Die $\underline{Z}$-Parameter des Querwiderstandes (Vierpol 3.2) werden aus der Tabelle im Abschnitt 10.3, S. 186 entnommen. Diese $\underline{Z}$-Parameter der beiden Einzelvierpole werden durch Matrizenaddition zu den $\underline{Z}$-Parametern des Vierpols 3 zusammengefasst.

Für die Behandlung der Kettenschaltung der vier Vierpole 1 bis 4 müssen jeweils die $\underline{A}$-Parameter bekannt sein. Vom Vierpol 3 müssen also zunächst aus den $\underline{Z}$-Parametern die $\underline{A}$-Parameter mit den entsprechenden Umrechnungsformeln aus der Tabelle auf S. 181 errechnet werden, ehe die Matrizenmultiplikationen der Kettenschaltungen vorgenommen werden können. Zuerst werden die Parameter für die Kettenschaltung der beiden Vierpole 1 und 2 errechnet; der zusammengefasste Vierpol wird mit 1/2 bezeichnet. Dann werden die Parameter für die Kettenschaltung des Vierpols 1/2 mit dem Vierpol 3 ermittelt und schließlich werden die Parameter für die Kettenschaltung des Vierpols 1/2/3 mit dem Vierpol 4 berechnet.

In den Abschnitten 10.7.3, S. 235 und 10.7.6, S. 247 wird dieses Beispiel mit Zahlenwerten behandelt.

Rückkopplungs-Vierpole

Wie im Abschnitt 10.4, S. 199 gezeigt, verstärkt eine Transistorstufe die Eingangsspannung auf ein bestimmtes Vielfaches, das nur von den Vierpolparametern des Transistors und der Belastung abhängt. Um die Spannungsverstärkung auf einen vorgegebenen Wert einstellen zu können, wird dem Transistor ein passiver Rückkopplungsvierpol zugeschaltet. Dadurch bestimmen nun die Vierpolparameter des rückgekoppelten Transistors die Spannungsverstärkung. Der Transistor wird dabei in Vorwärtsrichtung, der passive Rückkopplungsvierpol in Rückwärtsrichtung betrieben.

Beispiel: Rückgekoppelter Transistorverstärker in Reihen-Reihen-Schaltung

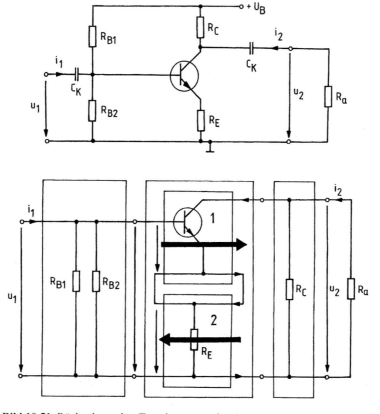

Bild 10.51 Rückgekoppelter Transistorverstärker (stromgegengekoppelte Emitterschaltung)

Es gibt prinzipiell vier Arten von derartigen Rückkopplungsvierpolen, die den vier Zusammenschaltungen entsprechen, bei denen eine Matrizenaddition zu den Vierpolparametern der Vierpolzusammenschaltung führt. Beim Rückkopplungsvierpol wird dann am Ausgang entweder die Spannung (Parallelschaltung am Ausgang) oder der Strom (Reihenschaltung am Ausgang) erfasst und im Rückwärtsbetrieb übertragen. Am Eingang des Rückkopplungsvierpols entsteht dann entweder eine Spannung, die zu der Spannung des übertragenden Transistors addiert wird (Reihenschaltung am Eingang), oder ein Strom, der dem Eingangsstrom des Transistors überlagert wird (Parallelschaltung am Eingang).

Die vier folgenden Zusammenschaltungen werden deshalb auch Grundschaltungen der Rückkopplung genannt:

Parallel-Parallel-Schaltung (Spannung-Strom-Rückkopplung),

Reihen-Reihen-Schaltung (Strom-Spannung-Rückkopplung),

Reihen-Parallel-Schaltung (Spannung-Spannung-Rückkopplung),

Parallel-Reihen-Schaltung (Strom-Strom-Rückkopplung).

Mit- und Gegenkopplung

Ist die Klemmenleistungsverstärkung V_p (siehe Abschnitt 10.5, S. 206) des rückgekoppelten Vierpols größer als die des Vierpols 1 allein, d. h. ohne Rückkopplung, dann wird die Art der Rückkopplung *Mitkopplung* (positive, regenerative Rückkopplung, direct feedback) genannt.

Um eine *Gegenkopplung* (negative, degenerative Rückkopplung, inverse feedback) handelt es sich, wenn die Klemmenleistungsverstärkung V_p des rückgekoppelten Vierpols kleiner ist als die des Vierpols 1 allein.

Ob es sich bei einer Rückkopplungsschaltung um eine Mitkopplung oder Gegenkopplung handelt, hängt von den Vierpolparametern beider Vierpole ab.

Weil die Vierpolparameter frequenzabhängig sind, kann eine Rückkopplungsschaltung in einem bestimmten Frequenzbereich als Gegenkopplung und in einem anderen Frequenzbereich als Mitkopplung wirken.

Technische Anwendungen von Rückkopplungsschaltungen:

Mitkopplung: Erhöhung der Verstärkung in Verstärkerstufen
                    Verringern der Bandbreite in selektiven Verstärkern
                    Erzeugen von Schwingungen in Oszillatorschaltungen

Gegenkopplung: Verringern der Verzerrungen des übertragenen Signals
                    Erhöhen der Bandbreite in Verstärkerschaltungen
                    Verringern innerer Störungen (Rauschen oder Netzbrummen)
                       im Vergleich zum übertragenen Signal in Verstärkern

Vierpolzusammenschaltung und Matrizenrechnung

Im folgenden werden die fünf Arten der Zusammenschaltung zweier Vierpole gesondert behandelt. Für die Berechnung der Vierpolparameter der Gesamtvierpole aus den Vierpolparametern von zwei Einzelvierpolen sind folgende Rechenregeln der Matrizenrechnung anzuwenden, die im Band 1, Abschnitt 2.3.6.1, S 109–113 ausführlich behandelt sind:

Gleichheit zweier Matrizen: siehe Gl. (2.171), S. 110

Addition und Subtraktion zweier Matrizen: siehe Gl. (2.172), S. 110

Multiplikation zweier Matrizen: siehe Falksches Schema, siehe S. 112

Distributionsgesetz: siehe Gl. (2.178), S. 113:

$$(A + B) \cdot C = A \cdot C + B \cdot C$$

10.7.2 Die Parallel-Parallel-Schaltung zweier Vierpole

Prinzipielle Zusammenschaltung

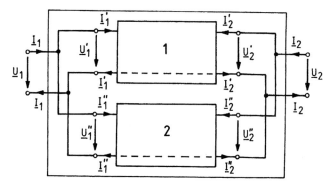

Bild 10.52 Parallel-Parallel-Schaltung zweier Vierpole

Wegen der Parallelschaltung der beiden Vierpole 1 und 2 sind die Spannungen des Gesamtvierpols gleich den Spannungen der Einzelvierpole und die Ströme des Gesamtvierpols gleich den Stromsummen der Einzelvierpole:

$$\underline{U}_1 = \underline{U}_1' = \underline{U}_1'' \qquad\qquad \underline{U}_2 = \underline{U}_2' = \underline{U}_2''$$

$$\underline{I}_1 = \underline{I}_1' + \underline{I}_1'' \qquad\qquad \underline{I}_2 = \underline{I}_2' + \underline{I}_2''$$

Vierpolparameter der Parallel-Parallel-Schaltung

Die Vierpolgleichungen der Einzelvierpole 1 und 2 in Matrizenschreibweise können nur in Leitwertform

$$\begin{pmatrix} \underline{I}_1' \\ \underline{I}_2' \end{pmatrix} = \begin{pmatrix} \underline{Y}_{11}' & \underline{Y}_{12}' \\ \underline{Y}_{21}' & \underline{Y}_{22}' \end{pmatrix} \cdot \begin{pmatrix} \underline{U}_1' \\ \underline{U}_2' \end{pmatrix} \quad \text{und} \quad \begin{pmatrix} \underline{I}_1'' \\ \underline{I}_2'' \end{pmatrix} = \begin{pmatrix} \underline{Y}_{11}'' & \underline{Y}_{12}'' \\ \underline{Y}_{21}'' & \underline{Y}_{22}'' \end{pmatrix} \cdot \begin{pmatrix} \underline{U}_1'' \\ \underline{U}_2'' \end{pmatrix}$$

in die Vierpolgleichungen des Gesamtvierpols in Leitwertform überführt werden, weil nach obiger Beziehung für die Ströme die Matrizengleichungen beider Vierpole addiert werden müssen:

$$\begin{pmatrix} \underline{I}_1' \\ \underline{I}_2' \end{pmatrix} + \begin{pmatrix} \underline{I}_1'' \\ \underline{I}_2'' \end{pmatrix} = \begin{pmatrix} \underline{Y}_{11}' & \underline{Y}_{12}' \\ \underline{Y}_{21}' & \underline{Y}_{22}' \end{pmatrix} \cdot \begin{pmatrix} \underline{U}_1' \\ \underline{U}_2' \end{pmatrix} + \begin{pmatrix} \underline{Y}_{11}'' & \underline{Y}_{12}'' \\ \underline{Y}_{21}'' & \underline{Y}_{22}'' \end{pmatrix} \cdot \begin{pmatrix} \underline{U}_1'' \\ \underline{U}_2'' \end{pmatrix}.$$

Die beiden Spaltenmatrizen der Ströme addiert ergeben die Spaltenmatrix der Gesamtströme. Wird gleichzeitig berücksichtigt, dass die Spannungen gleich sind, dann können mit

$$\begin{pmatrix} \underline{U}_1' \\ \underline{U}_2' \end{pmatrix} = \begin{pmatrix} \underline{U}_1'' \\ \underline{U}_2'' \end{pmatrix} = \begin{pmatrix} \underline{U}_1 \\ \underline{U}_2 \end{pmatrix}.$$

die Striche an den Spannungen entfallen

$$\begin{pmatrix} \underline{I}_1' + \underline{I}_1'' \\ \underline{I}_2' + \underline{I}_2'' \end{pmatrix} = \begin{pmatrix} \underline{Y}_{11}' & \underline{Y}_{12}' \\ \underline{Y}_{21}' & \underline{Y}_{22}' \end{pmatrix} \cdot \begin{pmatrix} \underline{U}_1 \\ \underline{U}_2 \end{pmatrix} + \begin{pmatrix} \underline{Y}_{11}'' & \underline{Y}_{12}'' \\ \underline{Y}_{21}'' & \underline{Y}_{22}'' \end{pmatrix} \cdot \begin{pmatrix} \underline{U}_1 \\ \underline{U}_2 \end{pmatrix},$$

die Spannungsmatrizen ausgeklammert

$$\begin{pmatrix} \underline{I}_1 \\ \underline{I}_2 \end{pmatrix} = \left[\begin{pmatrix} \underline{Y}_{11}' & \underline{Y}_{12}' \\ \underline{Y}_{21}' & \underline{Y}_{22}' \end{pmatrix} + \begin{pmatrix} \underline{Y}_{11}'' & \underline{Y}_{12}'' \\ \underline{Y}_{21}'' & \underline{Y}_{22}'' \end{pmatrix} \right] \cdot \begin{pmatrix} \underline{U}_1 \\ \underline{U}_2 \end{pmatrix}$$

und die Leitwertmatrizen addiert werden:

$$\begin{pmatrix} \underline{I}_1 \\ \underline{I}_2 \end{pmatrix} = \begin{pmatrix} \underline{Y}_{11}' + \underline{Y}_{11}'' & \underline{Y}_{12}' + \underline{Y}_{12}'' \\ \underline{Y}_{21}' + \underline{Y}_{21}'' & \underline{Y}_{22}' + \underline{Y}_{22}'' \end{pmatrix} \cdot \begin{pmatrix} \underline{U}_1 \\ \underline{U}_2 \end{pmatrix}.$$

Mit den Vierpolgleichungen des Gesamtvierpols

$$\begin{pmatrix} \underline{I}_1 \\ \underline{I}_2 \end{pmatrix} = \begin{pmatrix} \underline{Y}_{11} & \underline{Y}_{12} \\ \underline{Y}_{21} & \underline{Y}_{22} \end{pmatrix} \cdot \begin{pmatrix} \underline{U}_1 \\ \underline{U}_2 \end{pmatrix}$$

ergibt sich der Zusammenhang zwischen den Vierpolparametern der Einzelvierpole und den Vierpolparametern des Gesamtvierpols in Leitwertform:

$$\begin{pmatrix} \underline{Y}_{11} & \underline{Y}_{12} \\ \underline{Y}_{21} & \underline{Y}_{22} \end{pmatrix} = \begin{pmatrix} \underline{Y}_{11}' + \underline{Y}_{11}'' & \underline{Y}_{12}' + \underline{Y}_{12}'' \\ \underline{Y}_{21}' + \underline{Y}_{21}'' & \underline{Y}_{22}' + \underline{Y}_{22}'' \end{pmatrix}. \tag{10.71}$$

Die Leitwertmatrix von zwei Vierpolen in Parallel-Parallel-Schaltung wird berechnet, indem die entsprechenden Leitwert-Vierpolparameter der Einzelvierpole addiert werden.

Beispiele:
1. Symmetrischer Brücken-T-Vierpol:

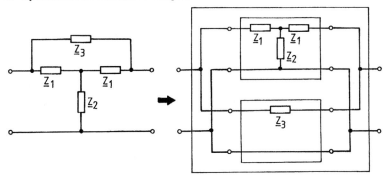

Bild 10.53 Brücken-T-Vierpol als Parallel-Parallel-Schaltung

2. Rückgekoppelter Transistor in Emitterschaltung:

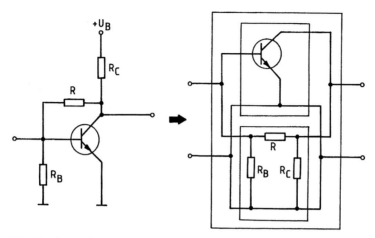

Bild 10.54 Transistorstufe in Parallel-Parallel-Schaltung

Bei dieser Rückkopplungsart handelt es sich um eine Spannung-Strom-Rückkopplung.

10.73 Die Reihen-Reihen-Schaltung zweier Vierpole

Prinzipielle Zusammenschaltung

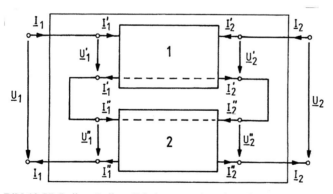

Bild 10.55 Reihen-Reihen-Schaltung zweier Vierpole

Wegen der Reihenschaltung der beiden Vierpole 1 und 2 sind die Ströme des Gesamt-vierpols gleich den Strömen der Einzelvierpole und die Spannungen des Gesamtvierpols gleich den Spannungssummen der Einzelvierpole:

$$\underline{I}_1 = \underline{I}_1' = \underline{I}_1'' \qquad\qquad \underline{I}_2 = \underline{I}_2' = \underline{I}_2''$$

$$\underline{U}_1 = \underline{U}_1' + \underline{U}_1'' \qquad\qquad \underline{U}_2 = \underline{U}_2' + \underline{U}_2''$$

Vierpolparameter der Reihen-Reihen-Schaltung

Die Vierpolgleichungen der Einzelvierpole 1 und 2 in Matrizenschreibweise können nur in Widerstandsform

$$\begin{pmatrix} \underline{U}_1' \\ \underline{U}_2' \end{pmatrix} = \begin{pmatrix} \underline{Z}_{11}' & \underline{Z}_{12}' \\ \underline{Z}_{21}' & \underline{Z}_{22}' \end{pmatrix} \cdot \begin{pmatrix} \underline{I}_1' \\ \underline{I}_2' \end{pmatrix} \quad \text{und} \quad \begin{pmatrix} \underline{U}_1'' \\ \underline{U}_2'' \end{pmatrix} = \begin{pmatrix} \underline{Z}_{11}'' & \underline{Z}_{12}'' \\ \underline{Z}_{21}'' & \underline{Z}_{22}'' \end{pmatrix} \cdot \begin{pmatrix} \underline{I}_1'' \\ \underline{I}_2'' \end{pmatrix}$$

in die Vierpolgleichungen des Gesamtvierpols in Widerstandsform überführt werden, weil nach obiger Beziehung für die Spannungen die Matrizengleichungen beider Vierpole addiert werden müssen:

$$\begin{pmatrix} \underline{U}_1' \\ \underline{U}_2' \end{pmatrix} + \begin{pmatrix} \underline{U}_1'' \\ \underline{U}_2'' \end{pmatrix} = \begin{pmatrix} \underline{Z}_{11}' & \underline{Z}_{12}' \\ \underline{Z}_{21}' & \underline{Z}_{22}' \end{pmatrix} \cdot \begin{pmatrix} \underline{I}_1' \\ \underline{I}_2' \end{pmatrix} + \begin{pmatrix} \underline{Z}_{11}'' & \underline{Z}_{12}'' \\ \underline{Z}_{21}'' & \underline{Z}_{22}'' \end{pmatrix} \cdot \begin{pmatrix} \underline{I}_1'' \\ \underline{I}_2'' \end{pmatrix}.$$

Die beiden Spaltenmatrizen der Spannungen addiert ergeben die Spaltenmatrix der Gesamtspannungen. Wird gleichzeitig berücksichtigt, dass die Ströme gleich sind, dann können mit

$$\begin{pmatrix} \underline{I}_1' \\ \underline{I}_2' \end{pmatrix} = \begin{pmatrix} \underline{I}_1'' \\ \underline{I}_2'' \end{pmatrix} = \begin{pmatrix} \underline{I}_1 \\ \underline{I}_2 \end{pmatrix}$$

die Striche an den Strömen entfallen

$$\begin{pmatrix} \underline{U}_1' + \underline{U}_1'' \\ \underline{U}_2' + \underline{U}_2'' \end{pmatrix} = \begin{pmatrix} \underline{Z}_{11}' & \underline{Z}_{12}' \\ \underline{Z}_{21}' & \underline{Z}_{22}' \end{pmatrix} \cdot \begin{pmatrix} \underline{I}_1 \\ \underline{I}_2 \end{pmatrix} + \begin{pmatrix} \underline{Z}_{11}'' & \underline{Z}_{12}'' \\ \underline{Z}_{21}'' & \underline{Z}_{22}'' \end{pmatrix} \cdot \begin{pmatrix} \underline{I}_1 \\ \underline{I}_2 \end{pmatrix},$$

die Strommatrizen ausgeklammert

$$\begin{pmatrix} \underline{U}_1 \\ \underline{U}_2 \end{pmatrix} = \left[\begin{pmatrix} \underline{Z}_{11}' & \underline{Z}_{12}' \\ \underline{Z}_{21}' & \underline{Z}_{22}' \end{pmatrix} + \begin{pmatrix} \underline{Z}_{11}'' & \underline{Z}_{12}'' \\ \underline{Z}_{21}'' & \underline{Z}_{22}'' \end{pmatrix} \right] \cdot \begin{pmatrix} \underline{I}_1 \\ \underline{I}_2 \end{pmatrix}$$

und die Widerstandsmatrizen addiert werden:

$$\begin{pmatrix} \underline{U}_1 \\ \underline{U}_2 \end{pmatrix} = \begin{pmatrix} \underline{Z}_{11}' + \underline{Z}_{11}'' & \underline{Z}_{12}' + \underline{Z}_{12}'' \\ \underline{Z}_{21}' + \underline{Z}_{21}'' & \underline{Z}_{22}' + \underline{Z}_{22}'' \end{pmatrix} \cdot \begin{pmatrix} \underline{I}_1 \\ \underline{I}_2 \end{pmatrix}.$$

Mit den Vierpolgleichungen des Gesamtvierpols

$$\begin{pmatrix} \underline{U}_1 \\ \underline{U}_2 \end{pmatrix} = \begin{pmatrix} \underline{Z}_{11} & \underline{Z}_{12} \\ \underline{Z}_{21} & \underline{Z}_{22} \end{pmatrix} \cdot \begin{pmatrix} \underline{I}_1 \\ \underline{I}_2 \end{pmatrix}$$

ergibt sich der Zusammenhang zwischen den Vierpolparametern der Einzelvierpole und den Vierpolparametern des Gesamtvierpols in Widerstandsform:

$$\begin{pmatrix} \underline{Z}_{11} & \underline{Z}_{12} \\ \underline{Z}_{21} & \underline{Z}_{22} \end{pmatrix} = \begin{pmatrix} \underline{Z}_{11}' + \underline{Z}_{11}'' & \underline{Z}_{12}' + \underline{Z}_{12}'' \\ \underline{Z}_{21}' + \underline{Z}_{21}'' & \underline{Z}_{22}' + \underline{Z}_{22}'' \end{pmatrix} \tag{10.72}$$

Die Widerstandsmatrix von zwei Vierpolen in Reihen-Reihen-Schaltung wird berechnet, indem die entsprechenden Widerstand-Vierpolparameter der Einzelvierpole addiert werden.

Vorzeichen der Vierpolparameter des Rückkopplungsvierpols

In der prinzipiellen Zusammenschaltung der Reihen-Reihen-Schaltung im Bild 10.55 fällt auf, dass der Vierpol 2 als Dreipol die durchgehende Verbindung oben hat, während die im Abschnitt 10.3, S. 186–188 zusammengestellten Dreipole immer die durchgehende Verbindung unten haben. Es muss also die Frage beantwortet werden, ob die dort angegebenen $\underline{Z}$-Parameter ohne Vorzeichenänderung für die Matrizenaddition übernommen werden können.

Für die im Abschnitt 10.3 angegebenen Dreipole bedeutet die Änderung der durchgehenden Verbindung eine Richtungsumkehr sämtlicher Ströme und Spannungen:

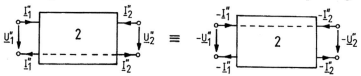

Bild 10.56 Richtungsumkehr sämtlicher Strom- und Spannungsgrößen

Um aus den Vierpolgleichungen für das linke Bild zu den Vierpolgleichungen für das rechte Bild zu kommen, müssen alle Ströme und Spannungen negativ werden, weil alle negativen Ströme und Spannungen umgekehrt gerichtet sind; das bedeutet rechnerisch eine Multiplikation der Gleichungen mit -1:

$$\underline{U}_1'' = \underline{Z}_{11}'' \cdot \underline{I}_1'' + \underline{Z}_{12}'' \cdot \underline{I}_2'' \qquad\qquad -\underline{U}_1'' = \underline{Z}_{11}'' \cdot (-\underline{I}_1'') + \underline{Z}_{12}'' \cdot (-\underline{I}_2'')$$

$$\underline{U}_2'' = \underline{Z}_{21}'' \cdot \underline{I}_1'' + \underline{Z}_{22}'' \cdot \underline{I}_2'' \qquad\qquad -\underline{U}_2'' = \underline{Z}_{21}'' \cdot (-\underline{I}_1'') + \underline{Z}_{22}'' \cdot (-\underline{I}_2'')$$

Das Übertragungsverhalten eines Dreipols, das durch die $\underline{Z}$-Parameter bestimmt ist, verändert sich also nicht, wenn alle Größen umgedreht werden. Die Vorzeichen der $\underline{Z}$-Parameter bleiben damit unverändert, wenn der Dreipol auf den Kopf gestellt wird. Die in der Tabelle 10.3, S. 186–188 angegebenen $\underline{Z}$-Parameter können also unverändert zu den $\underline{Z}$-Parametern des Vierpols 1 addiert werden.

Im Bild 10.55 sind selbstverständlich die Ströme und Spannungen wie gewohnt mit positiven Größen bezeichnet.

Beispiele:

1. Symmetrischer Brücken-T-Vierpol:

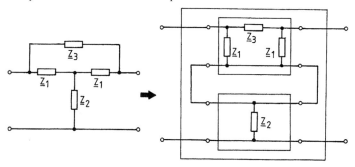

Bild 10.57 Brücken-T-Vierpol als Reihen-Reihen-Schaltung

2. Rückgekoppelter Transistor in Emitterschaltung: (Strom-Spannung-Rückkopplung)

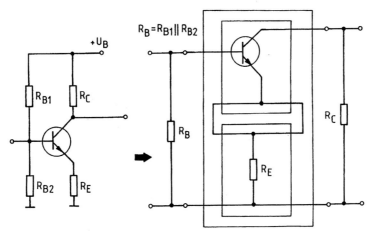

Bild 10.58 Transistorstufe in Reihen-Reihen-Schaltung

Zum Beispiel im Abschnitt 10.7.1: Zweistufiger Verstärker im Bild 10.50, S. 227

Der Vierpol 3 des zweistufigen Verstärkers ist eine Reihen-Reihen-Schaltung wie die Transistorstufe im Bild 10.58, für die die $\underline{Z}$-Parameter addiert werden müssen.

Für den Transistor BC 237 (Vierpol 3.1) sind die $\underline{H}$-Parameter für die Emitterschaltung aus Datenbüchern gegeben (siehe S. 198):

$$h_{11e} = 2,7k\Omega, \qquad h_{12e} = 1,5 \cdot 10^{-4}, \qquad h_{21e} = 220, \qquad h_{22e} = 18\mu S,$$

die mit Hilfe der Umrechnungsformeln (siehe Tabelle S. 181) in $\underline{Z}$-Parameter umgewandelt werden:

$$(z_e) = \begin{pmatrix} \dfrac{\det h_e}{h_{22e}} & \dfrac{h_{12e}}{h_{22e}} \\ \dfrac{-h_{21e}}{h_{22e}} & \dfrac{1}{h_{22e}} \end{pmatrix} = \begin{pmatrix} \dfrac{15,6 \cdot 10^{-3}}{18\mu S} & \dfrac{1,5 \cdot 10^{-4}}{18\mu S} \\ \dfrac{220}{18\mu S} & \dfrac{1}{18\mu S} \end{pmatrix} = \begin{pmatrix} 866,7\Omega & 8,33\Omega \\ -12,2\,M\Omega & 55,56\,k\Omega \end{pmatrix}$$

Der Emitterwiderstand R_E beträgt 3,3kΩ und ist ein Querwiderstand (Vierpol 3.2). In der Tabelle auf S. 186 sind die $\underline{Z}$-Parameter des Querwiderstandes angegeben:

$$(\underline{Z}_Q) = \begin{pmatrix} \underline{Z} & \underline{Z} \\ \underline{Z} & \underline{Z} \end{pmatrix} = \begin{pmatrix} R_E & R_E \\ R_E & R_E \end{pmatrix} = \begin{pmatrix} 3,3k\Omega & 3,3k\Omega \\ 3,3k\Omega & 3,3k\Omega \end{pmatrix}$$

Die Z-Parameter des Vierpols 3 betragen dann

$$(Z_{VP3}) = \begin{pmatrix} 866,7\Omega + 3,3k\Omega & 8,33\Omega + 3,3k\Omega \\ -12,2\,M\Omega + 3,3k\Omega & 55,6\,k\Omega + 3,3k\Omega \end{pmatrix} = \begin{pmatrix} 4,167\,k\Omega & 3,308\,k\Omega \\ -12,2\,M\Omega & 58,86\,k\Omega \end{pmatrix}$$

10.7.4 Die Reihen-Parallel-Schaltung zweier Vierpole

Prinzipielle Zusammenschaltung

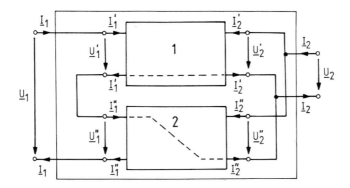

Bild 10.59 Reihen-Parallel-Schaltung zweier Vierpole

Wegen der Reihenschaltung der Eingänge der beiden Vierpole ist der Eingangsstrom des Gesamtvierpols gleich den Eingangsströmen der beiden Einzelvierpole und die Eingangsspannung des Gesamtvierpols gleich der Summe der Eingangsspannungen der beiden Einzelvierpole

und wegen der Parallelschaltung der Ausgänge der beiden Vierpole ist die Ausgangsspannung des Gesamtvierpols gleich den Ausgangsspannungen der beiden Einzelvierpole und der Ausgangsstrom des Gesamtvierpols gleich der Summe der Ausgangsströme der beiden Einzelvierpole:

$$\underline{I}_1 = \underline{I}_1^{'} = \underline{I}_1^{''} \qquad\qquad \underline{U}_2 = \underline{U}_2^{'} = \underline{U}_2^{''}$$

$$\underline{U}_1 = \underline{U}_1^{'} + \underline{U}_1^{''} \qquad\qquad \underline{I}_2 = \underline{I}_2^{'} + \underline{I}_2^{''}$$

Vierpolparameter der Reihen-Parallel-Schaltung:

Die Vierpolgleichungen der Einzelvierpole 1 und 2 in Matrizenschreibweise können nur in Hybridform

$$\begin{pmatrix} \underline{U}_1^{'} \\ \underline{I}_2^{'} \end{pmatrix} = \begin{pmatrix} \underline{H}_{11}^{'} & \underline{H}_{12}^{'} \\ \underline{H}_{21}^{'} & \underline{H}_{22}^{'} \end{pmatrix} \cdot \begin{pmatrix} \underline{I}_1^{'} \\ \underline{U}_2^{'} \end{pmatrix} \quad \text{und} \quad \begin{pmatrix} \underline{U}_1^{''} \\ \underline{I}_2^{''} \end{pmatrix} = \begin{pmatrix} \underline{H}_{11}^{''} & \underline{H}_{12}^{''} \\ \underline{H}_{21}^{''} & \underline{H}_{22}^{''} \end{pmatrix} \cdot \begin{pmatrix} \underline{I}_1^{''} \\ \underline{U}_2^{''} \end{pmatrix}$$

in die Vierpolgleichungen des Gesamtvierpols in Hybridform überführt werden, weil nach obigen Beziehungen die expliziten Spaltenmatrizen addiert werden müssen:

$$\begin{pmatrix} \underline{U}_1^{'} \\ \underline{I}_2^{'} \end{pmatrix} + \begin{pmatrix} \underline{U}_1^{''} \\ \underline{I}_2^{''} \end{pmatrix} = \begin{pmatrix} \underline{H}_{11}^{'} & \underline{H}_{12}^{'} \\ \underline{H}_{21}^{'} & \underline{H}_{22}^{'} \end{pmatrix} \cdot \begin{pmatrix} \underline{I}_1^{'} \\ \underline{U}_2^{'} \end{pmatrix} + \begin{pmatrix} \underline{H}_{11}^{''} & \underline{H}_{12}^{''} \\ \underline{H}_{21}^{''} & \underline{H}_{22}^{''} \end{pmatrix} \cdot \begin{pmatrix} \underline{I}_1^{''} \\ \underline{U}_2^{''} \end{pmatrix}$$

Die beiden expliziten Spaltenmatrizen addiert ergeben die Spaltenmatrix des Gesamtvierpols. Wird gleichzeitig berücksichtigt, dass die Eingangsströme und die Ausgangsspannungen gleich sind, dann können mit

$$\begin{pmatrix} \underline{I}_1^{'} \\ \underline{U}_2^{'} \end{pmatrix} = \begin{pmatrix} \underline{I}_1^{''} \\ \underline{U}_2^{''} \end{pmatrix} = \begin{pmatrix} \underline{I}_1 \\ \underline{U}_2 \end{pmatrix}$$

die Striche in den impliziten Spaltenmatrizen entfallen

$$\begin{pmatrix} \underline{U}_1^{'} + \underline{U}_1^{''} \\ \underline{I}_2^{'} + \underline{I}_2^{''} \end{pmatrix} = \begin{pmatrix} \underline{H}_{11}^{'} & \underline{H}_{12}^{'} \\ \underline{H}_{21}^{'} & \underline{H}_{22}^{'} \end{pmatrix} \cdot \begin{pmatrix} \underline{I}_1 \\ \underline{U}_2 \end{pmatrix} + \begin{pmatrix} \underline{H}_{11}^{''} & \underline{H}_{12}^{''} \\ \underline{H}_{21}^{''} & \underline{H}_{22}^{''} \end{pmatrix} \cdot \begin{pmatrix} \underline{I}_1 \\ \underline{U}_2 \end{pmatrix},$$

die impliziten Spaltenmatrizen ausgeklammert

$$\begin{pmatrix} \underline{U}_1 \\ \underline{I}_2 \end{pmatrix} = \left[\begin{pmatrix} \underline{H}_{11}^{'} & \underline{H}_{12}^{'} \\ \underline{H}_{21}^{'} & \underline{H}_{22}^{'} \end{pmatrix} + \begin{pmatrix} \underline{H}_{11}^{''} & \underline{H}_{12}^{''} \\ \underline{H}_{21}^{''} & \underline{H}_{22}^{''} \end{pmatrix} \right] \cdot \begin{pmatrix} \underline{I}_1 \\ \underline{U}_2 \end{pmatrix}$$

und die Hybridmatrizen addiert werden:

$$\begin{pmatrix} \underline{U}_1 \\ \underline{I}_2 \end{pmatrix} = \begin{pmatrix} \underline{H}_{11}^{'} + \underline{H}_{11}^{''} & \underline{H}_{12}^{'} + \underline{H}_{12}^{''} \\ \underline{H}_{21}^{'} + \underline{H}_{21}^{''} & \underline{H}_{22}^{'} + \underline{H}_{22}^{''} \end{pmatrix} \cdot \begin{pmatrix} \underline{I}_1 \\ \underline{U}_2 \end{pmatrix}.$$

Mit den Vierpolgleichungen des Gesamtvierpols

$$\begin{pmatrix} \underline{U}_1 \\ \underline{I}_2 \end{pmatrix} = \begin{pmatrix} \underline{H}_{11} & \underline{H}_{12} \\ \underline{H}_{21} & \underline{H}_{22} \end{pmatrix} \cdot \begin{pmatrix} \underline{I}_1 \\ \underline{U}_2 \end{pmatrix}$$

ergibt sich der Zusammenhang zwischen den Vierpolparametern der Einzelvierpole und den Vierpolparametern des Gesamtvierpols in Hybridform:

$$\begin{pmatrix} \underline{H}_{11} & \underline{H}_{12} \\ \underline{H}_{21} & \underline{H}_{22} \end{pmatrix} = \begin{pmatrix} \underline{H}_{11}^{'} + \underline{H}_{11}^{''} & \underline{H}_{12}^{'} + \underline{H}_{12}^{''} \\ \underline{H}_{21}^{'} + \underline{H}_{21}^{''} & \underline{H}_{22}^{'} + \underline{H}_{22}^{''} \end{pmatrix} \tag{10.73}$$

Die Hybridmatrix von zwei Vierpolen in Reihen-Parallel-Schaltung wird berechnet, indem die entsprechenden Hybrid-Vierpolparameter der Einzelvierpole addiert werden.

Vorzeichen der Vierpolparameter des Rückkopplungsvierpols

Im Vierpol 2 der prinzipiellen Zusammenschaltung im Bild 10.59 geht die durchgehende Verbindung eines Dreipols von links oben nach rechts unten, während die in der Tabelle der Vierpolparameter passiver Vierpole, S. 186–188 zusammengestellten Dreipole die durchgehende Verbindung unten haben. Daraus ergibt sich die Frage, ob und wie die Vorzeichen der Vierpolparameter geändert werden müssen, ehe sie zu den Parametern des Vierpols 1 addiert werden können.

Für die in der Tabelle angegebenen Dreipole bedeutet die Änderung der durchgehenden Verbindung nur eine Richtungsumkehr der beiden Eingangsgrößen:

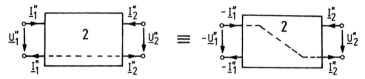

Bild 10.60 Richtungsumkehr der beiden Eingangsgrößen

Um aus den Vierpolgleichungen für das linke Bild zu den Vierpolgleichungen für das rechte Bild zu kommen, müssen der Eingangsstrom und die Eingangsspannung negativ werden, weil die negativen Größen umgekehrt gerichtet sind; das bedeutet rechnerisch eine Multiplikation der ersten Gleichung mit -1 und in der zweiten Gleichung eine Erweiterung mit -1:

$$\underline{U}_1'' = \underline{H}_{11}'' \cdot \underline{I}_1'' + \underline{H}_{12}'' \cdot \underline{U}_2'' \qquad\qquad -\underline{U}_1'' = \underline{H}_{11}'' \cdot (-\underline{I}_1'') + (-\underline{H}_{12}'') \cdot \underline{U}_2''$$

$$\underline{I}_2'' = \underline{H}_{21}'' \cdot \underline{I}_1'' + \underline{H}_{22}'' \cdot \underline{U}_2'' \qquad\qquad \underline{I}_2'' = (-\underline{H}_{21}'') \cdot (-\underline{I}_1'') + \underline{H}_{22}'' \cdot \underline{U}_2''$$

Das Übertragungsverhalten eines Dreipols, das durch die $\underline{H}$-Parameter bestimmt ist, ändert sich also, wenn die Größen am Eingang umgedreht werden. Die Parameter $\underline{H}_{12}$ und $\underline{H}_{21}$ erhalten umgekehrte Vorzeichen.

Die in der Tabelle S. 186–188 angegebenen $\underline{H}$-Parameter müssen also hinsichtlich dieser beiden Parameter geändert werden, ehe sie zu den $\underline{H}$-Parametern des Vierpols 1 addiert werden.

Im Bild 10.59 sind selbstverständlich die Eingangsgrößen wie gewohnt mit positiven Größen bezeichnet.

Geänderte prinzipielle Zusammenschaltung

Damit die Vierpolparameter des Rückkopplungsvierpols unverändert mit den Parametern des Vierpols 1 zusammengefasst werden können, lässt sich auch die Zusammenschaltung so verändern, dass die durchgehende Verbindung des Vierpols 2 wie bei der Reihen-Reihen-Schaltung oben liegt. Dadurch werden die Ausgangsgrößen des Rückkopplungsvierpols umgedreht, also der Ausgang „umgepolt":

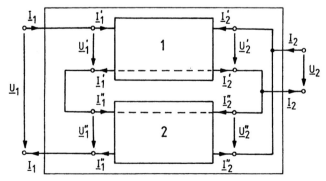

Bild 10.61 Geänderte Reihen-Parallel-Schaltung

Für die Eingangs- und Ausgangsgrößen gelten dann folgende Bedingungen:

$$\underline{I}_1 = \underline{I}_1' = \underline{I}_1'' \qquad\qquad \underline{U}_2 = \underline{U}_2' = -\underline{U}_2''$$

$$\underline{U}_1 = \underline{U}_1' + \underline{U}_1'' \qquad\qquad \underline{I}_2 = \underline{I}_2' - \underline{I}_2''$$

Vierpolgleichungen der geänderten Reihen-Parallel-Schaltung

Die Vierpolgleichungen des Vierpols 1

$$\begin{pmatrix} \underline{U}_1' \\ \underline{I}_2' \end{pmatrix} = \begin{pmatrix} \underline{H}_{11}' & \underline{H}_{12}' \\ \underline{H}_{21}' & \underline{H}_{22}' \end{pmatrix} \cdot \begin{pmatrix} \underline{I}_1' \\ \underline{U}_2' \end{pmatrix}$$

und die Vierpolgleichungen des Vierpols 2

$$\underline{U}_1'' = \underline{H}_{11}'' \cdot \underline{I}_1'' + \underline{H}_{12}'' \cdot \underline{U}_2''$$

$$\underline{I}_2'' = \underline{H}_{21}'' \cdot \underline{I}_1'' + \underline{H}_{22}'' \cdot \underline{U}_2''$$

mit -1 erweitert bzw. mit -1 multipliziert

$$\underline{U}_1'' = \underline{H}_{11}'' \cdot \underline{I}_1'' + (-\underline{H}_{12}'') \cdot (-\underline{U}_2'')$$

$$-\underline{I}_2'' = (-\underline{H}_{21}'') \cdot \underline{I}_1'' + \underline{H}_{22}'' \cdot (-\underline{U}_2'')$$

und in Matrizenform geschrieben

$$\begin{pmatrix} \underline{U}_1'' \\ -\underline{I}_2'' \end{pmatrix} = \begin{pmatrix} \underline{H}_{11}'' & -\underline{H}_{12}'' \\ -\underline{H}_{21}'' & \underline{H}_{22}'' \end{pmatrix} \cdot \begin{pmatrix} \underline{I}_1'' \\ -\underline{U}_2'' \end{pmatrix}$$

werden bei Beachtung obiger Beziehungen genauso zusammengefasst wie bei der ursprünglichen Zusammenschaltung:

$$\begin{pmatrix} \underline{U}_1 \\ \underline{I}_2 \end{pmatrix} = \begin{pmatrix} \underline{U}_1' \\ \underline{I}_2' \end{pmatrix} + \begin{pmatrix} \underline{U}_1'' \\ -\underline{I}_2'' \end{pmatrix} = \left[\begin{pmatrix} \underline{H}_{11}' & \underline{H}_{12}' \\ \underline{H}_{21}' & \underline{H}_{22}' \end{pmatrix} + \begin{pmatrix} \underline{H}_{11}'' & -\underline{H}_{12}'' \\ -\underline{H}_{21}'' & \underline{H}_{22}'' \end{pmatrix} \right] \cdot \begin{pmatrix} \underline{I}_1 \\ \underline{U}_2 \end{pmatrix}$$

d. h.

$$\begin{pmatrix} \underline{H}_{11} & \underline{H}_{12} \\ \underline{H}_{21} & \underline{H}_{22} \end{pmatrix} = \begin{pmatrix} \underline{H}_{11}' + \underline{H}_{11}'' & \underline{H}_{12}' - \underline{H}_{12}'' \\ \underline{H}_{21}' - \underline{H}_{21}'' & \underline{H}_{22}' + \underline{H}_{22}'' \end{pmatrix} \qquad (10.74)$$

Bei der geänderten Reihen-Parallel-Schaltung nach Bild 10.61 werden die Vierpolparameter der Gesamtschaltung berechnet, indem bei den $\underline{H}_{11}$- und $\underline{H}_{22}$-Parametern die Summen und bei den $\underline{H}_{12}$- und $\underline{H}_{21}$-Parametern die Differenzen gebildet werden.

Während also bei der ursprünglichen Reihen-Parallelschaltung zuerst die beiden Parameter $\underline{H}_{12}''$ und $\underline{H}_{21}''$ des Vierpols 2 hinsichtlich des Vorzeichens geändert werden müssen, bleiben die Parameter in der geänderten Reihen-Parallel-Schaltung unverändert und die Summen bzw. Differenzen nach Gl. 10.74 werden gebildet.

Die bisherigen Untersuchungen ergeben aber auch, dass bei Umpolung eines Vierpols am Eingang oder am Ausgang die Parameter $\underline{H}_{12}$ und $\underline{H}_{21}$ hinsichtlich des Vorzeichens geändert werden müssen.

Beispiele:

1. Kollektorschaltung als rückgekoppelter Transistor in Emitterschaltung ohne Kollektorwiderstand (Spannung-Spannung-Rückkopplung):

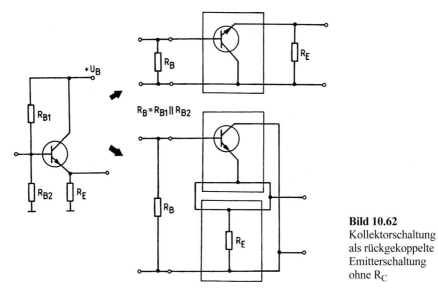

Bild 10.62
Kollektorschaltung
als rückgekoppelte
Emitterschaltung
ohne R_C

Die im Bild 10.62 gezeichnete rückgekoppelte Emitterschaltung stimmt bis auf den Ausgang der Gesamtschaltung, der nochmals umgepolt ist, mit der geänderten Reihen-Parallel-Schaltung im Bild 10.61 überein. Deshalb müssen die $\underline{H}$-Parameter der Gesamtschaltung nochmals entsprechend geändert werden:

$$(\underline{H}) = \begin{pmatrix} \underline{H}'_{11} + \underline{H}''_{11} & -(\underline{H}'_{12} - \underline{H}''_{12}) \\ -(\underline{H}'_{21} - \underline{H}''_{21}) & \underline{H}'_{22} + \underline{H}''_{22} \end{pmatrix}$$

2. Kollektorschaltung als rückgekoppelter Transistor in Emitterschaltung mit Kollektorwiderstand:

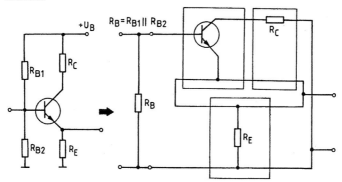

Bild 10.63 Kollektorschaltung als rückgekoppelte Emitterschaltung mit R_C

Der Kollektorwiderstand ist als Längswiderstand in Kette zum Transistor geschaltet und verändert dessen Parameter. Wie die Vierpolparameter einer Kettenschaltung berechnet werden, wird im Abschnitt 10.7.6, S. 244 behandelt.

3. Phasenumkehrstufe

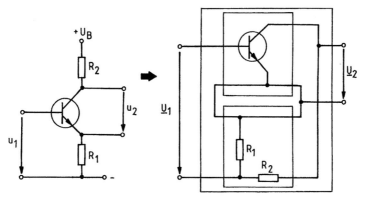

Bild 10.64 Phasenumkehrstufe

Umpolung eines Vierpols am Ausgang oder am Eingang

Auf die gleiche Weise wie bei den $\underline{H}$-Parametern kann nachgewiesen werden, dass sich jeweils auch die Vorzeichen von $\underline{Y}_{12}$ und $\underline{Y}_{21}$, $\underline{Z}_{12}$ und $\underline{Z}_{21}$ sowie $\underline{C}_{12}$ und $\underline{C}_{21}$ ändern, wenn der Ausgang des Vierpols umgepolt wird. Dagegen ändern sich sämtliche $\underline{A}$-Parameter bei Umpolung des Vierpols am Ausgang:

$$\underline{I}_1 = \underline{Y}_{11} \cdot \underline{U}_1 + (-\underline{Y}_{12}) \cdot (-\underline{U}_2) \qquad \underline{U}_1 = \underline{Z}_{11} \cdot \underline{I}_1 + (-\underline{Z}_{12}) \cdot (-\underline{U}_2)$$
$$-\underline{I}_2 = (-\underline{Y}_{21}) \cdot \underline{U}_1 + \underline{Y}_{22} \cdot (-\underline{U}_2) \qquad -\underline{U}_2 = (-\underline{Z}_{21}) \cdot \underline{I}_1 + \underline{Z}_{22} \cdot (-\underline{I}_2)$$

bzw.

$$\underline{I}_1 = \underline{C}_{11} \cdot \underline{U}_1 + (-\underline{C}_{12}) \cdot (-\underline{I}_2) \qquad \underline{U}_1 = (-\underline{A}_{11}) \cdot (-\underline{U}_2) + (-\underline{A}_{12}) \cdot \underline{I}_2$$
$$-\underline{U}_2 = (-\underline{C}_{21}) \cdot \underline{U}_1 + \underline{C}_{22} \cdot (-\underline{I}_2) \qquad \underline{I}_1 = (-\underline{A}_{21}) \cdot (-\underline{U}_2) + (-\underline{A}_{22}) \cdot \underline{I}_2$$

Bei Umpolung am Eingang werden entsprechend die Eingangsgrößen mit Minuszeichen versehen, wodurch sich die gleichen Vorzeichenänderungen bei den Vierpolparametern ergeben wie bei Umpolung am Ausgang.

10.7.5 Die Parallel-Reihen-Schaltung zweier Vierpole

Prinzipielle Zusammenschaltung

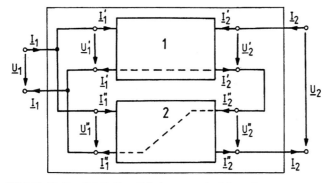

Bild 10.65 Parallel-Reihen-Schaltung zweier Vierpole

Wegen der Parallelschaltung der Eingänge der beiden Vierpole ist die Eingangsspannung des Gesamtvierpols gleich den Eingangsspannungen der beiden Einzelvierpole und der Eingangsstrom des Gesamtvierpols gleich der Summe der Eingangsströme der beiden Einzelvierpole

und wegen der Reihenschaltung der Ausgänge der beiden Vierpole ist der Ausgangsstrom des Gesamtvierpols gleich den Ausgangsströmen der beiden Einzelvierpole und die Ausgangsspannung des Gesamtvierpols gleich der Summe der Ausgangsspannungen der beiden Einzelvierpole:

$$\underline{U}_1 = \underline{U}_1' = \underline{U}_1'' \qquad\qquad \underline{I}_2 = \underline{I}_2' = \underline{I}_2''$$

$$\underline{I}_1 = \underline{I}_1' + \underline{I}_1'' \qquad\qquad \underline{U}_2 = \underline{U}_2' + \underline{U}_2''$$

Vierpolparameter der Parallel-Reihen-Schaltung

Die Vierpolgleichungen der Einzelvierpole 1 und 2 in Matrizenschreibweise können nur in Parallel-Reihen-Form

$$\begin{pmatrix} \underline{I}_1' \\ \underline{U}_2' \end{pmatrix} = \begin{pmatrix} \underline{C}_{11}' & \underline{C}_{12}' \\ \underline{C}_{21}' & \underline{C}_{22}' \end{pmatrix} \cdot \begin{pmatrix} \underline{U}_1' \\ \underline{I}_2' \end{pmatrix} \quad \text{und} \quad \begin{pmatrix} \underline{I}_1'' \\ \underline{U}_2'' \end{pmatrix} = \begin{pmatrix} \underline{C}_{11}'' & \underline{C}_{12}'' \\ \underline{C}_{21}'' & \underline{C}_{22}'' \end{pmatrix} \cdot \begin{pmatrix} \underline{U}_1'' \\ \underline{I}_2'' \end{pmatrix}$$

in die Vierpolgleichungen des Gesamtvierpols in Parallel-Reihen-Form überführt werden, weil nach obigen Beziehungen die expliziten Spaltenmatrizen addiert und die impliziten Spaltenmatrizen ausgeklammert werden müssen:

$$\begin{pmatrix} \underline{I}_1 \\ \underline{U}_2 \end{pmatrix} = \begin{pmatrix} \underline{I}_1' \\ \underline{U}_2' \end{pmatrix} + \begin{pmatrix} \underline{I}_1'' \\ \underline{U}_2'' \end{pmatrix} = \left[\begin{pmatrix} \underline{C}_{11}' & \underline{C}_{12}' \\ \underline{C}_{21}' & \underline{C}_{22}' \end{pmatrix} + \begin{pmatrix} \underline{C}_{11}'' & \underline{C}_{12}'' \\ \underline{C}_{21}'' & \underline{C}_{22}'' \end{pmatrix} \right] \cdot \begin{pmatrix} \underline{U}_1 \\ \underline{I}_2 \end{pmatrix}$$

d. h.

$$\begin{pmatrix} \underline{C}_{11} & \underline{C}_{12} \\ \underline{C}_{21} & \underline{C}_{22} \end{pmatrix} = \begin{pmatrix} \underline{C}_{11}' + \underline{C}_{11}'' & \underline{C}_{12}' + \underline{C}_{12}'' \\ \underline{C}_{21}' + \underline{C}_{21}'' & \underline{C}_{22}' + \underline{C}_{22}'' \end{pmatrix}. \tag{10.75}$$

Die $\underline{C}$-Parameter von zwei Vierpolen in Parallel-Reihen-Schaltung werden berechnet, indem die entsprechenden $\underline{C}$-Parameter der Einzelvierpole addiert werden.

Bei zwei zusammengeschalteten Dreipolen müssen die Vorzeichen der Parameter $\underline{C}_{12}$ und $\underline{C}_{21}$ geändert werden, weil der Ausgang oder der Eingang des Rückkopplungsvierpols umgepolt werden muss, wie im vorigen Abschnitt nachgewiesen wurde.

Transistoren in Parallel-Reihen-Schaltung finden in der Praxis keine Anwendung. Bei der Umrechnung von h_e-Parameter in h_b-Parameter im Abschnitt 10.8 (Bild 10.69, S. 248) wird von einer Parallel-Reihen-Schaltung ausgegangen.

10.7.6 Die Ketten-Schaltung zweier Vierpole

Prinzipielle Zusammenschaltung

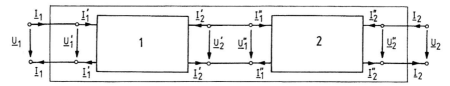

Bild 10.66 Kettenschaltung zweier Vierpole

Bei der Kettenschaltung wird das Signal am Eingang über beide Vierpole zum Ausgang übertragen, so dass es sich bei dieser Schaltung um keine Rückkopplungsschaltung handeln kann wie bei den anderen vier Arten der Zusammenschaltung.

Die Eingangsgrößen des Gesamtvierpols sind gleich den Eingangsgrößen des Vierpols 1 und die Ausgangsgrößen des Gesamtvierpols sind gleich den Ausgangsgrößen des Vierpols 2. Zwischen den beiden Vierpolen ist die Ausgangsspannung des Vierpols 1 gleich der Eingangsspannung des Vierpols 2 und der Ausgangsstrom des Vierpols 1 ist umgekehrt gerichtet wie der Eingangsstrom des Vierpols 2:

$$\underline{U}_1 = \underline{U}_1' \qquad\qquad \underline{U}_2 = \underline{U}_2'' \qquad\qquad \underline{U}_2' = \underline{U}_1''$$

$$\underline{I}_1 = \underline{I}_1' \qquad\qquad \underline{I}_2 = \underline{I}_2'' \qquad\qquad -\underline{I}_2' = \underline{I}_1''$$

Vierpolparameter der Ketten-Schaltung

Die Vierpolgleichungen der Einzelvierpole 1 und 2 in Matrizenschreibweise können nur in Kettenform

$$\begin{pmatrix} \underline{U}_1' \\ \underline{I}_1' \end{pmatrix} = \begin{pmatrix} \underline{A}_{11}' & \underline{A}_{12}' \\ \underline{A}_{21}' & \underline{A}_{22}' \end{pmatrix} \cdot \begin{pmatrix} \underline{U}_2' \\ -\underline{I}_2' \end{pmatrix} \qquad \text{und} \qquad \begin{pmatrix} \underline{U}_1'' \\ \underline{I}_1'' \end{pmatrix} = \begin{pmatrix} \underline{A}_{11}'' & \underline{A}_{12}'' \\ \underline{A}_{21}'' & \underline{A}_{22}'' \end{pmatrix} \cdot \begin{pmatrix} \underline{U}_2'' \\ -\underline{I}_2'' \end{pmatrix}$$

in die Vierpolgleichungen des Gesamtvierpols in Kettenform überführt werden, indem die Matrizengleichung des Vierpols 2 in die Matrizengleichung des Vierpols 1 eingesetzt wird:

Mit

$$\begin{pmatrix} \underline{U}_1 \\ \underline{I}_1 \end{pmatrix} = \begin{pmatrix} \underline{U}_1' \\ \underline{I}_1' \end{pmatrix}, \qquad \begin{pmatrix} \underline{U}_2 \\ -\underline{I}_2 \end{pmatrix} = \begin{pmatrix} \underline{U}_2'' \\ -\underline{I}_2'' \end{pmatrix} \quad \text{und} \quad \begin{pmatrix} \underline{U}_2' \\ -\underline{I}_2' \end{pmatrix} = \begin{pmatrix} \underline{U}_1'' \\ \underline{I}_1'' \end{pmatrix}$$

ist

$$\begin{pmatrix} \underline{U}_1 \\ \underline{I}_1 \end{pmatrix} = \left[\begin{pmatrix} \underline{A}_{11}' & \underline{A}_{12}' \\ \underline{A}_{21}' & \underline{A}_{22}' \end{pmatrix} \cdot \begin{pmatrix} \underline{A}_{11}'' & \underline{A}_{12}'' \\ \underline{A}_{21}'' & \underline{A}_{22}'' \end{pmatrix} \right] \cdot \begin{pmatrix} \underline{U}_2 \\ -\underline{I}_2 \end{pmatrix}.$$

Mit den Vierpolgleichungen des Gesamtvierpols

$$\begin{pmatrix} \underline{U}_1 \\ \underline{I}_1 \end{pmatrix} = \begin{pmatrix} \underline{A}_{11} & \underline{A}_{12} \\ \underline{A}_{21} & \underline{A}_{22} \end{pmatrix} \cdot \begin{pmatrix} \underline{U}_2 \\ -\underline{I}_2 \end{pmatrix}$$

ergibt sich der Zusammenhang zwischen den Vierpolparametern der Einzelvierpole und den Vierpolparametern des Gesamtvierpols bei Kettenschaltung:

$$\begin{pmatrix} \underline{A}_{11} & \underline{A}_{12} \\ \underline{A}_{21} & \underline{A}_{22} \end{pmatrix} = \begin{pmatrix} \underline{A}_{11}' & \underline{A}_{12}' \\ \underline{A}_{21}' & \underline{A}_{22}' \end{pmatrix} \cdot \begin{pmatrix} \underline{A}_{11}'' & \underline{A}_{12}'' \\ \underline{A}_{21}'' & \underline{A}_{22}'' \end{pmatrix}. \tag{10.76}$$

Die beiden Matrizen können übersichtlich multipliziert werden, wenn das Falksche Schema angewendet wird (siehe Band 1, Abschnitt 2.3.6.1, S. 112). Sowohl die Vierpole 1 und 2 in der Kettenschaltung wie auch die Faktoren der Matrizenmultiplikation dürfen nicht vertauscht werden, weil sich sonst eine andere Schaltung ergäbe und weil die Matrizenmultiplikation nicht kommutativ ist.

Falksches Schema der Matrizenmultiplikation:

		$\underline{A}_{11}''$ $\underline{A}_{21}''$	$\underline{A}_{12}''$ $\underline{A}_{22}''$
$\underline{A}_{11}'$	$\underline{A}_{12}'$	$\underline{A}_{11}' \cdot \underline{A}_{11}'' + \underline{A}_{12}' \cdot \underline{A}_{21}''$	$\underline{A}_{11}' \cdot \underline{A}_{12}'' + \underline{A}_{12}' \cdot \underline{A}_{22}''$
$\underline{A}_{21}'$	$\underline{A}_{22}'$	$\underline{A}_{21}' \cdot \underline{A}_{11}'' + \underline{A}_{22}' \cdot \underline{A}_{21}''$	$\underline{A}_{21}' \cdot \underline{A}_{12}'' + \underline{A}_{22}' \cdot \underline{A}_{22}''$

Beispiele:

1. Die T-Schaltung soll als Kettenschaltung eines Γ-Vierpols II und eines Längswiderstandes aufgefasst werden. Aus den Vierpolparametern der Einzelvierpole sollen die Vierpolparameter der Kettenschaltung bestimmt und mit den Angaben in der Tabelle im Abschnitt 10.3, S. 186–188 kontrolliert werden.

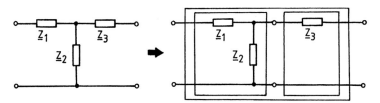

Bild 10.67 Beispiel 1: T-Schaltung als Kettenschaltung

Lösung:

Die $\underline{A}$-Parameter des Γ-Vierpols II (siehe S. 187) und die $\underline{A}$-Parameter des Längswiderstandes (siehe S. 186), werden im Falkschen Schema eingetragen, in der die Matrizenmultiplikation vorgenommen werden kann:

		1 0	$\underline{Z}_3$ 1
$1 + \dfrac{\underline{Z}_1}{\underline{Z}_2}$	$\underline{Z}_1$	$1 + \dfrac{\underline{Z}_1}{\underline{Z}_2}$	$\left(1 + \dfrac{\underline{Z}_1}{\underline{Z}_2}\right) \cdot \underline{Z}_3 + \underline{Z}_1$
$\dfrac{1}{\underline{Z}_2}$	1	$\dfrac{1}{\underline{Z}_2}$	$\dfrac{\underline{Z}_3}{\underline{Z}_2} + 1$

Die sich durch die Matrizenmultiplikation ergebenden $\underline{A}$-Parameter des T-Vierpols stimmen mit den Angaben auf S. 187 überein.

2. Von der im Bild 10.68 gezeichneten Filterkette, die als Kettenschaltung zweier Vierpole aufgefasst wird, soll die reziproke Leerlauf-Spannungsübersetzung berechnet werden:

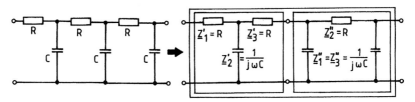

Bild 10.68 RC-Filterkette des Beispiels der Kettenschaltung

Lösung:

Die Filterkette ist eine Kettenschaltung einer T-Schaltung und einer π-Schaltung, deren $\underline{A}$-Parameter in der Tabelle auf S. 187 gegeben sind.

Die reziproke Leerlauf-Spannungsübersetzung ist gleich dem Vierpolparameter $\underline{A}_{11}$ (siehe S. 179: Kettenform der Vierpolgleichungen), der sich aus den $\underline{A}$-Parametern der Einzelvierpole berechnen lässt:

$$\underline{A}_{11} = \underline{A}_{11}' \cdot \underline{A}_{11}'' + \underline{A}_{12}' \cdot \underline{A}_{21}''$$

mit
$$\underline{A}_{11}' = 1 + \frac{\underline{Z}_1'}{\underline{Z}_2'} = 1 + j\omega RC$$

$$\underline{A}_{11}'' = 1 + \frac{\underline{Z}_2''}{\underline{Z}_3''} = 1 + j\omega RC$$

$$\underline{A}_{12}' = \underline{Z}_1' + \underline{Z}_3' + \frac{\underline{Z}_1'\underline{Z}_3'}{\underline{Z}_2'} = 2R + j\omega R^2 C$$

$$\underline{A}_{21}'' = \frac{1}{\underline{Z}_1''} + \frac{1}{\underline{Z}_3''} + \frac{\underline{Z}_2''}{\underline{Z}_1''\underline{Z}_3''} = 2j\omega C - \omega^2 RC^2$$

$$\underline{A}_{11} = (1 + j\omega RC)^2 + (2R + j\omega R^2 C)(2j\omega C - \omega^2 RC^2)$$

$$\underline{A}_{11} = 1 + 2j\omega RC - \omega^2 R^2 C^2 + 4j\omega RC - 2\omega^2 R^2 C^2 - 2\omega^2 R^2 C^2 - j\omega^3 R^3 C^3$$

$$\underline{A}_{11} = (1 - 5\omega^2 R^2 C^2) + j\omega RC(6 - \omega^2 R^2 C^2)$$

3. Im Abschnitt 10.4 sind im Anwendungsbeispiel 2, S. 198–200 bzw. S. 209 die Betriebskenngrößen eines Transistorverstärkers berechnet worden. Für das Ersatzschaltbild im Bild 10.29, S. 198 können nun mit Hilfe der Matrizenmultiplikation die $\underline{A}$-Parameter der Kettenschaltung und anschließend die Betriebskenngrößen berechnet werden.

Querwiderstand Basisspannungsteiler:

$$\left(\underline{A}'\right) = \begin{pmatrix} 1 & 0 \\ \dfrac{1}{\underline{Z}} & 1 \end{pmatrix} = \begin{pmatrix} 1 & 0 \\ \dfrac{1}{R_B} & 1 \end{pmatrix} = \begin{pmatrix} 1 & 0 \\ \dfrac{1}{6,52\,\text{k}\Omega} & 1 \end{pmatrix} = \begin{pmatrix} 1 & 0 \\ 153,3 \cdot 10^{-6}\,\text{S} & 1 \end{pmatrix}$$

Transistor: Umrechnung der h_e-Parameter in die $\underline{A}$-Parameter

$$\left(\underline{A}''\right) = \begin{pmatrix} -\dfrac{\det h_e}{h_{21e}} & -\dfrac{h_{11c}}{h_{21e}} \\[2mm] -\dfrac{h_{22e}}{h_{21e}} & -\dfrac{1}{h_{21e}} \end{pmatrix} = \begin{pmatrix} -\dfrac{15,6\cdot10^{-3}}{220} & -\dfrac{2,7\,k\Omega}{220} \\[2mm] -\dfrac{18\,\mu S}{220} & -\dfrac{1}{220} \end{pmatrix}$$

$$\left(\underline{A}''\right) = \begin{pmatrix} -70,91\cdot10^{-6} & -12,27\,\Omega \\ -81,82\cdot10^{-9}\,S & -4,545\cdot10^{-3} \end{pmatrix}$$

Querwiderstand Kollektorwiderstand:

$$\left(\underline{A}'''\right) = \begin{pmatrix} 1 & 0 \\ \dfrac{1}{\underline{Z}} & 1 \end{pmatrix} = \begin{pmatrix} 1 & 0 \\ \dfrac{1}{R_C} & 1 \end{pmatrix} = \begin{pmatrix} 1 & 0 \\ \dfrac{1}{4,7\,k\Omega} & 1 \end{pmatrix} = \begin{pmatrix} 1 & 0 \\ 212,8\cdot10^{-6}\,S & 1 \end{pmatrix}$$

Matrizenmultiplikationen:

		$-70,91\cdot10^{-6}$	$-12,27\,\Omega$	1	0
		$-81,82\cdot10^{-9}\,S$	$-4,545\cdot10^{-3}$	$212,8\cdot10^{-6}\,S$	1
1	0	$-70,91\cdot10^{-6}$	$-12,27\,\Omega$	$-2,682\cdot10^{-3}$	$-12,27\,\Omega$
$153,3\cdot10^{-6}\,S$	1	$-92,69\cdot10^{-9}\,S$	$-6,426\cdot10^{-3}$	$-1,46\cdot10^{-6}\,S$	$-6,426\cdot10^{-3}$

Die Ergebnisse für die Betriebskenngrößen können nun mit den $\underline{A}$-Parametern bestätigt werden, indem die Rechenergebnisse mit denen auf S. 199–200 bzw. S. 209 verglichen werden:

$$\underline{Z}_{in} = \frac{\underline{A}_{11} + \underline{A}_{12}\cdot\underline{Y}_a}{\underline{A}_{21} + \underline{A}_{22}\cdot\underline{Y}_a} = \frac{-2,682\cdot10^{-3} - 12,27\,\Omega\,/\,3k\Omega}{-1,46\cdot10^{-6}\,S - 6,426\cdot10^{-3}\,/\,3k\Omega} = 1,88\,k\Omega$$

$$\underline{V}_{uf} = \frac{1}{\underline{A}_{11} + \underline{A}_{12}\cdot\underline{Y}_a} = \frac{1}{-2,682\cdot10^{-3} - 12,27\,\Omega\,/\,3k\Omega} = -148$$

$$\underline{V}_{if} = -\frac{\underline{Y}_a}{\underline{A}_{21} + \underline{A}_{22}\cdot\underline{Y}_a} = -\frac{1\,/\,3k\Omega}{-1,46\cdot10^{-6}\,S - 6,426\cdot10^{-3}\,/\,3k\Omega} = 92,5$$

$$\underline{Z}_{out} = \underline{Z}_{22} = \frac{\underline{A}_{22}}{\underline{A}_{21}} = \frac{-6,426\cdot10^{-3}}{-1,46\cdot10^{-6}\,S} = 4,4\,k\Omega$$

In der Gl. (10.40) auf S. 208 für Leistungsverstärkung

$$V_p = \frac{G_a}{Re\left\{\left(\underline{A}_{21} + \underline{A}_{22}\cdot\underline{Y}_a\right)\cdot\left(\underline{A}_{11}^{*} + \underline{A}_{12}^{*}\cdot\underline{Y}_a^{*}\right)\right\}}$$

sind die $\underline{A}$-Parameter reell:

$$V_p = \frac{G_a}{\left(A_{21} + A_{22}\cdot G_a\right)\left(A_{11} + A_{12}\cdot G_a\right)}$$

$$V_p = \frac{1/\,3k\Omega}{\left(-1,46\cdot10^{-6}\,S - 6,426\cdot10^{-3}/3k\Omega\right)\left(-2,682\cdot10^{-3} - 12,27\,\Omega/3k\Omega\right)}$$

$$V_p = 13665 \triangleq 41,35\,dB$$

4. Für den zweistufigen Verstärker im Bild 10.50 (siehe Abschnitt 10.7.1, S. 227) können nun die $\underline{A}$-Parameter mit Hilfe der Matrizenmultiplikation berechnet werden.

Transistor (Vierpol 1): Umrechnung der h_e-Parameter in $\underline{A}$-Parameter

Der Transistor BC 307 hat die gleichen h_e-Parameter wie der Transistor BC 237 im vorigen Beispiel, deshalb können die Vierpolparameter in Kettenform übernommen werden:

$$\left(\underline{A}'\right) = \begin{pmatrix} -70{,}91 \cdot 10^{-6} & -12{,}27\,\Omega \\ -81{,}82 \cdot 10^{-9}\,\text{S} & -4{,}545 \cdot 10^{-3} \end{pmatrix}$$

Querwiderstand (Vierpol 2): 15kΩ ∥ 82kΩ ∥ 820kΩ = 12,49kΩ

$$\left(\underline{A}''\right) = \begin{pmatrix} 1 & 0 \\ 1/\underline{Z} & 1 \end{pmatrix} = \begin{pmatrix} 1 & 0 \\ 1/12{,}49\,\text{k}\Omega & 1 \end{pmatrix} = \begin{pmatrix} 1 & 0 \\ 80{,}08 \cdot 10^{-6}\,\text{S} & 1 \end{pmatrix}$$

Reihen-Reihen-Schaltung (Vierpol 3): Umrechnung der $\underline{Z}$-Parameter in $\underline{A}$-Parameter

Im Abschnitt 10.7.3, S. 235 wurden die $\underline{Z}$-Parameter der Reihen-Reihen-Schaltung bereits berechnet, die für die Kettenschaltung umgerechnet werden müssen (siehe Tabelle S. 181):

$$\left(\underline{A}'''\right) = \begin{pmatrix} \dfrac{\underline{Z}_{11}}{\underline{Z}_{21}} & \dfrac{\det \underline{Z}}{\underline{Z}_{21}} \\[2mm] \dfrac{1}{\underline{Z}_{21}} & \dfrac{\underline{Z}_{22}}{\underline{Z}_{21}} \end{pmatrix} = \begin{pmatrix} \dfrac{4{,}167\,\text{k}\Omega}{-12{,}2\,\text{M}\Omega} & \dfrac{40{,}67 \cdot 10^{9}\,\Omega^2}{-12{,}2\,\text{M}\Omega} \\[2mm] \dfrac{1}{-12{,}2\,\text{M}\Omega} & \dfrac{58{,}86\,\text{k}\Omega}{-12{,}2\,\text{M}\Omega} \end{pmatrix}$$

$$\left(\underline{A}'''\right) = \begin{pmatrix} -341{,}0 \cdot 10^{-6} & -3{,}328\,\text{k}\Omega \\ -81{,}83 \cdot 10^{-9}\,\text{S} & -4{,}817 \cdot 10^{-3} \end{pmatrix}$$

Querwiderstand (Vierpol 4): Kollektorwiderstand 15kΩ

$$\left(\underline{A}''''\right) = \begin{pmatrix} 1 & 0 \\ 1/\underline{Z} & 1 \end{pmatrix} = \begin{pmatrix} 1 & 0 \\ 1/15\,\text{k}\Omega & 1 \end{pmatrix} = \begin{pmatrix} 1 & 0 \\ 66{,}67 \cdot 10^{-6}\,\text{S} & 1 \end{pmatrix}$$

Matrizenmultiplikationen

		1	0
		$80{,}08 \cdot 10^{-6}\,\text{S}$	1
$-70{,}91 \cdot 10^{-6}$	$-12{,}27\,\Omega$	$-1{,}053 \cdot 10^{-3}$	$12{,}27\,\Omega$
$-81{,}82 \cdot 10^{-9}\,\text{S}$	$-4{,}545 \cdot 10^{-3}$	$-445{,}8 \cdot 10^{-9}\,\text{S}$	$-4{,}545 \cdot 10^{-3}$

		$-341{,}0 \cdot 10^{-6}$	$-3{,}328 \cdot 10^{3}\,\Omega$
		$-81{,}83 \cdot 10^{-9}\,\text{S}$	$-4{,}817 \cdot 10^{-3}$
$-1{,}053 \cdot 10^{-3}$	$-12{,}27\,\Omega$	$1{,}363 \cdot 10^{-6}$	$3{,}563\,\Omega$
$-445{,}8 \cdot 10^{-9}\,\text{S}$	$-4{,}545 \cdot 10^{-3}$	$523{,}9 \cdot 10^{-12}\,\text{S}$	$1{,}506 \cdot 10^{-3}$

		1	0
		$66{,}67 \cdot 10^{-6}\,\text{S}$	1
$1{,}363 \cdot 10^{-6}$	$3{,}563\,\Omega$	$238{,}9 \cdot 10^{-6}$	$3{,}563\,\Omega$
$523{,}9 \cdot 10^{-12}\,\text{S}$	$1{,}506 \cdot 10^{-3}$	$100{,}9 \cdot 10^{-9}\,\text{S}$	$1{,}506 \cdot 10^{-3}$

Mit Hilfe der $\underline{A}$-Parameter können nun die Betriebskenngrößen berechnet werden, z. B. beträgt die Spannungsverstärkung des zweistufigen Verstärkers:

$$\underline{V}_{\text{uf}} = \frac{1}{\underline{A}_{11}} = \frac{1}{238{,}9 \cdot 10^{-6}} = 4186 \,\hat{=}\, 72{,}4\,\text{dB}$$

10.8 Die Umrechnung von Vierpolparametern von Dreipolen

Notwendigkeit der Umrechnung

Im Bild 10.62, S. 240 ist die Kollektorschaltung als rückgekoppelte Emitterschaltung dargestellt, weil für Transistoren die h_e-Parameter in Datenbüchern angegeben sind. Wären die h_c-Parameter bekannt, könnten die Betriebskenngrößen einfacher berechnet werden, indem nur von dem Transistor ausgegangen wird, der mit dem Emitterwiderstand belastet ist.

Im Anwendungsbeispiel 3 des Abschnitts 10.4, S. 201–202 sind die Betriebskenngrößen der Emitterschaltung mit den Betriebskenngrößen der Kollektor- und Basisschaltung verglichen worden. In die Formeln der Betriebskenngrößen gehen die h_c- und h_b-Parameter ein, die aus den h_e-Parametern errechnet werden müssen. Die in der Praxis geltenden Formeln für die Umrechnung, die auf S. 201 angegeben sind, sollen im folgenden mit verschiedenen Verfahren hergeleitet werden.

Umrechnung der Vierpolparameter mittels Umpoler-Zusammenschaltungen

Die Kollektorschaltung kann als Reihen-Parallel-Schaltung und die Basisschaltung als Parallel-Reihen-Schaltung des Transistors in Emitterschaltung und des Umpolers aufgefasst werden:

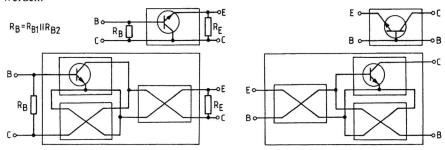

Bild 10.69 Kollektor- und Basisschaltung als Rückkopplungsschaltungen

Für die im Bild 10.69 links gezeichnete Kollektorschaltung sollen die Umrechnungsformeln $h_c = f(h_e)$ hergeleitet werden:

Abgesehen von dem am Ausgang in Kette geschalteten Umpoler stimmt die Reihen-Parallel-Schaltung mit der im Bild 10.59, S. 236 überein. Der Umpoler am Ausgang bedeutet eine Vorzeichenumkehr der Parameter h_{12} und h_{21}, wie im Abschnitt 10.7.4 beschrieben ist. Die h-Parameter der Gesamtschaltung (nach Gl. (10.73), S. 237) sind die h_c-Parameter:

$$\begin{pmatrix} h_{11c} & h_{12c} \\ h_{21c} & h_{22c} \end{pmatrix} = \begin{pmatrix} h'_{11} + h''_{11} & -(h'_{12} + h''_{12}) \\ -(h'_{21} + h''_{21}) & h'_{22} + h''_{22} \end{pmatrix},$$

wobei die einfach gestrichenen Parameter die Transistorparameter in Emitterschaltung und die zweifach gestrichenen Parameter die des Umpolers sind, die in der Tabelle auf S. 188 stehen:

Mit

$$\begin{pmatrix} h'_{11} & h'_{12} \\ h'_{21} & h'_{22} \end{pmatrix} = \begin{pmatrix} h_{11e} & h_{12e} \\ h_{21e} & h_{22e} \end{pmatrix} \quad \text{und} \quad \begin{pmatrix} h''_{11} & h''_{12} \\ h''_{21} & h''_{22} \end{pmatrix} = \begin{pmatrix} 0 & -1 \\ 1 & 0 \end{pmatrix}$$

ergeben sich die Umrechnungsformeln:

$$\begin{pmatrix} h_{11c} & h_{12c} \\ h_{21c} & h_{22c} \end{pmatrix} = \begin{pmatrix} h_{11e} & -(h_{12e} - 1) \\ -(h_{21e} + 1) & h_{22e} \end{pmatrix}$$

d. h.

$$h_{11c} = h_{11e} \tag{10.77}$$
$$h_{12c} = 1 - h_{12e} \tag{10.78}$$
$$h_{21c} = -(h_{21e} + 1) \tag{10.79}$$
$$h_{22c} = h_{22e} \tag{10.80}$$

Die Vierpolparameter der Basisschaltung ergeben sich durch Addition der c-Parameter, die in die h-Parameter umgerechnet werden müssen.

Umrechnung der Vierpolparameter mittels vollständiger Leitwertmatrix

Für einen Dreipol als Übertragungsvierpol in Vorwärtsbetrieb gibt es sechs verschiedene Möglichkeiten der Zusammenschaltung:

Die Klemmen 1, 2 und 3 des Dreipols können an der durchgehenden Verbindung liegen und die übrigen beiden Klemmen können dann jeweils am Eingang bzw. Ausgang angeschlossen sein. Für Transistoren gibt es allerdings nur drei praktische Anwendungen, denn z. B. in der Basisschaltung liegt der Emitter am Eingang und der Kollektor am Ausgang und nicht umgekehrt.

Grundsätzlich werden Vierpolparameter in Leitwertform umgerechnet:

Sind die y-Parameter einer der sechs Grundschaltungen bekannt, dann lassen sich die y-Parameter der übrigen fünf Grundschaltungen mit Hilfe der *vollständigen Leitwertmatrix des Dreipols* (indefinite admittance matrix) berechnen.

Beispiel:

Die Leitwertmatrix eines Transistors in Emitterschaltung ist gegeben. Mit Hilfe der vollständigen Leitwertmatrix des Transistors lässt sich für die Basisschaltung die Leitwertmatrix ermitteln (siehe Bild 10.70):

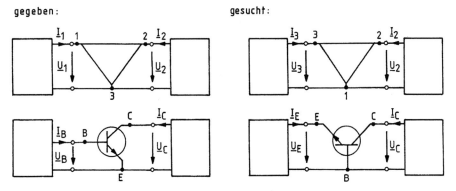

Bild 10.70 Aufgabenstellung bei der Parameter-Umrechnung

Zunächst wird der Dreipol aus der Betriebsschaltung herausgelöst, so dass die drei Anschlussklemmen des Dreipols gleichberechtigt sind. Die drei Klemmen haben die Ströme $\underline{I}_1$, $\underline{I}_2$, $\underline{I}_3$ und die Spannungen $\underline{U}_{10}$, $\underline{U}_{20}$, $\underline{U}_{30}$ gegenüber dem Nullpotential. Das Gleichungssystem für den allgemeinen Dreipol in Matrizenschreibweise mit Leitwertparametern, die so genannten *allgemeinen Leitwertgleichungen*,

$$\begin{pmatrix} \underline{I}_1 \\ \underline{I}_2 \\ \underline{I}_3 \end{pmatrix} = \begin{pmatrix} y_{11} & y_{12} & y_{13} \\ y_{21} & y_{22} & y_{23} \\ y_{31} & y_{32} & y_{33} \end{pmatrix} \cdot \begin{pmatrix} \underline{U}_{10} \\ \underline{U}_{20} \\ \underline{U}_{30} \end{pmatrix}$$

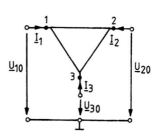

enthält die vollständige Leitwertmatrix, in der die Parameter y_{11}, y_{12}, y_{21} und y_{22} gegeben sind und die Parameter der 3. Zeile und 3. Spalte ergänzt werden müssen.

In der vollständigen Leitwertmatrix sind die

Bild 10.71 Allgemeiner Dreipol

Zeilen- und Spaltensummen Null, wie mit den Kirchhoffschen Sätzen nachgewiesen werden kann:

$$y_{11} + y_{12} + y_{13} = 0 \qquad\qquad y_{11} + y_{21} + y_{31} = 0$$

$$y_{21} + y_{22} + y_{23} = 0 \qquad\qquad y_{12} + y_{22} + y_{32} = 0$$

$$y_{31} + y_{32} + y_{33} = 0 \qquad\qquad y_{13} + y_{23} + y_{33} = 0$$

Damit kann von einer gegebenen Leitwertmatrix die vollständige Leitwertmatrix gebildet werden.

Zum Beispiel:

gegeben:

$$\begin{pmatrix} \underline{I}_1 \\ \underline{I}_2 \end{pmatrix} = \begin{pmatrix} y_{11} & y_{12} \\ y_{21} & y_{22} \end{pmatrix} \cdot \begin{pmatrix} \underline{U}_1 \\ \underline{U}_2 \end{pmatrix}$$

Gleichungssystem mit vollständiger Leitwertmatrix:

$$\begin{pmatrix} \underline{I}_1 \\ \underline{I}_2 \\ \underline{I}_3 \end{pmatrix} = \begin{pmatrix} y_{11} & y_{12} & -(y_{11} + y_{12}) \\ y_{21} & y_{22} & -(y_{21} + y_{22}) \\ -(y_{11} + y_{21}) & -(y_{12} + y_{22}) & y_{11} + y_{12} + y_{21} + y_{22} \end{pmatrix} \cdot \begin{pmatrix} \underline{U}_{10} \\ \underline{U}_{20} \\ \underline{U}_{30} \end{pmatrix}$$

Nun wird in dem Gleichungssystem die Zeile und Spalte gestrichen, die der gesuchten Schaltung mit der entsprechenden durchgehenden Verbindung bzw. der gemeinsamen Klemme entspricht.

Zum Beispiel:

Die durchgehende Verbindung bzw. gemeinsame Klemme ist „1", d. h. die 1. Zeile und die 1. Spalte des Gleichungssystems werden gestrichen:

$$\begin{pmatrix} \cancel{\underline{I}_1} \\ \underline{I}_2 \\ \underline{I}_3 \end{pmatrix} = \begin{pmatrix} \cancel{y_{11}} & \cancel{y_{12}} & -(\cancel{y_{11}} + \cancel{y_{12}}) \\ \cancel{y_{21}} & y_{22} & -(y_{21} + y_{22}) \\ -(\cancel{y_{11}} + \cancel{y_{21}}) & -(y_{12} + y_{22}) & \Sigma y \end{pmatrix} \cdot \begin{pmatrix} \cancel{\underline{U}_{10}} \\ \underline{U}_{20} \\ \underline{U}_{30} \end{pmatrix}$$

mit $\Sigma y = y_{11} + y_{12} + y_{21} + y_{22}$

Schließlich wird der Rest der allgemeinen Leitwertgleichungen in Vierpolschreibweise zusammengefasst und nach Eingangs- und Ausgangsgrößen geordnet.

Zum Beispiel:

$$\begin{pmatrix} \underline{I}_2 \\ \underline{I}_3 \end{pmatrix} = \begin{pmatrix} y_{22} & -(y_{21} + y_{22}) \\ -(y_{12} + y_{22}) & \Sigma y \end{pmatrix} \cdot \begin{pmatrix} \underline{U}_2 \\ \underline{U}_3 \end{pmatrix}$$

Wie im Bild 10.70 zu sehen, ist der Eingangsstrom $\underline{I}_3$, die Eingangsspannung $\underline{U}_3$, der Ausgangsstrom $\underline{I}_2$ und die Ausgangsspannung $\underline{U}_2$. In den Vierpolgleichungen in Leitwertform befinden sich die Eingangsgrößen in der Spaltenmatrix oben und die Ausgangsgrößen unten. Da das in der entstehenden Matrizengleichung nicht der Fall ist, müssen die Gleichungen umgestellt werden:

Aus

$$\underline{I}_2 = \qquad y_{22} \cdot \underline{U}_2 - (y_{21} + y_{22}) \cdot \underline{U}_3$$
$$\underline{I}_3 = -(y_{12} + y_{22}) \cdot \underline{U}_2 + \qquad \Sigma y \cdot \underline{U}_3$$

ergibt sich

$$\underline{I}_3 = \qquad \Sigma y \cdot \underline{U}_3 - (y_{12} + y_{22}) \cdot \underline{U}_2$$
$$\underline{I}_2 = -(y_{21} + y_{22}) \cdot \underline{U}_3 + \qquad y_{22} \cdot \underline{U}_2$$

Die Elemente der Leitwertmatrix müssen also in diesem Fall kreuzweise vertauscht werden:

$$\begin{pmatrix} \underline{I}_3 \\ \underline{I}_2 \end{pmatrix} = \begin{pmatrix} \Sigma y & -(y_{12} + y_{22}) \\ -(y_{21} + y_{22}) & y_{22} \end{pmatrix} \cdot \begin{pmatrix} \underline{U}_3 \\ \underline{U}_2 \end{pmatrix}$$

Anwendungsbeispiel:

Die h_e-Parameter des Transistors können damit in die h_b-Parameter umgerechnet werden:

$$\begin{pmatrix} \underline{I}_B \\ \underline{I}_C \\ \underline{I}_E \end{pmatrix} = \begin{pmatrix} y_{11e} & y_{12e} & -(y_{11e} + y_{12e}) \\ y_{21e} & y_{22e} & -(y_{21e} + y_{22e}) \\ -(y_{11e} + y_{21e}) & -(y_{12e} + y_{22e}) & \Sigma y_e \end{pmatrix} \cdot \begin{pmatrix} \underline{U}_{B0} \\ \underline{U}_{C0} \\ \underline{U}_{E0} \end{pmatrix}$$

$$\begin{pmatrix} \underline{I}_E \\ \underline{I}_C \end{pmatrix} = \begin{pmatrix} \Sigma y_e & -(y_{12e} + y_{22e}) \\ -(y_{21e} + y_{22e}) & y_{22e} \end{pmatrix} \cdot \begin{pmatrix} \underline{U}_E \\ \underline{U}_C \end{pmatrix}$$

$$\begin{pmatrix} \underline{I}_E \\ \underline{I}_C \end{pmatrix} = \begin{pmatrix} y_{11b} & y_{12b} \\ y_{21b} & y_{22b} \end{pmatrix} \cdot \begin{pmatrix} \underline{U}_E \\ \underline{U}_C \end{pmatrix}$$

d. h.

$$y_{11b} = \Sigma y_e = y_{11e} + y_{12e} + y_{21e} + y_{22e} \tag{10.81}$$
$$y_{12b} = -(y_{12e} + y_{22e}) \tag{10.82}$$
$$y_{21b} = -(y_{21e} + y_{22e}) \tag{10.83}$$
$$y_{22b} = y_{22e} \tag{10.84}$$

Mit den Umrechnungsformeln für die Vierpolparameter in der Tabelle S. 181 ergeben sich die Formeln für die gesuchten h_b-Parameter:

$$h_{11b} = \frac{1}{y_{11b}} = \frac{1}{y_{11e} + y_{12e} + y_{21e} + y_{22e}}$$

$$h_{11b} = \frac{1}{\dfrac{1}{h_{11e}} - \dfrac{h_{12e}}{h_{11e}} + \dfrac{h_{21e}}{h_{11e}} + \dfrac{\det h_e}{h_{11e}}}$$

$$h_{11b} = \frac{h_{11e}}{1 - h_{12e} + h_{21e} + \det h_e} \approx \frac{h_{11e}}{1 + h_{21e}} \tag{10.85}$$

mit $\quad h_{12e} \ll h_{21e} \quad$ und $\quad \det h_e \ll h_{21e}$

$$h_{12b} = -\frac{y_{12b}}{y_{11b}} = \frac{(y_{12e} + y_{22e})}{y_{11e} + y_{12e} + y_{21e} + y_{22e}} = \frac{-\dfrac{h_{12e}}{h_{11e}} + \dfrac{\det h_e}{h_{11e}}}{\dfrac{1}{h_{11e}} - \dfrac{h_{12e}}{h_{11e}} + \dfrac{h_{21e}}{h_{11e}} + \dfrac{\det h_e}{h_{11e}}}$$

$$h_{12b} = \frac{-h_{12e} + \det h_e}{1 - h_{12e} + h_{21e} + \det h_e} \approx \frac{\det h_e - h_{12e}}{1 + h_{21e}} \tag{10.86}$$

mit $\quad h_{12e} \ll h_{21e} \quad$ und $\quad \det h_e \ll h_{21e}$

$$h_{21b} = \frac{y_{21b}}{y_{11b}} = \frac{-(y_{21e} + y_{22e})}{y_{11e} + y_{12e} + y_{21e} + y_{22e}} = \frac{-\left(\dfrac{h_{21e}}{h_{11e}} + \dfrac{\det h_e}{h_{11e}}\right)}{\dfrac{1}{h_{11e}} - \dfrac{h_{12e}}{h_{11e}} + \dfrac{h_{21e}}{h_{11e}} + \dfrac{\det h_e}{h_{11e}}}$$

$$h_{21b} = \frac{-(h_{21e} + \det h_e)}{1 - h_{12e} + h_{21e} + \det h_e} \approx \frac{-h_{21e}}{1 + h_{21e}} \tag{10.87}$$

mit $\quad h_{12e} \ll h_{21e} \quad$ und $\quad \det h_e \ll h_{21e}$

$$h_{22b} = \frac{\det y_b}{y_{11b}} = \frac{y_{11b} \cdot y_{22b} - y_{12b} \cdot y_{21b}}{y_{11b}}$$

$$h_{22b} = \frac{(y_{11e} + y_{12e} + y_{21e} + y_{22e}) \cdot y_{22e} - (y_{12e} + y_{22e})(y_{21e} + y_{22e})}{y_{11e} + y_{12e} + y_{21e} + y_{22e}}$$

$$h_{22b} = \frac{y_{11e} y_{22e} + y_{12e} y_{22e} + y_{21e} y_{22e} + y_{22e}{}^2 - y_{12e} y_{21e} - y_{12e} y_{22e} - y_{22e} y_{21e} - y_{22e}{}^2}{y_{11e} + y_{12e} + y_{21e} + y_{22e}}$$

$$h_{22b} = \frac{y_{11e} \cdot y_{22e} - y_{12e} \cdot y_{21e}}{y_{11e} + y_{12e} + y_{21e} + y_{22e}} = \frac{\det y_e}{y_{11e} + y_{12e} + y_{21e} + y_{22e}}$$

$$h_{22b} = \frac{\dfrac{h_{22e}}{h_{11e}}}{\dfrac{1}{h_{11e}} - \dfrac{h_{12e}}{h_{11e}} + \dfrac{h_{21e}}{h_{11e}} + \dfrac{\det h_e}{h_{11e}}}$$

$$h_{22b} = \frac{h_{22e}}{1 - h_{12e} + h_{21e} + \det h_e} \approx \frac{h_{22e}}{1 + h_{21e}} \tag{10.88}$$

mit $\quad h_{12e} \ll h_{21e} \quad$ und $\quad \det h_e \ll h_{21e}$

Die h_c-Parameter können auf entsprechende Weise mit Hilfe der vollständigen Leitwertmatrix errechnet werden.

10.9 Die Wellenparameter passiver Vierpole

Wellenparameter in der Vierpoltheorie

Elektrische Leitungen sind Vierpole. Die *Leitungstheorie* ist deshalb ein Teil der Vierpol-theorie, obwohl das häufig nicht zu erkennen ist, weil in der Leitungstheorie weniger mit Vierpolparametern als mit Wellenparametern gearbeitet wird.

Die wichtigsten Zusammenhänge zwischen diesen Parametern, die auch für das Verständnis von Sieb- und Filterschaltungen notwendig sind, sollen zusammengestellt werden.

Wellenwiderstände passiver Vierpole

Für einen linearen passiven Vierpol gibt es die beiden charakteristischen komplexen Widerstände:

Eingangs-Wellenwiderstand $\underline{Z}_{w1}$ und Ausgangs-Wellenwiderstand $\underline{Z}_{w2}$.

Wird ein passiver Vierpol am Ausgang mit dem Ausgangswellenwiderstand belastet, dann ist sein Eingangswiderstand $\underline{Z}_{in}$ gleich dem Eingangswellenwiderstand und umgekehrt:

wird an den Eingang dieses Vierpols der Eingangswellenwiderstand geschaltet, dann ist sein Ausgangswiderstand $\underline{Z}_{out}$ gleich dem Ausgangswellenwiderstand:

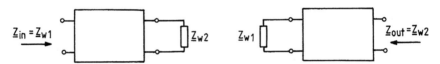

Bild 10.72 Definition der Wellenwiderstände

Diese Definition der Wellenwiderstände ist nur für passive, also umkehrbare Vierpole sinnvoll. Beide Wellenwiderstände können mit den Formeln für die Betriebskenngrößen im Abschnitt 10.4, S. 196 aus den Vierpolparametern errechnet werden:

$$\underline{Z}_{in} = \frac{\underline{A}_{11} + \underline{A}_{12} \cdot \underline{Y}_a}{\underline{A}_{21} + \underline{A}_{22} \cdot \underline{Y}_a} = \frac{\underline{A}_{11} \cdot \underline{Z}_a + \underline{A}_{12}}{\underline{A}_{21} \cdot \underline{Z}_a + \underline{A}_{22}} = \frac{\underline{A}_{11} \cdot \underline{Z}_{w2} + \underline{A}_{12}}{\underline{A}_{21} \cdot \underline{Z}_{w2} + \underline{A}_{22}} = \underline{Z}_{w1}$$

$$\underline{Z}_{out} = \frac{\underline{A}_{22} + \underline{A}_{12} \cdot \underline{Y}_i}{\underline{A}_{21} + \underline{A}_{11} \cdot \underline{Y}_i} = \frac{\underline{A}_{22} \cdot \underline{Z}_i + \underline{A}_{12}}{\underline{A}_{21} \cdot \underline{Z}_i + \underline{A}_{11}} = \frac{\underline{A}_{22} \cdot \underline{Z}_{w1} + \underline{A}_{12}}{\underline{A}_{21} \cdot \underline{Z}_{w1} + \underline{A}_{11}} = \underline{Z}_{w2}$$

der rechte Teil der beiden Gleichungen ergibt

$$\underline{A}_{21} \cdot \underline{Z}_{w1} \cdot \underline{Z}_{w2} + \underline{A}_{22} \cdot \underline{Z}_{w1} - \underline{A}_{11} \cdot \underline{Z}_{w2} - \underline{A}_{12} = 0$$

$$\underline{A}_{21} \cdot \underline{Z}_{w1} \cdot \underline{Z}_{w2} + \underline{A}_{11} \cdot \underline{Z}_{w2} - \underline{A}_{22} \cdot \underline{Z}_{w1} - \underline{A}_{12} = 0$$

Durch Addieren der beiden Gleichungen entsteht

$$2 \cdot \underline{A}_{21} \cdot \underline{Z}_{w1} \cdot \underline{Z}_{w2} = 2 \cdot \underline{A}_{12}$$

oder

$$\underline{Z}_{w1} \cdot \underline{Z}_{w2} = \frac{\underline{A}_{12}}{\underline{A}_{21}} \qquad (10.89)$$

Durch Subtrahieren der beiden Gleichungen entsteht

$$2 \cdot \underline{A}_{22} \cdot \underline{Z}_{w1} = 2 \cdot \underline{A}_{11} \cdot \underline{Z}_{w2}$$

oder

$$\frac{\underline{Z}_{w1}}{\underline{Z}_{w2}} = \frac{\underline{A}_{11}}{\underline{A}_{22}} \qquad (10.90)$$

Durch Multiplizieren und Dividieren der Gln. (10.89) und (10.90) entstehen Formeln, mit denen die Abhängigkeit der Wellenparameter von den Kettenparametern beschrieben wird:

$$\underline{Z}_{w1} = \sqrt{\frac{\underline{A}_{11} \cdot \underline{A}_{12}}{\underline{A}_{21} \cdot \underline{A}_{22}}} \qquad (10.91)$$

$$\underline{Z}_{w2} = \sqrt{\frac{\underline{A}_{22} \cdot \underline{A}_{12}}{\underline{A}_{21} \cdot \underline{A}_{11}}} \qquad (10.92)$$

Mit den Betriebskenngrößen für Kurzschluss und Leerlauf im Abschnitt 10.4, S. 189 und S. 193 und den Umrechnungsformeln im Abschnitt 10.2, S. 181

$$\underline{Z}_{in\,l} = \underline{Z}_{11} = \frac{\underline{A}_{11}}{\underline{A}_{21}}$$

$$\underline{Z}_{out\,l} = \underline{Z}_{22} = \frac{\underline{A}_{22}}{\underline{A}_{21}}$$

$$\underline{Z}_{in\,k} = \underline{H}_{11} = \frac{\underline{A}_{12}}{\underline{A}_{22}}$$

$$\underline{Z}_{out\,k} = \underline{C}_{22} = \frac{\underline{A}_{12}}{\underline{A}_{11}}$$

können die Wellenwiderstände auch durch Eingangswiderstände und Ausgangswiderstände bei Kurzschluss und bei Leerlauf ermittelt werden:

$$\underline{Z}_{w1} = \sqrt{\underline{Z}_{in\,l} \cdot \underline{Z}_{in\,k}} \qquad (10.93)$$

$$\underline{Z}_{w2} = \sqrt{\underline{Z}_{out\,l} \cdot \underline{Z}_{out\,k}} \qquad (10.94)$$

Wellenwiderstand eines symmetrischen Vierpols

Da ein symmetrischer Vierpol vorwärts und rückwärts die gleichen Übertragungseigenschaften hat, wie im Abschnitt 10.6, S. 221–223 beschrieben, hat er auch nur einen Wellenwiderstand $\underline{Z}_w$:

Wird ein symmetrischer Vierpol am Ausgang mit dem Wellenwiderstand belastet, dann ist der Eingangswiderstand $\underline{Z}_{in}$ gleich diesem Wellenwiderstand und umgekehrt:

wird an den Eingang eines symmetrischen Vierpols der Wellenwiderstand geschaltet, dann ist der Ausgangswiderstand $\underline{Z}_{out}$ gleich diesem Wellenwiderstand:

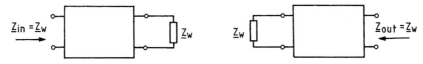

Bild 10.73 Wellenwiderstand eines symmetrischen Vierpols

Mit den Bedingungen für symmetrische Vierpole (siehe Tabelle S. 222)

$$\underline{A}_{11} = \underline{A}_{22} \quad \text{und} \quad \det \underline{A} = 1,$$

eingesetzt in die Formeln für die Wellenwiderstände Gln. (10.91) und (10.92), bestätigt sich, dass es bei einem symmetrischen Vierpol nur einen Wellenwiderstand gibt:

$$\underline{Z}_{w1} = \underline{Z}_{w2} = \underline{Z}_w = \sqrt{\frac{\underline{A}_{12}}{\underline{A}_{21}}}. \tag{10.95}$$

Es gibt auch nur noch einen Leerlaufwiderstand und einen Kurzschlusswiderstand am Eingang und Ausgang:

$$\underline{Z}_{\text{in}\,l} = \underline{Z}_{\text{out}\,l} = \frac{\underline{A}_{11}}{\underline{A}_{21}} = \underline{Z}_l \tag{10.96} \qquad \underline{Z}_{\text{in}\,k} = \underline{Z}_{\text{out}\,k} = \frac{\underline{A}_{12}}{\underline{A}_{11}} = \underline{Z}_k, \tag{10.97}$$

die die Größe des Wellenwiderstandes bestimmen

$$\underline{Z}_w = \sqrt{\underline{Z}_{\text{in}\,l} \cdot \underline{Z}_{\text{in}\,k}} = \sqrt{\underline{Z}_{\text{out}\,l} \cdot \underline{Z}_{\text{out}\,k}} = \sqrt{\underline{Z}_l \cdot \underline{Z}_k} \tag{10.98}$$

Die Vierpolparameter eines symmetrischen Vierpols lassen sich damit durch Messung der Leerlauf- und Kurzschlusswiderstände ermitteln:

$$\det \underline{A} = \underline{A}_{11} \cdot \underline{A}_{22} - \underline{A}_{12} \cdot \underline{A}_{21} = 1$$

$$\text{mit} \quad \underline{A}_{11} = \underline{A}_{22}$$

$$\text{und} \quad \underline{A}_{12} = \underline{A}_{11} \cdot \underline{Z}_k \qquad \text{nach Gl. (10.97)}$$

$$\text{und} \quad \underline{A}_{21} = \frac{\underline{A}_{11}}{\underline{Z}_l} \qquad \text{nach Gl. (10.96)}$$

$$\det \underline{A} = \underline{A}_{11}^{\,2} - \underline{A}_{11}^{\,2} \cdot \frac{\underline{Z}_k}{\underline{Z}_l} = \underline{A}_{11}^{\,2} \cdot \left(1 - \frac{\underline{Z}_k}{\underline{Z}_l}\right) = 1$$

d. h.

$$\underline{A}_{11} = \underline{A}_{22} = \frac{1}{\sqrt{1 - \dfrac{\underline{Z}_k}{\underline{Z}_l}}} = \sqrt{\frac{\underline{Z}_l}{\underline{Z}_l - \underline{Z}_k}} \tag{10.99}$$

$$\underline{A}_{12} = \underline{A}_{11} \cdot \underline{Z}_k = \underline{Z}_k \cdot \sqrt{\frac{\underline{Z}_l}{\underline{Z}_l - \underline{Z}_k}} \tag{10.100}$$

$$\underline{A}_{21} = \frac{\underline{A}_{11}}{\underline{Z}_l} = \frac{1}{\sqrt{\underline{Z}_l \cdot (\underline{Z}_l - \underline{Z}_k)}} \tag{10.101}$$

Übertragungsmaß

Die Übertragungseigenschaften eines passiven Vierpols, der mit dem Ausgangswellenwiderstand $\underline{Z}_a = \underline{Z}_{w2}$ abgeschlossen ist, können durch das *Wellenübertragungsmaß* beschrieben werden:

Spannungs-Wellenübertragungsmaß   Strom-Wellenübertragungsmaß

$$g_u = \ln \frac{\underline{U}_1}{\underline{U}_2} \qquad (10.102) \qquad\qquad g_i = \ln \frac{\underline{I}_1}{-\underline{I}_2} \qquad (10.103)$$

mittleres Wellenübertragungsmaß

$$g = \frac{1}{2} \cdot (g_u + g_i) = a + j \cdot b \qquad (10.104)$$

mit $a = \mathrm{Re}\{g\}$ Wellendämpfungsmaß

und $b = \mathrm{Im}\{g\}$ Wellenphasenmaß (Winkelmaß).

Das mittlere Wellenübertragungsmaß g kann berechnet werden, wenn von einem passiven Vierpol die $\underline{A}$-Parameter bekannt sind. Die hierfür gültige Formel soll hergeleitet werden.

$$e^{2g} = e^{g_u + g_i} = e^{g_u} \cdot e^{g_i} = \frac{\underline{U}_1}{\underline{U}_2} \cdot \frac{\underline{I}_1}{-\underline{I}_2}$$

mit

$$e^{g_u} = \frac{\underline{U}_1}{\underline{U}_2} = \frac{1}{\underline{V}_{uf}} = \underline{A}_{11} + \underline{A}_{12} \cdot \underline{Y}_a = \underline{A}_{11} + \frac{\underline{A}_{12}}{\underline{Z}_a}$$

$$e^{g_i} = \frac{\underline{I}_1}{-\underline{I}_2} = \frac{1}{-\underline{V}_{if}} = \frac{\underline{A}_{21} + \underline{A}_{22} \cdot \underline{Y}_a}{\underline{Y}_a} = \underline{A}_{21} \cdot \underline{Z}_a + \underline{A}_{22}$$

Die Formeln für $\underline{V}_{uf}$ und $\underline{V}_{if}$ sind in der Tabelle auf S. 196 zu finden.

Mit $\underline{Z}_a = \underline{Z}_{w2} = \sqrt{\dfrac{\underline{A}_{22} \cdot \underline{A}_{12}}{\underline{A}_{21} \cdot \underline{A}_{11}}}$ nach Gl. (10.92)

$$e^{g_u} = \frac{\underline{U}_1}{\underline{U}_2} = \underline{A}_{11} + \frac{\underline{A}_{12}}{\underline{Z}_{w2}} = \underline{A}_{11} + \sqrt{\frac{\underline{A}_{12} \cdot \underline{A}_{21} \cdot \underline{A}_{11}}{\underline{A}_{22}}} \qquad (10.105)$$

$$e^{g_i} = \frac{\underline{I}_1}{-\underline{I}_2} = \underline{A}_{22} + \underline{A}_{21} \cdot \underline{Z}_{w2} = \underline{A}_{22} + \sqrt{\frac{\underline{A}_{12} \cdot \underline{A}_{21} \cdot \underline{A}_{22}}{\underline{A}_{11}}} \qquad (10.106)$$

$$e^{2g} = \left(\underline{A}_{11} + \sqrt{\frac{\underline{A}_{12} \cdot \underline{A}_{21} \cdot \underline{A}_{11}}{\underline{A}_{22}}} \right) \cdot \left(\underline{A}_{22} + \sqrt{\frac{\underline{A}_{12} \cdot \underline{A}_{21} \cdot \underline{A}_{22}}{\underline{A}_{11}}} \right)$$

$$e^{2g} = \underline{A}_{11} \cdot \underline{A}_{22} + \sqrt{\underline{A}_{11}^{\ 2} \cdot \frac{\underline{A}_{12} \cdot \underline{A}_{21} \cdot \underline{A}_{22}}{\underline{A}_{11}}} + \sqrt{\underline{A}_{22}^{\ 2} \cdot \frac{\underline{A}_{12} \cdot \underline{A}_{21} \cdot \underline{A}_{11}}{\underline{A}_{22}}} +$$

$$+ \sqrt{\frac{\underline{A}_{12}^{\ 2} \cdot \underline{A}_{21}^{\ 2} \cdot \underline{A}_{11} \cdot \underline{A}_{22}}{\underline{A}_{11} \cdot \underline{A}_{22}}}$$

$$e^{2g} = \left(\sqrt{\underline{A}_{11} \cdot \underline{A}_{22}}\right)^2 + 2 \cdot \sqrt{\underline{A}_{11} \cdot \underline{A}_{22} \cdot \underline{A}_{12} \cdot \underline{A}_{21}} + \left(\sqrt{\underline{A}_{12} \cdot \underline{A}_{21}}\right)^2$$

$$e^g = \sqrt{\underline{A}_{11} \cdot \underline{A}_{22}} + \sqrt{\underline{A}_{12} \cdot \underline{A}_{21}} \qquad (10.107)$$

$$g = a + j \cdot b = \ln\left(\sqrt{\underline{A}_{11} \cdot \underline{A}_{22}} + \sqrt{\underline{A}_{12} \cdot \underline{A}_{21}}\right). \qquad (10.108)$$

Für passive Vierpole ist das Dämpfungsmaß positiv, a > 0, weil das Spannungs- und Stromverhältnis jeweils größer 1 und der natürliche Logarithmus positiv sein muss:

$$e^{2g} = \frac{\underline{U}_1}{\underline{U}_2} \cdot \frac{\underline{I}_1}{-\underline{I}_2} = \frac{U_1}{U_2} \cdot \frac{I_1}{I_2} \cdot \frac{e^{j(\varphi_{u1}+\varphi_{i1})}}{e^{j(\varphi_{u2}+\varphi_{i2}+\pi)}} = e^{2a} \cdot e^{j \cdot 2b}$$

$$e^{2a} = \frac{U_1}{U_2} \cdot \frac{I_1}{I_2}$$

bzw.

$$a = \frac{1}{2} \cdot \ln\left(\frac{U_1}{U_2} \cdot \frac{I_1}{I_2}\right). \qquad (10.109)$$

Übertragungsmaß symmetrischer passiver Vierpole

Für symmetrische Vierpole vereinfachen sich mit den Bedingungsgleichungen für symmetrische Vierpole nach S. 222 mit det $\underline{A} = 1$ und $\underline{A}_{11} = \underline{A}_{22}$ die Formeln für das Übertragungsmaß:

$$e^g = \underline{A}_{11} + \sqrt{\underline{A}_{12} \cdot \underline{A}_{21}} = \underline{A}_{11} + \sqrt{\underline{A}_{11}^2 - 1} \qquad (10.110)$$

$$g = a + j \cdot b = \ln\left(\underline{A}_{11} + \sqrt{\underline{A}_{12} \cdot \underline{A}_{21}}\right) = \ln\left(\underline{A}_{11} + \sqrt{\underline{A}_{11}^2 - 1}\right). \qquad (10.111)$$

Das mittlere Wellenübertragungsmaß g ist gleich dem Spannungs- und Strom-Wellenübertragungsmaß (vgl. Gln. (10.105) und (10.106) mit $\underline{A}_{11} = \underline{A}_{22}$):

$$g = g_u = g_i = \ln\frac{\underline{U}_1}{\underline{U}_2} = \ln\frac{\underline{I}_1}{-\underline{I}_2}$$

$$\text{mit} \quad a = \ln\frac{U_1}{U_2} = \ln\frac{I_1}{I_2}$$

Beispiel:

Für einen unbekannten passiven symmetrischen Vierpol sind die komplexen Leerlauf- und Kurzschlusswiderstände messtechnisch bestimmt:

$$\underline{Z}_l = (40,0 + j \cdot 56,57)\Omega = 69,28\,\Omega \cdot e^{j \cdot (54,7° + k \cdot 360°)}$$

$$\underline{Z}_k = (30,0 - j \cdot 42,43)\Omega = 51,96\,\Omega \cdot e^{-j \cdot (54,7° + k \cdot 360°)}$$

Berechnet werden sollen der Wellenwiderstand und das Dämpfungsmaß.

Lösung:

Nach Gl. (10.98) ist

$$\underline{Z}_w = \sqrt{\underline{Z}_l \cdot \underline{Z}_k} = \sqrt{69,28 \cdot 51,96}\ \Omega = 60\Omega$$

und nach Gl. (10.104) ist das Dämpfungsmaß

$$a = \mathrm{Re}\{g\}$$

mit $\quad g = \ln\left(\underline{A}_{11} + \sqrt{\underline{A}_{11}^{\,2} - 1}\right)\quad$ nach Gl. (10.111)

mit $\quad \underline{A}_{11} = \sqrt{\dfrac{\underline{Z}_l}{\underline{Z}_l - \underline{Z}_k}}\quad$ nach Gl. (10.99)

$$g = \ln\left[\sqrt{\frac{\underline{Z}_l}{\underline{Z}_l - \underline{Z}_k}} + \sqrt{\frac{\underline{Z}_l}{\underline{Z}_l - \underline{Z}_k} - 1}\right]$$

$$g = \ln\left[\frac{\sqrt{\underline{Z}_l}}{\sqrt{\underline{Z}_l - \underline{Z}_k}} + \frac{\sqrt{\underline{Z}_l - \underline{Z}_l + \underline{Z}_k}}{\sqrt{\underline{Z}_l - \underline{Z}_k}}\right] = \ln\frac{\sqrt{\underline{Z}_l} + \sqrt{\underline{Z}_k}}{\sqrt{\underline{Z}_l - \underline{Z}_k}}$$

$$a = \ln\frac{\left|\sqrt{\underline{Z}_l} + \sqrt{\underline{Z}_k}\right|}{\left|\sqrt{\underline{Z}_l - \underline{Z}_k}\right|} \tag{10.112}$$

und mit Zahlenwerten:

$$\sqrt{\underline{Z}_l} = \sqrt{69,28\,\Omega} \cdot e^{j \cdot \frac{54,7° + k\,360°}{2}} = \pm(7,39 + j \cdot 3,83)\sqrt{\Omega}$$

$$\sqrt{\underline{Z}_k} = \sqrt{51,96\,\Omega} \cdot e^{j \cdot \frac{-54,7° + k\,360°}{2}} = \pm(6,40 - j \cdot 3,31)\sqrt{\Omega}$$

$$\sqrt{\underline{Z}_l} + \sqrt{\underline{Z}_k} = \begin{cases} \pm(13,79 + j \cdot 0,52)\sqrt{\Omega} \\ \pm\,(0,99 + j \cdot 7,14)\sqrt{\Omega} \end{cases}$$

$$\left|\sqrt{\underline{Z}_l} + \sqrt{\underline{Z}_k}\right| = \begin{cases} 13,8\sqrt{\Omega} \\ 7,21\sqrt{\Omega} \end{cases}$$

$$\underline{Z}_l - \underline{Z}_k = (40 + j \cdot 56,57)\Omega - (30 - j \cdot 42,43)\Omega$$

$$\underline{Z}_l - \underline{Z}_k = (10 + j \cdot 99)\Omega = 99,5\Omega \cdot e^{j \cdot (84,23° + k\,360°)}$$

$$\left|\sqrt{\underline{Z}_l - \underline{Z}_k}\right| = \sqrt{99,5\Omega} = 9,97\sqrt{\Omega}$$

$$a_1 = \ln\frac{13,8\sqrt{\Omega}}{9,97\sqrt{\Omega}} = \ln 1,384 = +0,325$$

$$a_2 = \ln\frac{7,21\sqrt{\Omega}}{9,97\sqrt{\Omega}} = \ln 0,723 = -0,325 < 0\ ,\ \text{entfällt.}$$

d. h.

$$\frac{U_1}{U_2} = \frac{I_1}{I_2} = 1,384 \quad\text{oder}\quad \frac{U_2}{U_1} = \frac{I_2}{I_1} = 0,722$$

Übungsaufgaben zu den Abschnitten 10.1 bis 10.9

10.1   1. Mit Hilfe der Kirchhoffschen Sätze sind die $\underline{Z}$-Parameter der gezeichneten T-Schaltung zu berechnen.
  2. Kontrollieren Sie die Ergebnisse mit den Angaben im Abschnitt 10.3.
  3. Ist der passive Vierpol ein spezieller Vierpol nach Abschnitt 10.6?

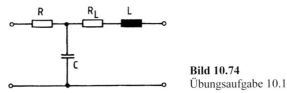

Bild 10.74
Übungsaufgabe 10.1

10.2   1. Berechnen Sie für die gezeichnete π-Schaltung die $\underline{Y}$-Parameter nach den Definitionsgleichungen des Abschnitts 10.2.
  2. Kontrollieren Sie die Ergebnisse mit den Angaben des Abschnitts 10.3.

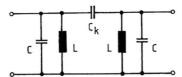

Bild 10.75
Übungsaufgabe 10.2

10.3   Für den gezeichneten passiven Vierpol ist die T-Ersatzschaltung für eine bestimmte Resonanzfrequenz gesucht.

  1. Berechnen Sie die Ersatzschaltelemente der T-Ersatzschaltung mit Hilfe der Definitionsgleichungen des Abschnitts 10.2, wobei Sie folgende Bedingungen berücksichtigen:

$$L_1 = \frac{L_2}{2} = \frac{L_3}{2} = L \quad \text{und} \quad \omega L = \frac{1}{\omega C}$$

  2. Stellen Sie das realisierbare Ersatzschaltbild dar.

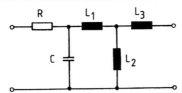

Bild 10.76
Übungsaufgabe 10.3

10.4   1. Entwickeln Sie für das HF-Ersatzschaltbild eines MOSFET-Transistors (Bild 10.24) die Formel für die Spannungsübersetzung vorwärts, wobei Sie das Ersatzschaltbild als π-Ersatzschaltung auffassen.
  2. Bestätigen Sie das Ergebnis mit Hilfe der Kirchhoffschen Sätze.

10.5   1. Für die gezeichnete RC-Schaltung ist die Spannungsübersetzung vorwärts in Form eines algebraischen Operators zu berechnen.
  2. Kontrollieren Sie das Ergebnis mit Hilfe der Symbolischen Methode.
  3. Bei welcher Kreisfrequenz ω ist die Spannungsübersetzung vorwärts reell?
  4. Wie groß ist bei dieser Frequenz die Spannungsübersetzung, wenn die ohmschen Widerstände und die Kapazitäten gleich sind?

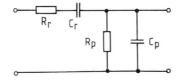

Bild 10.77
Übungsaufgabe 10.5

10.6   Für die gezeichnete Empfangsantenne soll das Leerlauf- und Kurzschlussverhalten beschrieben werden.

1. Geben Sie die Vierpolschaltung der Antenne an.
2. Ermitteln Sie die Leerlaufspannungsübersetzung und den Kurzschlusseingangswiderstand.
3. Wie ändern sich die Formeln für die Spannungsübersetzung und den Eingangswiderstand, wenn an die Antenne eine Leitung mit dem Ersatzwiderstand R angeschlossen wird?

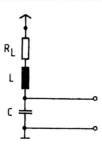

Bild 10.78
Übungsaufgabe 10.6

10.7   Die Leerlaufspannungsübersetzung des Differenziergliedes und des Integriergliedes ist prinzipiell nach der gleichen Formel zu berechnen:

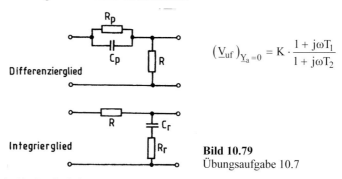

$$\left(\underline{V}_{uf}\right)_{\underline{Y}_a=0} = K \cdot \frac{1 + j\omega T_1}{1 + j\omega T_2}$$

Bild 10.79
Übungsaufgabe 10.7

1. Ermitteln Sie für die beiden Vierpole die $\underline{A}$-Parameter.
2. Berechnen Sie dann für die beiden Vierpole die Leerlaufspannungsübersetzung und damit jeweils K, T_1 und T_2.
3. Ermitteln Sie schließlich $\underline{V}_{uf}$ bei Leerlauf für reine RC-Glieder, indem Sie bei dem Differenzierglied $R_p \to \infty$ und bei dem Integrierglied $R_r = 0$ setzen.

10.8   Fassen Sie die gezeichnete überbrückte T-Schaltung (Brücken-T-Vierpol) als Zusammenschaltung zweier Vierpole auf.

1. Geben Sie die Vierpolzusammenschaltung an.
2. Errechnen Sie die Vierpolparameter der Gesamtschaltung aus den Parametern der Einzelvierpole.
3. Entwickeln Sie die Formel für die Leerlaufspannungsübersetzung vorwärts in Abhängigkeit von R, L und C.

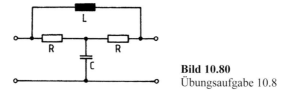

Bild 10.80
Übungsaufgabe 10.8

10.9 Es ist nachzuweisen, dass die gezeichnete symmetrische X-Schaltung ein phasendrehender Vierpol ist.

1. Ermitteln Sie Betrag und Phase der Leerlaufspannungsübersetzung.

Bild 10.81
Übungsaufgabe 10.9

2. Führen Sie in die Gleichung für die Phase $\omega_0 = 1/RC$ ein, berechnen Sie Phasenwerte für $\omega/\omega_0 = 0$ 0,25 0,5 0,75 1 4/3 2 4 und ∞, und stellen Sie die Funktion $\varphi = f(\omega/\omega_0)$ für $0 \geq \varphi \geq 180°$ dar.
Es gilt: $\arctan(-x) = -\arctan x$.

10.10 1. Stellen Sie das gezeichnete Doppel-T-RC-Glied (Hoch- und Tiefpass) als Vierpolzusammenschaltung dar.
Um welche Zusammenschaltung handelt es sich?
Wie lassen sich die Parameter des Vierpols prinzipiell ermitteln?

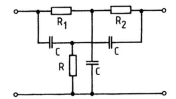

Bild 10.82
Übungsaufgabe 10.10

2. Die Vierpolelemente R_1, R_2, R und C sollen so dimensioniert werden, dass bei einer bestimmten Kreisfrequenz ω_0 die Spannungsübersetzung vorwärts zu Null wird. Es ist also von dem Vierpol nur der Vierpolparameter zu berechnen und Null zu setzen, der diese Forderung erfüllt. Geben Sie die Dimensionierungsgleichung für ω_0 und R in Abhängigkeit von R_1, R_2 und C an.

10.11 1. Für die gezeichnete RC-Phasenkette ist die Leerlaufspannungsübersetzung zu ermitteln.
2. Ermitteln Sie die Kreisfrequenzen, bei denen die Spannungsübersetzung reell und imaginär ist.

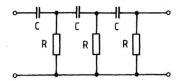

Bild 10.83
Übungsaufgabe 10.11

10.12 Ein Transistor BC 237 mit den Parametern

$$(h_e) = \begin{pmatrix} 2,7\text{k}\Omega & 1,5 \cdot 10^{-4} \\ 220 & 18\mu\text{S} \end{pmatrix}$$

wird auf unterschiedliche Weise in Rückkopplungsschaltungen verwendet, für die jeweils die Betriebskenngrößen Eingangswiderstand, Ausgangswiderstand und Spannungsübersetzung gesucht sind.

1. Geben Sie an, um welche Rückkopplungsschaltungen es sich bei den drei Transistorstufen handelt.

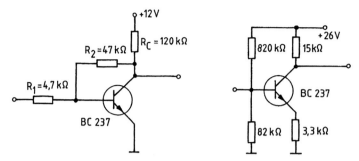

Bild 10.84 Übungsaufgabe 10.12   **Bild 10.85** Übungsaufgabe 10.12

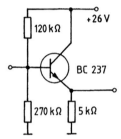

Bild 10.86
Übungsaufgabe 10.12

2. Für die im Bild 10.84 gezeichnete Transistorstufe sollen zunächst die Vierpolparameter und dann die Betriebskenngrößen berechnet werden.
3. Die Vierpolparameter und die Betriebskenngrößen sind dann für die Transistorstufe im Bild 10.85 zu berechnen.
4. Für die im Bild 10.86 gezeichnete Transistorschaltung sind nur die Betriebskenngrößen zu berechnen. Welche Anwendung ergibt sich aus den berechneten Ergebnissen?

10.13 Die im Bild 10.87 gezeichnete Phasenumkehrstufe ist als rückgekoppelter Transistor in Emitterschaltung zu behandeln.
  1. Geben Sie die Vierpolzusammenschaltung an.
  2. Entwickeln Sie allgemein die Formeln für die Vierpolparameter der Gesamtschaltung.
  3. Berechnen Sie mit $R_1 = R_2 = 10k\Omega$ und den h_e-Parametern des Transistors die Spannungsverstärkung der Phasenumkehrstufe.

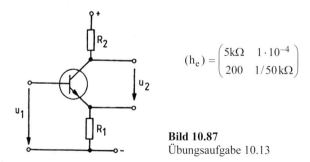

$$(h_e) = \begin{pmatrix} 5k\Omega & 1 \cdot 10^{-4} \\ 200 & 1/50\,k\Omega \end{pmatrix}$$

Bild 10.87
Übungsaufgabe 10.13

10.14 Zwei Transistoren gleichen Typs sind, wie im Bild 10.88 gezeichnet, zusammengeschaltet.

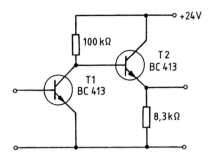

Bild 10.88
Übungsaufgabe 10.14

Die h_e-Parameter der Transistoren sind gegeben:

$$(h_e) = \begin{pmatrix} 4{,}5\text{k}\Omega & 2 \cdot 10^{-4} \\ 330 & 30\mu S \end{pmatrix}$$

1. Stellen Sie die Zusammenschaltung der Vierpole dar, und berechnen Sie die Vierpolparameter mit den angegebenen Zahlenwerten.
2. Berechnen Sie die Spannungsübersetzung des Verstärkers.

10.15 1. Wie im Bild 10.69 rechts dargestellt, lässt sich die Basisschaltung als Rückkopplungsschaltung eines Transistors in Emitterschaltung mit einem Umpoler auffassen, wobei der Eingang zusätzlich umgepolt wird.

   Entwickeln Sie die Formeln für die h_b-Parameter in Abhängigkeit von den h_e-Parametern, und vergleichen Sie die Ergebnisse mit den Gln. (10.85) bis (10.88).

2. Mit Hilfe der vollständigen Leitwertmatrix sind die Formeln für die h_c-Parameter in Abhängigkeit von den h_e-Parametern herzuleiten und die Ergebnisse mit den Gln. (10.77) bis (10.80) zu vergleichen.

10.16 1. Entwickeln Sie für den allgemeinen Γ-Vierpol II nach Abschnitt 10.3 die Formeln für die beiden Wellenwiderstände in Abhängigkeit von $\underline{Z}_1$ und $\underline{Z}_2$.
2. Berechnen Sie für den im Bild 10.89 gezeichneten Γ-Vierpol den Wellenwiderstand $\underline{Z}_{w1}$.
3. Bei welchen Kreisfrequenzen ω ist dieser Wellenwiderstand $\underline{Z}_{w1}$ gleich Null?

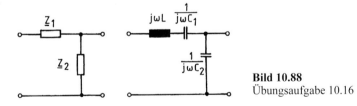

Bild 10.88
Übungsaufgabe 10.16

10.17 Bei der Widerstandsmessung am Eingang und Ausgang eines Vierpols ergeben sich die gleichen Leerlauf- und Kurzschlusswiderstände $\underline{Z}_l = 90\Omega$ und $\underline{Z}_k = 80\Omega$.

1. Dimensionieren Sie für diesen Vierpol eine T- und eine π-Ersatzschaltung.
2. Kontrollieren Sie die Ergebnisse mit Hilfe einer Stern-Dreieck-Transformation.

Anhang: Lösungen der Übungsaufgaben

8 Ausgleichsvorgänge in linearen Netzen

8.1

Zu 1. $u_L + (R_L + R_p) \cdot i_L = 0$

$$L \cdot \frac{di_L}{dt} + (R_L + R_p) \cdot i_L = 0 \qquad \text{mit} \quad u_L = L \cdot \frac{di_L}{dt}$$

$$i_{Le} = 0$$

$$i_{Lf} = K \cdot e^{-t/\tau} \qquad \text{mit} \quad \tau = \frac{L}{R_L + R_p}$$

für t = 0

$$i_L(0_-) = i_L(0_+) = i_{Le}(0_+) + i_{Lf}(0_+)$$

$$\frac{R_p \cdot U_q}{R_i(R_L + R_p) + R_L R_p} = 0 + K$$

weil für t < 0:

$$\frac{i_L}{i} = \frac{R_p}{R_L + R_p}$$

$$\text{mit} \quad i = \frac{U_q}{R_i + \dfrac{R_L R_p}{R_L + R_p}}$$

$$i_L = \frac{U_q}{R_i + \dfrac{R_L R_p}{R_L + R_p}} \cdot \frac{R_p}{R_L + R_p}$$

$$i_L = \frac{R_p \cdot U_q}{R_i(R_L + R_p) + R_L R_p}$$

$$i_{Lf} = \frac{R_p \cdot U_q}{R_i(R_L + R_p) + R_L R_p} \cdot e^{-t/\tau}$$

$$i_{Lf} = \frac{U_q}{R_i \dfrac{R_L + R_p}{R_p} + R_L} \cdot e^{-t/\tau}$$

$$i_L = i_{Lf} = \frac{U_q}{R_i \cdot \left(1 + \dfrac{R_L}{R_p}\right) + R_L} \cdot e^{-t/\tau}$$

$$u_L = L \cdot \frac{di_L}{dt} = \frac{L \cdot U_q}{R_i \dfrac{R_L + R_p}{R_p} + R_L} \cdot \left(-\frac{1}{\tau}\right) \cdot e^{-t/\tau}$$

$$u_L = -\frac{L \cdot U_q}{R_i \dfrac{R_L + R_p}{R_p} + R_L} \cdot \frac{R_L + R_p}{L} \cdot e^{-t/\tau}$$

$$u_L = -\frac{U_q}{\dfrac{R_i}{R_p} + \dfrac{R_L}{R_L + R_p}} \cdot e^{-t/\tau}$$

Zu2. $R_i = 0$:

$$i_L = \frac{U_q}{R_L} \cdot e^{-t/\tau}$$

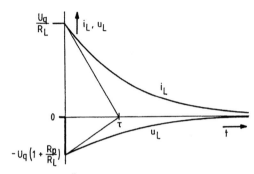

$$u_L = -U_q \cdot \frac{R_L + R_p}{R_L} \cdot e^{-t/\tau}$$

$$u_L = -U_q \cdot \left(1 + \frac{R_p}{R_L}\right) \cdot e^{-t/\tau}$$

Bild A-140 Übungsaufgabe 8.1

8.2

Zu 1. $U = u_L + (R_L + R) \cdot i$

$$U = L \cdot \frac{di}{dt} + (R_L + R) \cdot i \qquad\qquad \text{mit } u_L = L \cdot \frac{di}{dt}$$

$$i_e = \frac{U}{R_L + R}$$

$$0 = L \cdot \frac{di_f}{dt} + (R_L + R) \cdot i_f$$

$$i_f = K \cdot e^{-t/\tau} \quad \text{mit} \quad \tau = \frac{L}{R_L + R}$$

für $t = 0$:

$$i(0_-) = i(0_+) = i_e(0_+) + i_f(0_+)$$

$$\frac{U}{R_L} = \frac{U}{R_L + R} + K \quad \text{d. h.} \quad K = \frac{U}{R_L} - \frac{U}{R_L + R}$$

$$i_f = U \cdot \left(\frac{1}{R_L} - \frac{1}{R_L + R}\right) \cdot e^{-t/\tau}$$

$$i = i_e + i_f = \frac{U}{R_L + R} + U \cdot \left(\frac{1}{R_L} - \frac{1}{R_L + R}\right) \cdot e^{-t/\tau}$$

$$u_L = L \cdot \frac{di}{dt} = L \cdot U \cdot \left(\frac{1}{R_L} - \frac{1}{R_L + R} \right) \cdot e^{-t/\tau} \cdot \left(-\frac{1}{\tau} \right)$$

$$u_L = -L \cdot U \cdot \left(\frac{1}{R_L} - \frac{1}{R_L + R} \right) \cdot e^{-t/\tau} \cdot \frac{R_L + R}{L}$$

$$u_L = -U \cdot \left(\frac{R_L + R}{R_L} - 1 \right) \cdot e^{-t/\tau} = -U \cdot \frac{R}{R_L} \cdot e^{-t/\tau}$$

Zu 2. $U = u_L + R_L \cdot i$

$$U = L \cdot \frac{di}{dt} + R_L \cdot i \qquad\qquad\qquad \text{mit } \ u_L = L \cdot \frac{di}{dt}$$

$$i_e = \frac{U}{R_L}$$

$$0 = L \cdot \frac{di_f}{dt} + R_L \cdot i_f$$

$$i_f = K \cdot e^{-t/\tau} \quad \text{mit} \quad \tau = \frac{L}{R_L}$$

für t = 0:

$$i(0_-) = i(0_+) = i_e(0_+) + i_f(0_+)$$

$$\frac{U}{R_L + R} = \frac{U}{R_L} + K \quad \text{d. h.} \quad K = \frac{U}{R_L + R} - \frac{U}{R_L}$$

$$i_f = U \cdot \left(\frac{1}{R_L + R} - \frac{1}{R_L} \right) \cdot e^{-t/\tau}$$

$$i = i_e + i_f = \frac{U}{R_L} + U \cdot \left(\frac{1}{R_L + R} - \frac{1}{R_L} \right) \cdot e^{-t/\tau}$$

$$u_L = L \cdot \frac{di}{dt} = L \cdot U \cdot \left(\frac{1}{R_L + R} - \frac{1}{R_L} \right) \cdot e^{-t/\tau} \cdot \left(-\frac{1}{\tau} \right)$$

$$u_L = -L \cdot U \cdot \left(\frac{1}{R_L + R} - \frac{1}{R_L} \right) \cdot e^{-t/\tau} \cdot \frac{R_L}{L}$$

$$u_L = -U \cdot \left(\frac{R_L}{R_L + R} - 1 \right) \cdot e^{-t/\tau}$$

$$u_L = -U \cdot \frac{R_L - R_L - R}{R_L + R} \cdot e^{-t/\tau}$$

$$u_L = U \cdot \frac{R}{R_L + R} \cdot e^{-t/\tau}$$

Zu 3.   1. Öffnen des Schalters:

$$i = \frac{6V}{1,5k\Omega} + 6V \cdot \left(\frac{1}{500\Omega} - \frac{1}{1,5k\Omega} \right) \cdot e^{-t/\tau} = 4mA + 8mA \cdot e^{-t/\tau}$$

$$u_L = -6V \cdot \frac{1k\Omega}{500\Omega} \cdot e^{-t/\tau} = -12V \cdot e^{-t/\tau} \quad \text{mit} \quad \tau = \frac{1,2H}{1,5k\Omega} = 0,8ms$$

2. Schließen des Schalters:

$$i = \frac{6V}{500\Omega} + 6V \cdot \left(\frac{1}{1,5k\Omega} - \frac{1}{500\Omega} \right) \cdot e^{-t/\tau} = 12mA - 8mA \cdot e^{-t/\tau}$$

$$u_L = 6V \cdot \frac{1k\Omega}{1,5k\Omega} = 4V \cdot e^{-t/\tau} \quad \text{mit} \quad \tau = \frac{1,2H}{500\Omega} = 2,4ms$$

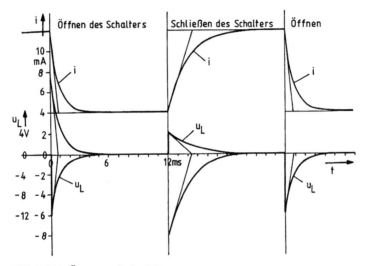

Bild A-141 Übungsaufgabe 8.2

8.3

Zu 1. $U = (R_1 + R_2) \cdot i + u_C$

$$U = (R_1 + R_2) \cdot C \cdot \frac{du_C}{dt} + u_C \quad \text{mit} \quad i = C \cdot \frac{du_C}{dt}$$

$$u_{Ce} = U$$

$$0 = (R_1 + R_2) \cdot C \cdot \frac{du_{Cf}}{dt} + u_{Cf}$$

$$u_{Cf} = K \cdot e^{-t/\tau} \quad \text{mit} \quad \tau = (R_1 + R_2) \cdot C$$

für t = 0:

$$u_C(0_-) = u_C(0_+) = u_{Ce}(0_+) + u_{Cf}(0_+)$$

$$0 = U + K \quad \text{d. h.} \quad K = -U$$

$$u_{Cf} = -U \cdot e^{-t/\tau}$$

$$u_C = u_{Ce} + u_{Cf} = U - U \cdot e^{-t/\tau} = U \cdot (1 - e^{-t/\tau})$$

Zu 2. $u_2 = R_2 \cdot i + u_C$

$$\text{mit}\quad i = C \cdot \frac{du_C}{dt} = U \cdot C \cdot \left(-e^{-t/\tau}\right) \cdot \left(-\frac{1}{\tau}\right)$$

$$i = \frac{U \cdot C}{(R_1 + R_2) \cdot C} \cdot e^{-t/\tau} = \frac{U}{R_1 + R_2} \cdot e^{-t/\tau}$$

$$u_2 = \frac{R_2}{R_1 + R_2} \cdot U \cdot e^{-t/\tau} + U \cdot \left(1 - e^{-t/\tau}\right)$$

$$u_2 = U \cdot \left[1 + \left(\frac{R_2}{R_1 + R_2} - 1\right) \cdot e^{-t/\tau}\right]$$

$$u_2 = U \cdot \left[1 + \frac{R_2 - R_1 - R_2}{R_1 + R_2} \cdot e^{-t/\tau}\right]$$

$$u_2 = U \cdot \left[1 - \frac{R_1}{R_1 + R_2} \cdot e^{-t/\tau}\right]$$

$t = 0$:

$$u_2 = U \cdot \left[1 - \frac{R_1}{R_1 + R_2}\right]$$

$$u_2 = U \cdot \frac{R_1 + R_2 - R_1}{R_1 + R_2}$$

$$u_2 = \frac{R_2}{R_1 + R_2} \cdot U$$

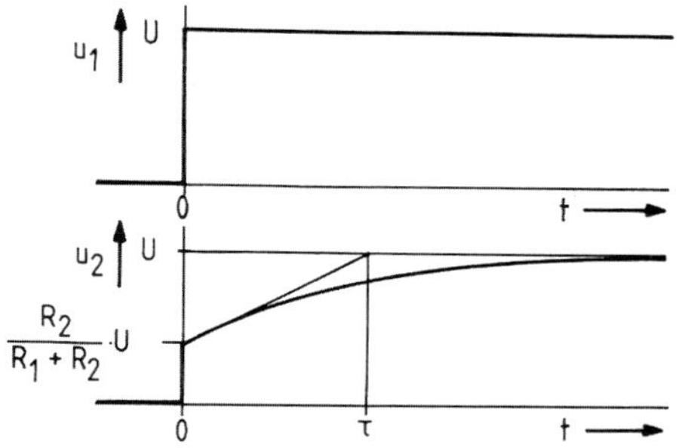

Bild A-142 Übungsaufgabe 8.3

8.4

Zu 1. $u_R + u_C = u$

$$R \cdot i + u_C = \hat{u} \cdot \sin(\omega t + \varphi_u)$$

$$\text{mit}\quad i = i_R + i_C = \frac{u_C}{R_C} + C \cdot \frac{du_C}{dt}$$

$$R \cdot \left(\frac{u_C}{R_C} + C \cdot \frac{du_C}{dt}\right) + u_C = \hat{u} \cdot \sin(\omega t + \varphi_u)$$

$$RC \cdot \frac{du_C}{dt} + \left(\frac{R}{R_C} + 1\right) \cdot u_C = \hat{u} \cdot \sin(\omega t + \varphi_u)$$

Differentialgleichung für den eingeschwungenen Vorgang:

$$RC \cdot \frac{du_{Ce}}{dt} + \left(\frac{R}{R_C} + 1\right) \cdot u_{Ce} = \hat{u} \cdot \sin(\omega t + \varphi_u)$$

algebraische Gleichung:

$$RC \cdot j\omega \cdot \underline{u}_{Ce} + \left(\frac{R}{R_C} + 1 \right) \cdot \underline{u}_{Ce} = \hat{u} \cdot e^{j(\omega t + \varphi_u)}$$

Lösung der algebraischen Gleichung:

$$\underline{u}_{Ce} = \frac{\hat{u} \cdot e^{j(\omega t + \varphi_u)}}{\left(\dfrac{R}{R_C} + 1 \right) + j\omega RC} = \frac{\hat{u} \cdot e^{j(\omega t + \varphi_u - \varphi)}}{\sqrt{\left(\dfrac{R}{R_C} + 1 \right)^2 + (\omega RC)^2}} = \frac{\hat{u}}{V_u} \cdot e^{j(\omega t + \varphi_u - \varphi)}$$

und in den Zeitbereich rücktransformiert:

$$u_{Ce} = \frac{\hat{u}}{V_u} \cdot \sin(\omega t + \varphi_u - \varphi) = \hat{u}_{Ce} \cdot \sin(\omega t + \varphi_{ue})$$

$$\text{mit} \quad V_u = \sqrt{\left(\frac{R}{R_C} + 1 \right)^2 + (\omega RC)^2} \quad \text{und} \quad \varphi = \arctan \frac{\omega RC}{\dfrac{R}{R_C} + 1}$$

Die eingeschwungene Kondensatorspannung hat also die Amplitude $\hat{u}_{Ce}$ und den Anfangsphasen-winkel φ_{ue}:

$$\hat{u}_{Ce} = \frac{\hat{u}}{V_u} \quad \text{und} \quad \varphi_{ue} = \varphi_u - \varphi = \varphi_u - \arctan \frac{\omega RC}{\dfrac{R}{R_C} + 1}$$

Differentialgleichung für den flüchtigen Vorgang:

$$RC \cdot \frac{du_{Cf}}{dt} + \left(\frac{R}{R_C} + 1 \right) \cdot u_{Cf} = 0$$

$$u_{Cf} = K \cdot e^{-t/\tau} \quad \text{mit} \quad \tau = \frac{RC}{\dfrac{R}{R_C} + 1}$$

Konstantenbestimmung:

$$u_C(0_-) = u_C(0_+) = u_{Ce}(0_+) + u_{Cf}(0_+)$$

$$0 = \frac{\hat{u}}{V_u} \cdot \sin(\varphi_u - \varphi) + K, \quad \text{d. h.} \quad K = -\frac{\hat{u}}{V_u} \cdot \sin(\varphi_u - \varphi)$$

$$u_{Cf} = -\frac{\hat{u}}{V_u} \cdot \sin(\varphi_u - \varphi) \cdot e^{-t/\tau} = -\frac{\hat{u}}{V_u} \cdot \sin\varphi_{ue} \cdot e^{-t/\tau}$$

Überlagerung:

$$u_C = u_{Ce} + u_{Cf} = \frac{\hat{u}}{V_u} \cdot \left[\sin(\omega t + \varphi_u - \varphi) - \sin(\varphi_u - \varphi) \cdot e^{-t/\tau} \right]$$

$$u_C = \frac{\hat{u} \cdot \left[\sin(\omega t + \varphi_u - \varphi) - \sin(\varphi_u - \varphi) \cdot e^{-t/\tau} \right]}{\sqrt{\left(\dfrac{R}{R_C} + 1 \right)^2 + (\omega RC)^2}}$$

Zu 2. $\hat{u}_{Ce} = \dfrac{\hat{u}}{V_u} = \dfrac{\sqrt{2} \cdot 220V}{\sqrt{\left(\dfrac{1k\Omega}{10k\Omega} + 1\right)^2 + \left(2\,\pi \cdot 500s^{-1} \cdot 1k\Omega \cdot 1\mu F\right)^2}} = 93,47V$

$\varphi_{ue} = \varphi_u - \varphi = 185° - \arctan \dfrac{2\pi \cdot 500s^{-1} \cdot 1k\Omega \cdot 1\mu F}{\dfrac{1k\Omega}{10k\Omega} + 1}$

$\varphi_{ue} = 185° - 70,7° = 114,3° \;\hat{=}\; (3,23 - 1,23)\,rad = 2,0\,rad$

$u_{Cf} = -\dfrac{\hat{u}}{V_u} \cdot \sin \varphi_{ue} \cdot e^{-\omega t / \omega\tau} = -93,47V \cdot \sin 114,3° \cdot e^{-\omega t / \omega\tau}$

$u_{Cf} = -85,2V \cdot e^{-\dfrac{\omega t}{2,8\,rad}}$ mit $\omega\tau = 2\pi \cdot 500s^{-1} \cdot \dfrac{1k\Omega \cdot 1\mu F}{1,1} = 2,86\,rad$

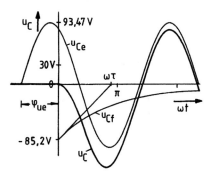

Bild A-143
Übungsaufgabe 8.4

8.5

Zu 1.   Differentialgleichungen ab t = 0

für die Spannung u_C:

$u_R + u_L + u_C = 0$

$R \cdot i + L \cdot \dfrac{di}{dt} + u_C = 0$

mit $\;i = C \cdot \dfrac{du_C}{dt}$

und $\;\dfrac{di}{dt} = C \cdot \dfrac{d^2u_C}{dt^2}$

$R \cdot C \cdot \dfrac{du_C}{dt} + L \cdot C \cdot \dfrac{d^2u_C}{dt^2} + u_C = 0$

$\dfrac{d^2u_C}{dt^2} + \dfrac{R}{L} \cdot \dfrac{du_C}{dt} + \dfrac{1}{L \cdot C} \cdot u_C = 0$

$u_{Ce} = 0$

für den Strom i:

$u_R + u_L + u_C = 0$

$R \cdot i + L \cdot \dfrac{di}{dt} + u_C = 0$

mit $\;i = \dfrac{1}{C} \cdot \int i \cdot dt$

$R \cdot i + L \cdot \dfrac{di}{dt} + \dfrac{1}{C} \cdot \int i \cdot dt = 0$

$R \cdot \dfrac{di}{dt} + L \cdot \dfrac{d^2i}{dt^2} + \dfrac{1}{C} \cdot i = 0$

$\dfrac{d^2i}{dt^2} + \dfrac{R}{L} \cdot \dfrac{di}{dt} + \dfrac{1}{L \cdot C} \cdot i = 0$

$i_e = 0$

Zu 2.

Die Differentialgleichungen sind identisch mit den Differentialgleichungen der Entladung eines Kondensators mittels Spule im Abschnitt 8.2.4, Gln. (8.34) und (8.35). Deshalb kann die weitere Rechnung dort eingesehen und deren Ergebnisse übernommen werden:

für $\lambda_1 \neq \lambda_2$:

$$u_C = u_{Cf} = K_1 \cdot e^{\lambda_1 t} + K_2 \cdot e^{\lambda_2 t} \qquad \text{(siehe Gl. (8.41))}$$

$$i = i_f = C \cdot (K_1 \cdot \lambda_1 \cdot e^{\lambda_1 t} + K_2 \cdot \lambda_2 \cdot e^{\lambda_2 t}) \qquad \text{(siehe Gl. (8.42))}$$

$$\text{mit} \quad \lambda_{1,2} = -\frac{R}{2L} \pm \sqrt{\left(\frac{R}{2L}\right)^2 - \frac{1}{LC}} = -\delta \pm \sqrt{\delta^2 - \omega_0^2} = -\delta \pm \kappa = -\delta \pm j\omega$$

für $\lambda_1 = \lambda_2 = \lambda$:

$$u_C = u_{Cf} = (K_1 + K_2 \cdot t) \cdot e^{\lambda t} \qquad \text{(siehe Gl. (8.43))}$$

$$i = i_f = C \cdot (K_2 + \lambda \cdot K_1 + \lambda \cdot K_2 \cdot t) \cdot e^{\lambda t} \qquad \text{(siehe Gl. (8.44))}$$

$$\text{mit} \quad \lambda_1 = \lambda_2 = \lambda = -\frac{R}{2L} = -\delta = -\omega_0$$

Konstantenbestimmung mit den Anfangswerten:

für $\lambda_1 \neq \lambda_2$:

$$u_C(0_-) = u_C(0_+) = u_{Ce}(0_+) + u_{Cf}(0_+) \qquad\qquad i(0_-) = i(0_+) = i_e(0_+) + i_f(0_+)$$

$$\frac{U_q}{R + R_i} \cdot R = 0 + K_1 + K_2 \qquad\qquad -\frac{U_q}{R + R_i} = 0 + C \cdot (K_1 \cdot \lambda_1 + K_2 \cdot \lambda_2)$$

$$\left.\begin{array}{l} -\left(\dfrac{U_q \cdot R}{R + R_i}\lambda_2 = K_1 \cdot \lambda_2 + K_2 \cdot \lambda_2\right) \\[2mm] -\dfrac{U_q}{(R + R_i)C} = K_1 \cdot \lambda_1 + K_2 \cdot \lambda_2 \end{array}\right\}$$

$$\left.\begin{array}{l} \dfrac{U_q \cdot R}{R + R_i}\lambda_1 = K_1 \cdot \lambda_1 + K_2 \cdot \lambda_1 \\[2mm] -\left(-\dfrac{U_q}{(R + R_i)C} = K_1 \cdot \lambda_1 + K_2 \cdot \lambda_2\right) \end{array}\right\}$$

$$K_1 = -\frac{U_q}{(R + R_i)C} \cdot \frac{1 + \lambda_2 RC}{\lambda_1 - \lambda_2} \qquad\qquad K_2 = \frac{U_q}{(R + R_i)C} \cdot \frac{1 + \lambda_1 RC}{\lambda_1 - \lambda_2}$$

für $\lambda_1 = \lambda_2 = \lambda$:

$$u_C(0_-) = u_C(0_+) = u_{Ce}(0_+) + u_{Cf}(0_+) \qquad\qquad i(0_-) = i(0_+) = i_e(0_+) + i_f(0_+)$$

$$\frac{U_q}{R + R_i} \cdot R = 0 + K_1 + 0 \qquad\qquad -\frac{U_q}{R + R_i} = 0 + C \cdot (K_2 + \lambda \cdot K_1)$$

$$K_1 = \frac{U_q}{R + R_1} \cdot R \qquad\qquad K_2 = -\frac{U_q}{(R + R_i)C} - \lambda \cdot K_1$$

$$K_2 = -\frac{U_q}{(R + R_i)C} - \frac{\lambda \cdot U_q \cdot R}{R + R_i}$$

$$K_2 = -\frac{U_q}{(R + R_i)C} \cdot (1 + \lambda RC)$$

Einsetzen der Konstanten in die Lösungen:

für $\lambda_1 \neq \lambda_2$ (aperiodischer und periodischer Fall):

$$u_C = -\frac{U_q}{(R + R_i)\, C} \cdot \frac{1}{\lambda_1 - \lambda_2}\left[(1 + \lambda_2 RC)\cdot e^{\lambda_1 t} - (1 + \lambda_1 RC)\cdot e^{\lambda_2 t}\right]$$

$$i = -\frac{U_q}{(R + R_i)} \cdot \frac{1}{\lambda_1 - \lambda_2}\cdot\left[(1 + \lambda_2 RC)\cdot \lambda_1 \cdot e^{\lambda_1 t} - (1 + \lambda_1 RC)\cdot \lambda_2 \cdot e^{\lambda_2 t}\right]$$

aperiodischer Fall:

mit $\lambda_1 = -\delta + \kappa$ $\lambda_2 = -\delta - \kappa$

und $\lambda_1 - \lambda_2 = 2\kappa$ $\lambda_1 \cdot \lambda_2 = \delta^2 - \kappa^2 = \omega_0^2 = \dfrac{1}{LC}$

$$u_C = -\frac{U_q}{(R + R_i)\, C \cdot 2\kappa} \cdot \left[[1 + (-\delta - \kappa)RC]\cdot e^{(-\delta+\kappa)t} - [1 + (-\delta + \kappa)RC]\cdot e^{(-\delta-\kappa)t}\right]$$

$$u_C = -\frac{U_q}{(R + R_i)\, C} \cdot e^{-\delta t} \cdot \left[\frac{1 - \delta RC}{\kappa}\cdot\frac{e^{\kappa t} - e^{-\kappa t}}{2} - RC\cdot\frac{e^{\kappa t} + e^{-\kappa t}}{2}\right]$$

$$u_C = \frac{U_q \cdot R}{R + R_i} \cdot e^{-\delta t}\left[\frac{\delta - 1/RC}{\kappa}\cdot \sin h\,(\kappa t) + \cos h\,(\kappa t)\right]$$

$$u_C(\delta t) = \frac{U_q \cdot R}{R + R_i} \cdot e^{-\delta t}\left[\frac{\delta - 1/RC}{\kappa}\cdot \sin h\,\frac{\kappa}{\delta}(\delta t) + \cos h\,\frac{\kappa}{\delta}(\delta t)\right]$$

$$i = -\frac{U_q}{R + R_i} \cdot \frac{1}{2\kappa}\cdot\left[(\lambda_1 + \lambda_1\lambda_2 RC)\cdot e^{\lambda_1 t} - (\lambda_2 + \lambda_1\lambda_2 RC)\cdot e^{\lambda_2 t}\right]$$

$$i = -\frac{U_q}{R + R_i} \cdot \frac{1}{2\kappa}\cdot\left[\left(-\delta + \kappa + \frac{RC}{LC}\right)\cdot e^{(-\delta+\kappa)t} - \left(-\delta - \kappa + \frac{RC}{LC}\right)\cdot e^{(-\delta-\kappa)t}\right]$$

$$i = -\frac{U_q}{R + R_i} \cdot e^{-\delta t}\cdot\left[\left(\frac{-\delta + R/L}{\kappa}\cdot\frac{e^{\kappa t} - e^{-\kappa t}}{2} + \frac{e^{\kappa t} + e^{-\kappa t}}{2}\right)\right]$$

$$i = -\frac{U_q}{R + R_i} \cdot e^{-\delta t}\cdot\left[\frac{\delta}{\kappa}\cdot \sin h\,(\kappa t) + \cos h\,(\kappa t)\right]\qquad \text{mit } R/L = 2\delta$$

$$i(\delta t) = -\frac{U_q}{R + R_i} \cdot e^{-\delta t}\cdot\left[\frac{\delta}{\kappa}\cdot \sin h\,\frac{\kappa}{\delta}(\delta t) + \cos h\,\frac{\kappa}{\delta}(\delta t)\right]$$

periodischer Fall: $\lambda_1 = -\delta + j\omega$ $\lambda_2 = -\delta - j\omega$ d. h. $\kappa = j\omega$

$$u_C = \frac{U_q \cdot R}{R + R_i} \cdot e^{-\delta t}\cdot\left[\frac{\delta - 1/RC}{j\omega}\cdot \sin h\,(j\omega t) + \cos h\,(j\omega t)\right]$$

mit $\sin h\,(j\omega t) = j \cdot \sin \omega t$ und $\cos h\,(j\omega t) = \cos \omega t$

$$u_C = \frac{U_q \cdot R}{R + R_i} \cdot e^{-\delta t}\cdot\left[\frac{\delta - 1/RC}{\omega}\cdot \sin \omega t + \cos \omega t\right]$$

Wird diese Gleichung genauso umgewandelt wie die Gl. (8.70) in die Gl. (8.71), indem δ durch $\delta - 1/RC$ ersetzt wird, dann ergibt sich

$$u_C(\omega t) = \frac{U_q \cdot R}{R + R_i} \cdot \sqrt{\left(\frac{\delta - 1/RC}{\omega}\right)^2 + 1} \cdot e^{-\frac{\delta}{\omega}(\omega t)} \cdot \sin(\omega t + \varphi^*)$$

mit $\quad \varphi^* = \arctan \dfrac{\omega}{\delta - 1/RC}$

$$i = -\frac{U_q}{R + R_i} \cdot e^{-\delta t} \cdot \left[\frac{\delta}{j\omega} \cdot \sin h(j\omega t) + \cos h(j\omega t)\right]$$

mit $\quad \sin h(j\omega t) = j \cdot \sin \omega t \quad$ und $\quad \cos h(j\omega t) = \cos \omega t$

$$i = -\frac{U_q}{R + R_i} \cdot e^{-\delta t} \cdot \left[\frac{\delta}{\omega} \cdot \sin \omega t + \cos \omega t\right]$$

Bei gleicher Umformung wie die der Gl. (8.70) in die Gl. (8.71) ergibt sich

$$i(\omega t) = -\frac{U_q}{R + R_i} \cdot \sqrt{\left(\frac{\delta}{\omega}\right)^2 + 1} \cdot e^{-\frac{\delta}{\omega}(\omega t)} \cdot \sin(\omega t + \varphi)$$

mit $\quad \varphi = \arctan \dfrac{\omega}{\delta}$

für $\lambda_1 = \lambda_2 = \lambda$ (aperiodischer Grenzfall):

$$u_C = \frac{U_q \cdot R}{R + R_i} \cdot \left[1 - \frac{1 + \lambda RC}{RC} \cdot t\right] \cdot e^{\lambda t}$$

$$u_C = \frac{U_q \cdot R}{R + R_i} \cdot \left[1 + \left(\delta - \frac{1}{RC}\right) \cdot t\right] \cdot e^{-\delta t}$$

$$u_C(\delta t) = \frac{U_q \cdot R}{R + R_i} \cdot \left[1 + \left(1 - \frac{1}{\delta RC}\right) \cdot (\delta t)\right] \cdot e^{-\delta t}$$

$$i = -\frac{U_q}{R + R_i} \cdot \left[(1 + \lambda RC) - \lambda RC + \lambda \cdot (1 + \lambda RC) \cdot t\right] \cdot e^{\lambda t}$$

$$i = -\frac{U_q}{R + R_i} \cdot \left[1 + (\lambda + \lambda^2 \cdot RC) \cdot t\right] \cdot e^{\lambda t}$$

$$i = -\frac{U_q}{R + R_i} \cdot \left[1 + \left(-\delta + \frac{RC}{LC}\right) \cdot t\right] \cdot e^{-\delta t} \quad \text{mit } \lambda^2 = \omega_0^2 = \frac{1}{LC}$$

$$i = -\frac{U_q}{R + R_i} \cdot \left[1 + (-\delta + 2\delta) \cdot t\right] \cdot e^{-\delta t} \qquad \text{mit } \frac{R}{L} = 2\delta$$

$$i(\delta t) = -\frac{U_q}{R + R_i} \cdot \left[1 + (\delta t)\right] \cdot e^{-\delta t}$$

8.6

Zu 1.

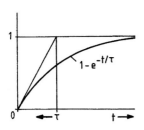

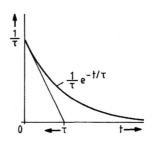

Bild A-144 Übungsaufgabe 8.6
Je kleiner die Zeitkonstante τ wird,
umso mehr ähnelt die e-Funktion der
Sprungfunktion $\sigma(t)$.

Bild A-145 Übungsaufgabe 8.6
Mit kleiner werdender Zeitkonstante τ
schmiegt sich die e-Funktion an die
Ordinate, wobei gleichzeitig der
Achsenabschnitt $1/\tau$ größer wird.

Zu 2.
$$L\{\sigma(t)\} = L\left\{\lim_{\tau \to 0}(1 - e^{-t/\tau})\right\} = \lim_{\tau \to 0} L\left\{1 - e^{-t/\tau}\right\}$$

$$L\{\sigma(t)\} = \lim_{\tau \to 0}\left(\frac{1}{s \cdot (1 + s\tau)}\right) = \frac{1}{s} \quad \text{mit Gl.}(8.77)$$

Mit

$$\dot{\sigma}(t) = \lim_{\tau \to 0}\frac{d(1 - e^{-t/\tau})}{dt} = \lim_{\tau \to 0}(-e^{-t/\tau}) \cdot \left(-\frac{1}{\tau}\right) = \lim_{\tau \to 0}\frac{1}{\tau} \cdot e^{-t/\tau} = \delta(t)$$

ist

$$L\{\dot{\sigma}(t)\} = L\{\delta(t)\} = L\left\{\lim_{\tau \to 0}\frac{1}{\tau} \cdot e^{-t/\tau}\right\} = \lim_{\tau \to 0} L\left\{\frac{1}{\tau} \cdot e^{-t/\tau}\right\}$$

$$L\{\delta(t)\} = \lim_{\tau \to 0}\left(\frac{1}{\tau} \cdot \frac{\tau}{1 + s\tau}\right) = \lim_{\tau \to 0}\left(\frac{1}{1 + s\tau}\right) = 1 \quad \text{mit Gl.}(8.76)$$

(vgl. Korrespondenzen Nr. 23 und 25 im Abschnitt 8.3.6)

Zu 3.

Mit

$$L\{\sigma(t)\} = \frac{1}{s} \quad \text{und} \quad L\{\sigma(t - a)\} = \frac{e^{-a \cdot s}}{s} \quad \text{(vgl. Gl. (8.105))}$$

ist

$$L\{\delta(t)\} = \lim_{a \to 0}\frac{1}{a} \cdot \frac{1 - e^{-a \cdot s}}{s} = \lim_{a \to 0}\frac{s \cdot e^{-a \cdot s}}{s} = \lim_{a \to 0} e^{-a \cdot s} = 1$$

(mit der l'Hospitalschen Regel)

8.7

Kontrolle für den Strom i_L:

Differentialgleichung:

$$L \cdot \frac{di_L}{dt} + (R_L + R_p) \cdot i_L = 0$$

algebraische Gleichung:

$$L \cdot \left[s \cdot I_L(s) - i_L(0) \right] + (R_L + R_p) \cdot I_L(s) = 0$$

$$\text{mit} \quad i_L(0) = \frac{R_p \cdot U_q}{R_i \cdot (R_L + R_p) + R_L R_p}$$

$$L \cdot \left[s \cdot I_L(s) - \frac{R_p \cdot U_q}{R_i \cdot (R_L + R_p) + R_L R_p} \right] + (R_L + R_p) \cdot I_L(s) = 0$$

Lösung der algebraischen Gleichung:

$$I_L(s) = \frac{L \cdot R_p \cdot U_q}{R_i \cdot (R_L + R_p) + R_L R_p} \cdot \frac{1}{(R_L + R_p) + s \cdot L}$$

$$I_L(s) = \frac{R_p \cdot U_q}{R_i \cdot (R_L + R_p) + R_L R_p} \cdot \frac{1}{\dfrac{R_L + R_p}{L} + s}$$

Rücktransformation in den Zeitbereich:

nach der Korrespondenz Nr. 30 (siehe Abschnitt 8.3.6)

$$L^{-1} \left\{ \frac{1}{s - a} \right\} = e^{at}$$

ist

$$i_L(t) = \frac{R_p \cdot U_q}{R_i \cdot (R_L + R_p) + R_L R_p} \cdot e^{-t/\tau} \qquad \text{mit} \quad a = -\frac{R_L + R_p}{L} = -\frac{1}{\tau}$$

Kontrolle für die Spannung u_L:

$$u_L(t) = L \cdot \frac{di_L}{dt}$$

$$U_L(s) = L \cdot \left[s \cdot I_L(s) - i_L(0) \right] = s \cdot L \cdot I_L(s) - \frac{L \cdot R_p \cdot U_q}{R_i \cdot (R_L + R_p) + R_L R_p}$$

$$U_L(s) = s \cdot L \cdot \frac{R_p \cdot U_q}{R_i \cdot (R_L + R_p) + R_L R_p} \cdot \frac{1}{\dfrac{R_L + R_p}{L} + s} - \frac{L \cdot R_p \cdot U_q}{R_i \cdot (R_L + R_p) + R_L R_p}$$

$$U_L(s) = \frac{L \cdot R_p \cdot U_q}{R_i \cdot (R_L + R_p) + R_L R_p} \cdot \left(\frac{s}{\dfrac{R_L + R_p}{L} + s} - 1 \right)$$

$$U_L(s) = \frac{L \cdot R_p \cdot U_q}{R_i \cdot (R_L + R_p) + R_L R_p} \cdot \frac{-\dfrac{R_L + R_p}{L}}{\dfrac{R_L + R_p}{L} + s}$$

Rücktransformation in den Zeitbereich:

(nach der Korrespondenz Nr. 30, siehe oben)

$$u_L(t) = -\frac{L \cdot R_p \cdot U_q \cdot \dfrac{R_L + R_p}{L}}{R_i \cdot (R_L + R_p) + R_L R_p} \cdot e^{-t/\tau} = -\frac{U_q}{\dfrac{R_i}{R_p} + \dfrac{R_L}{R_L + R_p}} \cdot e^{-t/\tau}$$

8.8

Zu 1. $R \cdot i + u_2 = u_1$

mit $i = i_{Rc} + i_C$

$$i = \frac{u_2}{R_C} + C\frac{du_2}{dt}$$

$$\frac{R}{R_C}u_2 + RC\frac{du_2}{dt} + u_2 = u_1$$

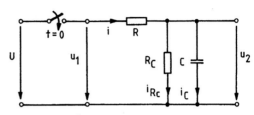

Bild A-146 Übungsaufgabe 8.8 Teil 1

$$RC\frac{du_2}{dt} + \left(\frac{R}{R_C} + 1\right) \cdot u_2 = u_1$$

$$RC\left[s \cdot U_2(s) - u_2(0)\right] + \left(\frac{R}{R_C} + 1\right) \cdot U_2(s) = U_1(s) \quad \text{mit } u_2(0) = 0$$

$$\frac{U_2(s)}{U_1(s)} = \frac{1}{\left(1 + \dfrac{R}{R_C}\right) + sRC} \quad \text{mit } U_1(s) = \frac{U}{s}$$

$$U_2(s) = \frac{U}{s \cdot \left[\left(1 + \dfrac{R}{R_C}\right) + sRC\right]} = \frac{U}{1 + \dfrac{R}{R_C}} \cdot \frac{1}{s \cdot \left(1 + s \cdot \dfrac{RC}{1 + \dfrac{R}{R_C}}\right)}$$

nach Korrespondenz Nr. 49 (siehe Abschnitt 8.3.6):

$$L^{-1}\left\{\frac{1}{s(1 + sT)}\right\} = 1 - e^{-t/T}$$

$$u_2(t) = \frac{U}{1 + \dfrac{R}{R_C}} \cdot (1 - e^{-t/\tau})$$

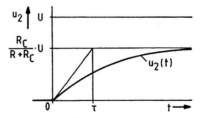

Bild A-147 Übungsaufgabe 8.8 Teil 1

mit $\tau = \dfrac{R \cdot C}{1 + \dfrac{R}{R_C}} = \dfrac{C}{\dfrac{1}{R} + \dfrac{1}{R_C}}$

Zu 2.
$$\frac{U_2(s)}{U_1(s)} = \frac{R}{R + \dfrac{1}{\dfrac{1}{R_C} + sC}}$$

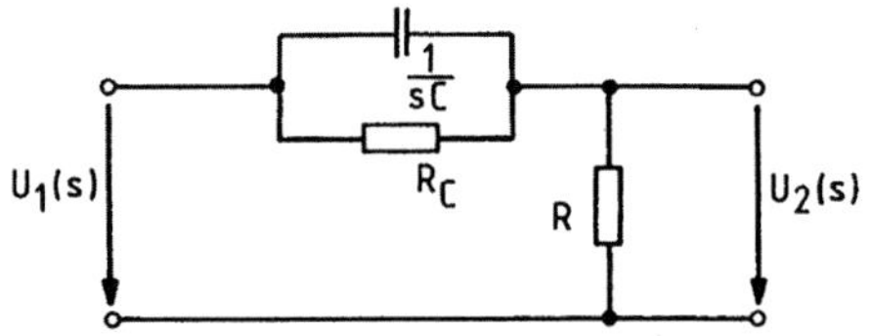

$$\frac{U_2(s)}{U_1(s)} = \frac{R \cdot \left(\dfrac{1}{R_C} + sC\right)}{R \cdot \left(\dfrac{1}{R_C} + sC\right) + 1} = \frac{\dfrac{R}{R_C} + sRC}{\left(\dfrac{R}{R_C} + 1\right) + sRC}$$

Bild A-148 Übungsaufgabe 8.8 Teil 2

$$U_2(s) = U \cdot \left[\frac{\dfrac{R}{R_C}}{s \cdot \left[\left(\dfrac{R}{R_C} + 1\right) + sRC\right]} + \frac{RC}{\left(\dfrac{R}{R_C} + 1\right) + sRC}\right] \quad \text{mit} \quad U_1(s) = \frac{U}{s}$$

$$U_2(s) = \frac{U}{\dfrac{R}{R_C} + 1} \cdot \left[\frac{\dfrac{R}{R_C}}{s \cdot \left(1 + s \cdot \dfrac{RC}{\dfrac{R}{R_C} + 1}\right)} + \frac{RC}{1 + s \cdot \dfrac{RC}{\dfrac{R}{R_C} + 1}}\right]$$

Mit den Korrespondenzen Nr. 49 und Nr. 48

$$L^{-1}\left\{\frac{1}{s(1 + sT)}\right\} = 1 - e^{-t/T} \quad \text{und} \quad L^{-1}\left\{\frac{1}{1 + sT}\right\} = \frac{1}{T} \cdot e^{-t/T}$$

$$u_2(t) = \frac{U}{\dfrac{R}{R_C} + 1} \cdot \left[\frac{R}{R_C} \cdot \left(1 - e^{-t/\tau}\right) + RC \cdot \frac{\dfrac{R}{R_C} + 1}{RC} \cdot e^{-t/\tau}\right]$$

$$u_2(t) = \frac{U}{\dfrac{R}{R_C} + 1} \cdot \left[\frac{R}{R_C} - \frac{R}{R_C} \cdot e^{-t/\tau} + \frac{R}{R_C} \cdot e^{-t/\tau} + e^{-t/\tau}\right]$$

$$u_2(t) = U \cdot \left[\frac{R}{R + R_C} + \frac{R_C}{R + R_C} \cdot e^{-t/\tau}\right]$$

$$\text{mit} \quad \tau = \frac{RC}{\dfrac{R}{R_C} + 1} = \frac{C}{\dfrac{1}{R_C} + \dfrac{1}{R}}$$

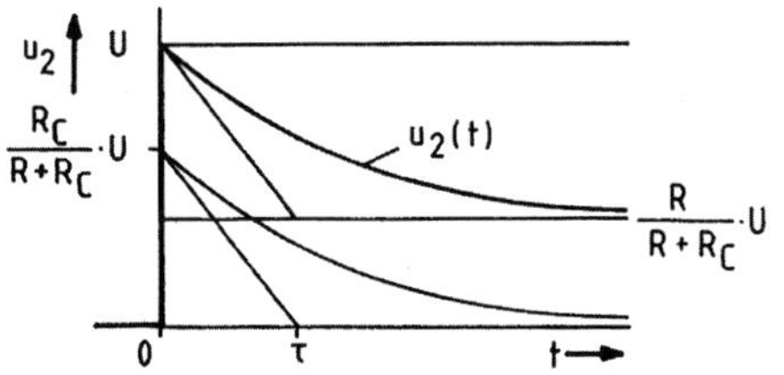

Bild A-149 Übungsaufgabe 8.8 Teil 2

Zu 3. Das Übertragungsglied im Bild 8.78 zeigt integrierendes Verhalten und das Übertragungsglied im Bild 8.79 differenzierendes Verhalten.

8.9

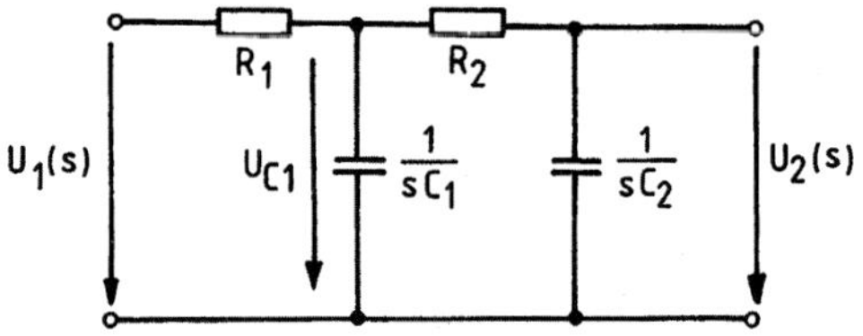

Zu 1. $G(s) = \dfrac{U_2(s)}{U_1(s)} = \dfrac{U_2(s)}{U_{C1}(s)} \cdot \dfrac{U_{C1}(s)}{U_1(s)}$

Bild A-150 Übungsaufgabe 8.9

mit $\dfrac{U_2(s)}{U_{C1}(s)} = \dfrac{\dfrac{1}{sC_2}}{R_2 + \dfrac{1}{sC_2}}$

und $\dfrac{U_{C1}(s)}{U_1(s)} = \dfrac{\dfrac{1}{sC_1 + \dfrac{1}{R_2 + \dfrac{1}{sC_2}}}}{R_1 + \dfrac{1}{sC_1 + \dfrac{1}{R_2 + \dfrac{1}{sC_2}}}} = \dfrac{1}{R_1 sC_1 + \dfrac{R_1}{R_2 + \dfrac{1}{sC_2}} + 1}$

$G(s) = \dfrac{1}{sC_2\left(R_2 + \dfrac{1}{sC_2}\right)} \cdot \dfrac{1}{R_1 sC_1 + \dfrac{R_1}{R_2 + \dfrac{1}{sC_2}} + 1}$

$G(s) = \dfrac{1}{(sC_2 R_2 + 1) \cdot R_1 sC_1 + sC_2 R_1 + sC_2 R_2 + 1}$

$G(s) = \dfrac{1}{s^2 R_1 C_1 R_2 C_2 + s \cdot (R_1 C_1 + R_1 C_2 + R_2 C_2) + 1}$

$G(s) = \dfrac{1}{R_1 C_1 R_2 C_2} \cdot \dfrac{1}{s^2 + s \cdot \dfrac{R_1 C_1 + R_1 C_2 + R_2 C_2}{R_1 C_1 R_2 C_2} + \dfrac{1}{R_1 C_1 R_2 C_2}}$

mit $U_1(s) = \dfrac{U}{s}$

$U_2(s) = \dfrac{U}{R_1 C_1 R_2 C_2} \cdot \dfrac{1}{s \cdot \left(s^2 + s \cdot \dfrac{R_1 C_1 + R_1 C_2 + R_2 C_2}{R_1 C_1 R_2 C_2} + \dfrac{1}{R_1 C_1 R_2 C_2}\right)}$

$U_2(s) = \dfrac{U}{R_1 C_1 R_2 C_2} \cdot \dfrac{1}{s \cdot (s - s_1)(s - s_2)}$

mit $s^2 + s \cdot \dfrac{R_1 C_1 + R_1 C_2 + R_2 C_2}{R_1 C_1 R_2 C_2} + \dfrac{1}{R_1 C_1 R_2 C_2} = 0$

$s_{1,2} = -\dfrac{R_1 C_1 + R_1 C_2 + R_2 C_2}{2 \cdot R_1 C_1 R_2 C_2} \pm \sqrt{\dfrac{(R_1 C_1 + R_1 C_2 + R_2 C_2)^2 - 4 \cdot R_1 C_1 R_2 C_2}{4 \cdot (R_1 C_1 R_2 C_2)^2}}$

$s_{1,2} = -\delta \pm \kappa$

Die quadratische Gleichung kann nur zwei reelle Lösungen haben, die voneinander verschieden sind, weil

$$(R_1C_1 + R_1C_2 + R_2C_2)^2 - 4 \cdot R_1C_1R_2C_2 > 0$$

$$[(R_1C_1 + R_2C_2) + R_1C_2]^2 - 4 \cdot R_1C_1R_2C_2 > 0$$

$$(R_1C_1 + R_2C_2)^2 + 2 \cdot (R_1C_1 + R_2C_2) R_1C_2 + (R_1C_2)^2 - 4 \cdot R_1C_1R_2C_2 > 0$$

$$(R_1C_1)^2 + 2 \cdot R_1C_1R_2C_2 + (R_2C_2)^2 + 2 \cdot (R_1C_1 + R_2C_2) R_1C_2 + (R_1C_2)^2 - 4 \cdot R_1C_1R_2C_2 > 0$$

$$(R_1C_1)^2 - 2 \cdot R_1C_1R_2C_2 + (R_2C_2)^2 + 2 \cdot (R_1C_1 + R_2C_2) R_1C_2 + (R_1C_2)^2 > 0$$

$$(R_1C_1 - R_2C_2)^2 + 2(R_1C_1 + R_2C_2) R_1C_2 + (R_1C_2)^2 > 0,$$

denn die Summe von drei positiven Summanden ist größer Null.

Nach der Korrespondenz Nr. 37 (siehe Abschnitt 8.3.6)

$$L^{-1}\left\{\frac{1}{s(s-a)(s-b)}\right\} = \frac{1}{ab} \cdot \left[1 + \frac{1}{a-b}(be^{at} - ae^{bt})\right]$$

$$u_2(t) = \frac{U}{R_1C_1R_2C_2} \cdot \frac{1}{s_1 \cdot s_2} \cdot \left[1 + \frac{1}{s_1 - s_2} \cdot (s_2 \cdot e^{s_1t} - s_1 \cdot e^{s_2t})\right]$$

mit $s_1 = -\delta + \kappa$, $\quad s_2 = -\delta - \kappa$, $\quad s_1 - s_2 = 2\kappa$

mit $s_1 \cdot s_2 = (-\delta + \kappa)(-\delta - \kappa)$

$$s_1 \cdot s_2 = \delta^2 - \kappa^2$$

$$s_1 \cdot s_2 = \frac{(R_1C_1 + R_1C_2 + R_2C_2)^2}{4 \cdot (R_1C_1R_2C_2)^2} - \frac{(R_1C_1 + R_1C_2 + R_2C_2)^2 - 4 \cdot R_1C_1R_2C_2}{4 \cdot (R_1C_1R_2C_2)^2}$$

$$s_1 \cdot s_2 = \frac{1}{R_1C_1R_2C_2}$$

$$u_2(t) = U \cdot \left\{1 + \frac{1}{2\kappa} \cdot \left[(-\delta - \kappa) \cdot e^{(-\delta + \kappa)t} - (-\delta + \kappa) \cdot e^{(-\delta - \kappa)t}\right]\right\}$$

$$u_2(t) = U \cdot \left\{1 + e^{-\delta t} \cdot \left[-\frac{\delta}{\kappa} \cdot \frac{e^{\kappa t} - e^{-\kappa t}}{2} - \frac{e^{\kappa t} + e^{-\kappa t}}{2}\right]\right\}$$

$$u_2(t) = U \cdot \left\{1 - e^{-\delta t} \cdot \left[\frac{\delta}{\kappa} \cdot \sinh(\kappa t) + \cosh(\kappa t)\right]\right\}$$

$$u_2(\delta t) = U \cdot \left\{1 - e^{-\delta t} \cdot \left[\frac{\delta}{\kappa} \cdot \sinh\frac{\kappa}{\delta}(\delta t) + \cosh\frac{\kappa}{\delta}(\delta t)\right]\right\}$$

mit $\delta = \dfrac{R_1C_1 + R_1C_2 + R_2C_2}{2 R_1C_1R_2C_2}$ und $\kappa = \sqrt{\delta^2 - \dfrac{1}{R_1C_1R_2C_2}}$

Das Übertragungsglied hat prinzipiell das gleiche Übertragungsverhalten wie der Reihenschwingkreis für den aperiodischen Fall (siehe Abschnitt 8.3.4, Beispiel 4, Gl. (8.126)).

Zu 2.   Mit $R_1 = R_2 = R$ und $C_1 = C_2 = C$ ist

$$G(s) = \frac{1}{(RC)^2} \cdot \frac{1}{s^2 + s \cdot \dfrac{3}{RC} + \dfrac{1}{(RC)^2}} = \frac{1}{(RC)^2} \cdot \frac{1}{(s - s_1)(s - s_2)}$$

mit $s_{1,2} = -\dfrac{3}{2\,RC} \pm \sqrt{\dfrac{9 - 4}{4 \cdot R^2 C^2}} = \dfrac{-3 \pm \sqrt{5}}{2 \cdot RC} = \delta \pm \kappa$

d. h. $s_1 = -\dfrac{0{,}38}{R}$ und $s_2 = -\dfrac{2{,}62}{RC}$ (vgl. Beispiel 2 im Abschnitt 8.3.2)

8.10

Der im Bild 8.81 gezeichnete Ausgleichsvorgang ist im Abschnitt 8.3.4, Beispiel 4 im Zeitbereich und mit Hilfe der Laplacetransformation vollständig berechnet, so dass hier nur noch die Interpretation der Ergebnisse mit Zahlenwerten notwendig ist.

Ob es sich um den aperiodischen Fall, aperiodischen Grenzfall oder periodischen Fall handelt, wird durch die Lösung der charakteristischen Gleichung (siehe Gln. (8.36) und (8.37)) unterschieden:

$$\left(\frac{R}{2L}\right)^2 \begin{array}{c} > \\ < \end{array} \frac{1}{LC} \quad \text{oder} \quad R \begin{array}{c} > \\ < \end{array} 2 \cdot \sqrt{\frac{L}{C}} = 2 \cdot \sqrt{\frac{1\text{H}}{25\mu\text{F}}} = 400\Omega$$

1. $R = 240\Omega < 400\Omega$: periodischer Fall.

    Nach Gl. (8.130) $(u_C = u_2)$ und (8.131) ist

    mit $\delta = \dfrac{R}{2L} = \dfrac{240\Omega}{2 \cdot 1\text{H}} = 120\text{s}^{-1}$

    und $\omega = \sqrt{\dfrac{1}{LC} - \delta^2} = \sqrt{\dfrac{1}{1\text{H} \cdot 25\mu\text{F}} - (120\text{s}^{-1})^2} = 160\text{s}^{-1}$,   d. h. $\dfrac{\delta}{\omega} = 0{,}75$

    $$u_2(\omega t) = U \cdot \left\{ 1 - \sqrt{\left(\frac{\delta}{\omega}\right)^2 + 1} \cdot e^{-\frac{\delta}{\omega}(\omega t)} \cdot \sin(\omega t + \varphi) \right\}$$

    $$u_2(\omega t) = 100\text{V} \cdot \left\{ 1 - 1{,}25 \cdot e^{-\frac{\omega}{1{,}33}} \cdot \sin(\omega t + 0{,}93) \right\}$$

    mit $\varphi = \arctan \dfrac{1}{0{,}75} = 53{,}13° \,\hat{=}\, 0{,}93\text{ rad}$

    $$i(\omega t) = \frac{U}{\omega L} \cdot e^{-\frac{\delta}{\omega}(\omega t)} \cdot \sin \omega t = \frac{100\text{V}}{160\text{s}^{-1} \cdot 1\text{H}} \cdot e^{-\frac{\omega t}{1{,}33}} \cdot \sin \omega t$$

ωt	in grad	10	30	60	90	120	150	180	210	240	270	300	360
	in rad	$\dfrac{\pi}{18}$	$\dfrac{\pi}{6}$	$\dfrac{\pi}{3}$	$\dfrac{\pi}{2}$	$\dfrac{2\pi}{3}$	$\dfrac{5\pi}{6}$	π	$\dfrac{7\pi}{6}$	$\dfrac{4\pi}{3}$	$\dfrac{3\pi}{2}$	$\dfrac{5\pi}{3}$	2π
u_2 in V		2,2	16,2	47,6	76,9	96,9	107	110	108	95	98	100	101
i in mA		95	211	247	193	113	44	0	− 20	− 23	− 18	− 11	0

Darstellung siehe Bild A-151

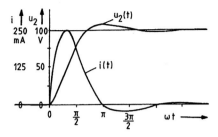

Bild A-151
Übungsaufgabe 8.10, periodischer Fall

2. $R = 400\Omega$: aperiodischer Grenzfall.

Nach Gl. (8.128) $(u_C = u_2)$ und (8.129) ist

$$\text{mit } \delta = \frac{R}{2\,L} = \frac{400\Omega}{2 \cdot 1H} = 200s^{-1}$$

$$u_2(\delta t) = U \cdot \left\{1 - \left[1 + (\delta t)\right] \cdot e^{-\delta t}\right\} = 100V \cdot \left\{1 - \left[1 + (\delta t)\right] \cdot e^{-\delta t}\right\}$$

$$i(\delta t) = \frac{U}{R} \cdot 2 \cdot (\delta t) \cdot e^{-\delta t} = \frac{100V}{400\Omega} \cdot 2 \cdot (\delta t) \cdot e^{-\delta t}$$

δt	0	0,25	0,5	0,75	1,0	1,5	2,0	3,0	4,0	5,0
u_2 in V	0	2,65	9,02	17,3	26,4	44,2	59,4	80,1	90,1	96,0
i in mA	0	97,4	152	177	184	167	135	74,7	36,6	16,8

Darstellung siehe Bild A-152

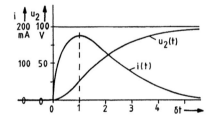

Bild A-152
Übungsaufgabe 8.10, aperiodischer Grenzfall

3. $R = 500\Omega > 400\Omega$: aperiodischer Fall.

Nach Gln. (8.126) $(u_C = u_2)$ und (8.127) ist

$$\text{mit } \delta = \frac{R}{2\,L} = \frac{500\Omega}{2 \cdot 1H} = 250s^{-1}$$

$$\text{und } \kappa = \sqrt{\delta^2 - 1/LC} = \sqrt{(250s^{-1})^2 - 1/(1H \cdot 25\mu F)} = 150s^{-1}$$

$$\text{und } \frac{\kappa}{\delta} = \frac{150\,s^{-1}}{250\,s^{-1}} = 0,6$$

$$u_2(\delta t) = U \cdot \left\{1 - e^{-\delta t} \cdot \left[\frac{\delta}{\kappa} \cdot \sin h \frac{\kappa}{\delta}(\delta t) + \cos h \frac{\kappa}{\delta}(\delta t)\right]\right\}$$

$$u_2(\delta t) = 100V \cdot \left\{1 - e^{-\delta t} \cdot \left[\frac{1}{0,6} \cdot \sin h\,0,6 \cdot (\delta t) + \cos h\,0,6 \cdot (\delta t)\right]\right\}$$

$$i(\delta t) = \frac{U}{\kappa \cdot L} \cdot e^{-\delta t} \cdot \sin h \frac{\kappa}{\delta}(\delta t) = \frac{100V}{150s^{-1} \cdot 1H} \cdot e^{-\delta t} \cdot \sin h\,0,6 \cdot (\delta t)$$

δt	0	0,25	0,5	0,75	1	2	3	4	5
u_2 in V	0	1,7	5,82	9,1	17,4	41,4	60,1	73,1	82,0
i in mA	0	78	123	152	156	136	98	67	45

Darstellung siehe Bild A-153

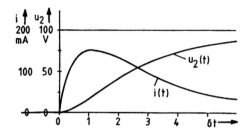

Bild A-153
Übungsaufgabe 8.10, aperiodischer Fall

8.11

$$\frac{d^2 u_C}{dt^2} + \frac{R}{L} \cdot \frac{du_C}{dt} + \frac{1}{LC} \cdot u_C = 0$$

$$\left[s^2 \cdot U_C(s) - s \cdot u_C(0) - u_C'(0) \right] + \frac{R}{L} \cdot \left[s \cdot U_C(s) - u_C(0) \right] + \frac{1}{LC} \cdot U_C(s) = 0$$

$$\text{mit} \quad u_C(0) = \frac{U_q}{R + R_i} R \quad \text{und} \quad u_C'(0) = \frac{i(0)}{C} = -\frac{U_q}{(R + R_i)C}$$

$$s^2 \cdot U_C(s) - s \cdot \frac{U_q \cdot R}{R + R_i} + \frac{U_q}{(R + R_i)C} + s \cdot \frac{R}{L} \cdot U_C(s) - \frac{R}{L} \cdot \frac{U_q \cdot R}{R + R_i} + \frac{1}{LC} \cdot U_C(s) = 0$$

$$U_C = \frac{s \cdot \dfrac{U_q \cdot R}{R + R_i} + \dfrac{U_q \cdot R}{R + R_i} \cdot \left(\dfrac{R}{L} - \dfrac{1}{RC} \right)}{s^2 + s \cdot \dfrac{R}{L} + \dfrac{1}{LC}} = \frac{U_q \cdot R}{R + R_i} \cdot \frac{s + \left(\dfrac{R}{L} - \dfrac{1}{RC} \right)}{s^2 + s \cdot \dfrac{R}{L} + \dfrac{1}{LC}}$$

$$s_{1,2} = -\frac{R}{2L} \pm \sqrt{\left(\frac{R}{2L} \right)^2 - \frac{1}{LC}} = -\delta \pm \kappa = -\delta \pm j\omega$$

$s_1 \neq s_2$ (aperiodischer und periodischer Fall)

$$U_C(s) = \frac{U_q \cdot R}{R + R_i} \cdot \frac{s + \left(\dfrac{R}{L} - \dfrac{1}{RC} \right)}{(s - s_1)(s - s_2)}$$

nach den Korrespondenzen Nr. 41 und 34 (siehe Abschnitt 8.3.6)

$$L^{-1}\left\{ \frac{s}{(s - a)(s - b)} \right\} = \frac{1}{a - b} \cdot (a e^{at} - b e^{bt})$$

$$L^{-1}\left\{ \frac{1}{(s - a)(s - b)} \right\} = \frac{1}{a - b} \cdot (e^{at} - e^{bt})$$

$$u_C(t) = \frac{U_q \cdot R}{R + R_i} \cdot \frac{1}{s_1 - s_2} \cdot \left[s_1 \cdot e^{s_1 t} - s_2 \cdot e^{s_2 t} + \left(\frac{R}{L} - \frac{1}{RC} \right) \cdot \left(e^{s_1 t} - e^{s_2 t} \right) \right]$$

mit $s_1 = -\delta + \kappa,$ $s_2 = -\delta - \kappa$ und $s_1 - s_2 = 2\,\kappa$

$$u_C(t) = \frac{U_q \cdot R}{R + R_i} \cdot \frac{1}{2\,\kappa} \cdot \left[\left(-\delta + \kappa + \frac{R}{L} - \frac{1}{RC} \right) \cdot e^{(-\delta + \kappa)t} - \left(-\delta - \kappa + \frac{R}{L} - \frac{1}{RC} \right) \cdot e^{(-\delta - \kappa)t} \right]$$

mit $\dfrac{R}{L} = 2\,\delta$

$$u_C(t) = \frac{U_q \cdot R}{R + R_i} \cdot e^{-\delta t} \cdot \frac{1}{2\,\kappa} \cdot \left[\left(\delta + \kappa - \frac{1}{RC} \right) \cdot e^{\kappa t} - \left(\delta - \kappa - \frac{1}{RC} \right) \cdot e^{-\kappa t} \right]$$

$$u_C(t) = \frac{U_q \cdot R}{R + R_i} \cdot e^{-\delta t} \cdot \left[\frac{\delta - 1/RC}{\kappa} \cdot \frac{e^{\kappa t} - e^{-\kappa t}}{2} + \frac{e^{\kappa t} + e^{-\kappa t}}{2} \right]$$

$$u_C(t) = \frac{U_q \cdot R}{R + R_i} \cdot e^{-\delta t} \cdot \left[\frac{\delta - 1/RC}{\kappa} \cdot \sin h\,(\kappa t) + \cos h\,(\kappa t) \right]$$

mit $\kappa = j\omega$ periodischer Fall (siehe Lösung der Aufgabe 8.5)

$$i_C = C \frac{du_C}{dt}$$

$$I(s) = C \cdot \left[s \cdot U_C(s) - u_C(0) \right] = C \cdot \left[s \cdot U_C(s) - \frac{U_q}{R + R_i} \cdot R \right]$$

$$I(s) = \frac{U_q \cdot RC}{R + R_i} \cdot \frac{s^2 + s \cdot \left(\dfrac{R}{L} - \dfrac{1}{RC} \right)}{s^2 + s \cdot \dfrac{R}{L} + \dfrac{1}{RC}} - \frac{U_q \cdot RC}{R + R_i}$$

$$I(s) = \frac{U_q \cdot RC}{R + R_i} \cdot \left[\frac{s^2 + s \cdot \left(\dfrac{R}{L} - \dfrac{1}{RC} \right) - \left(s^2 + s \cdot \dfrac{R}{L} + \dfrac{1}{LC} \right)}{s^2 + s \cdot \dfrac{R}{L} + \dfrac{1}{LC}} \right]$$

$$I(s) = -\frac{U_q \cdot RC}{R + R_i} \cdot \frac{s \cdot \dfrac{1}{RC} + \dfrac{1}{LC}}{s^2 + s \cdot \dfrac{R}{L} + \dfrac{1}{LC}}$$

$$I(s) = -\frac{U_q}{R + R_i} \cdot \frac{s + \dfrac{R}{L}}{s^2 + s \cdot \dfrac{R}{L} + \dfrac{1}{LC}} = -\frac{U_q}{R + R_i} \cdot \frac{s + \dfrac{R}{L}}{(s - s_1)(s - s_2)} \quad \text{mit } s_1 \neq s_2$$

nach den Korrespondenzen Nr. 41 und 34 (siehe oben) ist

$$i(t) = -\frac{U_q}{R + R_i} \cdot \frac{1}{s_1 - s_2} \cdot \left[s_1 \cdot e^{s_1 t} - s_2 \cdot e^{s_2 t} + \frac{R}{L} \cdot \left(e^{s_1 t} - e^{s_2 t} \right) \right]$$

mit $s_1 = -\delta + \kappa$, $s_2 = -\delta - \kappa$ und $s_1 - s_2 = 2\kappa$

$$i(t) = \frac{U_q}{R + R_i} \cdot \frac{1}{2\kappa} \cdot \left[\left(-\delta + \kappa + \frac{R}{L} \right) \cdot e^{(-\delta + \kappa)t} - \left(-\delta - \kappa + \frac{R}{L} \right) \cdot e^{(-\delta - \kappa)t} \right]$$

weiter siehe Lösung der Aufgabe 8.5

$s_1 = s_2$ aperiodischer Grenzfall

$$U_C(s) = \frac{U_q \cdot R}{R + R_i} \cdot \frac{s + \left(\dfrac{R}{L} - \dfrac{1}{RC} \right)}{(s - a)^2} \quad \text{mit } a = -\delta$$

nach den Korrespondenzen Nr. 40 und 31 (siehe Abschnitt 8.3.6)

$$L^{-1}\left\{ \frac{s}{(s - a)^2} \right\} = (1 + at)\, e^{at} \qquad L^{-1}\left\{ \frac{1}{(s - a)^2} \right\} = t \cdot e^{at}$$

$$u_C(t) = \frac{U_q \cdot R}{R + R_i} \cdot \left[(1 - \delta t) \cdot e^{-\delta t} + \left(\frac{R}{L} - \frac{1}{RC} \right) \cdot t \cdot e^{-\delta t} \right]$$

$$u_C(t) = \frac{U_q \cdot R}{R + R_i} \cdot \left[1 + \left(-\delta + \frac{R}{L} - \frac{1}{RC} \right) \cdot t \right] \cdot e^{-\delta t}$$

mit $\dfrac{R}{L} = 2\delta$

$$u_C(t) = \frac{U_q \cdot R}{R + R_i} \cdot \left[1 + \left(\delta - \frac{1}{RC} \right) \cdot t \right] \cdot e^{-\delta t} \qquad \text{(vgl. Lösung der Aufgabe 8.5)}$$

$$i(t) = -\frac{U_q}{R + R_i} \cdot \frac{s + \dfrac{R}{L}}{(s - a)^2} \quad \text{mit } a = -\delta$$

nach den Korrespondenzen Nr. 40 und 31 (siehe oben) ist

$$i(t) = -\frac{U_q}{R + R_i} \cdot \left[(1 - \delta t) \cdot e^{-\delta t} + \frac{R}{L} \cdot t \cdot e^{-\delta t} \right]$$

$$i(t) = -\frac{U_q}{R + R_i} \cdot \left[1 + \left(-\delta + \frac{R}{L} \right) \cdot t \cdot e^{-\delta t} \right]$$

mit $\dfrac{R}{L} = 2\delta$

$$i(t) = -\frac{U_q}{R + R_i} \cdot \left[1 + \delta t \right] \cdot e^{-\delta t} \qquad \text{(vgl. Lösung der Aufgabe 8.5)}$$

9 Fourieranalyse von nichtsinusförmigen periodischen Wechselgrößen und nichtperiodischen Größen

9.1

Zu 1. Symmetrie 2. Art, $a_0 = 0$, $a_k = 0$

$$b_k = \frac{4}{T} \int_0^{T/2} v(t) \cdot \sin k\omega t \cdot dt = \frac{4}{T} \int_0^{T/2} \frac{2\hat{u}}{T} \cdot t \cdot \sin k\omega t \cdot dt$$

$$b_k = \frac{8\hat{u}}{T^2} \int_0^{T/2} t \cdot \sin k\omega t \cdot dt$$

$$\text{mit} \quad \int x \cdot \sin ax \cdot dx = \frac{\sin ax}{a^2} - \frac{x \cdot \cos ax}{a}$$

$$b_k = \frac{8\hat{u}}{T^2} \cdot \left[\frac{\sin k\omega t}{(k\omega)^2} - \frac{t \cdot \cos k\omega t}{k\omega} \right]_0^{T/2}$$

$$b_k = \frac{8\hat{u}}{T^2} \cdot \left[\frac{\sin k\frac{\omega T}{2} - 0}{(k\omega)^2} - \frac{\frac{T}{2} \cdot \cos k\frac{\omega T}{2} - 0}{k\omega} \right]$$

$$b_k = \frac{8\hat{u}}{T^2} \cdot \left[\frac{\sin k\pi}{(k\omega)^2} - \frac{T/2 \cdot \cos k\pi}{k\omega} \right] = -\frac{8\hat{u}}{T^2} \cdot \frac{T \cdot \cos k\pi}{2 \cdot k\omega} = -\frac{8\hat{u}}{2 \cdot \omega T} \cdot \frac{\cos k\pi}{k}$$

$$b_k = -\frac{2\hat{u}}{\pi} \cdot \frac{(-1)^k}{k}$$

$$u(t) = -\frac{2\hat{u}}{\pi} \cdot \sum_{k=1}^{\infty} \frac{(-1)^k}{k} \cdot \sin k\omega t$$

$$u(t) = -\frac{2\hat{u}}{\pi} \cdot \left(-\frac{\sin \omega t}{1} + \frac{\sin 2\omega t}{2} - \frac{\sin 3\omega t}{3} + \frac{\sin 4\omega t}{4} - + \ldots \right)$$

$$u(t) = 200V \cdot \left(\frac{\sin \omega t}{1} - \frac{\sin 2\omega t}{2} + \frac{\sin 3\omega t}{3} - \frac{\sin 4\omega t}{4} + - \ldots \right)$$

Zu 2. $\quad \hat{u}_k = \sqrt{a_k^2 + b_k^2} = |b_k|$

$$\hat{u}_k = \frac{2\hat{u}}{\pi \cdot k} = \frac{200V}{k}$$

$\varphi_1 = 0°$ $\qquad \varphi_2 = 180°$

$\varphi_3 = 0°$ $\qquad \varphi_4 = 180°$

uzw.

Zu 3. $\quad k' = \sqrt{\dfrac{1}{4} + \dfrac{1}{9} + \dfrac{1}{16} + \ldots} = \sqrt{\dfrac{\pi^2}{6} - 1} = 0{,}803$

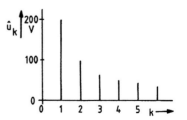

Bild A-154 Übungsaufgabe 9.1

9.2

Zu 1. Gerade Funktion:

$$u(\omega t) = -\frac{2\hat{u}}{\pi} \cdot \omega t + \hat{u}$$

d. h. Symmetrie 1. und 3. Art

mit $b_k = 0$ und $a_{2k} = 0$

$$a_{2k+1} = \frac{4}{\pi} \cdot \int_0^{\pi/2} u(\omega t) \cdot \cos(2k+1)\,\omega t \cdot d(\omega t)$$

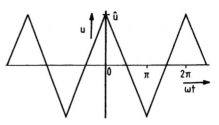

Bild A-155 Übungsaufgabe 9.2
Gerade Funktion

$$a_{2k+1} = -\frac{4 \cdot 2\hat{u}}{\pi^2} \cdot \int_0^{\pi/2} (\omega t) \cdot \cos(2k+1)\omega t \cdot d(\omega t) + \frac{4\hat{u}}{\pi} \cdot \int_0^{\pi/2} \cos(2k+1)\,\omega t \cdot d(\omega t)$$

mit $\int x \cdot \cos ax \cdot dx = \dfrac{\cos ax}{a^2} + \dfrac{x \cdot \sin ax}{a}$

$$a_{2k+1} = -\frac{8\hat{u}}{\pi^2} \cdot \left[\frac{\cos(2k+1)\,\omega t}{(2k+1)^2} + \frac{\omega t \cdot \sin(2k+1)\,\omega t}{2k+1}\right]_0^{\frac{\pi}{2}} + \frac{4\hat{u}}{\pi} \cdot \left[\frac{\sin(2k+1)\,\omega t}{2k+1}\right]_0^{\frac{\pi}{2}}$$

$$a_{2k+1} = -\frac{8\hat{u}}{\pi^2} \cdot \left[\frac{\cos(2k+1)\frac{\pi}{2} - 1}{(2k+1)^2} + \frac{\frac{\pi}{2} \cdot \sin(2k+1)\frac{\pi}{2}}{2k+1}\right] + \frac{4\hat{u}}{\pi} \cdot \left[\frac{\sin(2k+1)\frac{\pi}{2}}{2k+1}\right]$$

$$a_{2k+1} = \frac{8\hat{u}}{\pi^2} \cdot \frac{1}{(2k+1)^2} - \frac{4\hat{u}}{\pi} \cdot \frac{\sin(2k+1)\frac{\pi}{2}}{2k+1} + \frac{4\hat{u}}{\pi} \cdot \frac{\sin(2k+1)\frac{\pi}{2}}{2k+1} = \frac{8\hat{u}}{\pi^2} \cdot \frac{1}{(2k+1)^2}$$

$$u(\omega t) = \frac{8\hat{u}}{\pi^2} \cdot \sum_{k=0}^{\infty} \frac{\cos(2k+1)\,\omega t}{(2k+1)^2} = \frac{8\hat{u}}{\pi^2} \cdot \left(\frac{\cos\omega t}{1} + \frac{\cos 3\,\omega t}{9} + \frac{\cos 5\,\omega t}{25} + \dots\right)$$

Ungerade Funktion

$$u(\omega t) = \frac{2\hat{u}}{\pi} \cdot \omega t$$

d. h. Symmetrie 2. und 3. Art

mit $a_0 = 0$, $a_k = 0$ und $b_{2k} = 0$

$$b_{2k+1} = \frac{4}{\pi} \cdot \int_0^{\pi/2} u(\omega t) \cdot \sin(2k+1)\,\omega t \cdot d(\omega t)$$

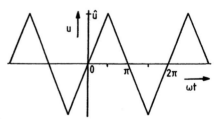

Bild A-156 Übungsaufgabe 9.2
Ungerade Funktion

$$b_{2k+1} = \frac{4 \cdot 2\hat{u}}{\pi^2} \cdot \int_0^{\pi/2} (\omega t) \cdot \sin(2k+1)\omega t \cdot d(\omega t)$$

mit $\int x \cdot \sin ax \cdot dx = \dfrac{\sin ax}{a^2} + \dfrac{x \cdot \cos ax}{a}$

$$b_{2k+1} = \frac{8\hat{u}}{\pi^2} \cdot \left[\frac{\sin(2k+1)\,\omega t}{(2k+1)^2} - \frac{\omega t \cdot \cos(2k+1)\,\omega t}{2k+1} \right]_0^{\frac{\pi}{2}}$$

$$b_{2k+1} = \frac{8\hat{u}}{\pi^2} \cdot \left[\frac{\sin(2k+1)\frac{\pi}{2}}{(2k+1)^2} - \frac{\frac{\pi}{2} \cdot \cos(2k+1)\frac{\pi}{2} - 0}{2k+1} \right] = \frac{8\hat{u}}{\pi^2} \cdot \frac{(-1)^k}{(2k+1)^2}$$

$$u(\omega t) = \frac{8\hat{u}}{\pi^2} \cdot \sum_{k=0}^{\infty} \frac{(-1)^k \cdot \sin(2k+1)\,\omega t}{(2k+1)^2} = \frac{8\hat{u}}{\pi^2} \cdot \left(\frac{\sin \omega t}{1} - \frac{\sin 3\,\omega t}{9} + \frac{\sin 5\,\omega t}{25} - + \ldots \right)$$

Zu 2. $\sin(\omega t + \pi/2) = \cos \omega t$

$\sin(3\,\omega t + 3\pi/2) = -\cos 3\,\omega t$

$\sin(5\,\omega t + 5\pi/2) = \cos 5\,\omega t$

usw.

9.3

Zu 1. $i(\omega t) = \left| \hat{i} \cdot \sin \omega t \right|$

$$i(\omega t) = \begin{cases} \hat{i} \cdot \sin \omega t & \text{für } 0 \le \omega t \le \pi \\ -\hat{i} \cdot \sin \omega t & \text{für } \pi \le \omega t \le 2\pi \end{cases}$$

mit Symmetrien 1. und 4. Art,

d. h. $b_k = 0$ und $a_{2k-1} = 0$

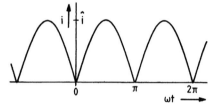

Bild A-157 Übungsaufgabe 9.3

Zu 2.   Zu berechnen sind:

$\hat{i}_3 = \sqrt{a_3{}^2 + b_3{}^2} = 0,$ weil $a_3 = 0$ und $b_3 = 0$

$\hat{i}_4 = \sqrt{a_4{}^2 + b_4{}^2} = |a_4|,$ weil $b_4 = 0$

$\hat{i}_5 = \sqrt{a_5{}^2 + b_5{}^2} = 0,$ weil $a_5 = 0$ und $b_5 = 0$

$$a_4 = \frac{2}{\pi} \cdot \int_0^{\pi} i(\omega t) \cdot \cos 4\,\omega t \cdot d(\omega t) = \frac{2\hat{i}}{\pi} \cdot \int_0^{\pi} \sin \omega t \cdot \cos 4\,\omega t \cdot d(\omega t)$$

mit $\int \sin ax \cdot \cos bx \cdot dx = -\frac{a \cdot \cos ax \cdot \cos bx + b \cdot \sin ax \cdot \sin bx}{a^2 - b^2}$ für $|a| \ne |b|$

mit $a = 1$ und $b = 4$

$$a_4 = -\frac{2\hat{i}}{\pi} \cdot \left[\frac{\cos \omega t \cdot \cos 4\,\omega t + 4 \cdot \sin \omega t \cdot \sin 4\,\omega t}{1 - 16} \right]_0^{\pi}$$

$$a_4 = \frac{2\hat{i}}{15\pi} \cdot \left[\cos \pi \cdot \cos 4\pi + 4 \cdot \sin \pi \cdot \sin 4\pi - \cos 0 \cdot \cos 0 \right]$$

$$a_4 = \frac{2\hat{i}}{15\pi} \cdot (-2) = -\frac{4\hat{i}}{15\pi}$$

$$\hat{i}_4 = \frac{4\hat{i}}{15\pi} = 0{,}085 \cdot \hat{i}$$

9.4

Zu 1.   Die Funktion hat die Symmetrie 3. Art, deshalb sind $a_{2k} = 0$ und $b_{2k} = 0$.

Zu berechnen sind:

$$\hat{u}_3 = \sqrt{a_3{}^2 + b_3{}^2}$$

$$\hat{u}_4 = \sqrt{a_4{}^2 + b_4{}^2} = 0, \qquad\qquad \text{weil } a_4 = 0 \text{ und } b_4 = 0$$

$$a_3 = \frac{2}{\pi} \int_0^{\pi} u(\omega t) \cdot \cos 3\,\omega t \cdot d(\omega t) = \frac{2\,\hat{u}}{\pi} \int_{\pi/2}^{\pi} \sin \omega t \cdot \cos 3\,\omega t \cdot d(\omega t)$$

mit $\displaystyle \int \sin ax \cdot \cos bx \cdot dx = -\frac{\cos(a-b)\,x}{2\,(a-b)} - \frac{\cos(a+b)\,x}{2\,(a+b)} \qquad \text{für } a^2 \neq b^2$

mit $a = 1$ und $b = 3$

$$a_3 = \frac{2\,\hat{u}}{\pi} \cdot \left[-\frac{\cos(-2)\,\omega t}{2 \cdot (-2)} - \frac{\cos 4\,\omega t}{2 \cdot 4} \right]_{\frac{\pi}{2}}^{\pi}$$

$$a_3 = \frac{2\,\hat{u}}{\pi} \cdot \left[\frac{\cos 2\pi - \cos \pi}{4} - \frac{\cos 4\pi - \cos 2\pi}{8} \right]$$

$$a_3 = \frac{2\,\hat{u}}{\pi} \cdot \left[\frac{1+1}{4} \cdot \frac{1-1}{8} \right] = \frac{\hat{u}}{\pi}$$

$$b_3 = \frac{2}{\pi} \int_0^{\pi} u(\omega t) \cdot \sin 3\,\omega t \cdot d(\omega t) = \frac{2\,\hat{u}}{\pi} \int_{\pi/2}^{\pi} \sin \omega t \cdot \sin 3\,\omega t \cdot d(\omega t)$$

mit $\displaystyle \int \sin ax \cdot \sin bx \cdot dx = \frac{\sin(a-b)\,x}{2\,(a-b)} - \frac{\sin(a+b)\,x}{2\,(a+b)} \qquad \text{für } |a| \neq |b|$

mit $a = 1$ und $b = 3$

$$b_3 = \frac{2\,\hat{u}}{\pi} \cdot \left[\frac{\sin(-2)\,\omega t}{2 \cdot (-2)} - \frac{\sin 4\,\omega t}{2 \cdot 4} \right]_{\frac{\pi}{2}}^{\pi} = \frac{2\,\hat{u}}{\pi} \cdot \left[\frac{\sin 2\,\omega t}{4} - \frac{\sin 4\,\omega t}{8} \right]_{\frac{\pi}{2}}^{\pi}$$

$$b_3 = \frac{2\,\hat{u}}{\pi} \cdot \left[\frac{\sin 2\pi - \sin \pi}{4} - \frac{\sin 4\pi - \sin 2\pi}{8} \right] = 0$$

$$\hat{u}_3 = a_3 = \frac{\hat{u}}{\pi} = \frac{220\text{V} \cdot \sqrt{2}}{\pi} = 99\text{V}$$

9.5

Zu 1. Symmetrie 1. Art (gerade Funktion) mit $b_k = 0$

$$a_0 = \frac{1}{\pi} \cdot \int_0^{\pi} u(\omega t) \cdot d(\omega t) = \frac{\hat{u}}{\pi} \cdot \int_0^{a} d(\omega t) = \frac{\hat{u} \cdot a}{\pi}$$

$$a_k = \frac{2}{\pi} \cdot \int_0^{\pi} u(\omega t) \cdot \cos k\,\omega t \cdot d(\omega t) = \frac{2\,\hat{u}}{\pi} \cdot \int_0^{a} \cos k\,\omega t \cdot d(\omega t)$$

$$a_k = \frac{2\,\hat{u}}{\pi} \cdot \frac{\sin k\omega t}{k} \Big|_0^{a} = \frac{2\,\hat{u}}{\pi} \cdot \frac{\sin ka}{k}$$

$$u(\omega t) = \frac{\hat{u} \cdot a}{\pi} + \frac{2\hat{u}}{\pi} \cdot \sum_{k=1}^{\infty} \frac{\sin ka}{k} \cdot \cos k\,\omega t$$

$$u(\omega t) = \frac{2\hat{u}}{\pi} \cdot \left(\frac{a}{2} + \frac{\sin a}{1} \cdot \cos \omega t + \frac{\sin 2a}{2} \cdot \cos 2\omega t + ... \right)$$

Zu 2. $\quad s_1 = u(\xi_1 + 0) - u(\xi_1 - 0)$

$\qquad\quad s_1 = 0 - \hat{u} = -\hat{u}$

$\qquad\quad s_2 = u(\xi_2 + 0) - u(\xi_2 - 0)$

$\qquad\quad s_2 = \hat{u} - 0 = \hat{u}$

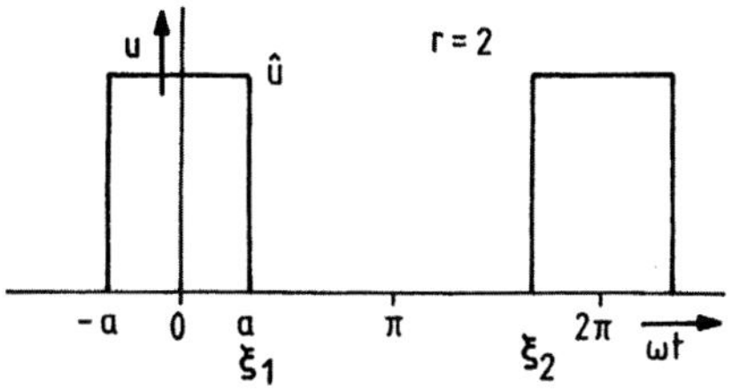

Mit $u'(x) = 0$ ergibt die Gl. (9.47)

$$a_k = -\frac{1}{\pi \cdot k} \cdot (s_1 \cdot \sin k\,\xi_1 + s_2 \cdot \sin k\,\xi_2)$$

Bild A-158 Übungsaufgabe 9.5

$$a_k = -\frac{1}{\pi \cdot k} \cdot \left[-\hat{u} \cdot \sin ka + \hat{u} \cdot \sin k(2\pi - a) \right] = \frac{2\hat{u}}{\pi} \cdot \frac{\sin ka}{k}$$

mit $\quad \sin k(2\pi - a) = -\sin ka$

und die Gl. (9.48)

$$b_k = \frac{1}{\pi \cdot k} \cdot (s_1 \cdot \cos k\,\xi_1 + s_2 \cdot \cos k\,\xi_2)$$

$$b_k = \frac{1}{\pi \cdot k} \cdot \left[-\hat{u} \cdot \cos ka + \hat{u} \cdot \cos k(2\pi - a) \right] = 0$$

mit $\quad \cos k(2\pi - a) = \cos ka$

Zu 3. $\quad \hat{u}_k = \sqrt{a_k^2 + b_k^2} = |a_k| = \frac{2\hat{u}}{\pi} \cdot \frac{|\sin ka|}{k}, \qquad \varphi_{uk} = \arctan \frac{a_k}{b_k} = \frac{\pi}{2}$

Zu 4. $\quad \underline{c}_k = \frac{1}{2\pi} \int_0^{2\pi} u(\omega t) \cdot e^{-jk\omega t} \cdot d(\omega t) \qquad$ nach Gl. (9.84)

$$\underline{c}_k = \frac{1}{2\pi} \cdot \left[\int_0^a \hat{u} \cdot e^{-jk\omega t} \cdot d(\omega t) + \int_{2\pi - a}^{2\pi} \hat{u} \cdot e^{-jk\omega t} \cdot d(\omega t) \right]$$

$$\underline{c}_k = \frac{\hat{u}}{2\pi} \cdot \left[\left. \frac{e^{-jk\omega t}}{-jk} \right|_0^a + \left. \frac{e^{-jk\omega t}}{-jk} \right|_{2\pi - a}^{2\pi} \right]$$

$$\underline{c}_k = \frac{\hat{u}}{-j \cdot 2k\pi} \cdot \left[e^{-jka} - 1 + e^{-jk2\pi} - e^{-jk(2\pi - a)} \right]$$

mit $e^{-jk2\pi} = 1$ und $\quad e^{-jk(2\pi - a)} = e^{-jk2\pi} \cdot e^{jka} = e^{jka}$

$$\underline{c}_k = \frac{\hat{u}}{k\pi} \cdot \frac{e^{-jka} - e^{jka}}{-2j} = \frac{\hat{u}}{k\pi} \cdot \frac{e^{jka} - e^{-jka}}{2j}$$

$$\underline{c}_k = \frac{\hat{u}}{\pi} \cdot \frac{\sin ka}{k} = \frac{a_k}{2} - j \cdot \frac{b_k}{2} = \frac{a_k}{2}, \quad \text{weil } b_k = 0$$

$$|\underline{c}_k| = \frac{\hat{u}}{\pi} \cdot \frac{|\sin ka|}{k} \quad \text{und } \psi_k = 0, \text{ weil } \underline{c}_k \text{ reell und positiv}$$

Zusammenhänge zwischen den Amplituden- und Phasenspektren nach Gln. (9.86) und (9.87) für
k = 0 ... ∞ bzw. k = − ∞ ... + ∞:

$$\hat{u}_k = 2 \cdot |\underline{c}_k| = \frac{2\hat{u}}{\pi} \cdot \frac{|\sin ka|}{k} \quad \text{und} \quad \varphi_{uk} = \psi_k + \frac{\pi}{2} = \frac{\pi}{2}$$

9.6

Zu 1. Symmetrie 1. Art mit $b_k = 0$

$$a_0 = \frac{1}{\pi} \int_0^\pi u(\omega t) \cdot d(\omega t) = \frac{1}{\pi} \int_0^a \hat{u} \cdot \left(1 - \frac{\omega t}{a}\right) \cdot d(\omega t)$$

$$a_0 = \frac{\hat{u}}{\pi} \cdot \left[\int_0^a d(\omega t) - \frac{1}{a} \int_0^a \omega t \cdot d(\omega t)\right] = \frac{\hat{u}}{\pi} \cdot \left[\omega t - \frac{1}{a} \cdot \frac{(\omega t)^2}{2}\right]_0^a$$

$$a_0 = \frac{\hat{u}}{\pi} \cdot \left[a - \frac{1}{a} \cdot \frac{a^2}{2}\right] = \frac{\hat{u} \cdot a}{2\pi}$$

$$a_k = \frac{2}{\pi} \int_0^\pi u(\omega t) \cdot \cos k\omega t \cdot d(\omega t) = \frac{2}{\pi} \int_0^\pi \hat{u} \cdot \left(1 - \frac{\omega t}{a}\right) \cdot \cos k\omega t \cdot d(\omega t)$$

$$a_k = \frac{2\hat{u}}{\pi} \cdot \left[\int_0^a \cos k\omega t \cdot d(\omega t) - \frac{1}{a} \int_0^a (\omega t) \cdot \cos k(\omega t) \cdot d(\omega t)\right]$$

mit $\int x \cdot \cos ax \cdot dx = \dfrac{\cos ax}{a^2} + \dfrac{x \cdot \sin ax}{a}$

$$a_k = \frac{2\hat{u}}{\pi} \cdot \left[\frac{\sin k\omega t}{k} - \frac{1}{a} \cdot \left(\frac{\cos k(\omega t)}{k^2} + \frac{(\omega t) \cdot \sin k(\omega t)}{k}\right)\right]_0^a$$

$$a_k = \frac{2\hat{u}}{\pi} \cdot \left[\frac{\sin ka}{k} - \frac{1}{a} \cdot \left(\frac{\cos ka}{k^2} + \frac{a \cdot \sin ka}{k}\right) + \frac{1}{a} \cdot \frac{1}{k^2}\right]$$

$$a_k = \frac{2\hat{u}}{\pi} \cdot \left[\frac{\sin ka}{k} - \frac{\cos ka}{a \cdot k^2} - \frac{a \cdot \sin ka}{a \cdot k} + \frac{1}{a \cdot k^2}\right]$$

$$a_k = \frac{2\hat{u}}{\pi a} \cdot \frac{1 - \cos ka}{k^2}$$

$$u(\omega t) = \frac{\hat{u} \cdot a}{2\pi} + \frac{2\hat{u}}{\pi a} \cdot \sum_{k=1}^\infty \frac{1 - \cos ka}{k^2} \cdot \cos k\omega t$$

$$u(\omega t) = \frac{\hat{u} \cdot a}{2\pi} + \frac{2\hat{u}}{\pi a} \cdot \left(\frac{1 - \cos a}{1} \cdot \cos \omega t + \frac{1 - \cos 2a}{4} \cdot \cos 2\omega t + \frac{1 - \cos 3a}{9} \cdot \cos 3\omega t + ...\right)$$

Zu 2. In Gl. (9.49) i = 1,2 und 3 sind die Ordinatensprünge der 1. Ableitung:

$$s_1' = u'(\xi_1' + 0) - u'(\xi_1' - 0)$$

$$s_1' = -\frac{\hat{u}}{a} - \frac{\hat{u}}{a} = -\frac{2\hat{u}}{a}$$

$$s_2' = u'(\xi_2' + 0) - u'(\xi_2' - 0)$$

$$s_2' = 0 - \left(-\frac{\hat{u}}{a}\right) = \frac{\hat{u}}{a}$$

$$s_3' = u'(\xi_3' + 0) - u'(\xi_3' - 0)$$

$$s_3' = -\frac{\hat{u}}{a} - 0 = \frac{\hat{u}}{a}$$

Nach Gl. (9.53) ist

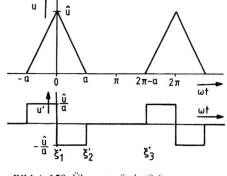

Bild A-159 Übungsaufgabe 9.6

$$a_k = -\frac{1}{\pi \cdot k^2} \cdot \sum_{i=1}^{3} s_i' \cdot \cos k\,\xi_i'$$

$$a_k = -\frac{1}{\pi \cdot k^2} \cdot \left(s_1' \cdot \cos k\,\xi_1' + s_2' \cdot \cos k\,\xi_2' + s_3' \cdot \cos k\,\xi_3'\right)$$

$$a_k = -\frac{1}{\pi \cdot k^2} \cdot \left[-\frac{2\hat{u}}{a} \cdot \cos k \cdot 0 + \frac{\hat{u}}{a} \cdot \cos k \cdot a + \frac{\hat{u}}{a} \cdot \cos k\,(2\pi - a)\right]$$

mit $\cos k\,(2\pi - a) = \cos ka$

$$a_k = \frac{2\hat{u}}{\pi a} \cdot \frac{1 - \cos ka}{k^2}$$

und nach Gl. (9.54)

$$b_k = -\frac{1}{\pi \cdot k^2} \cdot \sum_{i=1}^{3} s_i' \cdot \cos k\,\xi_i'$$

$$b_k = -\frac{1}{\pi \cdot k^2} \cdot \left(s_1' \cdot \sin k\,\xi_1' + s_2' \cdot \sin k\,\xi_2' + s_3' \cdot \sin k\,\xi_3'\right)$$

$$b_k = -\frac{1}{\pi \cdot k^2} \cdot \left[-\frac{2\hat{u}}{a} \cdot \sin k \cdot 0 + \frac{\hat{u}}{a} \cdot \sin k \cdot a + \frac{\hat{u}}{a} \cdot \sin k\,(2\pi - a)\right]$$

mit $\sin k\,(2\pi - a) = -\sin ka$

$$b_k = 0$$

Zu 3. Mit $a = \pi$:

$$u\,(\omega t) = \frac{\hat{u} \cdot \pi}{2\pi} + \frac{2\hat{u}}{\pi \cdot \pi} \cdot \left(\frac{1 - \cos \pi}{1} \cdot \cos \omega t + \frac{1 - \cos 2\pi}{4} \cdot \cos 2\omega t + \frac{1 - \cos 3\pi}{9} \cdot \cos 3\omega t + ...\right)$$

$$u\,(\omega t) = \frac{\hat{u}}{2} + \frac{2\hat{u}}{\pi^2} \cdot \left(\frac{1 - (-1)}{1} \cdot \cos \omega t + \frac{1 - 1}{4} \cdot \cos 2\omega t + \frac{1 - (-1)}{9} \cdot \cos 3\omega t + ...\right)$$

$$u\,(\omega t) = \frac{\hat{u}}{2} + \frac{4\hat{u}}{\pi^2} \cdot \left(\frac{\cos \omega t}{1} + \frac{\cos 3\omega t}{9} + \frac{\cos 5\omega t}{25} + ...\right)$$

Zu 4.

$$k' = \frac{\sqrt{\dfrac{1}{(3^2)^2} + \dfrac{1}{(5^2)^2} + \dfrac{1}{(7^2)^2} + ...}}{1} = \sqrt{\frac{\pi^4}{96} - 1} = 0{,}121$$

9.7

Zu 1. Die Funktion hat keine Symmetrien.

$$a_0 = \frac{1}{2\pi} \cdot \int_0^{2\pi} u(\omega t) \cdot d(\omega t) = \frac{\hat{u}}{2\pi} \cdot \int_0^{p2\pi} d(\omega t) = \frac{\hat{u}}{2\pi} \cdot [\omega t]_0^{p2\pi}$$

$$a_0 = \frac{\hat{u}}{2\pi} \cdot p \cdot 2\pi = \hat{u} \cdot p$$

Der Gleichanteil kann auch aus der Rechteckfläche A ermittelt werden:

$$a_0 = \frac{A}{2\pi} = \frac{\hat{u} \cdot p2\pi}{2\pi} = \hat{u} \cdot p$$

$$a_k = \frac{1}{\pi} \cdot \int_0^{2\pi} u(\omega t) \cdot \cos k\,\omega t \cdot d(\omega t) = \frac{\hat{u}}{\pi} \cdot \int_0^{p2\pi} \cos k\,\omega t \cdot d(\omega t)$$

$$a_k = \frac{\hat{u}}{\pi} \cdot \left[\frac{\sin k\,\omega t}{k} \right]_0^{p2\pi} = \frac{\hat{u}}{\pi \cdot k} \cdot \sin k\,p2\pi$$

$$b_k = \frac{1}{\pi} \cdot \int_0^{2\pi} u(\omega t) \cdot \sin k\,\omega t \cdot d(\omega t) = \frac{\hat{u}}{\pi} \cdot \int_0^{p2\pi} \sin k\,\omega t \cdot d(\omega t)$$

$$b_k = \frac{\hat{u}}{\pi} \cdot \left[-\frac{\cos k\,\omega t}{k} \right]_0^{p2\pi} = \frac{\hat{u}}{\pi \cdot k} \cdot (1 - \cos k\,p2\pi)$$

Zu 2. $$\underline{c}_k = \frac{1}{2\pi} \cdot \int_0^{2\pi} u(\omega t) \cdot e^{-jk\,\omega t} \cdot d(\omega t) = \frac{1}{2\pi} \cdot \int_0^{p2\pi} \hat{u} \cdot e^{-jk\,\omega t} \cdot d(\omega t)$$

$$\underline{c}_k = \frac{\hat{u}}{2\pi} \cdot \left[\frac{e^{-jk\,\omega t}}{-jk} \right]_0^{p2\pi} = \frac{\hat{u}}{2\pi k} \cdot \frac{e^{-jkp2\pi} - 1}{-j}$$

$$\underline{c}_k = \frac{\hat{u}}{2\pi k} \cdot \frac{\cos k\,p2\pi - j \cdot \sin k\,p\,2\pi - 1}{-j}$$

$$\underline{c}_k = \frac{\hat{u}}{2\pi k} \cdot \sin k\,p\,2\pi - j \cdot \frac{\hat{u}}{2\pi k} \cdot (1 - \cos kp\,2\pi) = \frac{a_k}{2} - j \cdot \frac{b_k}{2}$$

Zu 3. $$\hat{u}_k = \sqrt{a_k^2 + b_k^2}$$

$$\hat{u}_k = \sqrt{\left(\frac{\hat{u}}{\pi k} \cdot \sin kp2\pi \right)^2 + \left[\frac{\hat{u}}{\pi k} \cdot (1 - \cos kp2\pi) \right]^2}$$

$$\hat{u}_k = \frac{\hat{u}}{\pi k} \cdot \sqrt{\sin^2 kp2\pi + 1 - 2 \cdot \cos kp2\pi + \cos^2 kp2\pi}$$

$$\hat{u}_k = \frac{\hat{u}}{\pi k} \cdot \sqrt{2 - 2 \cdot \cos kp2\pi} = \frac{\sqrt{2} \cdot \hat{u}}{\pi k} \cdot \sqrt{1 - \cos kp2\pi}$$

$$|\underline{c}_k| = \frac{1}{2} \cdot \hat{u}_k = \frac{\hat{u}}{\sqrt{2} \cdot \pi k} \cdot \sqrt{1 - \cos kp2\pi}$$

Zu 4. $\qquad \hat{u}_{k\,bez.} = \dfrac{\hat{u}_k}{\dfrac{\sqrt{2}\cdot\hat{u}}{\pi}} = \dfrac{\sqrt{1-\cos kp\,2\pi}}{k}$

k	1	2	3	4	5	6	7	8	9	10
$\hat{u}_{k\,bez.}$	0,83	0,672	0,448	0,208	0	0,139	0,192	0,168	0,092	0

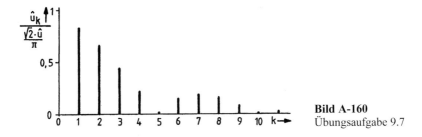

Bild A-160
Übungsaufgabe 9.7

9.8
Zu 1.

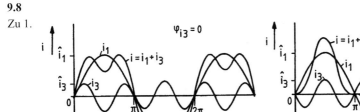

Bild A-161 Übungsaufgabe 9.8

Zu 2. $\qquad I = \sqrt{\displaystyle\sum_{k=0}^{\infty} I_k{}^2} = \sqrt{I_1{}^2 + I_3{}^2} = \sqrt{I_1{}^2 + \dfrac{1}{9}\cdot I_1{}^2} = 1,05\cdot I_1$

$$\dfrac{I}{I_1} = 1,05 \quad \text{mit} \quad \dfrac{\hat{i}_3}{\hat{i}_1} = \dfrac{I_3}{I_1} = \dfrac{1}{3} \quad \text{oder} \quad I_3 = \dfrac{1}{3}\cdot I_1$$

Zu 3. $\qquad k = \dfrac{\sqrt{\displaystyle\sum_{k=2}^{\infty} I_k{}^2}}{\sqrt{\displaystyle\sum_{k=1}^{\infty} I_k{}^2}} = \dfrac{\sqrt{I_3{}^2}}{\sqrt{I_1{}^2 + I_3{}^2}} = \sqrt{\dfrac{\left(\dfrac{I_1}{3}\right)^2}{I_1{}^2 + \left(\dfrac{I_1}{3}\right)^2}} = \sqrt{\dfrac{\dfrac{1}{9}}{1+\dfrac{1}{9}}} = 0,316$

$$k' = \dfrac{1}{I_1}\cdot\sqrt{\displaystyle\sum_{k=2}^{\infty} I_k{}^2} = \dfrac{\sqrt{I_3{}^2}}{I_1} = 0,333$$

9.9

Zu 1. $F(j\omega) = \int\limits_{-\infty}^{\infty} f(t) \cdot e^{-j\omega t} \cdot dt = \int\limits_{0}^{\infty} e^{-at} \cdot e^{-j\omega t} \cdot dt$

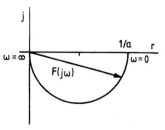

Bild A-162 Übungsaufgabe 9.9

$F(j\omega) = \int\limits_{0}^{\infty} e^{-(a+j\omega)t} \cdot dt$

$F(j\omega) = \dfrac{e^{-(a+j\omega)t}}{-(a+j\omega)}\Bigg|_{0}^{\infty} = \dfrac{1}{a+j\omega}$

(vgl. Korrespondenz)

Die Ortskurve mit $\omega = p \cdot \omega_0$ ist ein „Kreis durch den Nullpunkt" (siehe Band 2, Abschnitt 5.3).

Zu 2. Nach Gl. (9.93)

$$F(j\omega) = R(\omega) + j \cdot X(\omega) = \dfrac{1}{a+j\omega} \cdot \dfrac{a-j\omega}{a-j\omega} = \dfrac{a}{a^2+\omega^2} + j \cdot \dfrac{-\omega}{a^2+\omega^2}$$

mit $R(\omega) = \dfrac{a}{a^2+\omega^2}$ und $X(\omega) = -\dfrac{\omega}{a^2+\omega^2}$

$F(j\omega) = |F(j\omega)| \cdot e^{j\cdot\varphi(\omega)}$

mit $|F(j\omega)| = \left|\dfrac{1}{a+j\omega}\right| = \dfrac{1}{\sqrt{a^2+\omega^2}}$ und $\varphi(\omega) = \arctan\dfrac{X(\omega)}{R(\omega)} = \arctan\dfrac{-\omega}{a} = -\arctan\dfrac{\omega}{a}$

Zu 3.

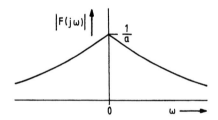

Bild A-163 Übungsaufgabe 9.9

9.10

Zu 1. $F(j\omega) = \int\limits_{-\infty}^{0} (-1) \cdot e^{-j\omega t} \cdot dt + \int\limits_{0}^{\infty} (+1) \cdot e^{-j\omega t} \cdot dt$

$F(j\omega) = -\dfrac{e^{-j\omega t}}{-j\omega}\Bigg|_{-\infty}^{0} + \dfrac{e^{-j\omega t}}{-j\omega}\Bigg|_{0}^{\infty}$

$F(j\omega) = \dfrac{1}{j\omega} + \dfrac{1}{j\omega} = \dfrac{2}{j\omega}$

$F(j\omega) = R(\omega) + j \cdot X(\omega) = -j \cdot \dfrac{2}{\omega}$

d. h. $R(\omega) = 0$ und $X(\omega) = -\dfrac{2}{\omega}$

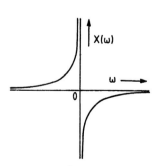

Bild A-164 Übungsaufgabe 9.10

Zu 2. $\sigma(t) = \dfrac{1}{2} \cdot \text{sgn } t + \dfrac{1}{2}$

$F\{\sigma(t)\} = F\left\{\dfrac{1}{2} \cdot \text{sgn } t\right\} + F\left\{\dfrac{1}{2}\right\}$

mit $F\left\{\dfrac{1}{2} \cdot \text{sgn } t\right\} = \dfrac{1}{j\omega}$ (siehe unter 1.)

und $F\left\{\dfrac{1}{2}\right\} = \dfrac{1}{2} \cdot 2\pi \cdot \delta(\omega)$

(vgl. Beispiel 5)

$F\{\sigma(t)\} = \dfrac{1}{j\omega} + \pi \cdot \delta(\omega)$ (vgl. Korrespondenz)

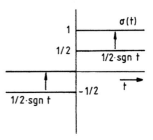

Bild A-165 Übungsaufgabe 9.10

9.11

$x(t) = \delta(t)$ und $X(j\omega) = F\{\delta(t)\} = 1$

$Y(j\omega) = X(j\omega) \cdot G(j\omega)$

mit $G(j\omega) = \dfrac{\dfrac{1}{\dfrac{1}{R_C} + j\omega C}}{R + \dfrac{1}{\dfrac{1}{R_C} + j\omega C}} = \dfrac{1}{R \cdot \left(\dfrac{1}{R_C} + j\omega C\right) + 1} = \dfrac{1}{\left(1 + \dfrac{R}{R_C}\right) + j\omega RC}$

$Y(j\omega) = 1 \cdot \dfrac{1}{\left(1 + \dfrac{R}{R_C}\right) + j\omega RC} = \dfrac{1}{RC \cdot \left[\left(\dfrac{1}{RC} + \dfrac{1}{R_C C}\right) + j\omega\right]}$

mit $F^{-1}\left\{\dfrac{1}{a + j\omega}\right\} = \sigma(t) \cdot e^{-at}$

(siehe Korrespondenz)

$y(t) = \dfrac{1}{RC} \cdot \sigma(t) \cdot e^{-t/\tau}$

mit $\tau = \dfrac{1}{\dfrac{1}{R} + \dfrac{1}{R_C}} \cdot C$

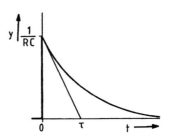

Bild A-166 Übungsaufgabe 9.11

9.12

Zu 1. $G(j\omega) = \dfrac{\underline{U}_2}{\underline{U}_1} = \dfrac{R_r + \dfrac{1}{j\omega C_r}}{R_r + \dfrac{1}{j\omega C_r} + \dfrac{1}{\dfrac{1}{R_p} + j\omega C_p}}$

$$G(j\omega) = \frac{\left(R_r + \dfrac{1}{j\omega C_r}\right)\left(\dfrac{1}{R_p} + j\omega C_p\right)}{1 + \left(R_r + \dfrac{1}{j\omega C_r}\right)\left(\dfrac{1}{R_p} + j\omega C_p\right)}$$

$$G(j\omega) = \frac{\left(\dfrac{R_r}{R_p} + \dfrac{C_p}{C_r}\right) + j\cdot\left(\omega R_r C_p - \dfrac{1}{\omega R_p C_r}\right)}{\left(1 + \dfrac{R_r}{R_p} + \dfrac{C_p}{C_r}\right) + j\cdot\left(\omega R_r C_p - \dfrac{1}{\omega R_p C_r}\right)}$$

mit $\omega = p \cdot \omega_0$

$$G(j\omega) = \frac{\left(\dfrac{R_r}{R_p} + \dfrac{C_p}{C_r}\right) + j\cdot\left(p\cdot\omega_0\cdot R_r\cdot C_p - \dfrac{1}{p\cdot\omega_0\cdot R_p\cdot C_r}\right)}{\left(1 + \dfrac{R_r}{R_p} + \dfrac{C_p}{C_r}\right) + j\cdot\left(p\cdot\omega_0\cdot R_r\cdot C_p - \dfrac{1}{p\cdot\omega_0\cdot R_p\cdot C_r}\right)}$$

Zu 2. Die Ortskurve ist ein „Kreis in allgemeiner Lage" (siehe Band 2, Abschnitt 5.4) mit der Bezugsfrequenz ω_0, die aus

$$\omega_0 R_r C_p = \frac{1}{\omega_0 R_p C_r}$$

berechnet wird:

$$\omega_0 = \frac{1}{\sqrt{R_r C_r R_p C_p}} = \frac{1}{\sqrt{5\cdot 10^3\,\Omega \cdot 2\cdot 10^{-9}\,F \cdot 10\cdot 10^3\,\Omega \cdot 1\cdot 10^{-9}\,F}}$$

$$\omega_0 = 100\cdot 10^3\,s^{-1}$$

bzw.

$$f_0 = \frac{1}{2\pi}\cdot 100\cdot 10^3\,s^{-1} = 15{,}9\,\text{kHz}.$$

Mit

$$\omega_0 R_r C_p = 100\cdot 10^3\,s^{-1}\cdot 5\cdot 10^3\,\Omega\cdot 1\cdot 10^{-9}\,F = 0{,}5$$

und

$$\frac{1}{\omega_0 R_p C_r} = \frac{1}{100\cdot 10^3\,s^{-1}\cdot 10\cdot 10^3\,\Omega\cdot 2\cdot 10^{-9}\,F} = 0{,}5$$

ist

$$G(j\omega) = \frac{\left(\dfrac{1}{2} + \dfrac{1}{2}\right) + j\cdot\left(p\cdot 0{,}5 - \dfrac{0{,}5}{p}\right)}{\left(1 + \dfrac{1}{2} + \dfrac{1}{2}\right) + j\cdot\left(p\cdot 0{,}5 - \dfrac{0{,}5}{p}\right)}$$

$$G(j\omega) = \frac{1 + j\cdot 0{,}5\cdot\left(p - \dfrac{1}{p}\right)}{2 + j\cdot 0{,}5\cdot\left(p - \dfrac{1}{p}\right)} = \frac{\underline{A} + \left(p - \dfrac{1}{p}\right)\cdot\underline{B}}{\underline{C} + \left(p - \dfrac{1}{p}\right)\cdot\underline{D}}$$

mit $\underline{B} = \underline{D} = j\cdot 0{,}5$

Nach der Konstruktionsvorschrift im Band 2, Abschnitt 5.4 wird die Ortskurve konstruiert:

Zu 1. $\underline{N} = \underline{A} - \dfrac{\underline{B} \cdot \underline{C}}{\underline{D}} = \underline{A} - \underline{C} = 1 - 2 = -1$

Zu 2. $\underline{G} = \dfrac{\underline{C}}{\underline{N}} + \left(p - \dfrac{1}{p}\right) \cdot \dfrac{\underline{D}}{\underline{N}} = \dfrac{2}{-1} + \left(p - \dfrac{1}{p}\right) \cdot \dfrac{j \cdot 0,5}{-1} = -2 - j \cdot 0,5 \cdot \left(p - \dfrac{1}{p}\right)$

Zu 3. und 4. siehe Bild A-167

Zu 5. $\dfrac{1}{2E} = \dfrac{N}{2C} = \dfrac{-1}{2 \cdot 2} = -\dfrac{1}{4}$

Da der Kreis mit dem Geradenmaßstab zu klein werden würde, wird für den Abstand 1/4 für den Kreismittelpunkt ein neuer, doppelt so großer Maßstab gewählt.

Zu 6. und 7. siehe Bild A-167

Zu 8. $- \underline{L} = - \underline{B}/\underline{D} = - 1$

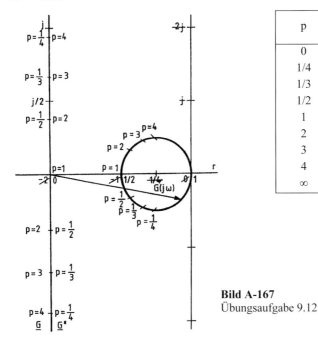

p	$f = p \cdot f_0$ in kHz
0	0
1/4	4,0
1/3	5,3
1/2	8,0
1	15,9
2	31,8
3	47,7
4	63,7
∞	∞

Bild A-167
Übungsaufgabe 9.12

Rechnerische Kontrolle einiger Ortskurvenpunkte:

$p = 0:$ $G(j\omega) = \lim\limits_{p\to 0} \dfrac{p + j \cdot 0,5\, p^2 - j \cdot 0,5}{2p + j \cdot 0,5\, p^2 - j \cdot 0,5} = 1$

$p = 1:$ $G(j\omega) = \dfrac{1}{2}$

$p = 2:$ $G(j\omega) = \dfrac{1 + j \cdot 0,5 \cdot 1,5}{2 + j \cdot 0,5 \cdot 1,5} = \dfrac{1 + j \cdot 0,75}{2 + j \cdot 0,75} \cdot \dfrac{2 - j \cdot 0,75}{2 - j \cdot 0,75} = 0,56 + j \cdot 0,16$

$p = \infty:$ $G(j\omega) = \lim\limits_{p\to\infty} \dfrac{\dfrac{1}{p} + j \cdot 0,5 - j \cdot 0,5 \dfrac{1}{p^2}}{\dfrac{2}{p} + j \cdot 0,5 - j \cdot 0,5 \dfrac{1}{p^2}} = 1$

10 Vierpoltheorie

10.1

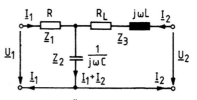

Bild A-168 Übungsaufgabe 10.1

Zu 1. $\underline{U}_1 = R \cdot \underline{I}_1 + \dfrac{1}{j\omega C} \cdot (\underline{I}_1 + \underline{I}_2)$

$\underline{U}_2 = (R_L + j\omega L) \cdot \underline{I}_2 + \dfrac{1}{j\omega C} \cdot (\underline{I}_1 + \underline{I}_2)$

bzw.

$$\underline{U}_1 = \left(R + \frac{1}{j\omega C} \right) \cdot \underline{I}_1 + \frac{1}{j\omega C} \cdot \underline{I}_2 = \underline{Z}_{11} \cdot \underline{I}_1 + \underline{Z}_{12} \cdot \underline{I}_2$$

$$\underline{U}_2 = \frac{1}{j\omega C} \cdot \underline{I}_1 + \left[R_L + j \cdot \left(\omega L - \frac{1}{\omega C} \right) \right] \cdot \underline{I}_2 = \underline{Z}_{21} \cdot \underline{I}_1 + \underline{Z}_{22} \cdot \underline{I}_2$$

Zu 2. $(\underline{Z}) = \begin{pmatrix} \underline{Z}_1 + \underline{Z}_2 & \underline{Z}_2 \\ \underline{Z}_2 & \underline{Z}_2 + \underline{Z}_3 \end{pmatrix} = \begin{pmatrix} R + \dfrac{1}{j\omega C} & \dfrac{1}{j\omega C} \\ \dfrac{1}{j\omega C} & R_L + j \cdot \left(\omega L - \dfrac{1}{\omega C} \right) \end{pmatrix}$

Zu 3.   Wegen $\underline{Z}_{12} = \underline{Z}_{21} = \dfrac{1}{j\omega C}$ ist der Vierpol umkehrbar.

10.2

Zu 1.   Die π-Schaltung im Bild 10.75 ist symmetrisch,
d. h. nach Gln. (10.59) und (10.54) ist $\underline{Y}_{11} = \underline{Y}_{22}$ und $\underline{Y}_{12} = \underline{Y}_{21}$:

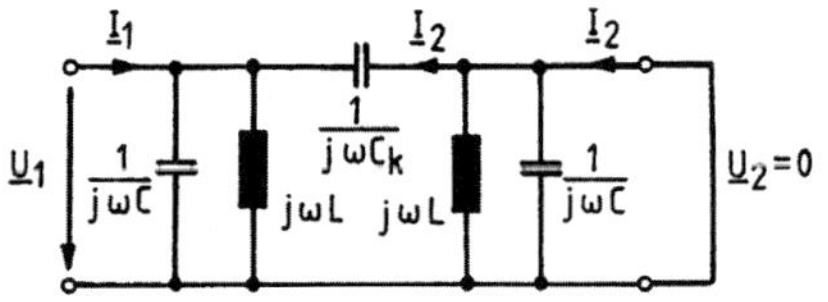

$\underline{Y}_{11} = \left(\dfrac{\underline{I}_1}{\underline{U}_1} \right)_{\underline{U}_2=0} = j\omega\,(C + C_k) + \dfrac{1}{j\omega L}$

$\underline{Y}_{11} = j \cdot \left[\omega\,(C + C_k) - \dfrac{1}{\omega L} \right] = \underline{Y}_{22}$

Bild A-169 Übungsaufgabe 10.2

$\underline{Y}_{21} = \left(\dfrac{\underline{I}_2}{\underline{U}_1} \right)_{\underline{U}_2=0} = -j\omega C_k = \underline{Y}_{12}$

Zu 2.

$$(\underline{Y}) = \begin{pmatrix} \dfrac{1}{\underline{Z}_1} + \dfrac{1}{\underline{Z}_2} & -\dfrac{1}{\underline{Z}_2} \\ -\dfrac{1}{\underline{Z}_2} & \dfrac{1}{\underline{Z}_2} + \dfrac{1}{\underline{Z}_3} \end{pmatrix} = \begin{pmatrix} j \cdot \left(\omega C - \dfrac{1}{\omega L} \right) + j\omega C_k & -j\omega C_k \\ -j\omega C_k & j\omega C_k + j \cdot \left(\omega C - \dfrac{1}{\omega L} \right) \end{pmatrix}$$

10.3

Zu 1.   Die T-Ersatzschaltung mit $\underline{Z}$-Parametern
(siehe Bild 10.9) enthält wegen $\underline{Z}_{12} = \underline{Z}_{21}$
keine Spannungsquelle, weil passive Vier-
pole umkehrbar sind (siehe Abschnitt 10.6
und Gl. (10.55)).

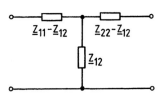

Bild A-170 Übungsaufgabe 10.3

Die Definitionsgleichungen für die $\underline{Z}$-Pa-
rameter stehen im Abschnitt 10.2.

$$\underline{Z}_{11} = \left(\frac{\underline{U}_1}{\underline{I}_1}\right)_{\underline{I}_2=0}$$

$$\underline{Z}_{11} = R + \left[\frac{1}{j\omega C} \,\|\, j\omega(L_1 + L_2)\right]$$

mit $L_1 + L_2 = 3L$

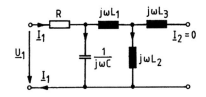

Bild A-171 Übungsaufgabe 10.3

$$\underline{Z}_{11} = R + \frac{\dfrac{1}{j\omega C} \cdot j\omega 3L}{\dfrac{1}{j\omega C} + j\omega 3L} \cdot \frac{j\omega C}{j\omega C}$$

$$\underline{Z}_{11} = R + \frac{j\omega 3L}{1 - 3\omega^2 LC} = R - j\cdot\omega\cdot\frac{3}{2}\cdot L \quad \text{mit } \omega^2 LC = 1$$

mit $-j\omega L = \dfrac{1}{j}\cdot\omega L = \dfrac{1}{j\omega C}$

$$\underline{Z}_{11} = R + \frac{3}{2}\cdot\frac{1}{j\omega C}$$

$$\underline{Z}_{12} = \left(\frac{\underline{U}_1}{\underline{I}_2}\right)_{\underline{I}_1=0}$$

mit $\dfrac{\dfrac{\underline{U}_1}{\dfrac{1}{j\omega C}}}{\underline{I}_2} = \dfrac{j\omega L_2}{j\omega(L_1 + L_2) + \dfrac{1}{j\omega C}}$ (Stromteilerregel)

$$\underline{Z}_{12} = \frac{\underline{U}_1}{\underline{I}_2} = \frac{1}{j\omega C}\cdot\frac{j\omega L_2}{j\omega(L_1 + L_2) + \dfrac{1}{j\omega C}} = \frac{j\omega L_2}{1 - \omega^2(L_1 + L_2)C}$$

$$\underline{Z}_{12} = \frac{j\omega 2L}{1 - \omega^2 3LC} = \frac{j\omega 2L}{1 - 3} = -j\omega L \quad \text{mit } L_1 + L_2 = 3L \quad \text{und} \quad \omega^2 LC = 1$$

$$\underline{Z}_{12} = \frac{1}{j\omega C} = \underline{Z}_{21} \quad \text{mit } -j\omega L = \frac{1}{j}\cdot\omega L = \frac{1}{j\omega C}$$

$$\underline{Z}_{22} = \left(\frac{\underline{U}_2}{\underline{I}_2}\right)_{\underline{I}_1=0} = j\omega L_3 + \left[j\omega L_2 \,\|\, \left(j\omega L_1 + \frac{1}{j\omega C}\right)\right] = j\omega L_3 = j\omega 2L$$

wegen $j\omega L_1 + \dfrac{1}{j\omega C} = j\omega L + \dfrac{1}{j\omega C} = 0$ und $L_3 = 2L$

Die Schaltelemente des realisierbaren Ersatzschaltbildes sind:

$$\underline{Z}_{11} - \underline{Z}_{12} = R + \frac{3}{2} \cdot \frac{1}{j\omega C} - \frac{1}{j\omega C}$$

$$\underline{Z}_{11} - \underline{Z}_{12} = R + \frac{1}{2} \cdot \frac{1}{j\omega C} = R + \frac{1}{j\omega 2C}$$

$$\underline{Z}_{22} - \underline{Z}_{12} = j\omega\, 2L + j\omega L = j\omega\, 3L$$

$$\underline{Z}_{12} = \frac{1}{j\omega C}$$

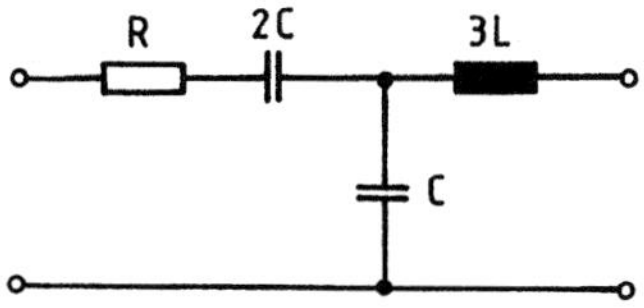

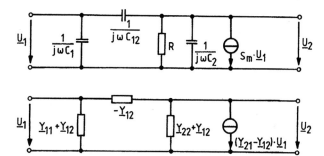

Bild A-173 Übungsaufgabe 10.3

10.4

Zu 1. Die Leerlaufspannungsübersetzung vorwärts in
Abhängigkeit von den
$\underline{Y}$- Parametern errechnet
sich nach Gl. (10.19) aus

$$(\underline{V}_{uf})_{\underline{Y}_a = 0} = -\frac{\underline{Y}_{21}}{\underline{Y}_{22}}$$

Bild A-174 Übungsaufgabe 10.4

Durch Vergleich der HF-Ersatzschaltung und der π-Ersatzschaltung ergeben sich folgende
Zusammenhänge:

$$\underline{Y}_{11} + \underline{Y}_{12} = j\omega C_1 \qquad\qquad -\underline{Y}_{12} = j\omega C_{12}$$

$$\underline{Y}_{22} + \underline{Y}_{12} = \frac{1}{R} + j\omega C_2 \qquad S_m = \underline{Y}_{21} - \underline{Y}_{12}$$

d. h.

$$(\underline{V}_{uf})_{\underline{Y}_a = 0} = -\frac{S_m + \underline{Y}_{12}}{\dfrac{1}{R} + j\omega C_2 - \underline{Y}_{12}} = -\frac{S_m - j\omega C_{12}}{\dfrac{1}{R} + j\omega C_2 + j\omega C_{12}}$$

$$(\underline{V}_{uf})_{\underline{Y}_a = 0} = \frac{j\omega C_{12} - S_m}{\dfrac{1}{R} + j\omega (C_2 + C_{12})}$$

Zu 2. $$\underline{U}_1 = \frac{1}{j\omega C_{12}} \cdot \left(S_m \cdot \underline{U}_1 + \frac{\underline{U}_2}{R} + j\omega C_2 \cdot \underline{U}_2 \right) + \underline{U}_2$$

$$j\omega C_{12} \cdot \underline{U}_1 = S_m \cdot \underline{U}_1 + \frac{1}{R} \cdot \underline{U}_2 + j\omega C_2 \cdot \underline{U}_2 + j\omega C_{12} \cdot \underline{U}_2$$

$$(\underline{V}_{uf})_{\underline{Y}_a = 0} = \frac{\underline{U}_2}{\underline{U}_1} = \frac{j\omega C_{12} - S_m}{\dfrac{1}{R} + j\omega (C_2 + C_{12})}$$

10.5

Zu 1. $(\underline{V}_{uf})_{\underline{Y}_a=0} = \underline{C}_{21} = \dfrac{1}{\underline{A}_{11}}$ (siehe Tabelle im Abschnitt 10.4)

Die $\underline{A}$-Parameter des Γ-Vierpols II sind im Abschnitt 10.3 angegeben:

$$\underline{A}_{11} = 1 + \frac{\underline{Z}_1}{\underline{Z}_2} = 1 + \underline{Z}_1 \cdot \underline{Y}_2 = 1 + \left(R_r + \frac{1}{j\omega C_r}\right)\left(\frac{1}{R_p} + j\omega C_p\right)$$

$$(\underline{V}_{uf})_{\underline{Y}_a=0} = \frac{1}{\left(1 + \dfrac{R_r}{R_p} + \dfrac{C_p}{C_r}\right) + j\cdot\left(\omega R_r C_p - \dfrac{1}{\omega R_p C_r}\right)}$$

Zu 2.   siehe Abschnitt 4.4, Beispiel 5.

Zu 3.   Die Leerlaufspannungsübersetzung ist reell, wenn der Imaginärteil des Operators Null ist:

$$\omega R_r C_p = \frac{1}{\omega R_p C_r} \qquad \text{ergibt} \qquad \omega = \sqrt{\frac{1}{R_r R_p C_r C_p}}$$

Zu 4. $(\underline{V}_{uf})_{\underline{Y}_a=0} = \dfrac{1}{1 + \dfrac{R_r}{R_p} + \dfrac{C_p}{C_r}} = \dfrac{1}{3}$

10.6

Zu 1.   Siehe Bild A-175: Es handelt sich um einen Γ-Vierpol II, dessen Parameter im Abschnitt 10.3 angegeben sind:

$$(\underline{A}) = \begin{pmatrix} 1 + \dfrac{\underline{Z}_1}{\underline{Z}_2} & \underline{Z}_1 \\[2mm] \dfrac{1}{\underline{Z}_2} & 1 \end{pmatrix}$$

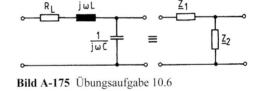

Bild A-175 Übungsaufgabe 10.6

Zu 2. $(\underline{V}_{uf})_{\underline{Y}_a=0} = \dfrac{1}{\underline{A}_{11}} = \dfrac{1}{1 + \dfrac{\underline{Z}_1}{\underline{Z}_2}} = \dfrac{1}{1 + (R_L + j\omega L)\cdot j\omega C} = \dfrac{1}{(1 - \omega^2 LC) + j\omega R_L C}$

$(\underline{Z}_{in})_{\underline{Y}_a=\infty} = \underline{H}_{11} = \underline{Z}_1 = R_L + j\omega L$

Zu 3. $\underline{V}_{uf} = \dfrac{1}{\underline{A}_{11} + \underline{A}_{12}\cdot\underline{Y}_a} = \dfrac{1}{1 + \dfrac{\underline{Z}_1}{\underline{Z}_2} + \dfrac{\underline{Z}_1}{R}}$ mit $\underline{Y}_a = \dfrac{1}{R}$

$$\underline{V}_{uf} = \frac{1}{(1 - \omega^2 LC) + j\omega R_L C + \dfrac{R_L + j\omega L}{R}} = \frac{1}{\left(1 + \dfrac{R_L}{R} - \omega^2 LC\right) + j\omega\cdot\left(R_L C + \dfrac{L}{R}\right)}$$

$$\underline{Z}_{in} = \underline{Z}_1 + \underline{Z}_2 = R_L + j\omega L + \frac{1}{\dfrac{1}{R} + j\omega C}$$

$$\underline{Z}_{in} = \frac{\left(1 + \dfrac{R_L}{R} - \omega^2 LC\right) + j\omega\cdot\left(R_L C + \dfrac{L}{R}\right)}{\dfrac{1}{R} + j\omega C}$$

10.7

Zu 1.   Bei den beiden Vierpolen handelt es sich um den Typ Γ-Vierpol II, dessen $\underline{A}$-Parameter allgemein im Abschnitt 10.3 angegeben sind (siehe Lösung 10.6).

Differenzierglied:

$$\underline{Z}_1 = \frac{R_p \cdot \dfrac{1}{j\omega C_p}}{R_p + \dfrac{1}{j\omega C_p}} = \frac{R_p}{1 + j\omega R_p C_p} \qquad\qquad (\underline{A}_D) = \begin{pmatrix} 1 + \dfrac{R_p}{R(1 + j\omega R_p C_p)} & \dfrac{R_p}{1 + j\omega R_p C_p} \\[3ex] \dfrac{1}{R} & 1 \end{pmatrix}$$

$$\underline{Z}_2 = R$$

Integrierglied:

$$\underline{Z}_1 = R$$

$$\underline{Z}_2 = R_r + \frac{1}{j\omega C_r} \qquad\qquad (\underline{A}_I) = \begin{pmatrix} 1 + \dfrac{R}{R_r + \dfrac{1}{j\omega C_r}} & R \\[3ex] \dfrac{1}{R_r + \dfrac{1}{j\omega C_r}} & 1 \end{pmatrix}$$

Zu 2. $$(\underline{V}_{uf})_{\underline{Y}_a = 0} = \frac{1}{\underline{A}_{11}} = K \cdot \frac{1 + j\omega T_1}{1 + j\omega T_2}$$

Differenzierglied:

$$\frac{1}{\underline{A}_{11}} = \frac{1}{1 + \dfrac{R_p}{R \cdot (1 + j\omega R_p C_p)}} = \frac{1 + j\omega R_p C_p}{1 + j\omega R_p C_p + \dfrac{R_p}{R}}$$

$$\frac{1}{\underline{A}_{11}} = \frac{1 + j\omega R_p C_p}{\dfrac{R_p + R}{R} + j\omega R_p C_p} = \frac{1 + j\omega R_p C_p}{\dfrac{R_p + R}{R} \cdot \left(1 + j\omega R_p C_p \cdot \dfrac{R}{R_p + R}\right)}$$

$$(\underline{V}_{uf\,D})_{\underline{Y}_a = 0} = \frac{R}{R_p + R} \cdot \frac{1 + j\omega R_p C_p}{1 + j\omega \cdot \dfrac{R_p \cdot R}{R_p + R} \cdot C_p}$$

mit $K = \dfrac{R}{R_p + R}$, $T_1 = R_p \cdot C_p$ und $T_2 = \dfrac{R_p \cdot R}{R_p + R} \cdot C_p$

Integrierglied:

$$\frac{1}{\underline{A}_{11}} = \frac{1}{1 + \dfrac{R}{R_r + \dfrac{1}{j\omega C_r}}} = \frac{R_r + \dfrac{1}{j\omega C_r}}{R_r + \dfrac{1}{j\omega C_r} + R}$$

$$(\underline{V}_{uf\,I})_{\underline{Y}_a = 0} = \frac{1 + j\omega R_r C_r}{1 + j\omega (R_r + R) C_r}$$

mit $K = 1$, $T_1 = R_r \cdot C_r$ und $T_2 = (R_r + R) \cdot C_r$

Zu 3.   Differenzierglied mit $R_p \rightarrow \infty$:

$$\frac{1}{\underline{A}_{11}} = \lim_{R_p \rightarrow \infty} \frac{1 + j\omega R_p C_p}{1 + j\omega R_p C_p + \dfrac{R_p}{R}}$$

$$\frac{1}{\underline{A}_{11}} = \lim_{R_p \rightarrow \infty} \frac{\dfrac{1}{R_p} + j\omega C_p}{\dfrac{1}{R_p} + j\omega C_p + \dfrac{1}{R}} = \frac{j\omega C_p}{j\omega C_p + \dfrac{1}{R}}$$

$$(\underline{V}_{uf\,D})_{\underline{Y}_a = 0} = \frac{j\omega R C_p}{1 + j\omega R C_p}$$

Integrierglied mit $R_r = 0$:

$$\frac{1}{\underline{A}_{11}} = \lim_{R_r \rightarrow 0} \frac{1 + j\omega R_r C_r}{1 + j\omega (R_r + R) C_r}$$

$$(\underline{V}_{uf\,I})_{\underline{Y}_a = 0} = \frac{1}{1 + j\omega R C_r}$$

10.8

Zu 1.   Der Brücken-T-Vierpol kann als Parallel-Parallel-Schaltung (Bild 10.53)
oder als Reihen-Reihen-Schaltung (Bild 10.57) aufgefasst werden.
Die Schaltung soll als Reihen-Reihen-Schaltung behandelt werden:

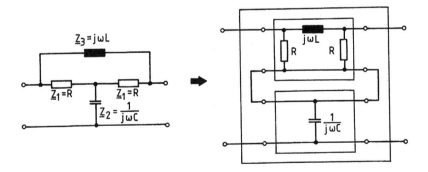

Bild A-176 Übungsaufgabe 10.8

Zu 2.   Die $\underline{Z}$-Parameter der Gesamtschaltung ergeben sich durch Addition der $\underline{Z}$-Parameter des
π-Vierpols und des Querwiderstandes, deren $\underline{Z}$-Parameter aus der Tabelle im Abschnitt
10.3 entnommen werden:

$$(\underline{Z}) = (\underline{Z}') + (\underline{Z}'') = \begin{pmatrix} \dfrac{\underline{Z}_1(\underline{Z}_1+\underline{Z}_3)}{2\underline{Z}_1+\underline{Z}_3} + \underline{Z}_2 & \dfrac{\underline{Z}_1{}^2}{2\underline{Z}_1+\underline{Z}_3} + \underline{Z}_2 \\[3mm] \dfrac{\underline{Z}_1{}^2}{2\underline{Z}_1+\underline{Z}_3} + \underline{Z}_2 & \dfrac{\underline{Z}_1(\underline{Z}_1+\underline{Z}_3)}{2\underline{Z}_1+\underline{Z}_3} + \underline{Z}_2 \end{pmatrix}$$

$$(\underline{Z}) = \begin{pmatrix} \dfrac{R(R+j\omega L)}{2R+j\omega L} + \dfrac{1}{j\omega C} & \dfrac{R^2}{2R+j\omega L} + \dfrac{1}{j\omega C} \\[3mm] \dfrac{R^2}{2R+j\omega L} + \dfrac{1}{j\omega C} & \dfrac{R(R+j\omega L)}{2R+j\omega L} + \dfrac{1}{j\omega C} \end{pmatrix}$$

Zu 3. $(\underline{V}_{uf})_{\underline{Y}_a=0} = \underline{C}_{21} = \dfrac{\underline{Z}_{21}}{\underline{Z}_{11}} = \dfrac{\dfrac{R^2}{2R+j\omega L} + \dfrac{1}{j\omega C}}{\dfrac{R^2+j\omega LR}{2R+j\omega L} + \dfrac{1}{j\omega C}} = \dfrac{j\omega R^2 C + 2R + j\omega L}{j\omega C(R^2 + j\omega LR) + 2R + j\omega L}$

$$(\underline{V}_{uf})_{\underline{Y}_a=0} = \dfrac{2R + j\omega\left(R^2 C + L\right)}{2R - \omega^2 LCR + j\omega\left(R^2 C + L\right)} = \dfrac{2 + j\omega\cdot\left(RC + \dfrac{L}{R}\right)}{2 - \omega^2 LC + j\omega\cdot\left(RC + \dfrac{L}{R}\right)}$$

10.9

Zu 1. $(\underline{V}_{uf})_{\underline{Y}_a=0} = \dfrac{1}{\underline{A}_{11}} = \dfrac{\underline{Z}_1 - \underline{Z}_2}{\underline{Z}_1 + \underline{Z}_2} = \dfrac{\dfrac{1}{j\omega C} - R}{\dfrac{1}{j\omega C} + R} = \dfrac{1 - j\omega RC}{1 + j\omega RC} = \left|\underline{V}_{uf}\right|\cdot e^{j\varphi}$

mit $\underline{V}_{uf} = \dfrac{\sqrt{1+(\omega RC)^2}\cdot e^{j\varphi_1}}{\sqrt{1+(\omega RC)^2}\cdot e^{j\varphi_2}} = 1\cdot e^{j\cdot(\varphi_1-\varphi_2)}$ d. h. $\left|\underline{V}_{uf}\right| = V_{uf} = 1$

und $\varphi = \varphi_1 - \varphi_2 = \arctan(-\omega RC) - \arctan(\omega RC)$ mit $\arctan(-x) = -\arctan x$

$\varphi = -2\cdot\arctan(\omega RC)$

Zu 2.   Mit

$\omega_0 - \dfrac{1}{RC}$

ist

$\varphi = -2\cdot\arctan\dfrac{\omega}{\omega_0}$

$\dfrac{\omega}{\omega_0}$	φ
0	0
0,25	$-28,1°$
0,5	$-53,1°$
0,75	$-73,3°$
1	$-90°$
1,33	$-106°$
2	$-127°$
4	$-152°$
∞	$-180°$

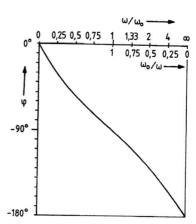

Bild A-177 Übungsaufgabe 10.9

10.10

Zu 1. Bei dem Doppel-T-RC-Glied handelt es sich um die Parallel-Parallel-Schaltung zweier T-Vierpole.

Die Vierpolparameter der Gesamtschaltung in Leitwertform ergeben sich durch Addition der $\underline{Y}$-Parameter der Einzelvierpole, die in der Tabelle im Abschnitt 10.3 zu finden sind.

Zu 2. Mit

$$(\underline{V}_{uf})_{\underline{Y}_a = 0} = -\frac{\underline{Y}_{21}}{\underline{Y}_{22}} = 0$$

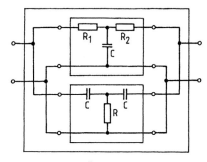

Bild A-178 Übungsaufgabe 10.10

ist der Parameter $\underline{Y}_{21}$ des Doppel-T-Vierpols gesucht. Der $\underline{Y}_{21}$-Parameter eines T-Vierpols mit allgemeinen komplexen Widerständen (Abschnitt 10.3) ist

$$\underline{Y}_{21T} = -\frac{\underline{Z}_2}{\underline{Z}_1\underline{Z}_2 + \underline{Z}_1\underline{Z}_3 + \underline{Z}_2\underline{Z}_3}$$

so dass sich für die Parallel-Parallel-Schaltung ergibt:

$$\underline{Y}_{21} = \underline{Y}'_{21} + \underline{Y}''_{21} = -\left(\frac{\frac{1}{j\omega C}}{\frac{R_1}{j\omega C} + \frac{R_2}{j\omega C} + R_1 R_2} + \frac{R}{\frac{2R}{j\omega C} + \left(\frac{1}{j\omega C}\right)^2} \right)$$

$$\underline{Y}_{21} = -\left(\frac{1}{R_1 + R_2 + j\omega C R_1 R_2} + \frac{(j\omega C)^2 R}{j\omega C\, 2R + 1} \right)$$

mit $\omega = \omega_0$

$$\underline{Y}_{21} = \frac{-1}{R_1 + R_2 + j\omega_0 C R_1 R_2} + \frac{\omega_0^2 C^2 R}{j\omega_0 C\, 2R + 1} = 0$$

ergibt sich die Gleichung

$$j\omega_0 C\, 2R + 1 = \omega_0^2 C^2 R \cdot (R_1 + R_2 + j\omega_0 C R_1 R_2)\,,$$

in der die Imaginärteile und die Realteile beider Seiten gleichgesetzt werden:

$$j\omega_0 C\, 2R = j\omega_0^3 C^3\, R\, R_1 R_2$$

$$2 = \omega_0^2 C^2 R_1 R_2$$

$$\omega_0 = \sqrt{\frac{2}{R_1 R_2}} \cdot \frac{1}{C}$$

$$1 = \omega_0^2 C^2\, R\, (R_1 + R_2)$$

mit $\omega_0^2 C^2 = \dfrac{2}{R_1 R_2}$

$$1 = \frac{2}{R_1 R_2} R\, (R_1 + R_2)$$

$$R = \frac{R_1 R_2}{2(R_1 + R_2)}$$

10.11

Zu 1. Die RC-Phasenkette kann als eine Kettenschaltung eines T-Vierpols und eines π-Vierpols aufgefasst werden. Aus den $\underline{A}$-Parametern der Einzelvierpole werden die $\underline{A}$-Parameter des Gesamtvierpols durch Matrizenmultiplikation errechnet. Da aber nur die Spannungsübersetzung $\underline{V}_{uf}$ gesucht ist, braucht nur der Parameter $\underline{A}_{11}$ ermittelt zu werden:

$$(\underline{V}_{uf})_{\underline{Y}_a=0} = \frac{1}{\underline{A}_{11}}$$

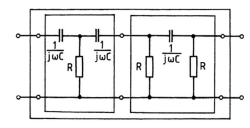

mit

$$\underline{A}_{11} = \underline{A}'_{11} \cdot \underline{A}''_{11} + \underline{A}'_{12} \cdot \underline{A}''_{21}$$

(siehe Abschnitt 10.7.6)

Bild A-179 Übungsaufgabe 10.11

$$\underline{A}_{11} = \left(1 + \frac{\underline{Z}'_1}{\underline{Z}'_2}\right) \cdot \left(1 + \frac{\underline{Z}''_2}{\underline{Z}''_3}\right) + \left(\underline{Z}'_1 + \underline{Z}'_3 + \frac{\underline{Z}'_1\underline{Z}'_3}{\underline{Z}'_2}\right) \cdot \left(\frac{1}{\underline{Z}''_1} + \frac{1}{\underline{Z}''_3} + \frac{\underline{Z}''_2}{\underline{Z}''_1\underline{Z}''_3}\right)$$

$$\underline{A}_{11} = \left(1 + \frac{\frac{1}{j\omega C}}{R}\right)^2 + \left(\frac{1}{j\omega C} + \frac{1}{j\omega C} + \frac{\frac{1}{j\omega C} \cdot \frac{1}{j\omega C}}{R}\right) \cdot \left(\frac{1}{R} + \frac{1}{R} + \frac{\frac{1}{j\omega C}}{R \cdot R}\right)$$

$$\underline{A}_{11} = \left(1 + \frac{1}{j\omega RC}\right)^2 + \left(\frac{2}{j\omega C} - \frac{1}{\omega^2 RC^2}\right) \cdot \left(\frac{2}{R} + \frac{1}{j\omega R^2 C}\right)$$

$$\underline{A}_{11} = 1 + \frac{2}{j\omega RC} - \frac{1}{\omega^2 R^2 C^2} + \frac{4}{j\omega RC} - \frac{2}{\omega^2 R^2 C^2} - \frac{2}{\omega^2 R^2 C^2} - \frac{1}{j\omega^3 R^3 C^3}$$

$$\underline{A}_{11} = 1 - \frac{5}{\omega^2 R^2 C^2} - j \cdot \frac{6}{\omega RC} + j \cdot \frac{1}{\omega^3 R^3 C^3}$$

$$(\underline{V}_{uf})_{\underline{Y}_a=0} = \frac{1}{\left(1 - \frac{5}{\omega^2 R^2 C^2}\right) - j \cdot \left(\frac{6}{\omega RC} - \frac{1}{\omega^3 R^3 C^3}\right)}$$

Zu 2. $\underline{V}_{uf}$ ist reell, wenn der Imaginärteil Null ist:

$$\frac{6}{\omega RC} = \frac{1}{\omega^3 R^3 C^3}$$

$$\omega = \frac{1}{\sqrt{6} \cdot RC} = \frac{0{,}41}{RC}$$

$\underline{V}_{uf}$ ist imaginär, wenn der Realteil Null ist:

$$1 = \frac{5}{\omega^2 R^2 C^2}$$

$$\omega = \frac{\sqrt{5}}{RC} = \frac{2{,}24}{RC}$$

10.12

Zu 1. Die Transistorstufe im Bild 10.84 ist eine Parallel-Parallel-Schaltung (Spannung-Strom-Rückkopplung) mit einem Längswiderstand am Eingang in Kette (siehe Bild A-180).

Die Transistorstufe im Bild 10.85 ist eine Reihen-Reihen-Schaltung (Strom-Spannung-Rückkopplung) wie in den Bildern 10.51 und 10.58. Sie stellt also eine stromgegengekoppelte Emitterschaltung dar.

Im Bild 10.86 ist eine Kollektorschaltung dargestellt, die als rückgekoppelte Emitterschaltung (Spannung-Spannung-Rückkopplung) aufgefasst werden kann, wie im Bild 10.62 nachgewiesen ist.

Zu 2. Parallel-Parallel-Schaltung des
Transistors mit einem Γ-Vierpol II:

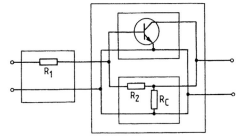

$$(\underline{Y}) = \begin{pmatrix} \dfrac{1}{h_{11e}} + \dfrac{1}{R_2} & -\dfrac{h_{12e}}{h_{11e}} - \dfrac{1}{R_2} \\ \dfrac{h_{21e}}{h_{11e}} - \dfrac{1}{R_2} & \dfrac{\det h_e}{h_{11e}} + \dfrac{1}{R_2} + \dfrac{1}{R_C} \end{pmatrix}$$

Bild A-180 Übungsaufgabe 10.12

$$(\underline{Y}) = \begin{pmatrix} \dfrac{1}{2,7k\Omega} + \dfrac{1}{47k\Omega} & -\dfrac{1,5 \cdot 10^{-4}}{2,7k\Omega} - \dfrac{1}{47k\Omega} \\ \dfrac{220}{2,7k\Omega} - \dfrac{1}{47k\Omega} & \dfrac{2,7k\Omega \cdot 18\mu S - 220 \cdot 1,5 \cdot 10^{-4}}{2,7k\Omega} + \dfrac{1}{47k\Omega} + \dfrac{1}{120k\Omega} \end{pmatrix}$$

$$(\underline{Y}) = \begin{pmatrix} 391,65\mu S & -21,332\mu S \\ 81,46mS & 35,388\mu S \end{pmatrix},$$

umgewandelt in $\underline{A}$-Parameter wegen der Kettenschaltung:

$$(\underline{A}) = \begin{pmatrix} -\dfrac{\underline{Y}_{22}}{\underline{Y}_{21}} & -\dfrac{1}{\underline{Y}_{21}} \\ -\dfrac{\det \underline{Y}}{\underline{Y}_{21}} & -\dfrac{\underline{Y}_{11}}{\underline{Y}_{21}} \end{pmatrix} = \begin{pmatrix} -434,4 \cdot 10^{-6} & -12,276\Omega \\ -21,502 \cdot 10^{-6}S & -4,808 \cdot 10^{-3} \end{pmatrix}$$

Kettenschaltung des Längswiderstandes und des beschalteten Transistors:

(Matrizenmultiplikation)

		$-434,4 \cdot 10^{-6}$	$-12,276\Omega$	
		$-21,502 \cdot 10^{-6}S$	$-4,808 \cdot 10^{-3}$	
1	4,7kΩ	$\left(-101,5 \cdot 10^{-3} \right.$	$-34,87\Omega$	
0	1	$\left. -21,502 \cdot 10^{-6}S \right.$	$-4,808 \cdot 10^{-3} \right)$	$= (\underline{A})$

Betriebskenngrößen:

$$\underline{Z}_{in} = \frac{\underline{A}_{11}}{\underline{A}_{21}} = \frac{-101,5 \cdot 10^{-3}}{-21,502 \cdot 10^{-6}\,\Omega^{-1}} = 4,72\,k\Omega \approx R_1$$

$$\underline{Z}_{out} = \frac{\underline{A}_{22}}{\underline{A}_{21}} = \frac{-4,808 \cdot 10^{-3}}{-21,502 \cdot 10^{-6}\,\Omega^{-1}} = 224\,\Omega$$

$$\underline{V}_{uf} = \frac{1}{\underline{A}_{11}} = \frac{1}{-101,5 \cdot 10^{-3}} = -9,85 \approx -10, \quad \text{d. h. gleich} \; -\frac{R_2}{R_1} \; .$$

Zu 3.   Die Parallelschaltung der beiden Basiswiderstände bildet einen Querwiderstand, der mit der Reihen-Reihen-Schaltung des Transistors in Kette geschaltet ist:

$$(\underline{A}') = \begin{pmatrix} 1 & 0 \\ 1/\underline{Z} & 1 \end{pmatrix} = \begin{pmatrix} 1 & 0 \\ 13,41\,\mu S & 1 \end{pmatrix} \quad \text{mit} \quad \frac{1}{\underline{Z}} = \frac{1}{820\,k\Omega} + \frac{1}{82\,k\Omega} = 13,41\,\mu S$$

Die Reihen-Reihen-Schaltung des Transistors mit dem Querwiderstand ist identisch mit dem Vierpol 3 des zweistufigen Verstärkers im Bild 10.50, deren $\underline{Z}$-Parameter im Abschnitt 10.7.3 berechnet wurden:

$$(\underline{Z}'') = \begin{pmatrix} 4,167\,k\Omega & 3,308\,k\Omega \\ -12,2\,M\Omega & 58,86\,k\Omega \end{pmatrix} .$$

Diese wurden im Abschnitt 10.7.6 (Beispiel 4) in $\underline{A}$-Parameter umgewandelt:

$$(\underline{A}'') = \begin{pmatrix} -341,0 \cdot 10^{-6} & -3,328 \cdot 10^3\,\Omega \\ -81,83 \cdot 10^{-9}\,S & -4,817 \cdot 10^{-3} \end{pmatrix} .$$

Der Kollektorwiderstand ist ein Querwiderstand, der in Kette geschaltet ist:

$$(\underline{A}''') = \begin{pmatrix} 1 & 0 \\ 1/\underline{Z} & 1 \end{pmatrix} = \begin{pmatrix} 1 & 0 \\ 66,67\,\mu S & 1 \end{pmatrix} \quad \text{mit} \quad \frac{1}{\underline{Z}} = \frac{1}{R_C} = \frac{1}{15\,k\Omega} = 66,67\,\mu S$$

Durch zweimalige Matrizenmultiplikation ergeben sich die $\underline{A}$-Parameter der gesamten Stufe:

		$-341,0 \cdot 10^{-6}$ $-3,328 \cdot 10^3\,\Omega$ $-81,83 \cdot 10^{-9}\,S$ $-4,817 \cdot 10^{-3}$	1 0 $66,67 \cdot 10^{-6}\,S$ 1
1 0 $13,41 \cdot 10^{-6}\,S$ 1		$-341,0 \cdot 10^{-6}$ $-3,328 \cdot 10^3\,\Omega$ $-86,40 \cdot 10^{-9}\,S$ $-49,445 \cdot 10^{-3}$	$-222,2 \cdot 10^{-3}$ $-3,328 \cdot 10^3\,\Omega$ $-3,383 \cdot 10^{-6}\,S$ $-49,445 \cdot 10^{-3}$

Betriebskenngrößen:

$$\underline{Z}_{in} = \frac{\underline{A}_{11}}{\underline{A}_{21}} = \frac{-222,2 \cdot 10^{-3}}{-3,383 \cdot 10^{-6}\,\Omega^{-1}} = 65,7\,k\Omega$$

$$\underline{Z}_{out} = \frac{\underline{A}_{22}}{\underline{A}_{21}} = \frac{-49,445 \cdot 10^{-3}}{-3,383 \cdot 10^{-6}\,\Omega^{-1}} = 14,6\,k\Omega$$

$$\underline{V}_{uf} = \frac{1}{\underline{A}_{11}} = \frac{1}{-222,2 \cdot 10^{-3}} = -4,5$$

Zu 4. Mit den H-Parametern des Querwiderstandes

$$(\underline{H}'') = \begin{pmatrix} 0 & 1 \\ -1 & 1/R_E \end{pmatrix} = \begin{pmatrix} 0 & 1 \\ -1 & 1/5k\Omega \end{pmatrix} = \begin{pmatrix} 0 & 1 \\ -1 & 0{,}2mS \end{pmatrix}$$

ergibt sich mit den h_e-Parametern $(\underline{H}')$ des Transistors:

$$(\underline{H}) = \begin{pmatrix} \underline{H}'_{11} + \underline{H}''_{11} & -(\underline{H}'_{12} - \underline{H}''_{12}) \\ -(\underline{H}'_{21} - \underline{H}''_{21}) & \underline{H}'_{22} + \underline{H}''_{22} \end{pmatrix} = \begin{pmatrix} 2{,}7k\Omega + 0 & -(1{,}5 \cdot 10^{-4} - 1) \\ -(220 + 1) & 18\mu S + 0{,}2mS \end{pmatrix}$$

$$(H) = \begin{pmatrix} 2{,}7k\Omega & 1 \\ -221 & 218\mu S \end{pmatrix}$$

Betriebskenngrößen:

$$\underline{Z}_{in} = \frac{\det \underline{H}}{\underline{H}_{22}} = \frac{2{,}7 \cdot 10^3 \Omega \cdot 218 \cdot 10^{-6}S + 221}{218 \cdot 10^{-6}S} = \frac{221{,}6}{218 \cdot 10^{-6}S} = 1M\Omega$$

$$\underline{Z}_{in\,ges} = \cfrac{1}{\cfrac{1}{R_{B1}} + \cfrac{1}{R_{B2}} + \cfrac{1}{\underline{Z}_{in}}} = \cfrac{1}{\cfrac{1}{120k\Omega} + \cfrac{1}{270k\Omega} + \cfrac{1}{1M\Omega}} = 77k\Omega$$

$$\underline{Z}_{out} = \frac{1 + \underline{H}_{11} \cdot \underline{Y}_i}{\underline{H}_{22} + \underline{Y}_i \cdot \det \underline{H}} = \frac{\underline{Z}_i + \underline{H}_{11}}{\underline{H}_{22} \cdot \underline{Z}_i + \det \underline{H}}$$

$$\text{mit} \quad \underline{Z}_i = \cfrac{1}{\cfrac{1}{120k\Omega} + \cfrac{1}{270k\Omega}} = 83{,}1k\Omega$$

$$\underline{Z}_{out} = \frac{83{,}1k\Omega + 2{,}7k\Omega}{218 \cdot 10^{-6}S \cdot 83{,}1k\Omega + 221{,}6} = 358\Omega$$

$$\underline{V}_{uf} = -\frac{\underline{H}_{21}}{\det \underline{H}} = -\frac{-221}{221{,}6} = 0{,}997 \approx 1$$

Wegen des hohen Eingangswiderstandes und des niedrigen Ausgangswiderstandes bei einer Spannungsübersetzung von 1 eignet sich die Kollektorschaltung als Impedanzwandler.

10.13

Zu 1. Die Vierpolzusammenschaltung der Phasenumkehrstufe ist bereits im Bild 10.64 angegeben. Sie ist also eine Reihen-Parallel-Schaltung nach Bild 10.61.

Zu 2. Die $\underline{H}$-Parameter der Gesamtschaltung werden nach Gl. (10.74) berechnet:

$$\begin{pmatrix} \underline{H}_{11} & \underline{H}_{12} \\ \underline{H}_{21} & \underline{H}_{22} \end{pmatrix} = \begin{pmatrix} \underline{H}'_{11} + \underline{H}''_{11} & \underline{H}'_{12} - \underline{H}''_{12} \\ \underline{H}'_{21} - \underline{H}''_{21} & \underline{H}'_{22} + \underline{H}''_{22} \end{pmatrix}$$

Die h_e-Parameter des Transistors sind die $\underline{H}'$-Parameter, und die $\underline{H}$-Parameter des Γ-Vierpols I sind die $\underline{H}''$-Parameter, die im Abschnitt 10.3 zu finden sind und sich nicht ändern, wenn der Vierpol auf den Kopf gestellt wird (siehe Abschnitt 10.7.3):

$$\begin{pmatrix} \underline{H}_{11} & \underline{H}_{12} \\ \underline{H}_{21} & \underline{H}_{22} \end{pmatrix} = \begin{pmatrix} h_{11e} + \dfrac{R_1 \cdot R_2}{R_1 + R_2} & h_{12e} - \dfrac{R_1}{R_1 + R_2} \\[2ex] h_{21e} + \dfrac{R_1}{R_1 + R_2} & h_{22e} + \dfrac{1}{R_1 + R_2} \end{pmatrix}$$

Zu 3. Mit

$$\begin{pmatrix} \underline{H}_{11} & \underline{H}_{12} \\ \underline{H}_{21} & \underline{H}_{22} \end{pmatrix} = \begin{pmatrix} 5k\Omega + 5k\Omega & 10^{-4} - 0,5 \\ 200 + 0,5 & \dfrac{1}{50k\Omega} + \dfrac{1}{20k\Omega} \end{pmatrix} = \begin{pmatrix} 10k\Omega & -0,5 \\ \approx 200 & 70\mu S \end{pmatrix}$$

$$(\underline{V}_{uf})_{\underline{Y}_a = 0} = -\dfrac{\underline{H}_{21}}{\det \underline{H}} = -\dfrac{200}{10k\Omega \cdot 70 \cdot 10^{-6} + 100} = -2$$

10.14

Zu 1.

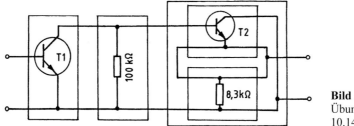

Bild A-181
Übungsaufgabe
10.14

Transistor T1: Umrechnung der h_e-Parameter in A'-Parameter

$$(\underline{A}') = \begin{pmatrix} -\dfrac{\det h_e}{h_{21e}} & -\dfrac{h_{11e}}{h_{21e}} \\ -\dfrac{h_{22e}}{h_{21e}} & -\dfrac{1}{h_{21e}} \end{pmatrix} = \begin{pmatrix} -209 \cdot 10^{-6} & -13,64\Omega \\ -90,9 \cdot 10^{-9}S & -3,03 \cdot 10^{-3} \end{pmatrix}$$

mit $\det h_e = 4,5k\Omega \cdot 30\mu S - 2 \cdot 10^{-4} \cdot 330 = 69 \cdot 10^{-3}$

Querwiderstand 100 kΩ:

$$(\underline{A}'') = \begin{pmatrix} 1 & 0 \\ 1/\underline{Z} & 1 \end{pmatrix} = \begin{pmatrix} 1 & 0 \\ 10 \cdot 10^{-6}S & 1 \end{pmatrix}$$

Reihen-Parallel-Schaltung T2/8,3 kΩ: (siehe Abschnitt 10.7.4, Beispiel 1)

$$(H'') = \begin{pmatrix} h_{11e} + H_{11Q} & -(h_{12e} - H_{12Q}) \\ -(h_{21e} - H_{21Q}) & h_{22e} + H_{22Q} \end{pmatrix}$$

mit den H_Q-Parametern des Querwiderstandes:

$$(H_Q) = \begin{pmatrix} 0 & 1 \\ -1 & 1/8,3k\Omega \end{pmatrix} = \begin{pmatrix} 0 & 1 \\ -1 & 120\mu S \end{pmatrix}$$

$$(H''') = \begin{pmatrix} 4,5k\Omega & -(2 \cdot 10^{-4} - 1) \\ -(330 + 1) & 30\mu S + 120\mu S \end{pmatrix} = \begin{pmatrix} 4,5 \cdot 10^{-3}\Omega & 1 \\ -331 & 150 \cdot 10^{-6}S \end{pmatrix}$$

Umrechnung in A-Parameter:

$$(\underline{A}''') = \begin{pmatrix} -\dfrac{\det H'''}{H'''_{21}} & -\dfrac{H'''_{11}}{H'''_{21}} \\[3mm] -\dfrac{H'''_{22}}{H'''_{21}} & -\dfrac{1}{H'''_{21}} \end{pmatrix} = \begin{pmatrix} 1 & 13{,}6\,\Omega \\[2mm] 453 \cdot 10^{-9}\,\text{S} & 3{,}02 \cdot 10^{-3} \end{pmatrix}$$

mit det H''' = 331,7

A-Parameter der Kettenschaltung (zweifache Matrizenmultiplikation):

	1	0	1	13,6 Ω
	$10 \cdot 10^{-6}$ S	1	$453 \cdot 10^{-9}$ S	$3{,}02 \cdot 10^{-3}$
$-209 \cdot 10^{-6}$	$-345 \cdot 10^{-6}$	$-13{,}64\,\Omega$	$-351 \cdot 10^{-6}$	$-45{,}9 \cdot 10^{-3}\,\Omega$
$-90{,}9 \cdot 10^{-9}$ S	$-121{,}2 \cdot 10^{-9}$ S	$-3{,}03 \cdot 10^{-3}$	$-123 \cdot 10^{-9}$ S	$-10{,}8 \cdot 10^{-6}$
$-13{,}64\,\Omega$				
$-3{,}03 \cdot 10^{-3}$				

Zu 2. $\quad (\underline{V}_{uf})_{Y_a = 0} = \dfrac{1}{A_{11}} = \dfrac{1}{-351 \cdot 10^{-6}} = -2850$

$V_{uf} = 2850$, das sind 69 dB (nach Gl. (10.20))

10.15

Zu 1. Abgesehen von dem am Eingang in Kette geschalteten Umpoler stimmt die Parallel-Reihen-Schaltung mit der im Bild 10.65 überein. Der Umpoler am Eingang bedeutet eine Vorzeichenumkehr der Parameter c_{12} und c_{21}, wie im Abschnitt 10.7.4 beschrieben ist.

Die c-Parameter der Gesamtschaltung sind die c_b-Parameter der Basisschaltung

$$\begin{pmatrix} c_{11b} & c_{12b} \\ c_{21b} & c_{22b} \end{pmatrix} = \begin{pmatrix} c'_{11} + c''_{11} & -(c'_{12} + c''_{12}) \\ -(c'_{21} + c''_{21}) & c'_{22} + c''_{22} \end{pmatrix}$$

Die einfach gestrichenen Parameter sind die Transistorparameter in Emitterschaltung, die von der h_e-Form in die c_e-Form umgerechnet werden müssen:

$$\begin{pmatrix} c'_{11} & c'_{12} \\ c'_{21} & c'_{22} \end{pmatrix} = \begin{pmatrix} c_{11e} & c_{12e} \\ c_{21e} & c_{22e} \end{pmatrix} = \begin{pmatrix} \dfrac{h_{22e}}{\det h_e} & -\dfrac{h_{12e}}{\det h_e} \\[3mm] -\dfrac{h_{21e}}{\det h_e} & \dfrac{h_{11e}}{\det h_e} \end{pmatrix}$$

Die zweifach gestrichenen Parameter sind die des Umpolers, die im Abschnitt 10.3 zu finden sind:

$$\begin{pmatrix} c''_{11} & c''_{12} \\ c''_{21} & c''_{22} \end{pmatrix} = \begin{pmatrix} 0 & 1 \\ -1 & 0 \end{pmatrix}$$

Damit ergeben sich die c-Parameter der Basisschaltung

$$\begin{pmatrix} c_{11b} & c_{12b} \\ c_{21b} & c_{22b} \end{pmatrix} = \begin{pmatrix} \dfrac{h_{22e}}{\det h_e} & \dfrac{h_{12e}}{\det h_e} - 1 \\[3mm] \dfrac{h_{21e}}{\det h_e} + 1 & \dfrac{h_{11e}}{\det h_e} \end{pmatrix}$$

und damit die Umrechnungsformeln für die h_b-Parameter

$$h_{11b} = \frac{c_{22b}}{\det c_b} = \frac{\dfrac{h_{11e}}{\det h_e}}{\dfrac{h_{22e}}{\det h_e} \cdot \dfrac{h_{11e}}{\det h_e} - \left(\dfrac{h_{12e}}{\det h_e} - 1\right)\left(\dfrac{h_{21e}}{\det h_e} + 1\right)}$$

$$h_{11b} = \frac{h_{11e}}{\dfrac{h_{22e} \cdot h_{11e}}{\det h_e} - \dfrac{(h_{12e} - \det h_e)(h_{21e} + \det h_e)}{\det h_e}}$$

$$h_{11b} = \frac{h_{11e}}{\dfrac{(h_{22e} \cdot h_{11e} - h_{12e} \cdot h_{21e}) + \det h_e \cdot h_{21e} - h_{12e} \cdot \det h_e + (\det h_e)^2}{\det h_e}}$$

$$h_{11b} = \frac{h_{11e}}{1 + h_{21e} - h_{12e} + \det h_e} \qquad \text{vgl. mit Gl. (10.85)}$$

$$h_{12b} = -\frac{c_{12b}}{\det c_b} = -\frac{\dfrac{h_{12e}}{\det h_e} - \dfrac{\det h_e}{\det h_e}}{\dfrac{h_{22e}}{\det h_e} \cdot \dfrac{h_{11e}}{\det h_e} - \left(\dfrac{h_{12e}}{\det h_e} - 1\right)\left(\dfrac{h_{21e}}{\det h_e} + 1\right)}$$

$$h_{12b} = \frac{h_{12e} - \det h_e}{\dfrac{h_{22e} \cdot h_{11e}}{\det h_e} - \dfrac{(h_{12e} - \det h_e)(h_{21e} + \det h_e)}{\det h_e}}$$

$$h_{12b} = \frac{\det h_e - h_{12e}}{\dfrac{(h_{22e} \cdot h_{11e} - h_{12e} \cdot h_{21e}) + \det h_e \cdot h_{21e} - h_{12e} \cdot \det h_e + (\det h_e)^2}{\det h_e}}$$

$$h_{12b} = \frac{\det h_e - h_{12e}}{1 + h_{21e} - h_{12e} + \det h_e} \qquad \text{vgl. mit Gl. (10.86)}$$

$$h_{21b} = -\frac{c_{21b}}{\det c_b} = -\frac{\dfrac{h_{21e}}{\det h_e} + \dfrac{\det h_e}{\det h_e}}{\dfrac{h_{22e}}{\det h_e} \cdot \dfrac{h_{11e}}{\det h_e} - \left(\dfrac{h_{12e}}{\det h_e} - 1\right)\left(\dfrac{h_{21e}}{\det h_e} + 1\right)}$$

$$h_{21b} = -\frac{h_{21e} + \det h_e}{1 + h_{21e} - h_{12e} + \det h_e} \qquad \text{vgl. mit Gl. (10.87)}$$

$$h_{22b} = \frac{c_{11b}}{\det c_b} = \frac{\dfrac{h_{22e}}{\det h_e}}{\dfrac{h_{22e}}{\det h_e} \cdot \dfrac{h_{11e}}{\det h_e} - \left(\dfrac{h_{12e}}{\det h_e} - 1\right)\left(\dfrac{h_{21e}}{\det h_e} + 1\right)}$$

$$h_{22b} = \frac{h_{22e}}{1 + h_{21e} - h_{12e} + \det h_e} \qquad \text{vgl. mit Gl. (10.88)}$$

Zu 2.

$$\begin{pmatrix} \underline{I}_B \\ \underline{I}_C \\ \underline{I}_E \end{pmatrix} = \begin{pmatrix} y_{11e} & y_{12e} & -(y_{11e} + y_{12e}) \\ y_{21e} & y_{22e} & -(y_{21e} + y_{22e}) \\ -(y_{11e} + y_{21e}) & -(y_{12e} + y_{22e}) & \Sigma y_e \end{pmatrix} \cdot \begin{pmatrix} \underline{U}_{B0} \\ \underline{U}_{C0} \\ \underline{U}_{E0} \end{pmatrix}$$

$$\begin{pmatrix} \underline{I}_B \\ \underline{I}_E \end{pmatrix} = \begin{pmatrix} y_{11e} & -(y_{11e} + y_{12e}) \\ -(y_{11e} + y_{21e}) & \Sigma y_e \end{pmatrix} \cdot \begin{pmatrix} \underline{U}_B \\ \underline{U}_E \end{pmatrix}$$

d. h.

$$y_{11c} = y_{11e}$$

$$y_{12c} = -(y_{11e} + y_{12e})$$

$$y_{21c} = -(y_{11e} + y_{21e})$$

$$y_{22b} = \Sigma y_e = y_{11e} + y_{12e} + y_{21e} + y_{22e}$$

Mit den Umrechnungsformeln für die Vierpolparameter im Abschnitt 10.2 ergeben sich die Formeln für die gesuchten h_c-Parameter:

$$h_{11c} = \frac{1}{y_{11c}} = \frac{1}{y_{11e}} = h_{11e} \qquad \text{vgl. mit Gl. (10.77)}$$

$$h_{12c} = -\frac{y_{12c}}{y_{11c}} = \frac{y_{11e} + y_{12e}}{y_{11e}} = \frac{\dfrac{1}{h_{11e}} - \dfrac{h_{12e}}{h_{11e}}}{\dfrac{1}{h_{11e}}} = 1 - h_{12e} \qquad \text{vgl. mit Gl. (10.78)}$$

$$h_{21c} = \frac{y_{21c}}{y_{11c}} = \frac{-(y_{11e} + y_{21e})}{y_{11e}} = \frac{-\dfrac{1}{h_{11e}} - \dfrac{h_{21e}}{h_{11e}}}{\dfrac{1}{h_{11e}}} = -(1 + h_{21e}) \qquad \text{vgl. mit Gl. (10.79)}$$

$$h_{22c} = \frac{\det y_c}{y_{11c}} = \frac{y_{11c} \cdot y_{22c} - y_{12c} \cdot y_{21c}}{y_{11c}}$$

$$h_{22c} = \frac{y_{11e} \cdot (y_{11e} + y_{12e} + y_{21e} + y_{22e}) - (y_{11e} + y_{12e})(y_{11e} + y_{21e})}{y_{11e}}$$

$$h_{22c} = \frac{y_{11e}^2 + y_{11e}y_{12e} + y_{11e}y_{21e} + y_{11e}y_{22e} - y_{11e}^2 - y_{11e}y_{21e} - y_{12e}y_{11e} - y_{12e}y_{21e}}{y_{11e}}$$

$$h_{22c} = \frac{y_{11e} \cdot y_{22e} - y_{12e} \cdot y_{21e}}{y_{11e}} = \frac{\det y_e}{y_{11e}} = \frac{\dfrac{h_{22e}}{h_{11e}}}{\dfrac{1}{h_{11e}}} = h_{22e} \qquad \text{vgl. mit Gl. (10.80)}$$

10.16

Zu 1. Mit den Gln. (10.91) und (10.92) können die Wellenwiderstände ermittelt werden:

$$\underline{Z}_{w1} = \sqrt{\frac{\underline{A}_{11} \cdot \underline{A}_{12}}{\underline{A}_{21} \cdot \underline{A}_{22}}} \qquad \underline{Z}_{w2} = \sqrt{\frac{\underline{A}_{22} \cdot \underline{A}_{12}}{\underline{A}_{21} \cdot \underline{A}_{11}}} \; ,$$

im Abschnitt 10.3 stehen die $\underline{A}$-Parameter des Γ-Vierpols II:

$$(\underline{A}) = \begin{pmatrix} 1 + \dfrac{\underline{Z}_1}{\underline{Z}_2} & \underline{Z}_1 \\[2ex] \dfrac{1}{\underline{Z}_2} & 1 \end{pmatrix} ,$$

in obige Formeln eingesetzt ergeben sich

$$\underline{Z}_{w1} = \sqrt{\frac{\left(1 + \dfrac{\underline{Z}_1}{\underline{Z}_2}\right) \cdot \underline{Z}_1}{\dfrac{1}{\underline{Z}_2} \cdot 1}} = \sqrt{\underline{Z}_1 \cdot \underline{Z}_2 \cdot \left(1 + \dfrac{\underline{Z}_1}{\underline{Z}_2}\right)} = \sqrt{\underline{Z}_1 \cdot (\underline{Z}_1 + \underline{Z}_2)}$$

und

$$\underline{Z}_{w2} = \sqrt{\frac{1 \cdot \underline{Z}_1}{\dfrac{1}{\underline{Z}_2} \cdot \left(1 + \dfrac{\underline{Z}_1}{\underline{Z}_2}\right)}} = \sqrt{\frac{\underline{Z}_1 \cdot \underline{Z}_2}{1 + \dfrac{\underline{Z}_1}{\underline{Z}_2}}}$$

Zu 2. Mit

$$\underline{Z}_1 = j\omega L + \frac{1}{j\omega C_1} \qquad \text{und} \qquad \underline{Z}_2 = \frac{1}{j\omega C_2}$$

ist

$$\underline{Z}_{w1} = \sqrt{\left(j\omega L + \frac{1}{j\omega C_1}\right) \cdot \left(j\omega L + \frac{1}{j\omega C_1} + \frac{1}{j\omega C_2}\right)}$$

$$\underline{Z}_{w1} = \sqrt{j \cdot \left(\omega L - \frac{1}{\omega C_1}\right) \cdot j \cdot \left[\omega L - \frac{1}{\omega} \cdot \left(\frac{1}{C_1} + \frac{1}{C_2}\right)\right]}$$

$$\underline{Z}_{w1} = \sqrt{\left(\frac{1}{\omega C_1} - \omega L\right) \cdot \left[\omega L - \frac{1}{\omega} \cdot \left(\frac{1}{C_1} + \frac{1}{C_2}\right)\right]}$$

Zu 3.

$$\frac{1}{\omega C_1} = \omega L \qquad\qquad\qquad \omega L = \frac{1}{\omega} \cdot \left(\frac{1}{C_1} + \frac{1}{C_2}\right)$$

$$\omega_1 = \sqrt{\frac{1}{L \cdot C_1}} \qquad\qquad\qquad \omega_2 = \sqrt{\frac{C_1 + C_2}{L \cdot C_1 \cdot C_2}}$$

10.17

Zu 1. Mit den Gln. (10.99), (10.100) und (10.101) lassen sich die $\underline{A}$-Parameter für symmetrische Vierpole berechnen:

$$\underline{A}_{11} = \underline{A}_{22} = \sqrt{\frac{Z_l}{\underline{Z}_l - \underline{Z}_k}} = \sqrt{\frac{90\Omega}{90\Omega - 80\Omega}} = 3$$

$$\underline{A}_{12} = \underline{A}_{11} \cdot \underline{Z}_k = 3 \cdot 80\Omega = 240\Omega \qquad \underline{A}_{12} = \frac{\underline{A}_{11}}{\underline{Z}_l} = \frac{3}{90\Omega} = \frac{1}{30\Omega}$$

Die Ersatzschaltungen symmetrischer Vierpole (s. Bild 10.47) enthalten $\underline{Z}$- bzw. $\underline{Y}$-Parameter, die aus den $\underline{A}$-Parametern errechnet werden.

T-Ersatzschaltung

$$\underline{Z}_{11} = \underline{Z}_{22} = \frac{\underline{A}_{11}}{\underline{A}_{21}} = 3 \cdot 30\Omega = 90\Omega$$

$$\underline{Z}_{12} = \underline{Z}_{21} = \frac{1}{\underline{A}_{21}} = 30\Omega$$

$$\underline{Z}_{11} - \underline{Z}_{12} = 90\Omega - 30\Omega = 60\Omega$$

π-Ersatzschaltung:

$$\underline{Y}_{11} = \underline{Y}_{22} = \frac{\underline{A}_{11}}{\underline{A}_{12}} = \frac{3}{240\Omega} = \frac{1}{80\Omega}$$

$$\underline{Y}_{12} = \underline{Y}_{21} = -\frac{1}{\underline{A}_{12}} = -\frac{1}{240\Omega}$$

$$\underline{Y}_{11} + \underline{Y}_{12} = \frac{3}{240\Omega} - \frac{1}{240\Omega} = \frac{1}{120\Omega}$$

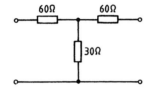
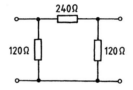

Bild A-182 Übungsaufgabe 10.17

Zu 2. Kontrolle mit Dreieck-Stern-Transformation nach den Gln. (4.100) bis (4.102) im Band 2:

$$\frac{240\Omega \cdot 120\Omega}{120\Omega + 240\Omega + 120\Omega} = 60\Omega \qquad \text{und} \qquad \frac{120\Omega \cdot 120\Omega}{120\Omega + 240\Omega + 120\Omega} = 30\Omega$$

Verwendete und weiterführende Literatur

[1] Lunze, K.: Theorie der Wechselstromschaltungen, VEB Verlag Technik 1981

[2] Lunze, K.: Berechnung elektrischer Stromkreise, Arbeitsbuch VEB Verlag Technik, Berlin 1970

[3] Philippow, E.: Grundlagen der Elektrotechnik, Akademische Verlagsgesellschaft, Geest & Portig K.G., Leipzig, 1967

[4] Führer, Heidemann, Nerreter: Grundgebiete der Elektrotechnik, 2 Bände, Hanser Verlag München, Wien, 1984

[5] Ameling, Walter.: Grundlagen der Elektrotechnik, 2 Bände, Vieweg-Verlag Braunschweig, 1985

[6] Lindner, H.: Elektro-Aufgaben, VEB Fachbuchverlag Leipzig, 3 Bände, 1968 bis 1977, Neuauflage im Vieweg-Verlag Braunschweig, Wiesbaden 1989

[7] Book, D. und Struß, C: Harmonische Analyse einer in diskreten Punkten vorgegebenen Funktion, Diplomarbeit an der FH Hannover, 1982

[8] Köhler, G. und Walther, A.: Fouriersche Analyse von Funktionen mit Sprüngen, Ecken und ähnlichen Besonderheiten, Archiv für Elektrotechnik 25 (1931), S. 747–758

[9] Doetsch, G.: Einführung in Theorie und Anwendung der Laplace-Transformation, Birkhäuser Verlag, Basel 1958

[10] Doetsch, G.: Anleitung zum praktischen Gebrauch der Laplace-Transformation, R. Oldenbourg Verlag, München 1967

[11] Holbrook, J. G.: Laplace-Transformation, Vieweg-Verlag Braunschweig, 1984

[12] Dirschmid, H. J.: Mathematische Grundlagen der Elektrotechnik, Vieweg-Verlag, Braunschweig, 1987

[13] Mildenberger, O.: System- und Signaltheorie, Vieweg-Verlag Braunschweig, 1988

[14] Fritzsche, G.: Theoretische Grundlagen der Nachrichtentechnik, VEB Verlag Technik Berlin 1972

[15] Pauli, W.: Vierpoltheorie: Akademie-Verlag Berlin, 1973

[16] Telefunken-Fachbuch: Röhre und Transistor als Vierpol, 1967

[17] Tholl, H.: Bauelemente der Halbleiterelektronik, Teubner Verlag Stuttgart, 1976

[18] Bystron, Borgmeyer: Grundlagen der Technischen Elektronik, Hanser Verlag München, Wien, 1987

[19] Stoll, D.: Schaltungen der Nachrichtentechnik, Vieweg-Verlag Braunschweig 1986

Sachwortverzeichnis